高职高专“十三五”规划教材

辽宁省能源装备智能制造高水平特色专业群建设成果系列教材

王　辉　主编

机械子系统的设计和制造实现

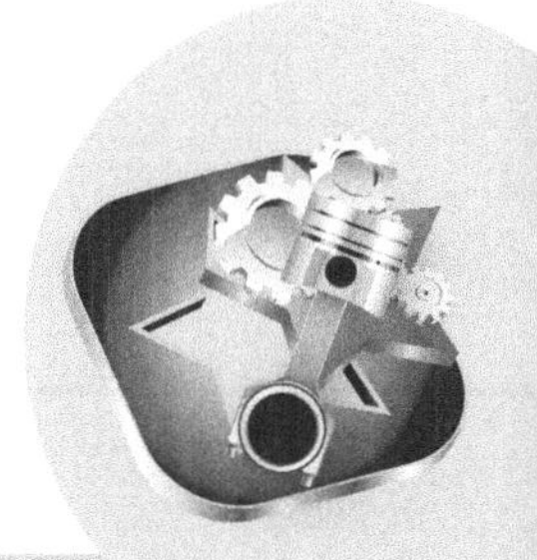

于文强　刘　馥　主编　王　楠　蔡言锋　吴明川　副主编

化学工业出版社

·北京·

内容简介

《机械子系统的设计和制造实现》教材分为常用量具的基本操作、机械加工工艺编制、使用车床加工零部件、使用铣床加工零部件、使用钻床加工零部件、圆柱齿轮加工、夹具设计、加工表面质量分析、零件装配、项目移交与总结十个项目，针对机电一体化专业学生的学习特点，通过任务导入、资料查询的方式展开教学内容，注重学生的自学、实际操作能力，在小组讨论中自学、实际操作中逐渐融入相关的知识点和技能点，最后由教师点评、指导。教材由浅入深，从机床的结构、基本操作、加工方法、加工工艺逐渐过渡到面向实际加工，注重培养学生自己思考、解决问题的能力。

本教材主要适用于高职高专院校机电一体化、机械设计与制造、机械制造与自动化及数控技术等专业使用，也适合作为学生零基础学习机床的教材使用。

图书在版编目（CIP）数据

机械子系统的设计和制造实现/于文强，刘馥主编. —北京：化学工业出版社，2020.11（2025.1重印）
高职高专“十三五”规划教材. 辽宁省能源装备智能制造高水平特色专业群建设成果系列教材
ISBN 978-7-122-37544-5

Ⅰ.①机… Ⅱ.①于… ②刘… Ⅲ.①机械设计-高等职业教育-教材②机械制造-高等职业教育-教材 Ⅳ.①TH

中国版本图书馆 CIP 数据核字（2020）第 153018 号

责任编辑：张绪瑞 满悦芝　　装帧设计：张 辉
责任校对：王佳伟

出版发行：化学工业出版社（北京市东城区青年湖南街 13 号 邮政编码 100011）
印　　装：北京科印技术咨询服务有限公司数码印刷分部
787mm×1092mm 1/16 印张 17¼ 字数 427 千字 2025 年 1 月北京第 1 版第 2 次印刷

购书咨询：010-64518888　　售后服务：010-64518899
网　　址：http://www.cip.com.cn
凡购买本书，如有缺损质量问题，本社销售中心负责调换。

定　　价：48.00 元

辽宁省能源装备智能制造高水平特色专业群建设成果系列教材编写人员

主　编：王　辉

副主编：段艳超　孙　伟　尤建祥

编　委：孙宏伟　李树波　魏孔鹏　张洪雷

张　慧　黄清学　张忠哲　高　建

李正任　陈　军　李金良　刘　馥

前言

2015年9月，国家发展和改革委员会、教育部、人力资源和社会保障部、国家开发银行联合研究制定了《老工业基地产业转型技术技能人才双元培育改革试点方案》，旨在建立产教融合、校企合作的双元办学模式，由地市级人民政府结合地方自主推动方案实施，中央、省级有关职能部门出台配套支持政策措施。

在双元制教学中学习领域教材并不多，学校通过与德国专家多次研讨制定人才培养方案，制定了“机械子系统的设计和制造实现”课程，本课程的教学与传统的教学相比发生了变化，其中最为突出的是教学内容的更新、课程体系的重组和教学手段的改变。为了适应高等职业教育的发展，更好地突出职业教育特色，满足高等职业教育培养高级技术应用型人才的需要，本教材在编写过程中，以掌握基本概念、注重技能培养和提高综合素质为主导思想，全面贯彻“淡化理论、够用为度、培养技能、重在应用”的编写原则，结合编者从事高等职业教育20余年的教学实践，在总结双元制课程教学经验及改革成果的基础上编写而成。

本教材借鉴国内外高职教育的先进教学模式，突出“项目教学法”，是一本理实一体化的教材。教材的特点如下。

1. 坚持“以就业为导向，以能力为本位”的原则。教材编写注重理论与实践相结合，理论以“够用、必需”为度，突出与实践技能相关的必备专业知识。

2. 以任务驱动的项目教学法组织编写，每个项目都以一个实际零件的加工任务为核心引出机械加工理论知识和机械加工操作技能，项目由简单到复杂，由单一到综合，根据教学层次的不同，可以进行适当的取舍。

3. 遵循职业教育规律，结合实际条件，通过项目导入、项目要点、项目准备（任务导入、任务要点、任务提示、任务准备）、项目实施环节编写教材。教材内通过理论与实际操作为一体，真正实现理实一体化教学。

本教材由盘锦职业技术学院于文强、刘馥主编，王楠、蔡言锋、吴明川担任副主编，陈金阳、杨艳春、张慧、张昊、段治如、尤建祥参编。其中于文强编写项目一、项目二、项目五，刘馥编写项目三、项目四，王楠编写项目六，蔡言锋编写项目七，吴明川编写项目八，张昊编写项目九中的任务一，张慧编写项目九中的任务二、任务三，杨艳春、段治如编写项目十和制作表格，陈金阳、尤建祥负责整体格式编辑。

全书在编写过程中参阅了同行作者的有关文献，编者在此对所列参考文献的作者表示衷心的感谢。

编　者

目录

项目一 常用量具的基本操作

项目二 机械加工工艺编制

项目七 夹具设计

项目八 加工表面质量分析

项目九 零件装配

项目十 项目移交与总结

参考文献

项目一　常用量具的基本操作

量具是实物量具的简称，它是一种在使用时具有固定形态、用以复现或提供给定量的一个或多个已知量值的器具。常用的量具有游标卡尺、千分尺、百分表、千分表、塞尺、外径千分尺。

【项目导入】

在某机械加工厂生产中，为保证零件的加工质量，要对加工出来的零件按照要求进行表面粗糙度、尺寸精度、形状精度、位置精度的测量，所使用的工具为量具。

某机械加工厂在制作零件、检修设备、安装调试等工作中，均需要用量具检测加工质量是否合乎要求。所以熟悉量具的结构、性能及其使用方法，是技术人员确保产品质量的一项重要技能。

【项目要点】

（1）素质目标

① 通过完成项目任务，培养学生沟通交流、自我学习的能力，提高学生分析问题、解决问题的能力。

② 通过机械加工培养学生树立工程意识、标准化意识，养成耐心细致的工作作风和严谨认真的工作态度。

③ 通过小组合作的学习方式培养学生团队合作意识。

（2）能力目标

① 能根据测量需求正确选用量具。

② 能正确使用量具进行工具测量。

③ 具有进行简单的量具维修的能力。

（3）知识目标

① 了解常用量具的结构及名称。

② 掌握常用量具的使用方法及注意事项。

③ 掌握常用量具正确度数标准。

④ 掌握常用量具的日常维护及保养。

引导问题

问题 1 | 根据常用量具的使用，简述常用量具有哪些及其组成。

问题 2 | 简述常用量具的适用范围。

问题 3 | 根据量具的使用情况说明卡尺与千分尺的区别。

问题 4 | 简述常用量具如何维护与保养

问题 5 | 简述常用量具使用规范。

【项目准备】

任务一　钢直尺的使用

【任务导入】

在某机械加工厂生产中，为保证零件的加工质量要对加工工件进行备料，在备料过程中需要对毛坯件进行测量，为了保证备料速度需要选择合适的测量工具。

【任务要点】

① 根据要求选择钢直尺。
② 根据钢直尺操作规程，完成零件测量。
③ 使用钢直尺绘制特殊图形。

【任务提示】

① 简述如何选择合适的钢直尺，钢直尺的每格刻度是多少毫米?
② 简述钢直尺操作规程。
③ 简述钢直尺读数方法。

【任务准备】

钢直尺是最简单的长度量具，它的长度有 150mm、300mm、500mm 和 1000mm 四种规格。图 1-1 为常用的 150mm 钢直尺。

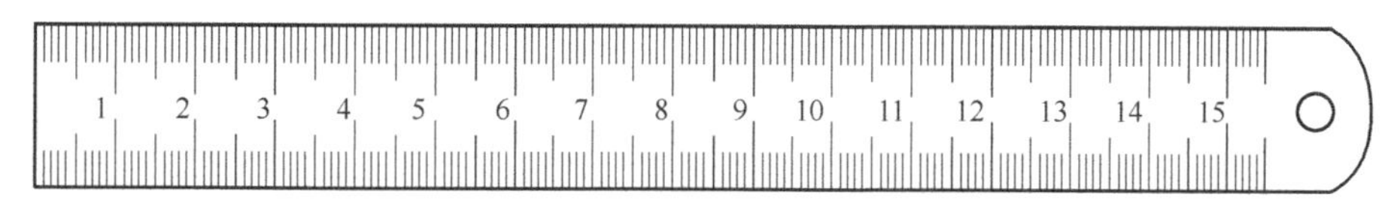

图 1-1　150mm 钢直尺

钢直尺用于测量零件的长度尺寸（图 1-2），它的测量结果不太准确。这是由于钢直尺

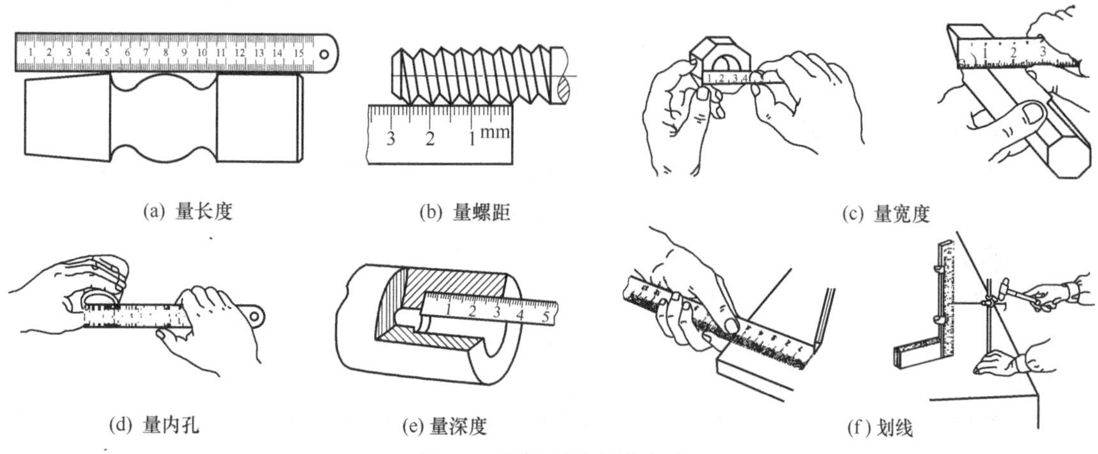

(a) 量长度　(b) 量螺距　(c) 量宽度

(d) 量内孔　(e) 量深度　(f) 划线

图 1-2　钢直尺的使用方法

的刻线间距为1mm，而刻线本身的宽度就有0.1～0.2mm，所以测量时读数误差比较大，只能读出毫米数，即它的最小读数值为1mm，比1mm小的数值，只能估计而得。

如果用钢直尺直接去测量零件的直径尺寸（轴径或孔径），则测量精度更差。其原因是：除了钢直尺本身的读数误差比较大以外，还由于钢直尺无法正好放在零件直径的正确位置。所以，零件直径尺寸的测量，也可以利用钢直尺和内外卡钳配合起来进行。

任务二　游标卡尺的使用

【任务导入】

在某机械加工厂生产中，为保证零件的加工质量要对加工工件进行检测，根据检测不同的尺寸精度选择合适的量具，其中有多个尺寸需要使用游标卡尺进行检测。

【任务要点】

① 游标卡尺刻线原理和读数方法。

② 游标卡尺的使用注意事项。

③ 游标卡尺的维护保养要求。

【任务提示】

① 简述卡尺的组成及测量类型。

② 简述卡尺使用方法。

③ 简述游标卡尺的校准及维护方法。

【任务准备】

卡尺目前有三种，即普通游标卡尺、数显卡尺、表盘显示，本任务主要讲解普通游标卡尺。

游标卡尺是工业上常用的测量长度的仪器，它由尺身及能在尺身上滑动的游标组成，如图1-3所示。若从背面看，游标是一个整体。游标与尺身之间有一弹簧片（图中未能画出），利用弹簧片的弹力使游标与尺身靠紧。游标上部有一紧固螺钉，可将游标固定在尺身上的任意位置。尺身和游标都有量爪，利用内测量爪可以测量槽的宽度和管的内径，利用外测量爪可以测量零件的厚度和管的外径。深度尺与游标尺连在一起，可以测槽和筒的深度。

1. 游标卡尺的结构形式

① 测量范围为0～150mm的游标卡尺，制成带有刀口形的上下量爪和带有深度尺的形式，如图1-3所示。此卡尺还带有测量深度的深度尺，如图1-3中的5。

② 测量范围为0～200mm和0～300mm的游标卡尺，制成带有内外测量面的下量爪和带有刀口形的上量爪的形式，如图1-4所示。

说明：卡尺在零位时下量爪外测量面间的距离为10mm。并带有随尺框作微动调整的微动装置。

③ 测量范围为0～500mm的游标卡尺，制成只带有内外测量面的下量爪的形式，如图1-5所示。说明：当卡尺在零位时下量爪外测量面间的距离为10mm。并带有随尺框作微动

调整的微动装置。

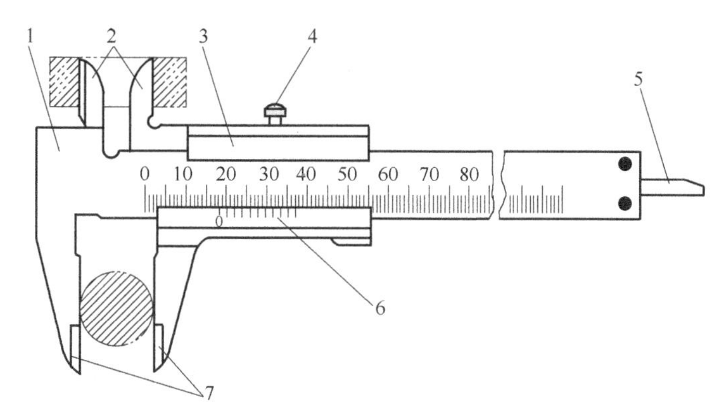

图 1-3　游标卡尺的结构形式（一）

1—尺身；2—上量爪；3—尺框；4—紧固螺钉；
5—深度尺；6—游标；7—下量爪

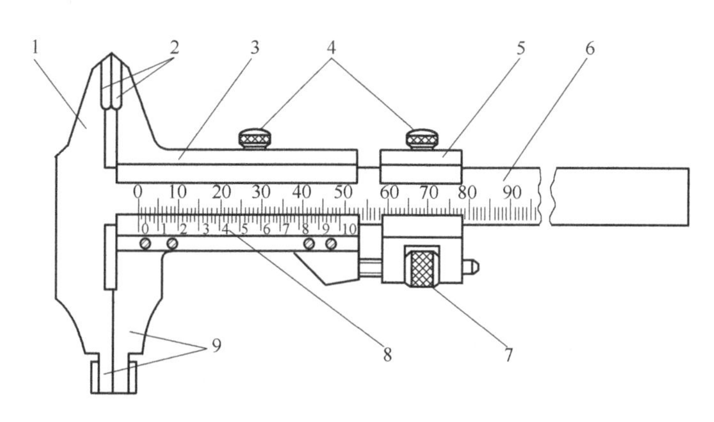

图 1-4　游标卡尺的结构形式（二）

1—尺身；2—上量爪；3—尺框；4—紧固螺钉；5—微动装置；
6—主尺；7—微动螺母；8—游标；9—下量爪

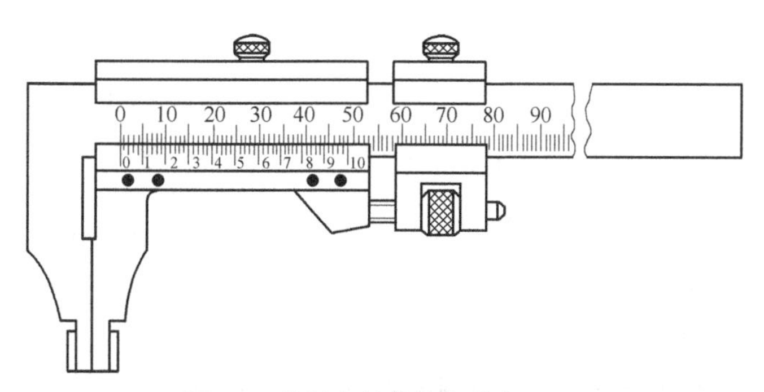

图 1-5　游标卡尺的结构形式（三）

2. 游标卡尺的使用方法

（1）测量工件的预处理　主要是对工件测量面的清理，包括机加工残留下的毛刺、焊瘤焊渣、表面油污灰尘、表面腐蚀性物质等的清理。一是为了保证测量的准确；二是有效地保护量具。

(2) 卡尺的预处理

① 首先要检查选用卡尺的规格型号、量程是否满足测量要求。

② 检查卡尺外观有无污垢，检查量爪是否有弯曲变形。

③ 检查卡尺尺身上刻度线是否清晰完整等。如若存在以上异常情况务必及时处理解决。

(3) 卡尺的校准

① 校准时，移动尺框，使两下量爪合拼紧贴一起，确保无缝隙。

② 观察游标上的零刻度与尺身上零刻度对齐，游标上最后的刻度与主尺上某一刻度对齐，如满足以上要求，校准完成。否则测量值将是错误的。如图 1-6 所示。

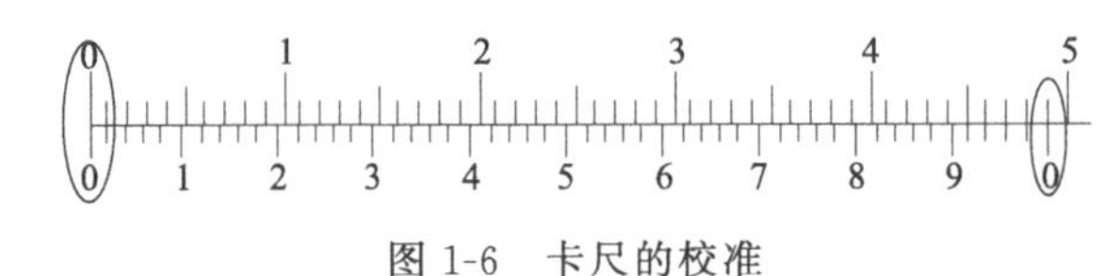

图 1-6 卡尺的校准

(4) 测量

① 测量时，先将上下卡爪打开。卡爪的开度必须大于工件外径或宽度。当使用上量爪测量孔内径时，卡爪的开度要小于内径值。

② 将量爪卡在工件的两端（或最大直径处），推动尺框卡紧工件，但用力不能过大，否则磨损测量面会导致误差。

当卡爪靠近工件时使用微动装置轻轻地缓慢卡紧工件，卡紧后轻轻地晃动卡尺，卡尺稳定后，拧紧尺身上的紧固螺钉，顺着测量平面或沿着轴线方向将卡尺取出，如果方便也可不将其取下，进行读数。

(5) 游标卡尺的读数

① 卡尺测量的尺寸值主要分为两个部分，如图 1-7 所示，首先读出游标尺零刻度线在主尺上的刻度，图示为 45mm，这样就构成了数值的主要部分。

② 根据卡尺的精度等级（0.1mm、0.05mm、0.02mm、0.01mm 等几种），计算游标上的刻度。图 1-7 为 0.02mm 精度卡尺。

③ 找出游标上与主尺对齐的刻度线，如图 1-7 箭头，它构成小数部分 0.24mm。将两部分相加，刻度数值为：$L=45+0.24=45.24$mm。

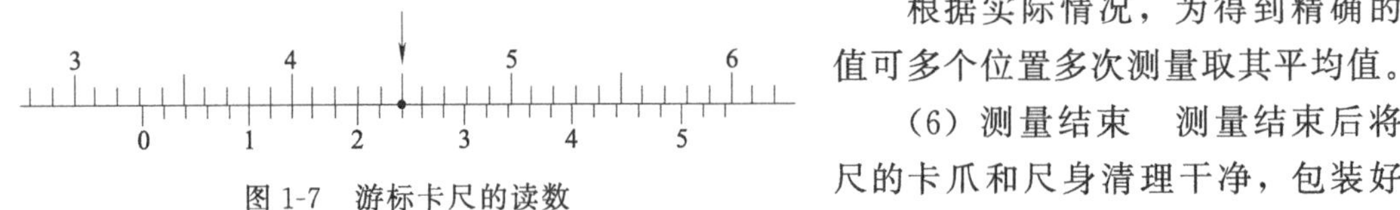

图 1-7 游标卡尺的读数

根据实际情况，为得到精确的数值可多个位置多次测量取其平均值。

(6) 测量结束　测量结束后将卡尺的卡爪和尺身清理干净，包装好后放在盒子里，保存在合适的位置。

3. 使用游标卡尺时应注意的事项

(1) 测量零件的外尺寸

① 卡尺两测量面的连线应垂直于被测量表面，不能歪斜。

② 测量时，可以轻轻摇动卡尺，以放正垂直位置。量爪若在如图 1-8 所示的错误位置上，将使测量结果比实际尺寸要大。

③ 决不可把卡尺的两个量爪调节到接近甚至小于所测尺寸，把卡尺强制卡到零件上去。这样做会使量爪变形，使测量面过早磨损，卡尺失去应有的精度。

(2) 测量沟槽的外径尺寸　应当用刃口形量爪进行测量，不应当用平面形测量刃进行测量，如1-9所示。

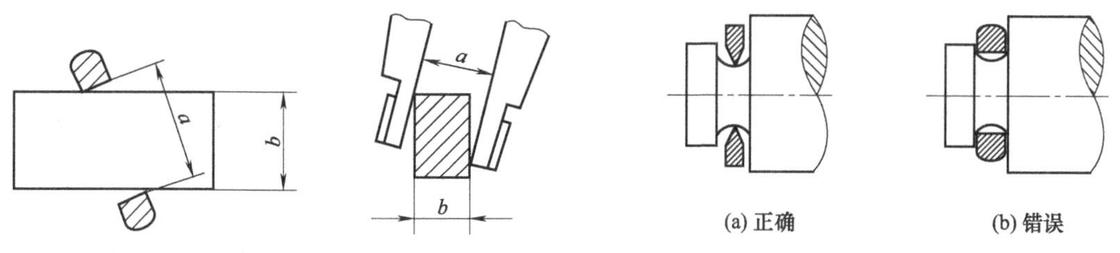

图 1-8　测量外尺寸时错误的位置　　图 1-9　测量沟槽时正确与错误的位置

(3) 测量沟槽宽度　要放正游标卡尺的位置，使卡尺两测量刃的连线垂直于沟槽，不能歪斜。

量爪若在图1-10所示的错误的位置上，将使测量结果不准确（可能大也可能小）。

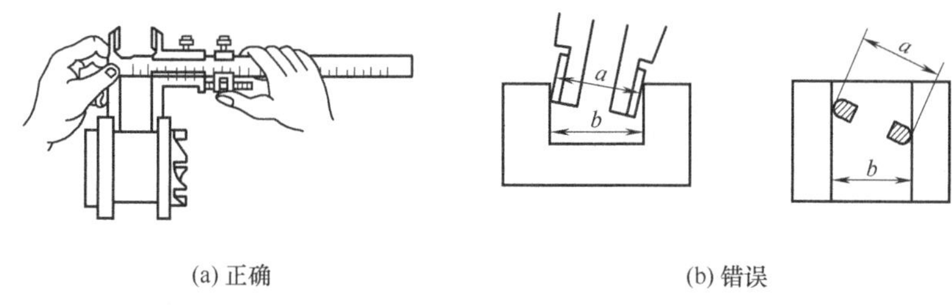

图 1-10　测量沟槽宽度时正确与错误的位置

(4) 测量零件的内尺寸　卡尺两测量刃应在孔的直径上，不能偏歪。图1-11为带有刀口形量爪和带有圆柱面形量爪的游标卡尺，在测量内孔时正确的和错误的位置。

当量爪在错误位置时，其测量结果将比实际孔径 D 要小。

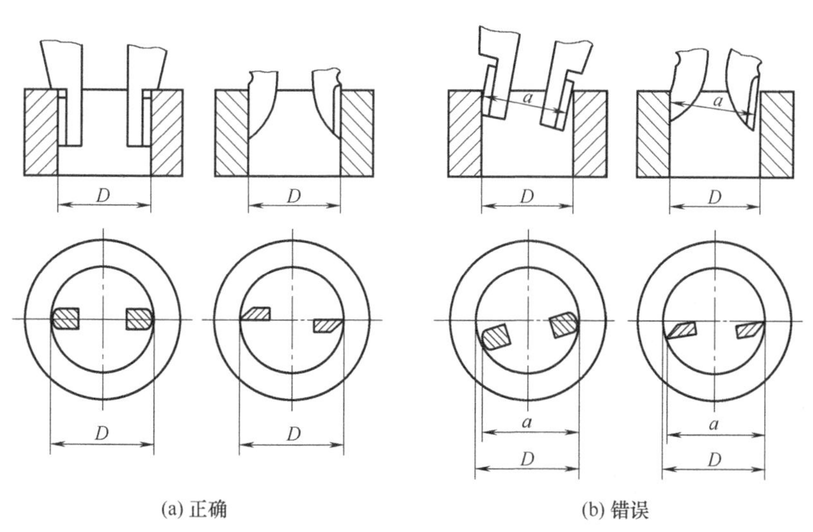

图 1-11　测量内孔时正确与错误的位置

(5) 用下量爪的外测量面测量内尺寸　游标卡尺测量内尺寸时，在读取测量结果时，一定要把量爪的厚度加上去。即游标卡尺上的读数加上量爪的厚度，才是被测零件的内尺寸。如图1-12所示。

测量范围在500mm以下的游标卡尺，量爪厚度一般为10mm。但当量爪磨损和修理后，

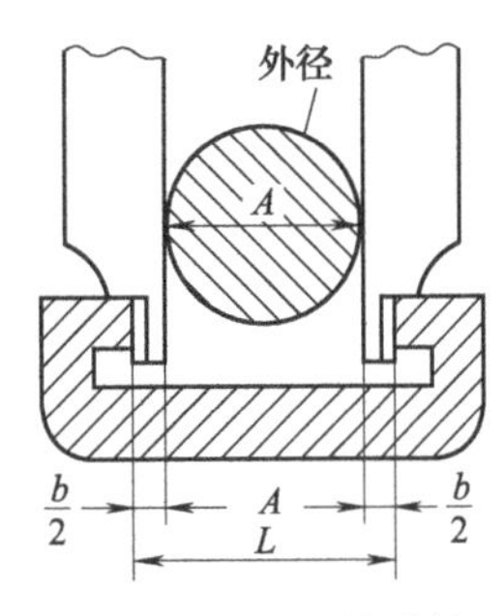

图 1-12 用下量爪的外测量面测量内尺寸

量爪厚度就要小于 10mm，读数时这个修正值也要考虑进去。

（6）游标卡尺的测量用力要适当 测量零件时，不允许过分地施加压力，所用压力应使两个量爪刚好接触零件表面。如果测量压力过大，不但会使量爪弯曲或磨损，且量爪在压力作用下产生弹性变形，使测量得到的尺寸不准确（外尺寸小于实际尺寸，内尺寸大于实际尺寸）。

（7）游标卡尺读数时角度要合适 读数时，应把卡尺水平地拿着，顺着光线的方向去看。且人的视线要正对着卡尺的刻度线，否则会因观察角度的原因造成读数误差。

（8）为了获得正确的测量结果，可以多测量几次 即在零件的同一截面上的不同方向进行测量。对于较长零件，则应当在全长的各个部位进行测量，务必获得一个比较正确的测量结果。

卡尺的内量爪的有效深度为 12mm，如超过此深度应采用其他方法进行测量。

任务三 百分尺的使用

【任务导入】

在某机械加工厂生产中，为保证零件的加工质量要对加工工件进行检测，根据检测不同的尺寸精度选择合适的量具，其中有多个尺寸需要使用百分尺进行检测。

【任务要点】

① 百分尺使用原理和读数方法。

② 百分尺的使用注意事项。

③ 百分尺的维护保养要求。

【任务提示】

① 查阅资料简述百分尺的组成。

② 简述百分尺的测量范围。

③ 百分尺的使用规范及注意事项。

【任务准备】

一、外径百分尺的结构

各种百分尺的结构大同小异，常用外径百分尺用以测量或检验零件的外径、凸肩厚度以及板厚或壁厚等（测量孔壁厚度的百分尺，其量面呈球弧形）。百分尺由尺架、测微头、测力装置和制动器等组成。图 1-13 是测量范围为 0～25mm 的外径百分尺。尺架 1 的一端装着固定测砧 2，另一端装着测微头。固定测砧和测微螺杆的测量面上都镶有硬质合金，以提高测量面的使用寿命。尺架的两侧面覆盖着绝热板 12，使用百分尺时，手拿在绝热板上，防止人体的热量影响百分尺的测量精度。

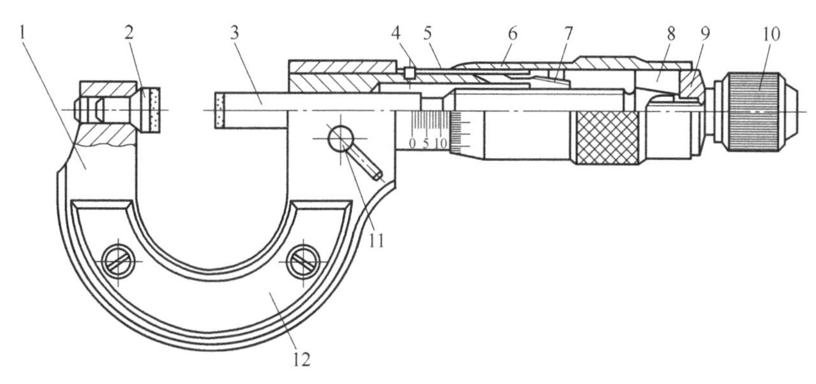

图 1-13　0～25mm 外径百分尺

1—尺架；2—固定测砧；3—测微螺杆；4—螺纹轴套；5—固定刻度套筒；6—微分筒；
7—调节螺母；8—接头；9—垫片；10—测力装置；11—锁紧螺钉；12—绝热板

1. 百分尺的测微头

图 1-13 中的 3～9 是百分尺的测微头部分。带有刻度的固定刻度套筒 5 用螺钉固定在螺纹轴套 4 上，而螺纹轴套又与尺架紧配结合成一体。在固定刻度套筒 5 的外面有一带刻度的活动微分筒 6，它用锥孔通过接头 8 的外圆锥面再与测微螺杆 3 相连。测微螺杆 3 的一端是测量杆，并与螺纹轴套上的内孔定心间隙配合；中间是精度很高的外螺纹，与螺纹轴套 4 上的内螺纹精密配合，可使测微螺杆自如旋转而其间隙极小；测微螺杆另一端的外圆锥与内圆锥接头 8 的内圆锥相配，并通过顶端的内螺纹与测力装置 10 连接。当测力装置的外螺纹旋紧在测微螺杆的内螺纹上时，测力装置就通过垫片 9 紧压接头 8，而接头 8 上开有轴向槽，有一定的胀缩弹性，能沿着测微螺杆 3 上的外圆锥胀大，从而使微分筒 6 与测微螺杆和测力装置结合成一体。当旋转测力装置 10 时，就带动测微螺杆 3 和微分筒 6 一起旋转，并沿着精密螺纹的螺旋线方向运动，使百分尺两个测量面之间的距离发生变化。

2. 百分尺的测力装置

百分尺测力装置的结构见图 1-14，主要依靠一对棘轮 3 和 4 的作用。棘轮 4 与转帽 5 连接成一体，而棘轮 3 可压缩弹簧 2 在轮轴 1 的轴线方向移动，但不能转动。弹簧 2 的弹力是控制测量压力的，螺钉 6 使弹簧压缩到百分尺所规定的测量压力。当手握转帽 5 顺时针旋转测力装置时，若测量压力小于弹簧 2 的弹力，转帽的运动就通过棘轮传给轮轴 1（带动测微螺杆旋转），使百分尺两测量面之间的距离继续缩短，即继续卡紧零件；当测量压力达到或略微超过弹簧的弹力时，棘轮 3 与 4 在其啮合斜面的作用下，压缩弹簧 2，使棘轮 4 沿着棘轮 3 的啮合斜面滑动，转帽的转动就不能带动测微螺杆旋转，同时发出嘎嘎的棘轮跳动声，表示已达到了额定测量压力，从而达到控制测量压力的目的。

当转帽逆时针旋转时，棘轮 4 是用垂直面带动棘轮 3，不会产生压缩弹簧的压力，始终能带动测微螺杆退出被测零件。

3. 百分尺的制动器

百分尺的制动器，就是测微螺杆的锁紧装置，其结构如图 1-15 所示。制动轴 4 的圆周上，有一个开着深浅不均的偏心缺口，对着测微螺杆 2。当制动轴以缺口的较深部分对着测微螺杆时，测微螺杆 2 就能在轴套 3 内自由活动，当制动轴转过一个角度，以缺口的较浅部分对着测量杆时，测微螺杆就被制动轴压紧在轴套内不能运动，达到制动的目的。

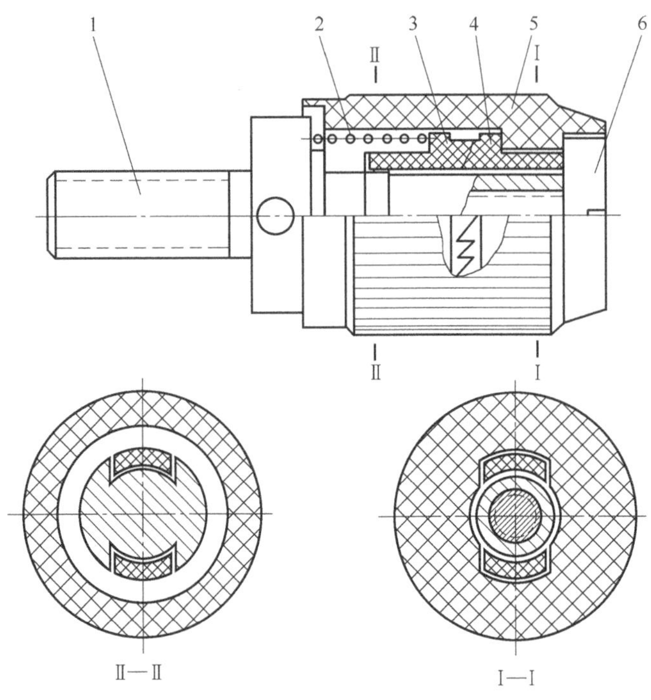

图 1-14　百分尺的测力装置

1—轮轴；2—弹簧；3，4—棘轮；5—转帽；6—螺钉

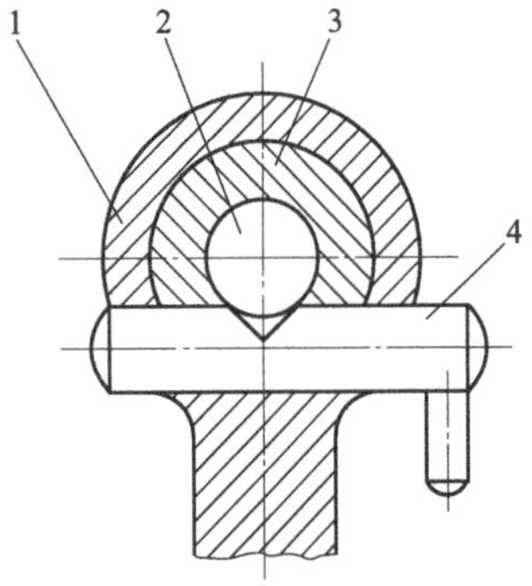

4. 百分尺的测量范围

百分尺测微螺杆的移动量为 25mm，所以百分尺的测量范围一般为 25mm。为了使百分尺能测量更大范围的长度尺寸，以满足工业生产的需要，百分尺的尺架做成各种尺寸，形成不同测量范围的百分尺。目前，国产百分尺测量范围的尺寸（单位为 mm）分段为：0～25；25～50；50～75；75～100；100～125；125～150；150～175；175～200；200～225；225～250；250～275；275～300；300～325；325～350；350～375；375～400；400～425；425～450；450～475；475～500；500～600；600～700；700～800；800～900；900～1000。

图 1-15　百分尺的制动器

1—固定架；2—测微螺杆；3—轴套；4—制动轴

测量上限大于 300mm 的百分尺，也可把固定测砧做成可调式的或可换测砧，从而使此百分尺的测量范围为 100mm。

测量上限大于 1000mm 的百分尺，也可将测量范围制成为 500mm，目前国产最大的百分尺为 2500～3000mm 的百分尺。

二、百分尺的工作原理和读数方法

1. 百分尺的工作原理

如外径百分尺的工作原理就是应用螺旋读数机构，它包括一对精密的螺纹——测微螺杆与螺纹轴套（如图 1-13 中的 3 和 4），和一对读数套筒——固定刻度套筒与微分筒（如图 1-13 中的 5 和 6）。

用百分尺测量零件的尺寸，就是把被测零件置于百分尺的两个测量面之间。所以两测砧面之间的距离，就是零件的测量尺寸。当测微螺杆在螺纹轴套中旋转时，由于螺旋线的作用，测量螺杆就有轴向移动，使两测砧面之间的距离发生变化。如测微螺杆按顺时针的方向旋转一周，两测砧面之间的距离就缩小一个螺距。同理，若按逆时针方向旋转一周，则两砧面的距离就增大一个螺距。常用百分尺测微螺杆的螺距为 0.5mm。因此，当测微螺杆顺时针旋转一周时，两测砧面之间的距离就缩小 0.5mm。当测微螺杆顺时针旋转不到一周时，缩小的距离就小于一个螺距，它的具体数值，可从与测微螺杆结成一体的微分筒的圆周刻度上读出。微分筒的圆周上刻有 50 个等分线，当微分筒转一周时，测微螺杆就推进或后退 0.5mm，微分筒转过它本身圆周刻度的一小格时，两测砧面之间转动的距离为：0.5/50＝0.01（mm）。

由此可知，百分尺上的螺旋读数机构，可以正确地读出 0.01mm，也就是百分尺的读数值为 0.01mm。

2. 百分尺的读数方法

在百分尺的固定套筒上刻有轴向中线，作为微分筒读数的基准线。另外，为了计算测微螺杆旋转的整数转，在固定套筒中线的两侧，刻有两排刻线，刻线间距均为 1mm，上下两排相互错开 0.5mm。

百分尺的具体读数方法可分为三步。

① 读出固定套筒上露出的刻线尺寸，一定要注意不能遗漏应读出的 0.5mm 的刻线值。

② 读出微分筒上的尺寸，要看清微分筒圆周上哪一格与固定套筒的中线基准对齐，将格数乘 0.01mm 即得微分筒上的尺寸。

③ 将上面两个数相加，即为百分尺上测得尺寸。

如图 1-16（a）所示，在固定套筒上读出的尺寸为 8mm，微分筒上读出的尺寸为 27（格）×0.01mm＝0.27mm，上两数相加即得被测零件的尺寸为 8.27mm；如图 1-16（b）所示，在固定套筒上读出的尺寸为 8.5mm，在微分筒上读出的尺寸为 27（格）×0.01mm＝0.27mm，上两数相加即得被测零件的尺寸为 8.77mm。

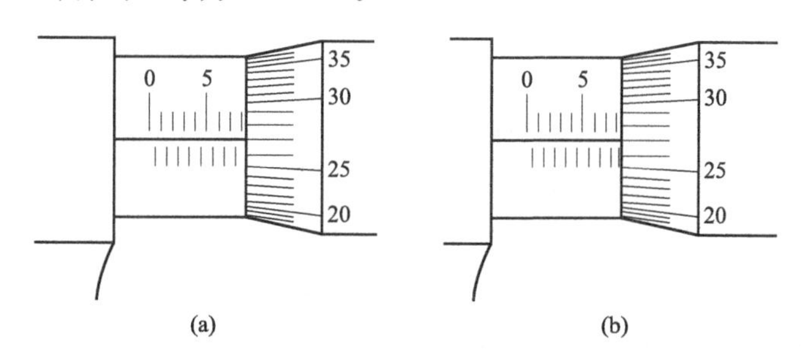

图 1-16　百分尺的读数

三、百分尺的精度及其调整

百分尺是一种应用很广的精密量具，按它的制造精度，可分 0 级和 1 级的两种，0 级精度较高，1 级次之。百分尺的制造精度，主要由它的示值误差和测砧面的平面平行度公差的大小来决定，小尺寸百分尺的精度要求，见表 1-1。从百分尺的精度要求可知，用百分尺测量 IT6～IT10 级精度的零件尺寸较为合适。

表 1-1 百分尺的精度要求 mm

项目	示值误差		两测量面平行度	
	0 级	1 级	0 级	1 级
15;25	±0.002	±0.004	0.001	0.002
50	±0.002	±0.004	0.0012	0.0025
75;100	±0.002	±0.004	0.0015	0.003

百分尺在使用过程中，由于磨损，特别是使用不妥当时，会使百分尺的示值误差超差，所以应定期进行检查，进行必要的拆洗或调整，以便保持百分尺的测量精度。

1. 校正百分尺的零位

百分尺如果使用不妥，零位就要走动，使测量结果不正确，容易造成产品质量事故。所以，在使用百分尺的过程中，应当校对百分尺的零位。所谓“校对百分尺的零位”，就是把百分尺的两个测砧面揩干净，转动测微螺杆使它们贴合在一起（这是指 0～25mm 的百分尺而言，若测量范围大于 0～25mm 时，应该在两测砧面间放上校对样棒），检查微分筒圆周上的“0”刻线，是否对准固定套筒的中线，微分筒的端面是否正好使固定套筒上的“0”刻线露出来。如果两者位置都是正确的，就认为百分尺的零位是对的，否则就要进行校正，使之对准零位。

如果零位是由于微分筒的轴向位置不对，如微分筒的端部盖住固定套筒上的“0”刻线，或“0”刻线露出太多，0.5 的刻线搞错，必须进行校正。此时，可用制动器把测微螺杆锁住，再用百分尺的专用扳手，插入测力装置轮轴的小孔内，把测力装置松开（逆时针旋转），微分筒就能进行调整，即轴向移动一点，使固定套筒上的“0”线正好露出来，同时使微分筒的零线对准固定套筒的中线，然后把测力装置旋紧。

如果零位是由于微分筒的零线没有对准固定套筒的中线，也必须进行校正。此时，可用百分尺的专用扳手，插入固定套筒的小孔内，把固定套筒转过一点，使之对准零线。

但当微分筒的零线相差较大时，不应当采用此法调整，而应该采用松开测力装置转动微分筒的方法来校正。

2. 调整百分尺的间隙

百分尺在使用过程中，由于磨损等原因，会使精密螺纹的配合间隙增大，从而使示值误差超差，必须及时进行调整，以保持百分尺的精度。

要调整精密螺纹的配合间隙，应先用制动器把测微螺杆锁住，再用专用扳手把测力装置松开，拉出微分筒后再进行调整。由图 1-13 可以看出，在螺纹轴套上，接近精密螺纹一段的壁厚比较薄，且连同螺纹部分一起开有轴向直槽，使螺纹部分具有一定的胀缩弹性。同时，螺纹轴套的圆锥外螺纹上，旋转调节螺母 7。当调节螺母往里旋入时，因螺母直径保持不变，就迫使外圆锥螺纹的直径缩小，于是精密螺纹的配合间隙就减小了。然后，松开制动器进行试转，看螺纹间隙是否合适。间隙过小会使测微螺杆活动不灵活，可把调节螺母松出一点，间隙过大则使测微螺杆有松动，可把调节螺母再旋进一点。直至间隙调整好后，再把微分筒装上，对准零位后把测力装置旋紧。

四、百分尺的使用方法

百分尺使用得是否正确，对保持精密量具的精度和保证产品质量的影响很大，指导人员和实习的学生必须重视量具的正确使用，使测量技术精益求精，务使获得正确的测量结果，确保产品质量。

使用百分尺测量零件尺寸时，必须注意下列几点。

① 使用前，应把百分尺的两个测砧面揩干净，转动测力装置，使两测砧面接触（若测量上限大于 25mm 时，在两测砧面之间放入校对量杆或相应尺寸的量块），接触面上应没有间隙和漏光现象，同时微分筒和固定套筒要对准零位。

② 转动测力装置时，微分筒应能自由灵活地沿着固定套筒活动，没有任何轧卡和不灵活的现象。如有活动不灵活的现象，应送计量站及时检修。

③ 测量前，应把零件的被测量表面揩干净，以免有脏物存在时影响测量精度。绝对不允许用百分尺测量带有研磨剂的表面，以免损伤测量面的精度。用百分尺测量表面粗糙的零件亦是错误的，这样易使测砧面过早磨损。

④ 用百分尺测量零件时，应当手握测力装置的转帽来转动测微螺杆，使测砧表面保持标准的测量压力，即听到“嘎嘎”的声音，表示压力合适，并可开始读数。要避免因测量压力不等而产生测量误差。

绝对不允许用力旋转微分筒来增加测量压力，使测微螺杆过分压紧零件表面，致使精密螺纹因受力过大而发生变形，损坏百分尺的精度。有时用力旋转微分筒后，虽因微分筒与测微螺杆间的连接不牢固，对精密螺纹的损坏不严重，但是微分筒打滑后，百分尺的零位走动了，就会造成质量事故。

⑤ 使用百分尺测量零件时（图 1-17），要使测微螺杆与零件被测量的尺寸方向一致。如测量外径时，测微螺杆要与零件的轴线垂直，不要歪斜。测量时，可在旋转测力装置的同时，轻轻地晃动尺架，使测砧面与零件表面接触良好。

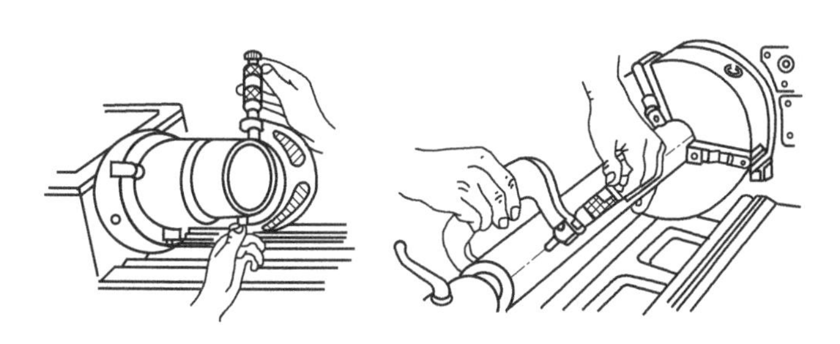

图 1-17　在车床上使用外径百分尺的方法

⑥ 用百分尺测量零件时，最好在零件上进行读数，放松后取出百分尺，这样可减少测砧面的磨损。如果必须取下读数时，应用制动器锁紧测微螺杆后，再轻轻滑出零件。把百分尺当卡规使用是错误的，因这样做不但易使测量面过早磨损，甚至会使测微螺杆或尺架发生变形而失去精度。

在读取百分尺上的测量数值时，要特别留心不要读错 0.5mm。为了获得正确的测量结果，可在同一位置上再测量一次。尤其是测量圆柱形零件时，应在同一圆周的不同方向测量几次，检查零件外圆有没有圆度误差，再在全长的各个部位测量几次，检查零件外圆有没有圆柱度误差等。

对于超常温的工件，不要进行测量，以免产生读数误差。

用单手使用外径百分尺时，如图 1-18（a）所示，可用大拇指和食指或中指捏住活动套筒，小指勾住尺架并压向手掌上，大拇指和食指转动测力装置就可测量。

用双手测量时，可按图 1-18（b）所示的方法进行。值得提出的是几种使用外径百分尺的错误方法。比如用百分尺测量旋转运动中的工件，很容易使百分尺磨损，而且测量也不准确；又如贪图快一点得出读数，握着微分筒来挥转（图 1-19）等，这同碰撞一样，也会破坏百分尺的内部结构。

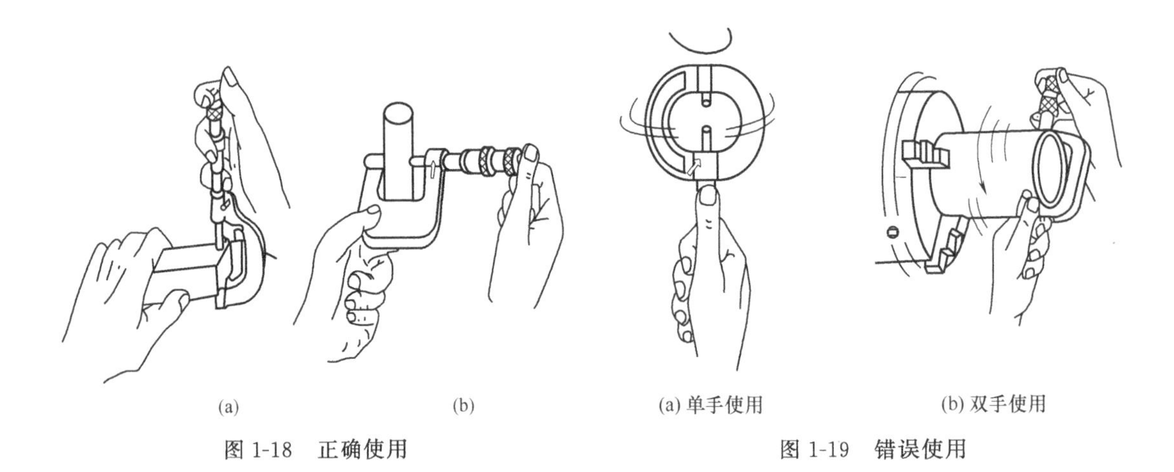

(a) (b) 图 1-18 正确使用

(a) 单手使用 (b) 双手使用 图 1-19 错误使用

五、百分尺的应用举例

如要检验图 1-20 所示夹具的三个孔（ϕ14、ϕ15、ϕ16）在 ϕ150 圆周上的等分精度。检验前，先在孔 ϕ14、ϕ15、ϕ16 和 ϕ20 内配入圆柱销（圆柱销应与孔定心间隙配合）。

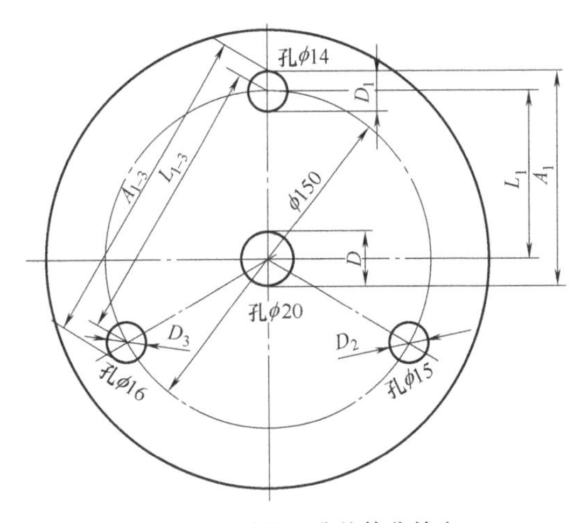

图 1-20 测量三孔的等分精度

等分精度的测量，可分以下三步进行。

① 用 0～25mm 的外径百分尺，分别量出四个圆柱销的外径 D、D_1、D_2 和 D_3。

② 用 75～100mm 的外径百分尺，分别量出 D 与 D_1、D 与 D_2、D 与 D_3 两圆柱销外表面的最大距 A_1、A_2 和 A_3，则三孔与中心孔的中心距分别为：

$$L_1=A_1-\frac{1}{2}(D+D_1)$$

$$L_2=A_2-\frac{1}{2}(D+D_2)$$

$$L_3=A_3-\frac{1}{2}(D+D_3)$$

而中心距的基本尺寸为 150/2=75mm。如果 L_1、L_2 和 L_3 都等于 75mm，就说明三个孔的中心线是在 ϕ150mm 的同一圆周上。

③ 用 125～150mm 的百分尺，分别量出 D_1 与 D_2、D_2 与 D_3、D_1 与 D_3 两圆柱销外表面的最大距离 A_{1-2}、A_{2-3} 和 A_{1-3}。则它们之间的中心距为；

$$L_{1-2}=A_{1-2}-\frac{1}{2}(D_1+D_2)$$

$$L_{2-3}=A_{2-3}-\frac{1}{2}(D_2+D_3)$$

$$L_{1-3}=A_{1-3}-\frac{1}{2}(D_1+D_3)$$

比较三个中心距的差值，就得三个孔的等分精度。如果三个中心距是相等的，即 $L_{1-2}=L_{2-3}=L_{1-3}$，就说明三个孔的中心线在圆周上是等分的。

任务四　杠杆千分尺的使用

【任务导入】

在某机械加工厂生产中，为保证零件的加工质量要对加工工件进行检测，根据检测不同的尺寸精度选择合适的量具，其中有多个尺寸需要使用杠杆千分尺进行检测。

【任务要点】

① 杠杆千分尺使用原理和读数方法。
② 杠杆千分尺的使用注意事项。
③ 杠杆千分尺的维护保养要求。

【任务提示】

① 查资料简述杠杆千分尺的组成。
② 杠杆千分尺的使用规范及注意事项。

【任务准备】

杠杆千分尺又称指示千分尺，它是由外径千分尺的微分筒部分和杠杆卡规中指示机构组合而成的一种精密量具，见图 1-21。

杠杆千分尺的放大原理见图 1-21 (a)，其指示值为 0.002mm，指示范围为 ±0.06mm，$r_1=2.54$mm，$r_2=12.195$mm，$r_3=3.195$mm，指针长 $R=18.5$mm，$z_1=312$，$z_2=12$，则其传动放大比 k 为：

$$k\approx\frac{r_2R}{r_1r_3}\times\frac{z_1}{z_2}=\frac{12.195\text{mm}\times18.5\text{mm}}{2.54\text{mm}\times3.195\text{mm}}\times\frac{312}{12}=723$$

即活动测砧移动 0.002mm 时，指针转过一格，读数值 b 为：

$$b\approx0.002k=0.002\text{mm}\times723=1.446\text{mm}$$

杠杆千分尺既可以进行相对测量，也可以像千分尺那样用作绝对测量。其分度值有 0.001mm 和 0.002mm 两种。杠杆千分尺不仅读数精度较高，而且因弓形架的刚度较大，测量力由小弹簧产生，比普通千分尺的棘轮装置所产生的测量力稳定，因此，它的实际测量

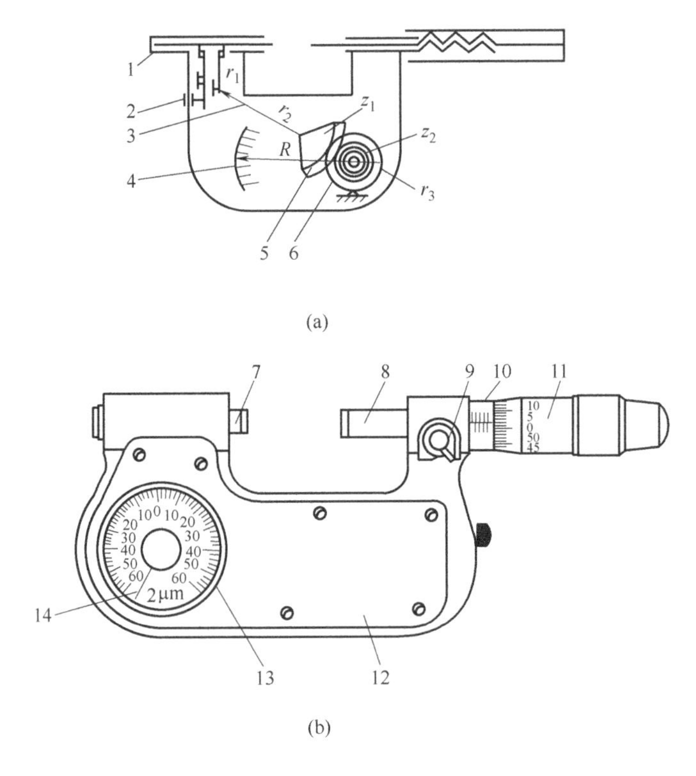

图 1-21　杠杆千分尺

1—压簧；2—拨叉；3—杠杆；4,14—指针；5—扇形齿轮 $z_1=312$；

6—小齿轮 $z_2=12$；7—微动测杆；8—活动测杆；9—止动器；

10—固定套筒；11—微分筒；12—盖板；13—表盘

精度也较高。

用杠杆卡规或杠杆千分尺作相对测量前，应按被测工件的尺寸，用量块调整好零位。测量时，按动退让按钮，让测量杆面轻轻接触工件，不可硬卡，以免测量面磨损而影响精度。测量工件直径时，应摆动量具，以指针的转折点读数为正确测量值。

任务五　内径百分尺的使用

【任务导入】

在某机械加工厂生产中，为保证零件的加工质量要对加工工件进行检测，根据检测不同的尺寸精度选择合适的量具，其中有多个尺寸需要使用内径百分尺进行检测。

【任务要点】

① 内径百分尺使用原理和读数方法。

② 内径百分尺的使用注意事项。

③ 内径百分尺的维护保养要求。

【任务提示】

① 查资料简述内径百分尺的组成。
② 简述内径百分尺的使用方法。
③ 内径百分尺的使用规范及注意事项。

【任务准备】

内径百分尺如图 1-22（a）所示，其读数方法与外径百分尺相同。内径百分尺主要用于测量大孔径，为适应不同孔径尺寸的测量，可以接上接长杆，如图 1-22（b）所示。连接时，只需将保护螺母 5 旋去，将接长杆的右端（具有内螺纹）旋在百分尺的左端即可。接长杆可以一个接一个地连接起来，测量范围最大可达到 5000mm。内径百分尺与接长杆是成套供应的。目前，国产内径百分尺的测量范围（mm）为：50～250；50～600；100～1225；100～1500；100～5000；150～1250；150～1400；150～2000；150～3000；150～4000；150～5000；250～2000；250～4000；250～5000；1000～3000；1000～4000；1000～5000；2500～5000。读数值为 0.01mm。

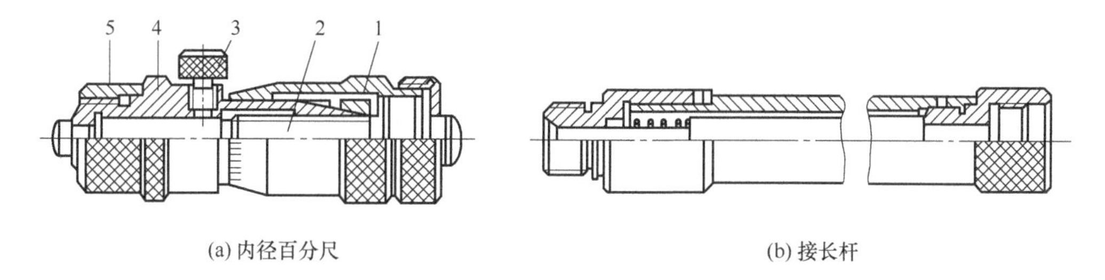

图 1-22　内径百分尺

1—微分筒；2—测微螺杆；3—制动螺钉；4—固定套筒；5—保护螺母

内径百分尺上没有测力装置，测量压力的大小完全靠手中的感觉。测量时，将它调整到所测量的尺寸后（图 1-23），轻轻放入孔内试测其接触的松紧程度是否合适。一端不动，另一端作左、右、前、后摆动。左右摆动，必须细心地放在被测孔的直径方向，以点接触，即测量孔径的最大尺寸处（最大读数处），要防止图 1-24 所示的错误位置。前后摆动应在测量孔径的最小尺寸处（即最小读数处）。按照这两个要求与孔壁轻轻接触，才能读出直径的正确数值。测量时，用力把内径百分尺压过孔径是错误的。这样做不但使测量面过早磨损，且由于细长的测量杆弯曲变形后，既损伤量具精度，又使测量结果不准确。

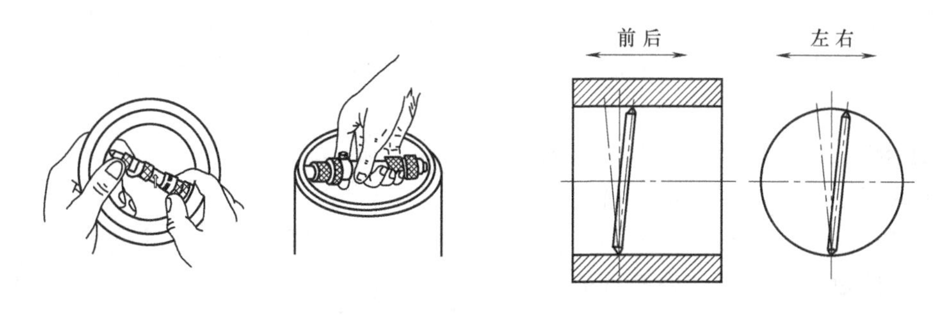

图 1-23　内径百分尺的使用

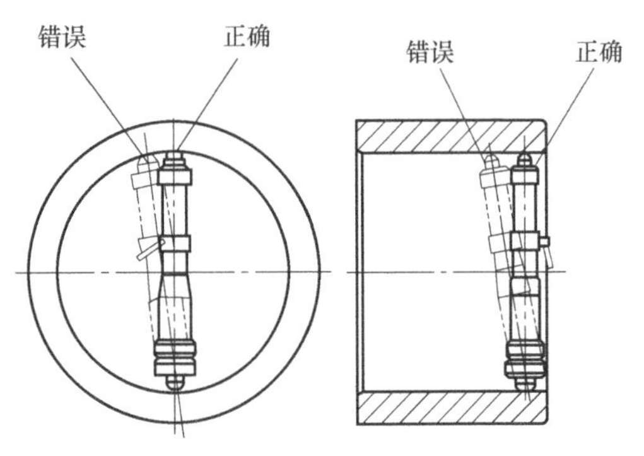

图 1-24 内径百分尺的错误位置

内径百分尺的示值误差比较大，如测0～600mm的内径百分尺，示值误差就有±(0.01～0.02)mm。因此，在测量精度较高的内径时，应把内径百分尺调整到测量尺寸后，放在由量块组成的相等尺寸上进行校准，或把测量内尺寸时的松紧程度与测量量块组尺寸时的松紧程度进行比较，克服其示值误差较大的缺点。

内径百分尺，除可用来测量内径外，也可用来测量槽宽和机体两个内端面之间的距离等内尺寸。但50mm以下的尺寸不能测量，需用内测百分尺。

任务六　内测百分尺的使用

【任务导入】

在某机械加工厂生产中，为保证零件的加工质量要对加工工件进行检测，根据检测不同的尺寸精度选择合适的量具，其中有多个尺寸需要使用内测百分尺进行检测。

【任务要点】

① 内测百分尺使用原理和读数方法。
② 内测百分尺的使用注意事项。
③ 游标卡尺的维护保养要求。

【任务提示】

① 查资料简述内测百分尺的组成。
② 简述内测百分尺的使用方法。
③ 内测百分尺的使用规范及注意事项。

【任务准备】

内测百分尺如图1-25所示，用来测量小尺寸内径和内侧面槽的宽度。其特点是容易找正内孔直径，测量方便。国产内测百分尺的读数值为0.01mm，测量范围有5～30mm和25～50mm的两种，图1-25所示为5～30mm的内测百分尺。内测百分尺的读数方法与外径百分尺相同，只是套筒上的刻线尺寸与外径百分尺相反，另外它的测量方向和读数方向也都与外径百分尺相反。

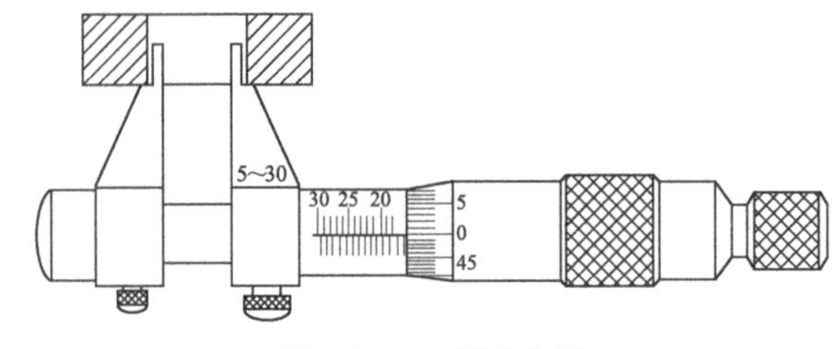

图 1-25 内测百分尺

任务七　深度游标卡尺的使用

【任务导入】

在某机械加工厂生产中，为保证零件的加工质量要对加工工件进行检测，根据检测不同的尺寸精度选择合适的量具，其中有多个尺寸需要使用深度游标卡尺进行检测。

【任务要点】

① 深度游标卡尺刻线原理和读数方法。
② 深度游标卡尺的使用注意事项。
③ 深度游标卡尺的维护保养要求。

【任务提示】

① 查资料简述深度游标卡尺的组成。
② 简述深度游标卡尺的使用方法。
③ 深度游标卡尺的使用规范及注意事项。

【任务准备】

深度游标卡尺如图 1-26 所示，用于测量零件的深度尺寸或台阶高低和槽的深度。它的结构特点是尺框 3 的两个量爪连成一起成为一个带游标的测量基座 1，基座的端面和尺身 4 的端面就是它的两个测量面。如测量内孔深度时应把基座的端面紧靠在被测孔的端面上，使尺身与被测孔的中心线平行，伸入尺身，则尺身端面至基座端面之间的距离，就是被测零件的深度尺寸。它的读数方法和游标卡尺完全一样。

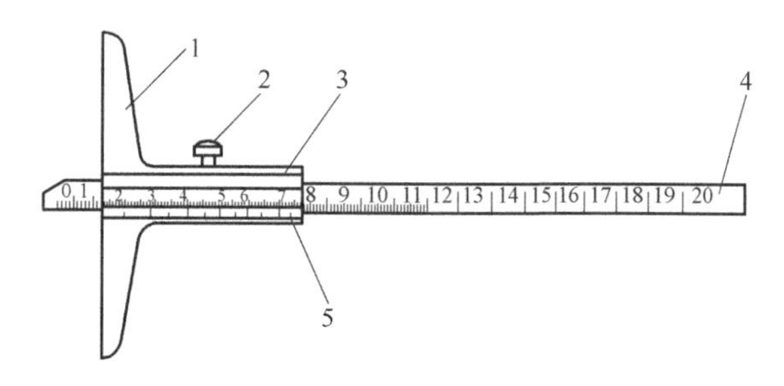

图 1-26　深度游标卡尺

1—测量基座；2—紧固螺钉；3—尺框；4—尺身；5—游标

测量时，先把测量基座轻轻压在工件的基准面上，两个端面必须接触工件的基准面，如图 1-27（a）所示。测量轴类等台阶时，测量基座的端面一定要压紧在基准面，如图 1-27（b）、（c）所示，再移动尺身，直到尺身的端面接触到工件的量面（台阶面）上，然后用紧固螺钉固定尺框，提起卡尺，读出深度尺寸。多台阶小直径的内孔深度测量，要注意尺身的端面是否在要测量的台阶上，如图 1-27（d）所示。当基准面是曲线时，如图 1-27（e）所示，测量基座的端面必须放在曲线的最高点上，测量出的深度尺寸才是工件的实际尺寸，否则会出现测量误差。

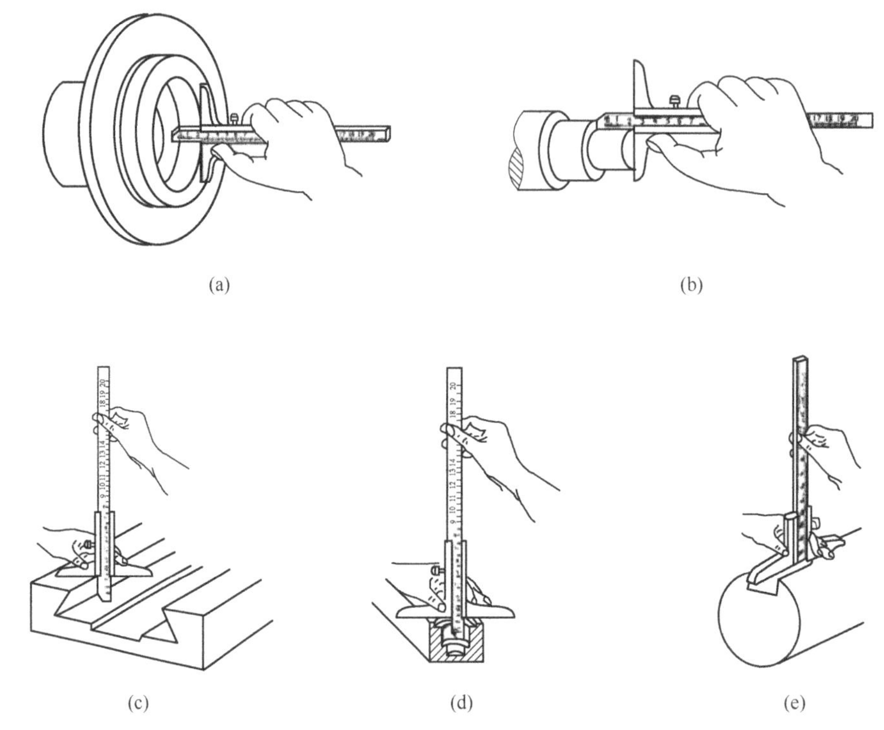

(a)　(b)

(c)　(d)　(e)

图 1-27　深度游标卡尺的使用方法

任务八　内、外卡钳的使用

【任务导入】

在某机械加工厂生产中，为保证零件的加工质量要对加工工件进行检测，根据检测不同的尺寸精度选择合适的量具，其中有多个尺寸需要使用内、外卡钳进行检测。

【任务要点】

① 内、外卡钳使用原理和读数方法。

② 内、外卡钳的使用注意事项。

③ 内外卡钳的维护保养要求。

【任务提示】

① 查资料简述内、外卡钳的组成。

② 简述内、外卡钳的使用方法。

③ 简述内、外卡钳的使用规范及注意事项。

【任务准备】

图 1-28 是常见的两种内、外卡钳。内、外卡钳是最简单的比较量具。外卡钳是用来测

量外径和平面的，内卡钳是用来测量内径和凹槽的。它们本身都不能直接读出测量结果，而是把测量得到的长度尺寸（直径也属于长度尺寸），在钢直尺上进行读数，或在钢直尺上先取下所需尺寸，再去检验零件的直径是否符合。

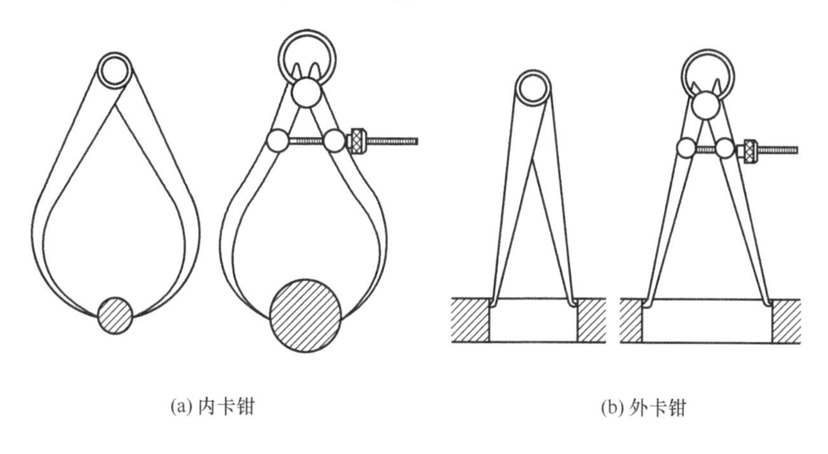

(a) 内卡钳　　(b) 外卡钳

图 1-28　内、外卡钳

1. 卡钳开度的调节

首先检查钳口的形状，钳口形状对测量精确性影响很大，应注意经常修整钳口的形状，图 1-29 所示为卡钳钳口形状好与坏的对比。调节卡钳的开度时，应轻轻敲击卡钳脚的两侧面。先用两手把卡钳调整到和工件尺寸相近的开口，然后轻敲卡钳的外侧来减小卡钳的开口，敲击卡钳内侧来增大卡钳的开口，如图 1-30（a）所示。但不能直接敲击钳口，如图 1-30（b）所示，这会因卡钳的钳口损伤量面而引起测量误差。更不能在机床的导轨上敲击卡钳，如图 1-30（c）所示。

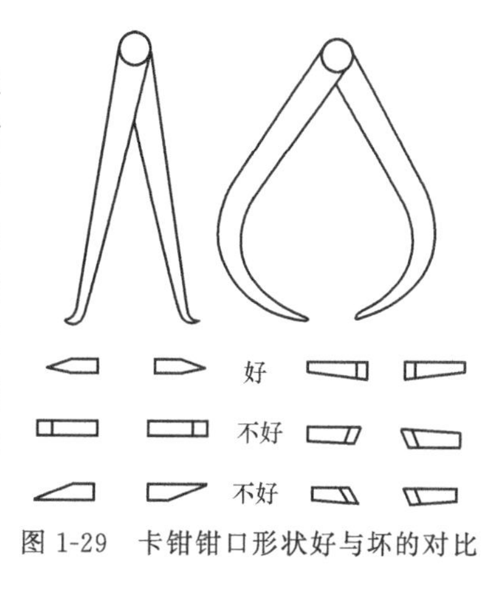

图 1-29　卡钳钳口形状好与坏的对比

2. 外卡钳的使用

外卡钳在钢直尺上取下尺寸时，如图 1-31（a）所示，一个钳脚的测量面靠在钢直尺的端面上，另一个钳脚的测量面对准所需尺寸刻线的中间，且两个测量面的连线应与钢直尺平行，人的视线要垂直于钢直尺。

用已在钢直尺上取好尺寸的外卡钳去测量外径时，要使两个测量面的连线垂直零件的轴线，靠外卡钳的自重滑过零件外圆时，手中的感觉应该是外卡钳与零件外圆正好是点接触，此时外卡钳两个测量面之间的距离，就是被测零件的外径。所以，用外卡钳测量外径，就是比较外卡钳与零件外圆接触的松紧程度，如图 1-31（b）所示，以卡钳的自重能刚好滑下为合适。如当卡钳滑过外圆时，手中没有接触感觉，就说明外卡钳比零件外径尺寸大，如靠外卡钳的自重不能滑过零件外圆，就说明外卡钳比零件外径尺寸小。切不可将卡钳歪斜地放上工件测量，这样有误差，如图 1-31（c）所示。由于卡钳有弹性，把外卡钳用力压过外圆是错误的，更不能把卡钳横着卡上去，如图 1-31（d）所示。对于大尺寸的外卡钳，靠它自重滑过零件外圆的测量压力已经太大了，此时应托住卡钳进行测量，如图 1-31（e）所示。

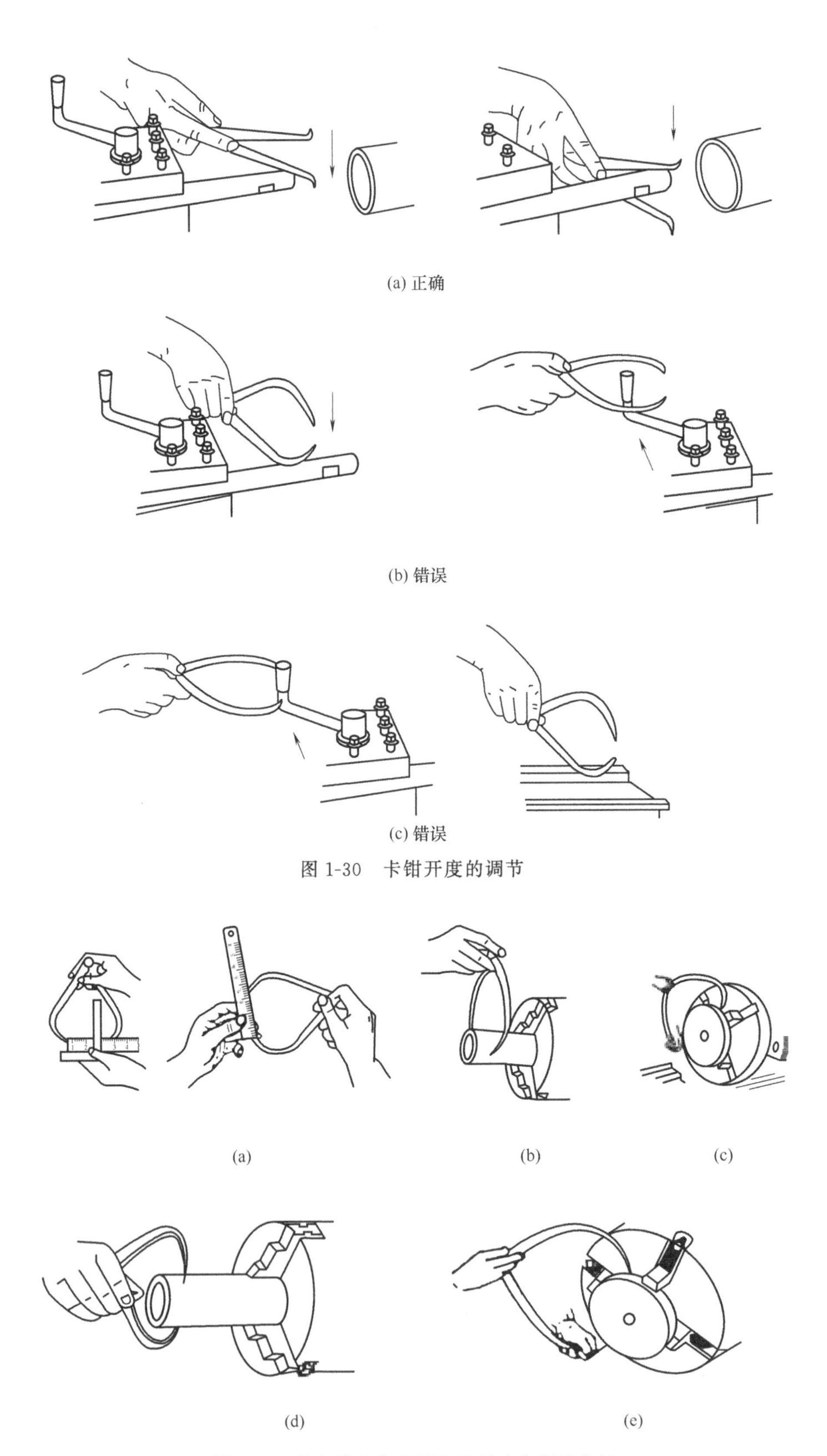
(a) 正确

(b) 错误

(c) 错误

图 1-30　卡钳开度的调节

(a)　(b)　(c)

(d)　(e)

图 1-31　外卡钳在钢直尺上取尺寸和测量方法

3. 内卡钳的使用

用内卡钳测量内径时，应使两个钳脚的测量面的连线正好垂直相交于内孔的轴线，即钳脚的两个测量面应是内孔直径的两端点。因此，测量时应将下面的钳脚的测量面停在孔壁上作为支点，如图 1-32（a）所示，上面的钳脚由孔口略往里面一些逐渐向外试探，并沿孔壁圆周方向摆动，当沿孔壁圆周方向能摆动的距离为最小时，则表示内卡钳脚的两个测量面已处于内孔直径的两端点了。再将卡钳由外至里慢慢移动，可检验孔的圆度公差，如图 1-32（b）所示。

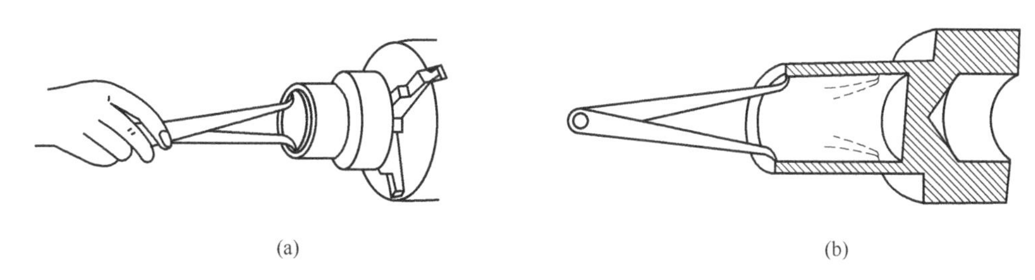

(a)　　(b)

图 1-32　内卡钳测量方法

测量内径，如图 1-33（a）所示。就是比较内卡钳在零件孔内的松紧程度。如内卡钳在孔内有较大的自由摆动时，就表示卡钳尺寸比孔径小了；如内卡钳放不进，或放进孔内后紧得不能自由摆动，就表示内卡钳尺寸比孔径大了，如内卡钳放入孔内，按照上述的测量方法能有 1～2mm 的自由摆动距离，这时孔径与内卡钳尺寸正好相等。测量时不要用手抓住卡钳测量，如图 1-33（b）所示，这样手感就没有了，难以比较内卡钳在零件孔内的松紧程度，并使卡钳变形而产生测量误差。

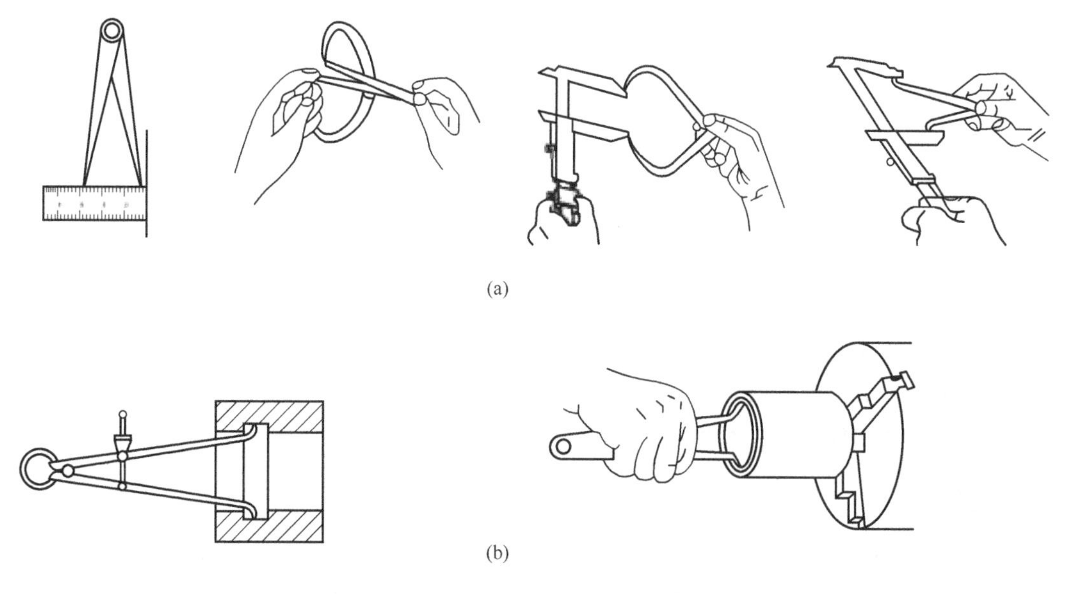

(a)

(b)

图 1-33　卡钳取尺寸和测量方法

4. 卡钳的适用范围

卡钳是一种简单的量具，由于它具有结构简单、制造方便、价格低廉、维护和使用方便等特点，广泛应用于要求不高的零件尺寸的测量和检验，尤其是对锻铸件毛坯尺寸的测量和

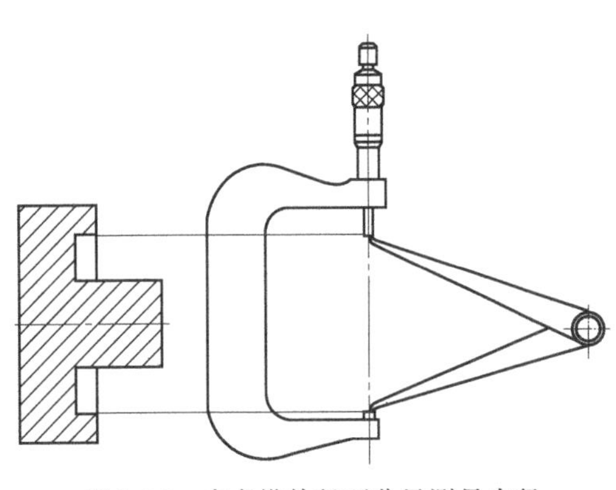

图 1-34　内卡搭外径百分尺测量内径

检验，卡钳是最合适的测量工具。

卡钳虽然是简单量具，但只要掌握得好，也可获得较高的测量精度。例如用外卡钳比较两根轴的直径大小时，就是轴径相差只有0.01mm，有经验的老师傅也能分辨得出。又如用内卡钳与外径百分尺联合测量内孔尺寸时，有经验的老师傅完全有把握用这种方法测量高精度的内孔。这种内径测量方法，称为“内卡搭百分尺”，是利用内卡钳在外径百径分尺上读取准确的尺寸，如图 1-34 所示，再去测量零件的内径；或内卡在孔内调整好与孔接触的松紧程度，再在外径百分尺上读出具体尺寸。这种测量方法，不仅在缺少精密的内径量具时是测量内径的好办法，而且对于某零件的内径，如图 1-34 所示的零件，由于它的孔内有轴而使用精密的内径量具有困难，则应用内卡钳搭外径百分尺测量内径方法，就能解决问题。

任务九　塞尺的使用

【任务导入】

在某机械加工厂生产中，为保证零件的加工质量要对加工工件进行检测，根据检测不同的尺寸精度选择合适的量具，其中有多个尺寸需要使用塞尺进行检测。

【任务要点】

① 塞尺使用原理和读数方法。

② 塞尺的使用注意事项。

③ 塞尺的维护保养要求。

【任务提示】

① 查资料简述塞尺的组成。

② 简述塞尺的使用方法。

③ 塞尺的使用规范及注意事项。

【任务准备】

塞尺又称厚薄规或间隙片。主要用来检验机床特别紧固面和紧固面、活塞与气缸、活塞环槽和活塞环、十字头滑板和导板、进排气阀顶端和摇臂、齿轮啮合间隙等两个结合面之间的间隙大小。塞尺由许多层厚薄不一的薄钢片组成（图 1-35），按照塞尺的组别制成一把一把的塞尺，每把塞尺中的每片具有两个平行的测量平面，且都有厚度标记，以供组合使用。

测量时，根据结合面间隙的大小，用一片或数片重叠在一起塞进间隙内。例如用0.03mm 的一片能插入间隙，而 0.04mm 的一片不能插入间隙，这说明间隙在 0.03～

0.04mm 之间，所以塞尺也是一种界限量规。塞尺的规格见表 1-2。

图 1-36 是主机与轴系法兰定位检测，将直尺贴附在以轴系推力轴或第一中间轴为基准的法兰外圆的素线上，用塞尺测量直尺与之连接的柴油机曲轴或减速器输出轴法兰外圆的间隙 Z_X、Z_S，并依次在法兰外圆的上、下、左、右四个位置上进行测量。图 1-37 是检验机床尾座紧固面的间隙（<0.04mm）。

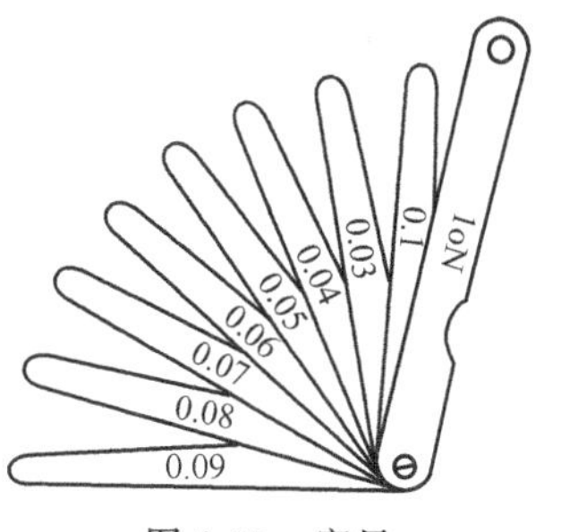

图 1-35 塞尺

表 1-2 塞尺的规格

A 型	B 型	塞尺片长度/mm	片数	塞尺的厚度及组装顺序
组别标记				
75A13	75B13	75	13	0.02;0.02;0.03;0.03;0.04;0.04;0.05;0.05;0.06;0.07;0.08;0.09;0.10
100A13	100B13	100		
150A13	150B13	150		
200A13	200B13	200		
300A13	300B13	300		
75A14	75B14	75	14	1.00;0.05;0.06;0.07;0.08;0.09;0.19;0.15;0.20;0.25;0.30;0.40;0.50;0.75
100A14	100B14	100		
150A14	150B14	150		
200A14	200B14	200		
300A14	300B14	300		
75A17	75B17	75	17	0.50;0.02;0.03;0.04;0.05;0.06;0.07;0.08;0.09;0.10;0.15;0.20;0.25;0.30;0.35;0.40;0.45
100A17	100B17	100		
150A17	150B17	150		
200A17	200B17	200		
300A17	300B17	300		

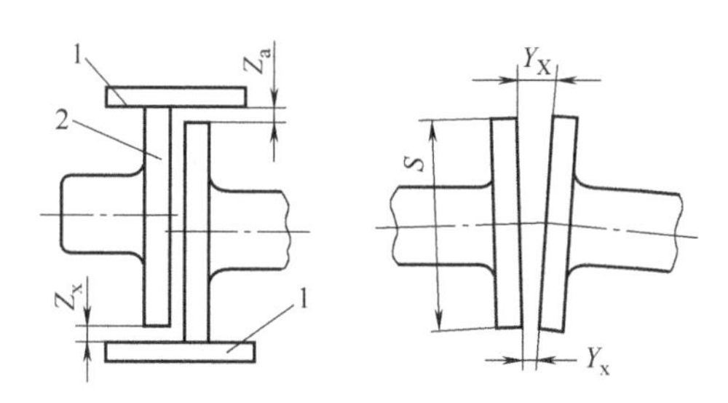

图 1-36 用直尺和塞尺测量轴的偏移和曲折

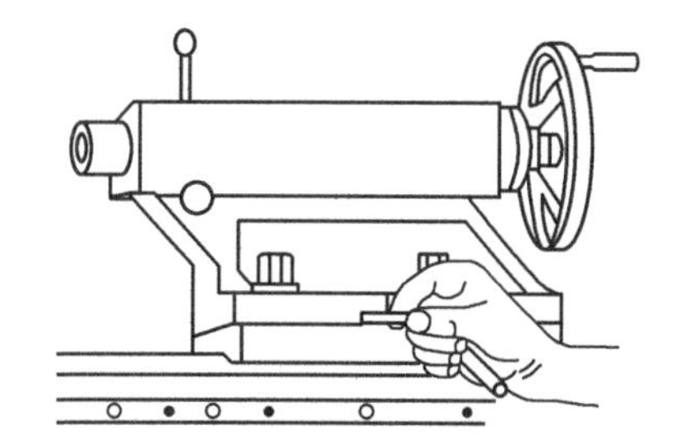
图 1-37 用塞尺检验机床尾座紧固面间隙

使用塞尺必须注意下列几点。

① 根据结合面的间隙情况选用塞尺片数，但片数愈少愈好。

② 测量时不能用力太大，以免塞尺遭受弯曲和折断。

③ 不能测量温度较高的工件。

【项目实施】

项目实施名称：使用量具进行工件质量检测

根据图纸要求，完成图 1-38 所示零件的检测。

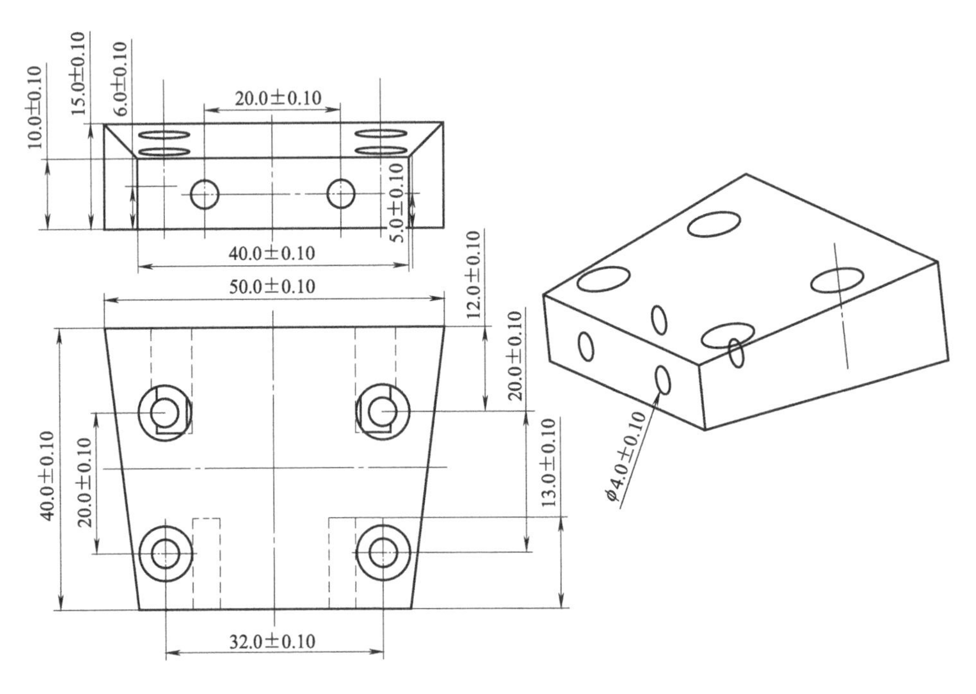

图 1-38　零件图

1. 信息收集

仔细识读零件图（见图 1-38），回答下列问题。

(1) 简述图纸给定尺寸需要几种量具，并说明理由。

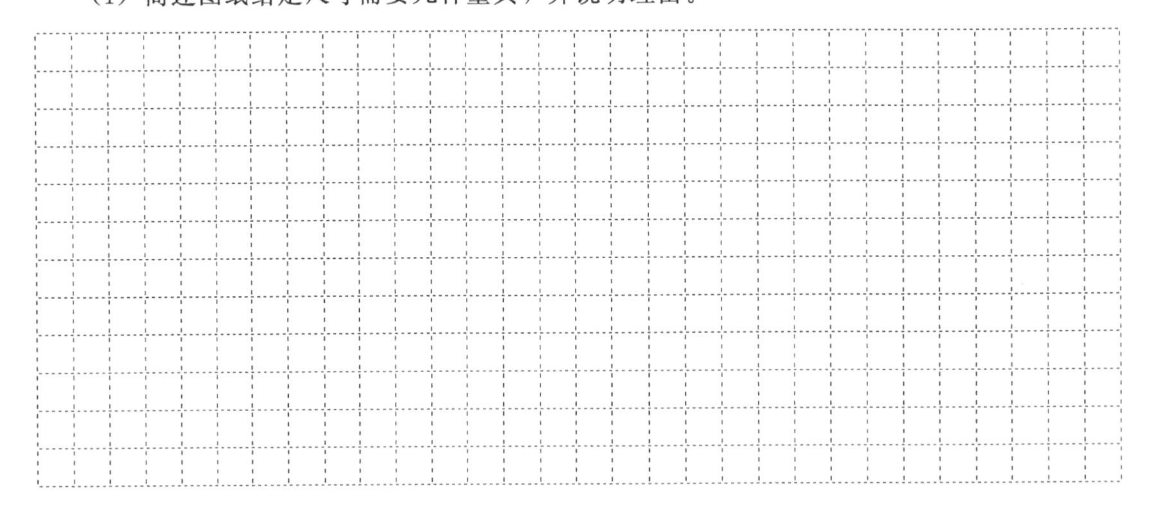

（2）根据图纸要求选择合适的量具。

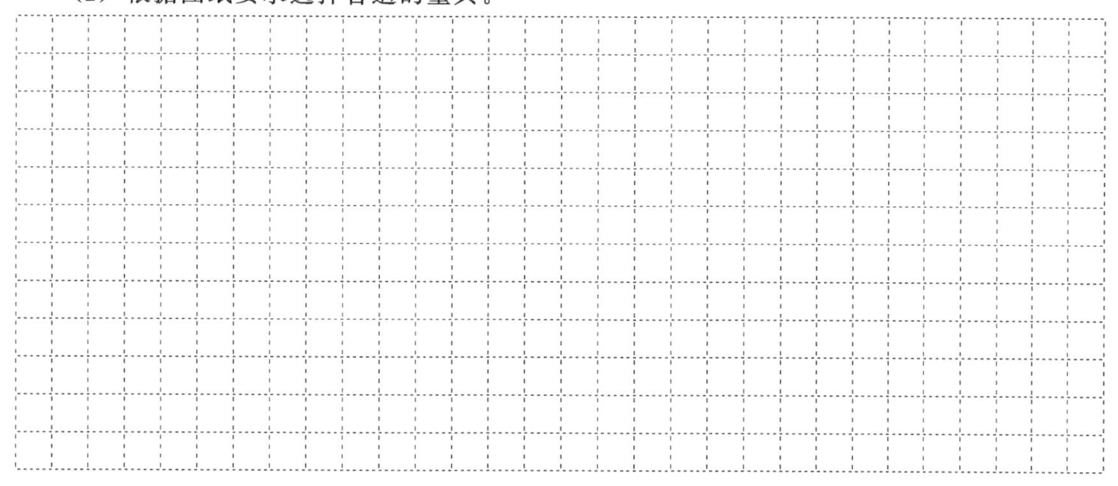

2. 编制计划

根据图纸要求完成工件检测计划。

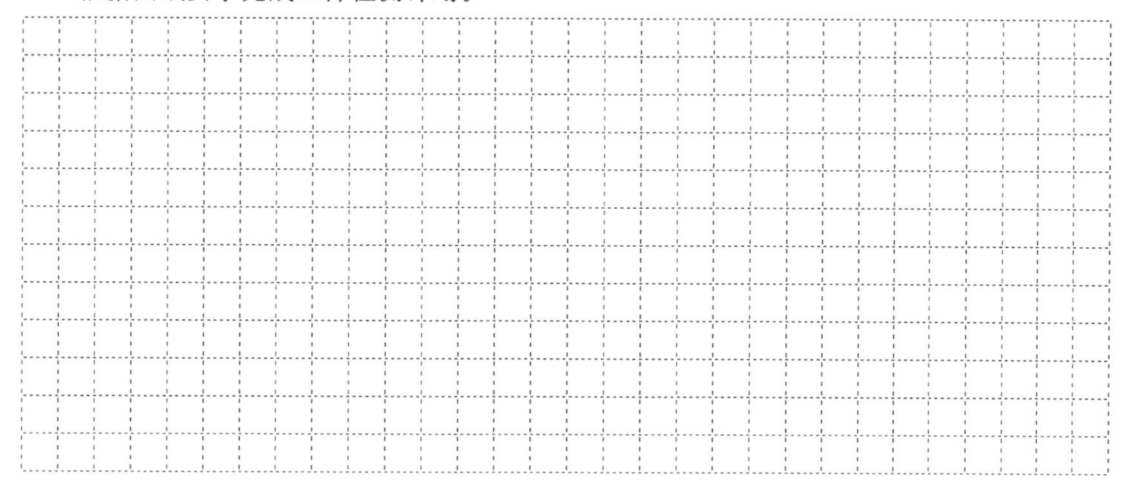

3. 制订决策

（1）根据图纸尺寸完成合理的加工工艺。

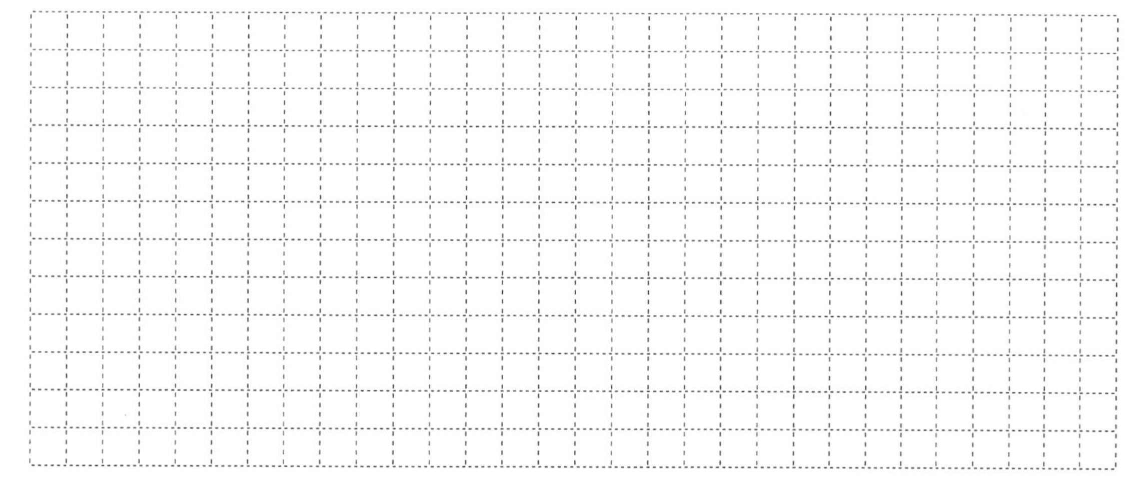

(2) 工具清单（见表 1-3）。

表 1-3 工具清单

<table>
<tr><th>工具名称</th><th>数量</th><th>单位</th><th>材料</th><th>特殊要求</th><th>附注</th></tr>
<tr><td></td><td></td><td></td><td></td><td></td><td></td></tr>
<tr><td></td><td></td><td></td><td></td><td></td><td></td></tr>
<tr><td></td><td></td><td></td><td></td><td></td><td></td></tr>
<tr><td></td><td></td><td></td><td></td><td></td><td></td></tr>
<tr><td></td><td></td><td></td><td></td><td></td><td></td></tr>
<tr><td></td><td></td><td></td><td></td><td></td><td></td></tr>
<tr><td></td><td></td><td></td><td></td><td></td><td></td></tr>
<tr><td></td><td></td><td></td><td></td><td></td><td></td></tr>
<tr><td></td><td></td><td></td><td></td><td></td><td></td></tr>
<tr><td></td><td></td><td></td><td></td><td></td><td></td></tr>
<tr><td colspan="2" rowspan="3">工件名称：</td><td colspan="3">任务名称：</td><td>班级：</td></tr>
<tr><td colspan="2">组号：</td><td colspan="2">组长：</td></tr>
<tr><td colspan="4">组员：</td></tr>
</table>

4. 计划实施

计划实施过程记录见表 1-4。

表 1-4 计划实施过程记录

<table>
<tr><th colspan="2">名称</th><th>内容</th></tr>
<tr><td rowspan="2">设备</td><td>操作</td><td></td></tr>
<tr><td>工、量、刀具</td><td></td></tr>
<tr><td>工艺</td><td>加工合理性</td><td></td></tr>
<tr><td rowspan="2">6S</td><td>5S</td><td></td></tr>
<tr><td>安全</td><td></td></tr>
</table>

5. 质量检测（见表 1-5、表 1-6）

表 1-5　目测和功能检查表

（任务名称）					组织形式 EA□ GEA□ GA
姓名					
序号	位号	目测和功能检查	受训生 自我评分 分数	培训教师	
				评分 分数	自我评分结果 分数
总分					

说明：
灰色区域应促进受训生自行进行评分，并不计入评分。

自我评分标准：
加/减一个评分等级：=9 分
加/减两个评分等级：=5 分
加/减三个评分等级：=0 分

（整体任务名称）	部分：（任务名称）	
	（工件名称）	任务/工作
	（工件名称）+（连接、检验、测量）	分练习

表 1-6　尺寸和物理量检查表

序号	位号	经检查的尺寸或经验检查的物理量	受训生		培训教师		
			自我评分		结果 尺寸检查		结果 自我评分
			实际尺寸	分数	实际尺寸	分数	分数
总分							

经检查的尺寸和物理量的评分
（10 分或 0 分）

6. 评价总结（见表1-7、表1-8）

表1-7　自我评价

（姓名）				
序号	信息、计划和团队能力	受训生自我评分分数	培训教师	
			评分分数	结果自我评分分数
	（对检查的问题）			
信息、计划和团队能力评分				

总成绩

序号	评估组	结果	除数	100-分制结果	加权系数	分数
				总分		
				分数		

附注

日期：　　受训生　　培训教师

（整体任务名称）	部分:(任务名称)	机电一体化
	（工件名称）	任务/工作
	检查评分表	分练习

表1-8　总结分享

项目	内容
成果展示	
总结与分享	

项目二　机械加工工艺编制

机械加工工艺规程是规定零件机械加工工艺过程和操作方法的工艺文件，是指导生产的主要技术文件，制订机械加工工艺规程是新零件投入生产前的重要技术准备工作。正确规范的工艺规程也是企业生产组织管理和新建、扩建生产能力的基本依据。

【项目导入】

机械零件生产中，根据图纸技术要求，工人完成零件加工需要做哪些工作？在生产中工作步骤是什么？使用什么机床加工？工件在机床上如何安装？在加工时所需要的刀具、量具、夹具等工装的要求是什么？

【项目要点】

(1) 素质目标

① 通过完成项目任务，培养学生沟通交流、自我学习的能力，提高学生分析问题、解决问题的能力。

② 通过机械加工培养学生树立工程意识、标准化意识，养成耐心细致的工作作风和严谨认真的工作态度。

③ 通过小组合作的学习方式培养学生团队合作意识。

(2) 能力目标

① 能根据实际情况制订加工路线。

② 具有计算尺寸链的能力。

③ 掌握机械加工工艺规程编制的能力。

(3) 知识目标

① 认识机械加工工艺规程的作用，了解不同生产类型的工艺特征。

② 熟悉各种表面典型加工路线，能合理确定零件加工顺序和工序尺寸等。

③ 掌握简单工艺尺寸链计算方法。

④ 能制订简单零件机械加工工艺规程。

⑤ 能读懂较复杂零件的机械加工工艺规程。

引导问题

问题 1 | 简述工艺在加工过程中的重要性。

问题 2 | 查阅资料简述加工工艺编制原则。

问题 3 | 毛坯选择对加工工艺有何影响。

问题 4 | 如何制订合理的加工路线。

问题 5 | 简述工序与工步的区别。

【项目准备】

任务一　机械加工工艺规程制订准备

【任务导入】

某机械加工厂来了一批零件，生产主任将这批零件分配到二厂区来完成。为保证零件的加工质量，要对加工工件进行生产前准备，将这批零件进行工艺编制。

【任务要点】

① 根据要求设计合理的工艺路线。

② 按操作要求完成工艺卡片填写。

③ 区分工序与工步的区别。

【任务提示】

① 请查资料，简述工步与工序的区别。

② 简述机械加工工艺规程。

【任务准备】

一、机械加工工艺规程制订原则

机械加工工艺规程一般包括下列内容：零件加工的工艺路线、各工序的具体内容、所用设备和工艺装备、工件的检验项目及检验方法、切削用量和加工时间定额等。表2-1和表2-2是生产中常用的机械加工工艺文件样本，分别用于单件小批生产和大批生产中。

零件机械加工工艺规程制订要遵循“优质、高效、低成本”的原则，认真分析研究零件图纸，了解零件在产品或部件中的作用，找出主要技术要求及需要加工的主要表面，审查零件的结构工艺性。

零件机械加工工艺规程制订工作过程如图2-1所示。

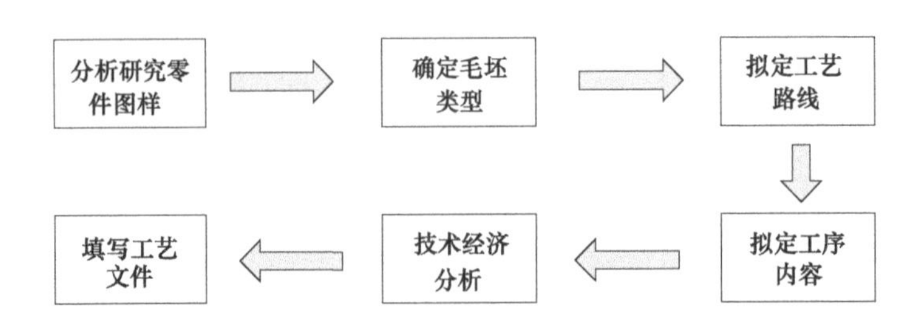

图2-1　零件机械加工工艺规程制订工作过程

表 2-1 机械加工工艺过程卡片

项目名称	机械加工工艺过程卡片	产品型号		零件图号			
		产品名称		零件名称	阶梯轴	共1页	第1页

材料牌号	45	毛坯种类	型材	毛坯外尺寸		每毛坯件数	1	每台件数	1	备注	

工序号	工序名称	工序内容	车间	工段	设备	工艺装备	工时/min	
							准终	单件
1	下料				锯床			
2	车	夹大端，车小端面，钻小端中心孔，粗车小端外圆，倒角	机加工		CA6140	车刀、中心钻		
3		掉头，车大端面，钻大端中心孔，粗车大端外圆，倒角						
4	车	以两中心孔定位，精车外圆	机加工		CA6140	外圆车刀		
5	铣	铣键槽	机加工		X5032	键槽铣刀		
6	检验					外径千分尺 内径千分尺		

										设计（日期）	校对（日期）	审核（日期）	标准化（日期）	会签（日期）
标记	处数	更改文件号	签字	日期	标记	处数	更改文件号	签字	日期					

二、机械加工工艺过程的组成

1. 工艺过程

“工艺”就是制造零件、产品的方法。在生产过程中，直接改变生产对象（如原材料、毛坯、零件或部件等）的形状、尺寸、相对位置和性能等，使其成为成品或半成品的过程，称为工艺过程。工艺过程由毛坯制造工艺过程、机械加工工艺过程、热处理工艺过程、装配工艺过程等组成，如图 2-2 所示。

表 2-2 机械加工工序卡片

项目名称	机械加工工艺过程卡片	产品型号		零件图号			
		产品名称		零件名称	阶梯轴	共 1 页	第 1 页

车间	工序号	工序名称	材料牌号
	7	钻削	45 钢
毛坯种类	毛坯外形尺寸	每毛坯可制件数	每件台数
铸件			
设备名称	设备型号	设备编号	同时加工件数
钻床	Z5140		

夹具编号	夹具名称	切削液

工位器具编号	工位器具名称	工序工时/min	
		准终	单件

工步号	工步内容	工艺装备	主轴转速/(r/min)	切削速度/(m/min)	进给量/(mm/r)	背吃刀量/mm	进给次数	工时/min	
								机动	辅助
1	钻孔 M8	ϕ7 麻花钻	750	16.49	0.2		1	0.14	
2	攻螺纹 M8		350	8.79					

									设计（日期）	校对（日期）	审核（日期）	标准化（日期）	会签（日期）
标记	处数	更改文件号	签字	日期	标记	处数	更改文件号	签字	日期				

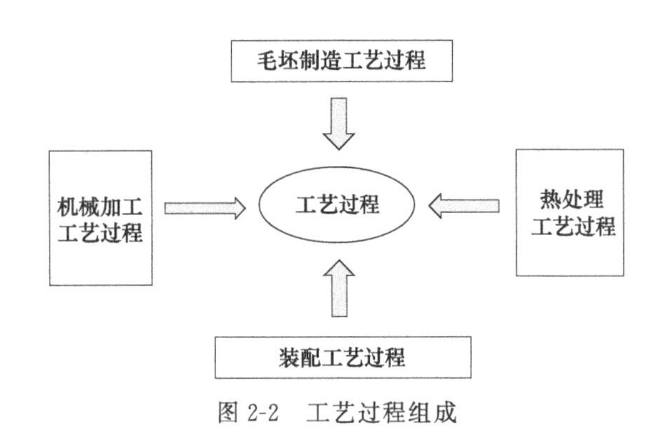

图 2-2 工艺过程组成

2. 机械加工工艺过程

机械加工工艺过程是用机械加工的方法改变毛坯形状、尺寸、相对位置和性质使其成为合格零件的全过程，具体组成如图 2-3 所示。

（1）工序 一个（或一组）工人，在一个工作地点（或一台机床上），对同一个工件（或一组工件）所连续完成的那一部分工艺过程，称为工序。划分工序的主要依据是工作地点（或机床）是否变动和加工是否连续。

（2）安装 工件在一次装夹中，所完成的那一部分工序，称为安装。一个工序中可以只有一次安装，也可以有多次安装。工件在加工过程中，应尽量减少装夹次数，因为多次装夹会增大加工误差，同时增加了工件装卸时间。

（3）工位 工件安装后，在每一个加工位置上所完成的那部分工艺内容称为工位。

图 2-4 所示为一生产实例，在一次安装中顺次完成装卸工件、钻孔、扩孔和铰孔四个工位加工。

（4）工步 在一次安装中加工表面和加工工具不变的情况下，所连续完成的那一部分工序，称为工步。如对一个孔进行钻孔、扩孔、铰孔加工，是三个工步。对于连续进行的若干

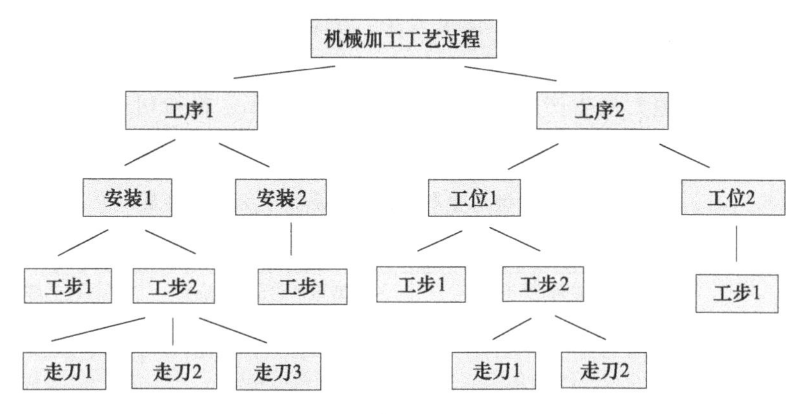

图 2-3　机械加工工艺过程组成

个相同工步，习惯上常常写成一个工步。如在摇臂钻床上，连续钻削零件上 10 个 M8 螺纹底孔，在工艺文件上常写成钻 10 个 M8 螺纹底孔，不再划分工步。

（5）走刀　在一个工步内，如果被加工表面需要切去的金属层很厚，一次切削无法完成，则应分几次切削，每切去一层金属的过程就是一次走刀。一个工步可以包括一次或几次走刀。

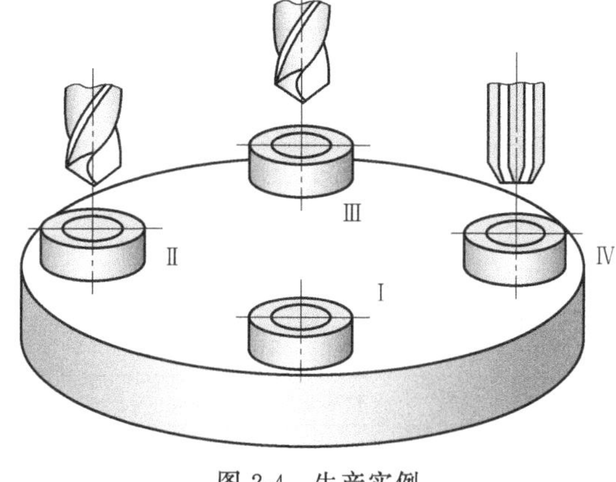

图 2-4　生产实例

三、生产类型及其工艺特征

1. 生产纲领

在计划期内应当生产的产品产量和进度计划称为生产纲领。零件生产纲领可按下式计算：

$$N=Qn(1+\alpha+\beta)$$

式中　N——零件的年产量，件/年；

Q——产品的年产量，台/年；

n——每台产品中该零件的数量，件/台；

α——备品率，%；

β——废品率，%。

生产纲领的大小决定了产品（或零件）的生产类型。不同的生产类型有不同的工艺特征，它们对零件加工过程产生着影响。因此，生产纲领是制订和修改工艺规程的重要依据。

2. 生产类型

根据产品尺寸大小和特征以及生产纲领的不同，生产类型可分为三种，即单件生产、成批生产和大量生产。

单件生产指产品品种多，很少重复生产同一品种，且每一种产品生产量很少的生产。例如，重型机器和大型船舶制造，新产品样机试制以及机修车间的零件制造等一般均为单件生产。

成批生产是指一年中分批制造若干相同产品，生产呈周期性重复状况。例如，机床和电机制造一般为成批生产。按投入零件的批量大小，成批生产又分为小批生产、中批生产及大批生产三种。

大量生产是指连续地大量生产同一种产品。例如，汽车、拖拉机、轴承等产品的制造一般属于这一类型。生产类型与生产纲领、产品大小之间的关系见表 2-3。

表 2-3　生产类型与生产纲领、产品大小之间的关系

生产类型	零件的生产纲领/(件/年)		
	重型零件(＞50kg)	中型零件(15～50kg)	轻型零件(≤15kg)
单件生产	≤5	≤200	≤100
小批生产	5～100	20～200	100～500
中批生产	100～300	200～500	500～5000
大批生产	300～1000	500～5000	5000～50000
大量生产	＞1000	＞5000	＞50000

3. 各种生产类型的工艺特征

不同生产类型在毛坯种类、机床及工艺装备选用、机床布置和生产组织等方面有明显区别。不同生产类型的工艺特征见表 2-4。

表 2-4　生产类型的工艺特征

项目	生产类型		
	单件小批生产	中批生产	大批大量生产
加工对象	经常变换	周期性交换	固定不变
毛坯及余量	木模手工造型，自由锻。毛坯精度低，加工余量大	金属模铸造，模锻。毛坯精度和加工余量均中等	广泛采用金属模机器造型和模锻。毛坯精度高，加工余量小
机床设备	通用机床按机群式排列，数控机床	部分专用机床，部分流水线排列，部分数控机床	广泛采用专机，按流水线布置
工装设备	通用工装为主，必要时采用专用夹具	广泛采用专用夹具、可调夹具，部分采用专用刀、量具	广泛采用高效率专用工装
工件装夹方法	广泛采用装配法	大多采用互换法	互换法
装配方法	高	一般	较低
操作工人技术水平	高	一般	较低
工艺文件			
生产率	低	一般	高
成本	高	一般	低

任务二　分析零件技术要求

制订工艺规程时，首先应对产品的零件图和与之相关的装配图进行研究分析，明确该零件在产品中的位置和作用，了解零件技术要求制订的依据，找出主要技术要求和技术关键。

分析工作的具体内容如下。

① 零件的视图、尺寸、公差和技术要求等是否齐全。

② 结合产品装配图分析判断零件图所规定的加工要求是否合理。

③ 零件的选材是否恰当，热处理要求是否合理。

【任务导入】

在某机械加工厂来了一批零件，生产主任将这批零件分配到二厂区来完成。为保证零件的加工质量在加工前分析零件技术要求。

【任务要点】

（1）基本目标

① 能够独立分析零件图。

② 能够掌握零件加工技术要求。

（2）能力目标

① 具有识图与绘图的能力。

② 具有制订零件机械加工工艺的能力。

③ 具有分析零件技术要求的能力。

【任务提示】

① 简述分析零件的视图、尺寸、公差和技术要求等是否齐全。

② 简述所给的零件图是否合理。

③ 简述零件结构要素工艺性主要表现在哪几方面。

【任务准备】

一个好的机器产品和零件结构，不仅要满足使用性能的要求，而且要便于制造和维修，即满足结构工艺性的要求。

1. 零件结构工艺性

零件结构工艺性由零件结构要素的工艺性和零件整体结构的工艺性两部分组成，指在满足使用要求的前提下，制造该零件的可行性和经济性。

组成零件的各加工表面称为结构要素。零件结构要素工艺性主要表现如下。

① 各结构要素应满足形状简单、面积尽量较小、规格尽量统一和标准的要求，以减少加工时调整刀具的次数。

② 能采用普通设备和标准刀具进行加工，刀具易进入、退出和顺利通过，避免内端面加工，防止碰撞已加工面。

③ 加工面与非加工面应明显分开，应使加工中的刀具有较好的切削条件，以提高刀具的寿命，保证加工质量。

零件整体结构工艺性主要表现如下。

① 尽量采用标准件、通用件和相似件。

② 有位置精度要求的表面应尽量在一次安装下加工出来。如箱体的同轴线孔，其孔径尺寸应当同向或双向递减，以便在镗床上一次装夹加工完成。

③ 零件应有足够的刚性，以防止在加工过程中（尤其是在高速和多刀切削时）变形，影响加工精度。

④ 有便于装夹的基准和定位面。

2. 零件结构工艺性实例

生产中常见的结构工艺性分析的实例见表 2-5。

表 2-5　生产中常见的结构工艺性分析的实例

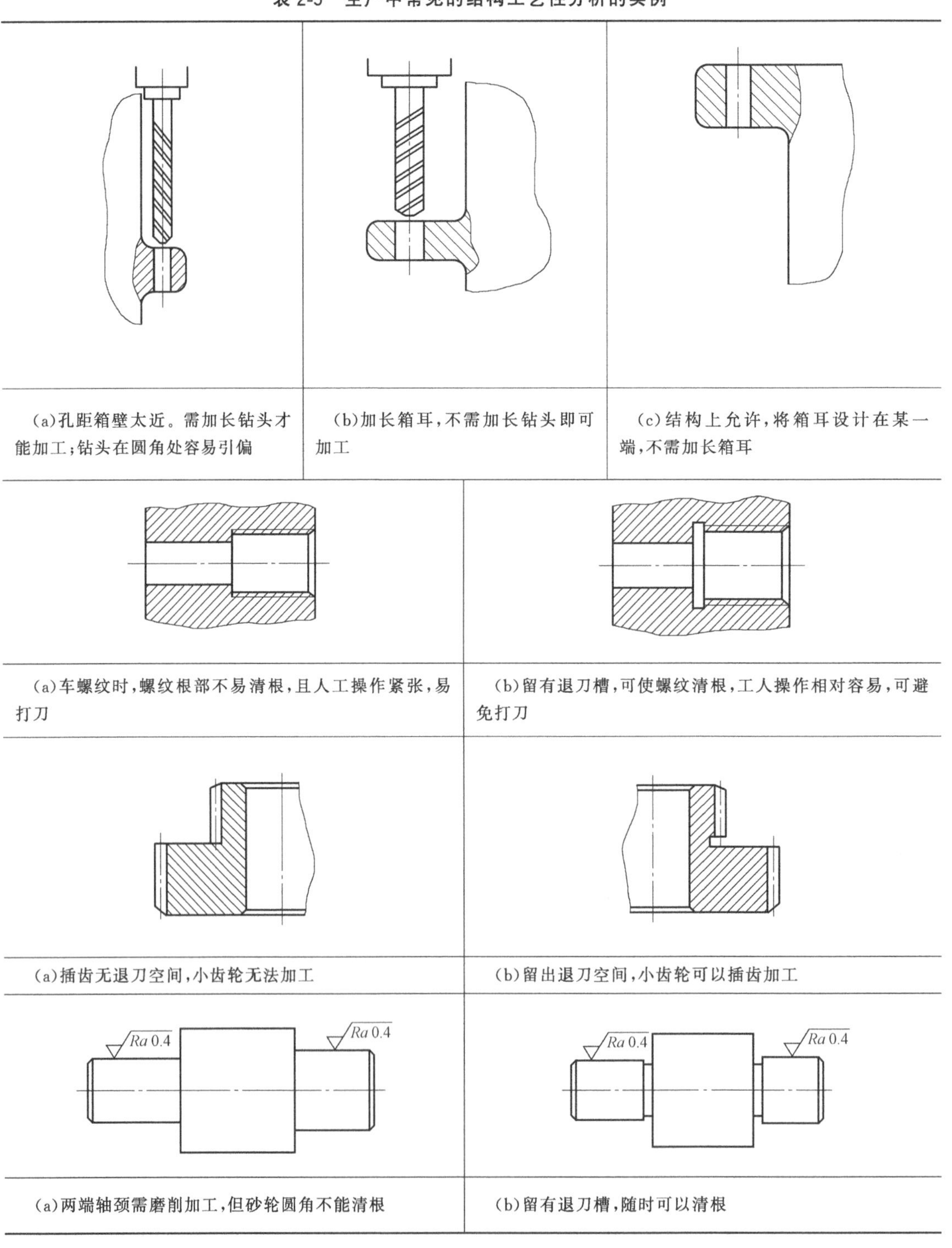

(a)孔距箱壁太近。需加长钻头才能加工；钻头在圆角处容易引偏	(b)加长箱耳，不需加长钻头即可加工	(c)结构上允许，将箱耳设计在某一端，不需加长箱耳

(a)车螺纹时，螺纹根部不易清根，且人工操作紧张，易打刀	(b)留有退刀槽，可使螺纹清根，工人操作相对容易，可避免打刀
(a)插齿无退刀空间，小齿轮无法加工	(b)留出退刀空间，小齿轮可以插齿加工
(a)两端轴颈需磨削加工，但砂轮圆角不能清根	(b)留有退刀槽，随时可以清根

续表

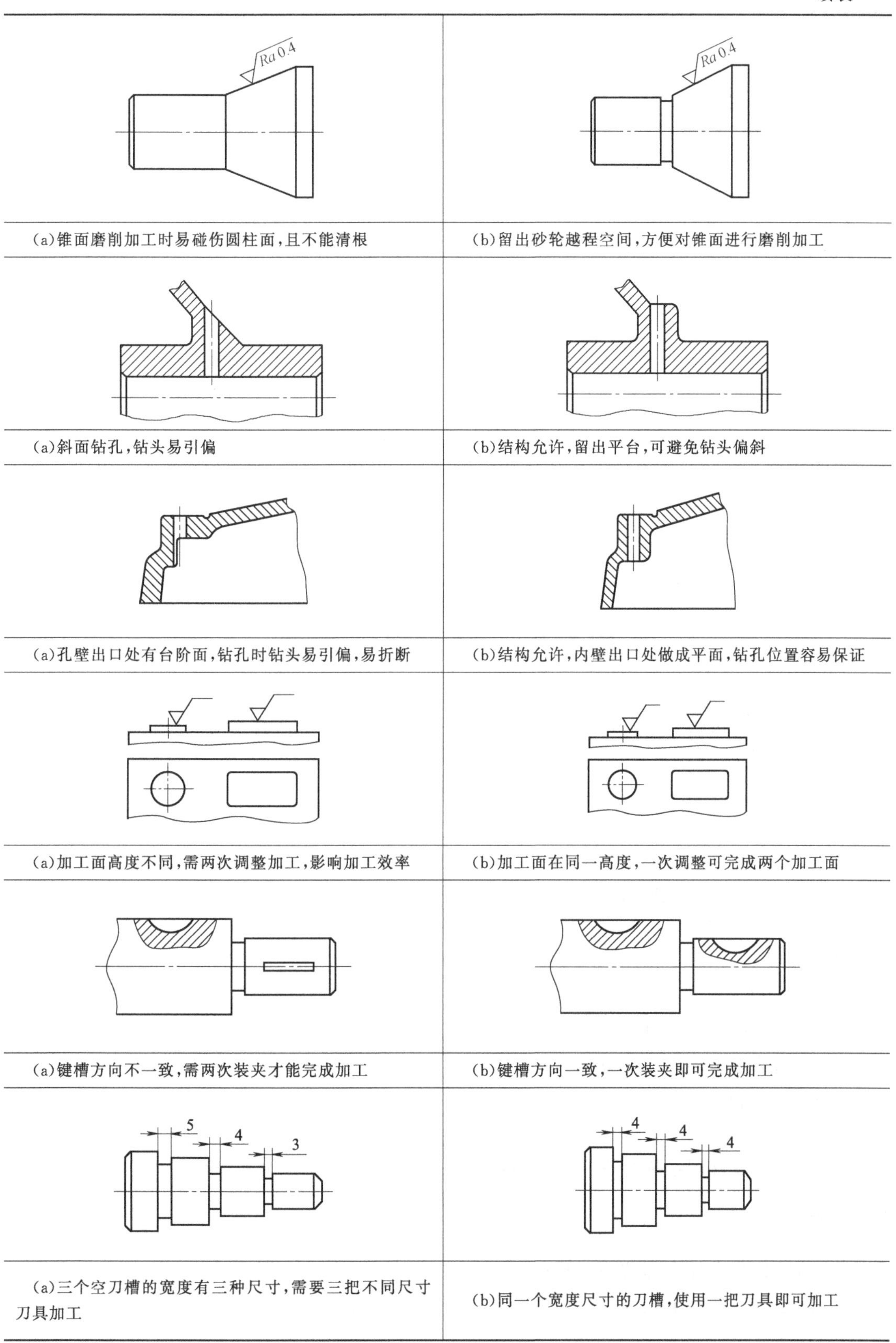

(a)	(b)
(a)锥面磨削加工时易碰伤圆柱面，且不能清根	(b)留出砂轮越程空间，方便对锥面进行磨削加工
(a)斜面钻孔，钻头易引偏	(b)结构允许，留出平台，可避免钻头偏斜
(a)孔壁出口处有台阶面，钻孔时钻头易引偏，易折断	(b)结构允许，内壁出口处做成平面，钻孔位置容易保证
(a)加工面高度不同，需两次调整加工，影响加工效率	(b)加工面在同一高度，一次调整可完成两个加工面
(a)键槽方向不一致，需两次装夹才能完成加工	(b)键槽方向一致，一次装夹即可完成加工
(a)三个空刀槽的宽度有三种尺寸，需要三把不同尺寸刀具加工	(b)同一个宽度尺寸的刀槽，使用一把刀具即可加工

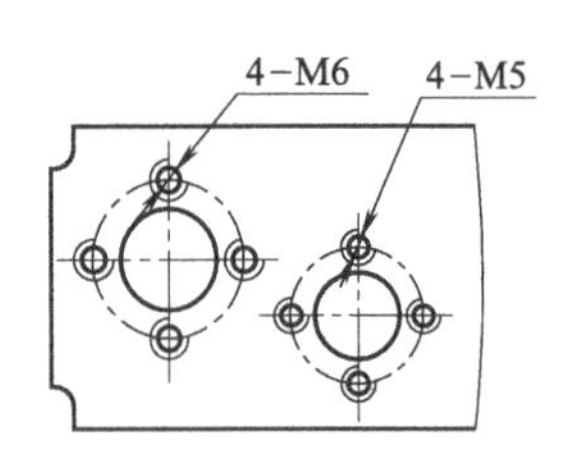	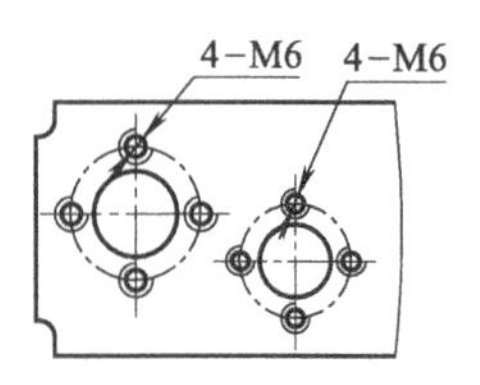
(a)同一端面上的螺纹孔，尺寸相近，需更换刀具	(b)尺寸相近的螺纹孔，改为同一尺寸的螺纹孔，方便加工和装配
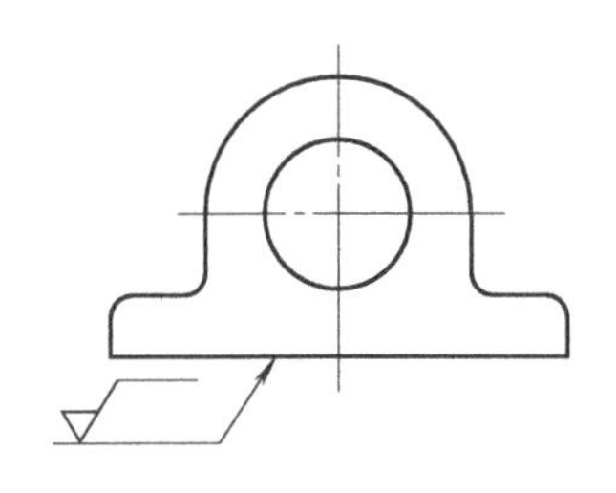	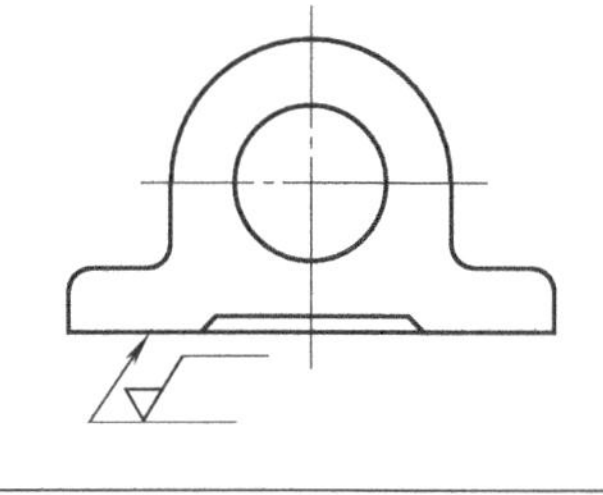
(a)加工面大、加工时间长，并且零件尺寸越大，平面度误差越大	(b)加工面减小，节省工时，减少刀具损耗，容易保证平面度要求

任务三　选择零件毛坯

毛坯是还没加工的原料，也可指成品完成前的那一部分，可以是铸造件、锻打件，或是用锯割、气割等方法下的料。

【任务导入】

在某机械加工厂来了一批零件，生产主任将这批零件分配到二厂区来完成。为保证零件能够如期交工需要选择合理的毛坯。

【任务要点】

(1) 基本目标

① 了解常用的毛坯材料。

② 掌握选择毛坯种类的方法。

(2) 能力目标

① 能根据零件加工要求选择毛坯。

② 能根据零件图选择合理的毛坯材料。

【任务提示】

① 简述如何选择合理的毛坯材料。

② 简述如何选择毛坯种类。

【任务准备】

一、选择零件毛坯

零件毛坯选择包括选择毛坯的种类和确定毛坯形状两个方面。毛坯选择对零件质量、材料消耗、机械加工量、生产效率和加工过程等有直接影响。

二、常用毛坯种类及选择

选择毛坯种类时，要综合考虑零件设计要求和经济性等方面的因素，如零件形状、尺寸、制造精度和使用要求等，以求毛坯选择的合理性最佳。

1. 选择毛坯种类的方法

确定毛坯种类的方法见表 2-6。

表 2-6 确定毛坯种类的方法

方法	举例
根据设计图纸的材料及力学性能选择毛坯	1. 材料为铸铁和青铜的零件应选择铸件毛坯 2. 钢制零件，力学性能要求不高，形状不复杂时，用型材毛坯 3. 轴类零件力学性能要求较高，形状较为复杂时，用锻件毛坯
根据零件的结构形状及外形尺寸选择毛坯	1. 形状复杂的零件毛坯一般用铸件方法制造 2. 薄壁且壁厚精度要求较高的零件不宜用砂型铸造 3. 尺寸大的零件用自由锻造或砂型铸造，中小型零件则可用模锻件或压力铸造等先进方法制造 4. 一般用途的轴类零件，各台阶直径相差不大时可用棒料(型材)毛坯；各台阶直径相差较大时，为节省材料和减少机械加工劳动量，可采用锻造毛坯或焊接毛坯
根据生产类型选择毛坯	1. 大批量生产中，采用精度和生产率都较高的先进毛坯制造方法，减小零件的机械加工量；如金属模机械造型，模锻，精锻，精铸，冷锻压，冷轧，粉末冶金和工程塑料等 2. 单件小批生产时，为降低毛坯制造成本，一般采用木模手工造型或自由锻等比较简单方便的毛坯制造技术
根据制造经济性选择毛坯	在满足使用要求之前，使材料费用、毛坯制造费用和零件加工费用之和为最小。一般来说，增大毛坯尺寸公差，毛坯成本降低，但机械加工成本增加；反之毛坯成本增加，机械加工成本下降

2. 不同类型毛坯工艺特点

不同类型毛坯工艺特点见表 2-7。

表 2-7 不同类型毛坯工艺特点

毛坯	特点	生产方法	应用
铸件	①对材料适用性广，铸件价格低廉，应用性广 ②合金组织粗大，内有缺陷；力学性能不高，尤其是抗冲击性能较低；工序较多，废品率较高；精度低，加工余量大	砂型铸造，金属型铸造，熔模铸造，压力铸造，低压铸造，离心铸造等	在各行各业都应用广泛。如活塞环、气缸套、气缸体、机床床身、机架、机座、泵等

续表

毛坯	特点	生产方法	应用
锻压件	①适用性较广，力学性能较好（强度，冲击性和抗疲劳性高），合金组织较细，内部缺陷少，精度较高 ②难以制造大型件和复杂的形状，尤其是内腔	自由锻，模锻，挤压，轧制，冲压等	在各行各业都常应用。如光轴、阶梯轴、曲轴、连杆等
焊件	①生产周期短，焊接强度和刚度较高，材料利用率高 ②抗震性差，易变性	手弧焊、气体保护焊、电阻焊等	广泛应用于石油化工、船舶航空等
型材	可直接使用，精度高，性能较高，成本较低，便于自动化加工	槽钢，工字钢，角钢等	建筑，桥梁等工程

任务四　选择零件表面加工方法

零件机械加工的工艺路线是指零件生产过程中，由毛坯到成品所经过的工序先后顺序。在拟定工艺路线时，除了首先考虑定位基准的选择外，还应当考虑各表面加工方法的选择，工序集中与分散的程度，加工阶段的划分和工序先后顺序的安排等问题。目前还没有一套通用而完整的工艺路线拟定方法，只总结出一些综合性原则，在具体运用这些原则时，要根据具体条件综合分析。

表面加工方法的选择，就是为零件上每一个有质量要求的表面选择一套合理的加工方法。在选择时，一般先根据表面的精度和粗糙度要求选定最终加工方法，然后再确定精加工前准备工序的加工方法，即确定加工方案。由于获得同一精度和粗糙度的加工方法往往有几种，在选择时除了考虑生产率要求和经济效益外，还应考虑工件材料的性质、工件的结构和尺寸、生产类型等。

【任务导入】

某机械加工厂来了一批零件，生产主任将这批零件分配到二厂区来完成。为保证本次加工的经济性选择合理的表面加工方法。

【任务要点】

（1）基本目标

① 了解零件表面加工方法的选择。

② 掌握影响表面加工方法选择的因素。

（2）能力目标

① 具有选择零件表面加工方法的能力。

② 具有解决影响表面粗糙度方法的能力。

【任务提示】

① 简述如何选择表面加工方法。

② 简述如何确定加工方案。

【任务准备】

一、零件表面加工方法的选择

1. 加工经济精度

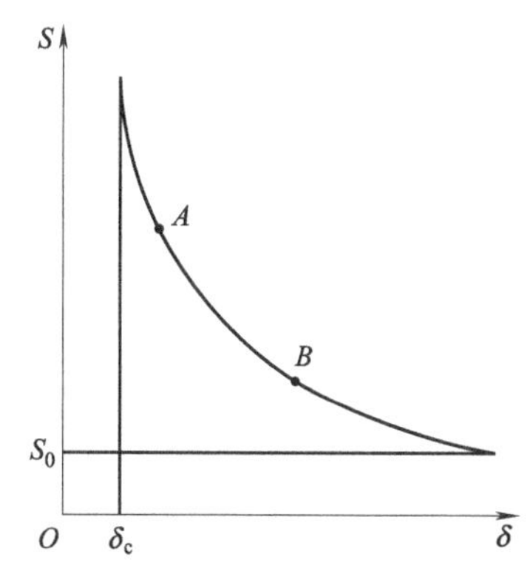

图 2-5 零件加工误差和成本之间的关系

图 2-5 所示为采用机械加工方法对零件加工时，零件加工误差和成本之间的关系。图中横坐标是加工误差 δ，纵坐标是零件成本 S。从图 2-5 可以看出，零件允许的加工误差越小，加工成本越高。在曲线 AB 段，加工误差增减与成本变化的关系较为适中，故 AB 段对应的加工精度范围称为加工经济精度。

加工经济精度是在正常加工条件下采用符合质量的标准设备、技术等级工人，不延长加工时间等，所能保证的加工精度。在同样的条件下，获得的表面粗糙度称为经济粗糙度。表 2-8 为机械加工方法的加工经济精度和表面粗糙度。

表 2-8 机械加工经济精度和表面粗糙度

加工表面	加工方法	经济精度等级(IT)	表面粗糙度 Ra/μm
外圆柱面和端面	粗车	11～13	10～50
外圆柱和端面	半精车	9～10	2.5～10
	精车	7～8	1.25～5
	粗磨	8～9	1.25～10
	半精磨	7～8	0.63～2.5
	精磨	6～7	0.16～1.25
	研磨	5	0.04～0.32
	超精加工	5～6	0.01～0.32
	细车(金刚石车)	6	0.02～0.63
圆柱孔	钻孔	11～13	12.5～20
	粗(镗)	11～12	5～10
	精扩	10～11	0.63～4
	粗铰	8～9	1.25～5
	精铰	7～8	0.63～2.5
	半精镗	10～11	2.5～10
	精镗(浮动镗)	7～9	0.63～2.5
	细镗	6～7	0.16～1.25
	粗磨	8～9	1.25～10
	半精磨	7～8	0.63～5
	精磨	7	0.16～1.25
	研磨	6	0.16～0.63
	珩磨	6～7	0.02～1.25
	拉孔	6～9	0.32～2.5

续表

加工表面	加工方法	经济精度等级(IT)	表面粗糙度 $Ra/\mu m$
平面	粗刨,粗铣	11～12	5～20
	半精刨,精刨	8～10	1.25～10
	拉削	7～8	0.32～2.5
	粗磨	7～9	1.25～10
	半精磨	8～9	0.63～5
	精磨	6～7	0.16～1.25
	研磨	5	0.04～0.32
	刮研	6～7	0.04～0.32

2. 影响表面加工方法选择的因素

选择加工方法的原则是保证加工质量、生产率和经济性。由表 2-8 可知，满足同样精度要求的加工方法有若干种，具体选用时应根据下列因素予以确定。

① 工件材料的性质。精加工淬火钢一般采用磨削方式，而精加工有色金属时，为避免磨削时堵塞砂轮，一般采用高速精细车削或金刚镗削等切削加工方法。

② 工件的形状和尺寸。箱体类零件上的孔加工一般不宜采用拉削或磨削，而采用镗削加工；直径大于 60mm 的孔不宜采用钻、扩、铰等。铣削或刨削加工平面时，加工精度基本相当。由于刨削生产率低，在成批量生产中，平面加工一般均选用铣削方式（狭长表面加工除外）。

③ 生产类型。大批量生产时应选用高生产率和质量稳定的加工方法；单件小批生产时应尽量选择通用设备，避免采用非标准的专用刀具进行加工。

④ 具体的生产条件。要充分利用现有设备和工艺手段，以降低生产成本。同时，也要注意不断引进新技术，对老设备进行技术改造，挖掘企业潜力，不断提高工艺水平。

3. 零件表面加工方案确定过程

图 2-6 所示为拖拉机空压机箱体上的大孔，需要进行机械加工。大孔的技术要求如下：尺寸为 $\phi 100H7$，表面粗糙度 Ra 为 0.8～1.6μm；生产类型为单件生产，箱体材料为铸铁。该零件孔加工方案的确定过程如下。

图 2-6　空压机

(1) 选择可满足加工精度要求的所有可能加工方案　根据表 2-6 可知，按零件要求的加工精度，采用下列四种加工方案时均可满足技术要求。

① 钻—扩—粗铰—精铰。

② 粗镗—半精镗—精镗。

③ 粗镗—半精镗—半精磨—精磨。

④ 钻（扩）孔—拉孔。

(2) 综合考虑各种因素对零件加工的影响，确定最终加工方案　本案例中，影响加工方案确定的主要因素有零件尺寸、零件材料。

① 考虑零件为铸铁材料，故不宜用拉削，故方案④不予采用。

② 要加工的孔径较大，扩孔钻和铰刀的制造比较困难。另外，尺寸较大的扩孔钻和铰

刀的自重对加工精度也有影响，故方案①不宜采用。

③ 采用镗+磨削的方法，需要分别在镗床和磨床上加工，由于零件装夹次数较多，加工误差较大。而且零件为单件生产，采用工序集中原则更为有利，故方案③不宜采用。

结论：从技术、经济等方面综合考虑，选择方案②作为孔 ϕ100H7 的加工方案较为合理。

二、各种表面典型加工路线

机械加工零件的表面按其形状可分为外圆表面、孔和平面等。生产中，这些表面都有较为固定的加工路线方案。

1. 外圆表面加工路线

常用的外圆表面加工路线见表 2-9。

表 2-9　常用的外圆表面加工路线

序号	加工路线	加工精度	$Ra/\mu m$	适用范围
1	粗车—半精车—精车	IT7～8	0.8～1.6	适用于淬火钢以外的各种金属
2	粗车—半精车—粗磨—精磨	IT6～7	0.1～0.4	用于淬火钢和未淬火钢，但不宜加工有色金属
3	粗车—半精车—精车—金刚石车	IT5～6	0.025～0.4	主要用于有色金属
4	粗车—半精车—粗磨—精磨—精密加工(或光整加)	IT5 以上	0.008～0.025	用于极高精度的外圆加工

2. 孔加工路线

常用的孔加工路线见表 2-10。

表 2-10　常用的孔加工路线

序号	加工路线	加工精度	$Ra/\mu m$	适用范围
1	钻—扩—粗铰—精铰	IT7～8	0.63～2.5	加工直径小于 40mm 的中小孔
2	粗镗(或钻)—半精镗—精镗	IT7～9	0.63～2.5	直径较大的孔；位置精度要求较高的孔系；单件小批生产的非标准中小尺寸孔；有色金属材料零件上的孔
3	钻—拉	IT7～9	0.32～2.5	大批量生产的盘套零件的圆孔，单键孔及花键孔
4	粗镗—半精镗—粗磨—精磨	IT6～7	0.16～1.25	中小型淬硬零件

3. 平面加工路线

平面加工一般采用铣削或刨削，要求较高的加工表面铣削或刨削后还须安排精加工。

任务五　选择定位基准

定位基准指在加工时，用以确定工件在机床上或夹具中正确位置所采用的基准。

【任务导入】

某机械加工厂来了一批零件，生产主任将这批零件分配到二厂区来完成。在加工时为了保证零件加工精度要选择合理的定位基准。

【任务要点】

（1）基本目标

① 掌握零件定位基准。

② 掌握选择合理的粗精加工基准。

（2）能力目标

① 能根据零件制订零件加工基准。

② 能根据零件加工要求制订合理的粗精加工基准。

【任务提示】

① 查阅资料，分析设计基准与定位基准的区别。

② 简述如何确定粗精基准。

【任务准备】

一、定位基准及其分类

为保证零件图规定的技术要求，加工过程中，零件必须以某个或某几个表面为依据，测量加工其他表面。

基准是零件上用以确定其他点、线、面位置的那些点、线、面。根据基准的功用不同，可分为设计基准和工艺基准两大类。设计基准分析示例如图 2-7 所示。

1. 设计基准

在设计图上用以确定其他点、线、面位置的基准称为设计基准。作为设计基准的点、线、面在工件上不一定具体存在，例如表面的几何中心、对称线、对称平面等。

2. 工艺基准

零件在加工工艺过程中所用的基准称为工艺基准。工艺基准又可进一步分为工序基准、定位基准和装配基准。

（1）工序基准　在工序图上标注本工序加工表面尺寸和位置，所使用的基准称为工序基准。用工序基准标注的加工表面位置尺寸称为工序尺寸。

如图 2-7 中，A 为加工表面，B 面至 A 面的距离 H 为工序尺寸，位置要求为 A 面对基准 B 的平行度（未标出时，包括在尺寸公差内）。所以，母线 B 为本工序的工序基准。

（2）定位基准　加工时，使工件在机床或夹具中占据正确位置所用的基准称为定位基

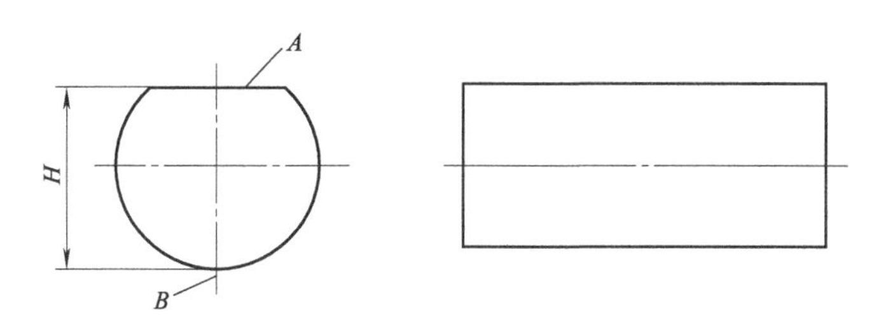

图 2-7 工序尺寸

准。定位基准的分类如图 2-8 所示。

定位基准
- 粗基准：未经机械加工的定位基准，亦即第一道工序采用的定位基准
- 精基准：经过机械加工的定位基准
- 辅助基准：根据机械加工工艺需要而专门设计的定位基准

图 2-8 定位基准分类

定位基准可以是工件的实际表面、表面的几何中心、对称线或对称面，为满足加工要求专门设计的表面。如内孔（外圆）的中心线、轴类零件加工用的中心孔等。

（3）测量基准　零件检验时，用来测量已加工表面尺寸及位置的基准称为测量基准。如图 2-9 中检验 H_2 尺寸时，工件大圆的下母线为测量基准。

（4）装配基准　装配时，用来确定零件或部件在机器中位置所用的基准称为装配基准。如图 2-10 所示轴与齿轮的装配中，齿轮内孔 A 及端面 B 为装配基准。

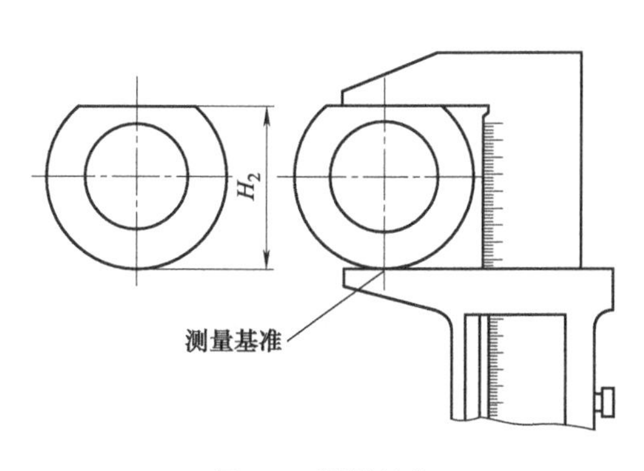

图 2-9 测量基准

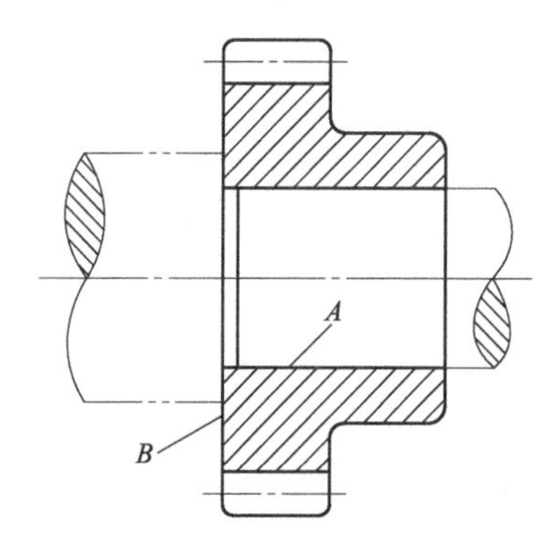

图 2-10 装配基准

二、选择定位基准

正确合理地选择定位基准是制订机械加工工艺规程的一项重要工作。

1. 定位误差

与工件定位有关的加工误差称为定位误差，定位误差的产生与定位基准的选择有密切关系。通常工件在机床上加工时，工艺系统误差是加工误差的主要来源。当定位基准与工序基准不重合时，基准不重合误差成为新的工件误差来源。

2. 粗基准选择原则

粗基准是工件加工中使用的第一个定位基准。粗基准选择是否合理既影响本工序加工质量，也对工件最终加工质量产生影响。选择粗基准面时，应主要考虑两个问题：如何保证各加工表面有足够的余量；保证加工表面与不加工表面之间的位置符合图样要求。

粗基准选择原则如下。

① 选择不加工表面作为粗基准。如果零件上有多个不加工表面，则应选其中与加工表面相互位置精度要求较高的表面作为粗基准。

② 选重要表面作为粗基准。

③ 在同一尺寸方向上，粗基准通常只能使用一次。

④ 选作粗基准的表面应平整，没有浇口、冒口或飞边等缺陷，以保证定位可靠。

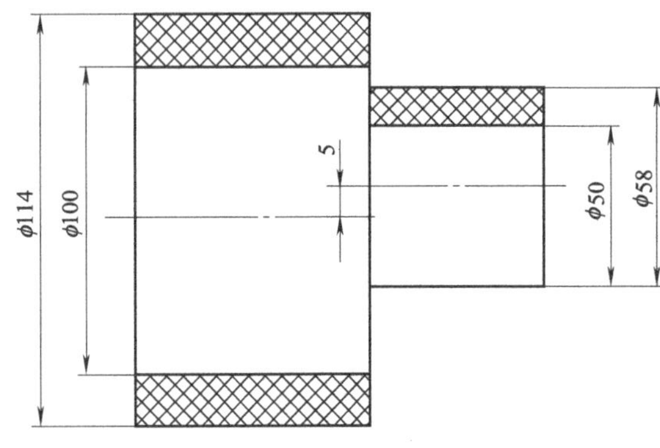

图 2-11　粗基准选择原则应用

粗基准选择原则应用：分析图 2-11 所示工件，选择粗基准，说明选择理由。

3. 精基准选择原则

精基准选择应从保证零件加工精度出发，同时考虑工件装夹方便、夹具结构简单等问题。

① 基准重合原则。采用基准重合原则可以避免因基准不重合引起的加工误差，容易保证加工表面对设计基准的相对位置要求。如图 2-12（a）所示，用设计基准面 1 定位，加工面 2 和面 3。

② 基准统一原则，即尽可能选用同一组定位基准加工各表面，如图 2-12（b）、（c）所示。采用基准统一原则，不仅避免了基准转换造成的误差，使加工表面的位置精度易于保证，而且大大简化了夹具设计和制造工作。

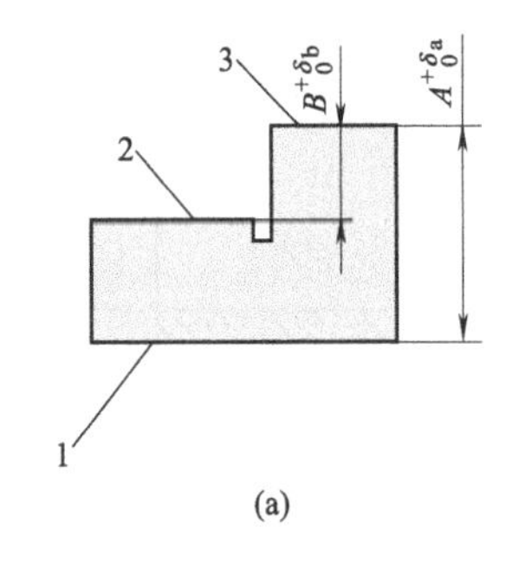

(a)

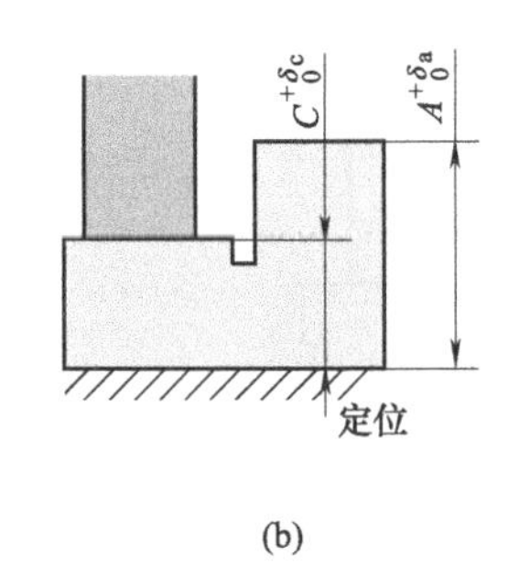

(b)

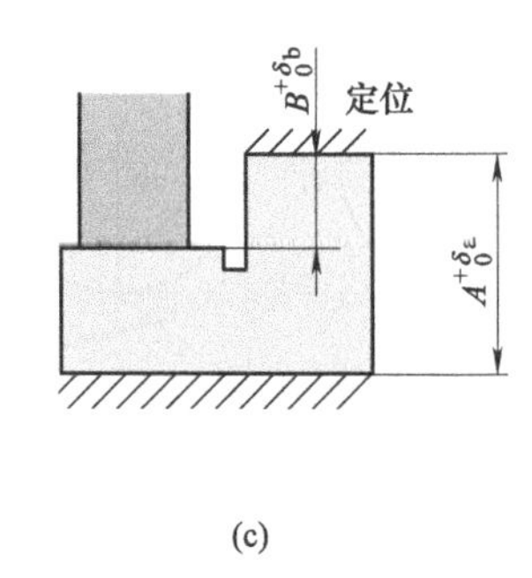

(c)

图 2-12　基准重合加工

③ 自为基准原则。即对仅要求加工面本身余量均匀，而对加工面与其他表面之间的位置精度要求不高的情况，可选择加工面本身作为精基准。图 2-13 所示为车床床身精加工时，用自身导轨面作定位基准，进行加工。

④ 互为基准原则。即为使各加工表面间有较高的位置精度，或为使加工表面具有均匀的加工余量，可采用两个加工表面互为基准反复加工的方法。

⑤ 精基准面的选择应使定位可靠、夹具结构简单、夹紧可靠。

⑥ 选大尺寸表面为定位基准。定位基面接触面积大就能承受大的切削力，分布面积大可使定位稳定可靠。

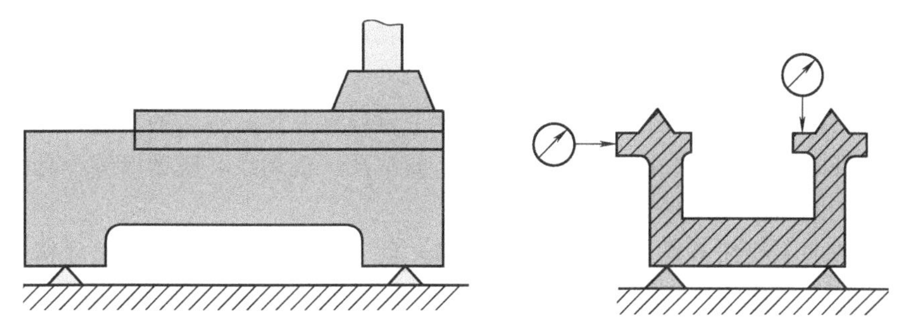

图 2-13　自为基准原则举例

上述原则具体使用时常常会出现互相矛盾的情况，运用时必须结合具体的生产条件进行分析，抓住问题的主要矛盾，兼顾其他要求，灵活运用这些原则。

任务六　制订工艺路线

零件的加工工艺路线包含机械加工工序、先基面后其他热处理工序以及辅助工序等。为使被加工零件达到技术要求，并且做到高效、先主后次预备热处理率、低成本生产，应合理安排工序的顺序。

【任务导入】

某机械加工厂来了一批零件，生产主任将这批零件分配到二厂区来完成。在加工前制订合理的工艺路线。

【任务要点】

(1) 基本目标

① 掌握机械加工工序。

② 掌握热处理加工工序。

(2) 能力目标

① 能根据零件加工要求制订机械加工工序。

② 能根据零件图制订热处理工序。

【任务提示】

① 查阅资料，简述如何制订机械加工工序。

② 简述制订机械加工工序原则。

【任务准备】

一、机械加工工序

1. 机械加工阶段划分

零件机械加工过程分为粗加工阶段、半精加工阶段、精加工阶段和光整加工阶段，各加工阶段的主要任务如下。

粗加工阶段切除毛坯的大部分余量，使毛坯形状和尺寸基本接近零件成品，追求提高生产率。

半精加工阶段的主要任务是使主要表面达到一定精度并留有适当的余量，为进一步的精加工做准备。同时要完成一些次要表面的加工，如钻孔、攻螺纹、铣键槽等，其金属切除量介于粗、精加工之间。

精加工阶段的主要任务是全面保证加工质量，使零件达到图纸规定的尺寸精度、表面粗糙度以及相互位置精度等要求。

光整加工阶段的主要任务是在精加工基础上，进一步提高加工表面的尺寸精度，降低表面粗糙度数值。光整加工方法的加工余量极小，因此不能用于纠正表面形状误差及位置误差。

2. 划分机械加工阶段的意义

在生产中，对零件加工过程进行加工阶段划分有如下益处。

① 易保证加工质量。粗加工中切除的金属层厚，切削力及夹紧力大，切削热多，由应力引起的变形较大，因而产生的加工误差大。划分加工阶段，有利于在后续工序中逐步减小或消除这些误差。同时，各加工阶段间的工件周转时间可起到自然时效作用，有利于工件应力重新分布，使工件变形在后续工序中能够得到充分修正。

② 可合理使用设备。粗加工时加工余量大，切削用量大，故可采用功率大、刚性好，但精度较低的机床；精加工对加工质量要求高，故应使用高精度机床。由于精加工的机床承受切削力小，有利于机床长期保持较高的精度。

③ 便于安排热处理工序，使冷热加工配合更好。例如，对一些精密零件，粗加工后安排去除应力的时效处理，可以减少应力变形对加工精度的影响；对于要求淬火的零件，在粗加工或半精加工后安排热处理，可便于前面工序的加工和精加工中修正淬火变形，达到加工精度要求。

④ 便于及时发现毛坯的缺陷。粗加工时，发现了毛坯缺陷，可及时处理，避免进一步加工造成的损失。此外，精加工集中在后面进行，还能减少加工表面在运输中受到的损伤。零件加工阶段的划分不是绝对的，对于要求不高、加工余量很小或重型零件等可以不划分加工阶段，一次加工成形。

二、工序顺序安排

机械加工工序、热处理工序和辅助工序这三种不同性质的工序，在零件加工过程中，应遵循一定原则安排在适当位置。

（1）基准先行原则　即先加工基准表面，后加工其他表面。精基准表面应在工艺过程一开始就进行加工，以便为后续工序提供精基准。

如轴类零件加工时一般均先以外圆为粗基准加工中心孔，然后再以中心孔为精基准加工其他表面。

（2）先主后次原则　零件主要工作表面一般是加工精度和表面质量要求高的表面和装配基面，在加工中应首先加工出来。键槽、螺孔等次要表面对加工过程的影响较小，位置又和主要表面相关，因此应在主要表面加工到一定程度之后，最终精加工之前完成。

（3）先面后孔原则　对于箱体、支架类零件，应先加工平面，后加工平面上的孔。先加工平面可方便孔加工时刀具切入、零件测量和尺寸调整等工作。大尺寸平面，加工后用作定位基准，使零件稳定可靠地定位。

(4) 先粗后精原则　零件加工过程总是先进行粗加工，再进行半精加工，最后是精加工和光整加工，这样做有利于加工误差和表面缺陷层的不断减小，从而逐步提高零件加工精度与表面质量。

(5) 配套加工　有些表面的最后精加工安排在部装或总装过程中进行，以保证较高的配套精度。例如，车床主轴上用于连接三爪自定心卡盘的法兰、止口及平面需要在法兰安装在车床主轴上后，再进行最后的精加工。此外，安排加工顺序还要考虑设备布置情况。如当设备呈机群式布置时，应尽量把相同工种的工序安排在一起，避免工件在加工中往返动作。

三、热处理工序安排

热处理的目的是提高材料力学性能，消除残余应力和改善金属加工性能。根据热处理工序在工艺过程中的位置，可分为预备热处理和最终热处理，如图 2-14 所示。

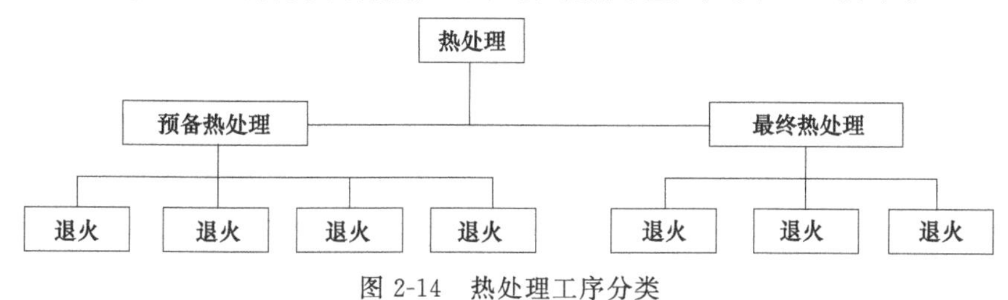

图 2-14　热处理工序分类

1. 预备热处理

(1) 退火与正火　退火和正火处理一般用于热加工毛坯，目的是为了消除材料组织的不均匀，细化晶粒，改善金属可切削性，消除毛坯制造中产生的应力。

生产中，对于碳质量分数较高的钢质零件常采用退火处理，以降低硬度；对于低碳钢零件，常采用正火处理，以提高硬度，避免切削时粘刀。

退火与正火在工艺路线中的位置：毛坯生产→少退火（或正火)→机械粗加工。

(2) 时效　时效处理主要用于消除毛坯制造和机械加工中产生的应力。对一般铸件，常在粗加工前或粗加工后安排一次时效处理；对于精度要求较高的零件，应在半精加工后再安排一次时效处理。对于刚性较差、精度要求较高的零件（如丝杠等)，为消除加工中产生的应力，稳定零件加工精度，常常在粗加工、半精加工和精加工阶段之间安排多次时效处理。

(3) 调质　零件进行调质处理的目的是提高零件的力学性能，或者为后续表面处理工序做组织准备（可减少变形)。因此，调质既可作为预备热处理，也可以是对硬度和耐磨性要求不高的零件的最终热处理。调质处理一般安排在粗加工之后，精加工或半精加工阶段之前进行。

2. 最终热处理

(1) 淬火　淬火工序一般安排在精加工工序之前进行。淬火分整体淬火和表面淬火两种。淬火处理的特点是零件材料在获得较高硬度的同时，脆性增加，应力增加，组织和尺寸不稳定，易发生变形甚至裂纹。故淬火后一般需安排回火工序。

淬火件热处理工艺路线：下料→锻造→正火→粗加工→(调质)→精加工→表面淬火及回火→精磨。

(2) 渗碳淬火　渗碳淬火适用于低碳钢和低碳合金钢。由于渗碳淬火变形较大，且渗碳层深度较薄（一般在0.5～2mm），所以渗碳工序一般安排在半精加工与精加工之间。渗碳淬火可提高零件表层碳的质量分数，淬火后表层可获得高硬度和耐磨性，而心部仍然保持一定的强度和较高的韧性和塑性。

渗碳件热处理工艺路线：下料→锻造→正火或退火或调质→粗加工、半精加工→渗碳→淬火、低温回火→磨削。

（3）渗氮处理　渗氮是使氮原子渗入金属表面，提高零件表面的硬度、耐磨性、疲劳强度和抗蚀性的处理方法。渗氮处理温度较低，变形小，且渗氮层较薄（一般不超过0.6～0.7mm），渗氮工序应尽量靠后安排。

3. 辅助工序安排

辅助工序一般包括去毛刺、倒棱、清洗、防锈、退磁、检验等。若辅助工序安排不当或遗漏，将会给后续工序造成困难，甚至影响产品质量，所以对辅助工序安排必须给予足够重视。

（1）检验工序　为了确保零件加工质量，在工艺过程中必须合理安排检验工序。一般在关键工序前后、各加工阶段之间及工艺过程的最后都应当安排检验工序。对于重要的零件，除一般性的尺寸检查外，有时还需要安排X射线检查、磁粉探伤、密封性试验等，以检查工件内部质量。

（2）清洗和去毛刺　切削加工后，零件上留下的毛刺会对装配质量甚至机器性能产生影响，故应当去除。研磨、珩磨等光整加工之后，砂粒易附着在工件表面上，在最终检验工序前应将其清洗干净。为防止工件氧化生锈，在工序间和零件入库前，应安排清洗上油工序。

任务七　机床设备与工艺设备的选择及确定工序尺寸

工序尺寸是工件加工过程中各工序应保证的加工尺寸。工序尺寸的大小决定于设计尺寸（前工序尺寸）和加工余量，工序尺寸与加工余量的关系如下：

本工序尺寸＝前工序尺寸－加工余量

【任务导入】

某机械加工厂来了一批零件，生产主任将这批零件分配到二厂区来完成。经过前期的加工准备现需要选择设备及工序尺寸。

【任务要点】

（1）基本目标

① 掌握机械加工时设备选择方法。

② 掌握确定工序尺寸的方法。

（2）能力目标

① 能根据加工要求选择设备。

② 能根据加工要求确定工序尺寸。

【任务提示】

① 简述如何选择合理的加工设备。

② 简述如何确定工序尺寸。

【任务准备】

一、机床的选择

合理的机床选择方案应达到以下要求。

① 机床的加工规格范围与所加工零件外形轮廓尺寸相适应。即小工件选小规格机床，大工件选大规格机床。

② 机床精度与工序要求精度相适应。即机床经济加工精度应满足工序要求精度。

③ 机床生产率与工件生产类型相适应。单件小批生产时，一般选择通用设备；大批量生产时，宜选用高生产率专用设备。

④ 在中小批生产中，对于一些精度要求较高、工步内容较多的复杂工序，应尽量采用数控机床加工。

⑤ 机床选择应与现有生产条件相适应。选择机床应当尽量考虑到现有生产条件，充分发挥现有设备作用，并尽量使设备负荷平衡。

二、工艺装备选择

工艺装备选择主要指夹具、刀具和量具的选择。

(1) 夹具选择　在单件小批生产中，应优先选择通用夹具，如卡盘、回转工作台、平口钳等，也可选用组合夹具。大批量生产时，应根据加工要求设计制造专用夹具。

(2) 刀具选择　选择刀具时，应综合考虑工件材料、加工精度、表面粗糙度、生产率、经济性及所选用机床技术性能等因素。一般应优先选择标准刀具；在成批或大量生产时，为了提高生产率，保证加工质量，应采用各种高生产率的复合刀具或专用刀具。此外，应结合实际情况，尽可能选用先进刀具，如可转位刀具、整体硬质合金刀具、陶瓷刀具、群钻、玉米铣刀等。

(3) 量具选择　选择量具的依据是生产类型和加工精度。首先，选用的量具精度应与加工精度相适应；其次，考虑量具的测量效率与生产类型的适应性。单件小批生产时，通常采用游标卡尺、千分尺等通用量具；大批量生产时，多采用极限量规和高生产率的专用量具。

此外，工装选择中，还应重视对刀柄、接杆、夹头等机床辅具的选用。辅具选择时，要根据工序内容、刀具和机床结构等因素确定，尽量选择标准辅具。

三、加工余量

加工余量是加工过程中从零件表面切除的金属层厚度。机械加工中，涉及以下种类的余量。

① 加工总余量：等于毛坯尺寸与零件图样设计尺寸之差，即各工序余量之和（即毛坯余量）。

② 工序余量：上道工序与本道工序基本尺寸之差，也称为工序公称余量 Z。

③ 最大加工余量：上道工序最大工序尺寸与本道工序最小工序尺寸之差为最大加工余量 Z_{max}。

④ 最小加工余量：上道工序最小尺寸与本道工序最大尺寸之差称为最小加工余量 Z_{min}。

对于外圆和孔等回转表面，加工余量在直径方向对称分布，称为双边余量，它的大小实际上等于工件表面切去金属层厚度的两倍。对于平面等非对称表面，加工余量就等于切去的金属层厚度，称为单边余量。图 2-15 和图 2-16 表示了单、双边余量与工序尺寸之间的关系。

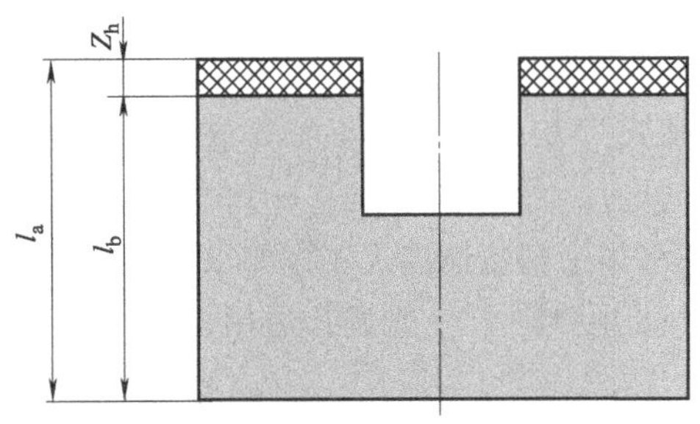

图 2-15　单边余量与工序尺寸之间的关系

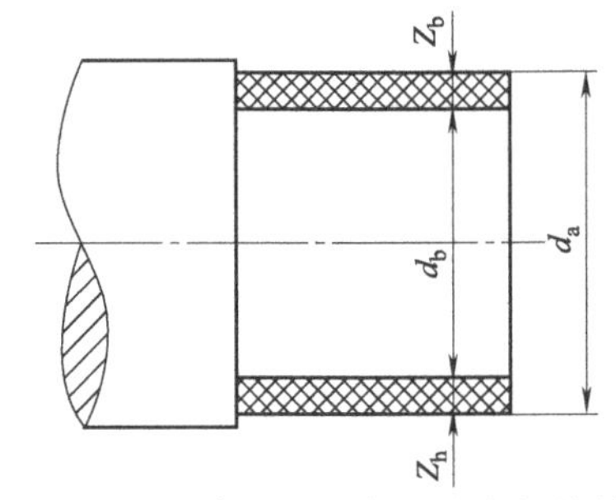

图 2-16　双边余量与工序尺寸之间的关系

四、确定加工余量的方法

1. 查表法

查表法是通过各种机械加工工艺手册查取加工余量的方法。手册上的数据来源于生产实践和实验研究，使用时可结合具体加工情况进行一定的修正。查表法方便、迅速，在生产中应用广泛。

2. 经验法

经验法是根据工艺人员的实践经验确定加工余量的方法，多用于单件小批生产。采用经验法时，由于人主观上希望避免因加工余量不够而出现废品，所以一般情况下估计的加工余量均偏大。

3. 计算法

计算法是以一定的试验资料和计算公式，对影响加工余量的各项因素逐一进行分析比较和计算，确定加工余量的方法。这种方法确定的加工余量比较准确，但必须有充分的统计分析资料，并且要对各项因素对加工误差的影响程度有清楚了解。计算法比较麻烦，一般情况下不采用。

五、基准重合时工序尺寸及公差的确定

这种情况下，加工某一表面时，各工序（或工步）的定位基准相同，并与设计基准重合。此时，工序尺寸计算，只需在设计尺寸（即最后一道工序的工序尺寸）基础上依次向前加上（或减去）各工序的余量，其公差则由该工序采用加工方法的经济精度决定。

示例 1： 工序尺寸计算示例。

某箱体零件上有一设计尺寸为 ϕ72.50mm 的孔需要加工，其加工工艺过程为扩孔→粗镗→半精镗→精镗→精磨，试确定各工序尺寸。

解：(1) 确定各工序加工余量。

通过查表法或经验法确定工序加工余量，各工序加工余量数值见表 2-11。

(2) 确定各工序基本尺寸。

以图纸设计尺寸为最终加工工序尺寸，逐项向前减去各工序余量，求得各工序基本尺寸

（包括毛坯尺寸），见表2-11。

(3) 确定各工序尺寸的公差。

① 最后一道工序的尺寸公差即为设计尺寸的公差。

② 其他各工序的工序尺寸公差，由工序加工方法的加工经济精度确定。

③ 按“入体原则”标注偏差分布；毛坯尺寸的公差一般为双向对称分布，可直接查表获得，见表2-11。

表2-11 工序尺寸公差 mm

工序名称	工序余量	工序公差	工序基本尺寸	工序尺寸及公差
精磨孔	0.7	IT7(+0.030)	72.5	ϕ72.5+0.030
精镗孔	1.3	IT8(+0.0460)	72.5−0.7=71.8	ϕ71.8+0.0460
半精镗孔	2.5	IT11(+0.190)	71.8−1.3=70.5	ϕ70.5+0.190
粗镗孔	4	IT12(+0.40)	70.5−2.5=68	ϕ68+0.40
扩孔	5	IT13(+0.40)	68−4=64	ϕ64+0.40
毛坯孔		$(^{+1}_{-2})$	64−5=59	$\phi 59^{+1}_{-2}$

六、基准不重合时工艺尺寸的计算

确定工序尺寸及公差时，经常会遇到工序基准或测量基准等与设计基准不重合的情况，此时工序尺寸的求解需要借助尺寸链。

1. 尺寸链概念

尺寸链是在机器装配或零件加工中，由相互连接的尺寸形成的封闭的尺寸组合。尺寸链由一个自然形成的尺寸与若干个直接获得的尺寸所组成，并且各尺寸按一定的顺序首尾相接，如图2-17（b）所示。

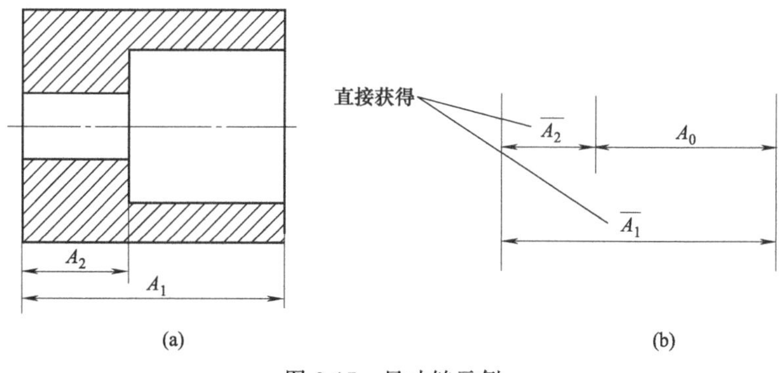

图2-17 尺寸链示例

根据组成尺寸链的各尺寸性质，尺寸链可分为装配尺寸链和工艺尺寸链；根据尺寸的空间位置可分为直线尺寸链、平面尺寸链和空间尺寸链。

图2-17（a）为一定位套，A_1 与 A_2 为图样上已标注的尺寸。为加工方便，在次装夹中（夹小孔端），完成加工。加工时，由于 A_2 不便于测量，故需要测量 A_1 尺寸。此时，A_0 尺寸就需要应用工艺尺寸链来确定。

2. 尺寸链组成

① 环。列入尺寸链中的每一个尺寸均称为尺寸链的环。

② 封闭环。尺寸链中在装配过程或加工过程中最后形成的一环，它的大小由组成环间

接保证。

③ 组成环。尺寸链中除封闭环以外的、且对封闭环有影响的其他各环。组成环又可分为增环与减环。

3. 极值法计算公式

① 封闭环基本尺寸＝所有增环基本尺寸－所有减环基本尺寸。

② 封闭环的最大极限尺寸＝所有增环的最大极限尺寸之和－所有减环的最小极限尺寸之和。

③ 封闭环的最小极限尺寸＝所有增环的最小极限尺寸之和－所有减环的最大极限尺寸之和。

④ 封闭环的上偏差＝所有增环的上偏差之和－所有减环的下偏差之和。

⑤ 封闭环的下偏差＝所有增环的下偏差之和－所有减环的上偏差之和。

⑥ 封闭环公差 T＝各组成环公差的代数和。

⑦ 各环平均公差＝封闭环公差/增环个数＋减环个数。

【项目实施】

项目实施名称：10 型游梁式抽油机减速器齿轮轴工艺编制

如图 2-18 所示的阶梯轴零件，在单件小批生产和大批量生产中，试分析讨论两种工艺路线的工序内容划分特点。

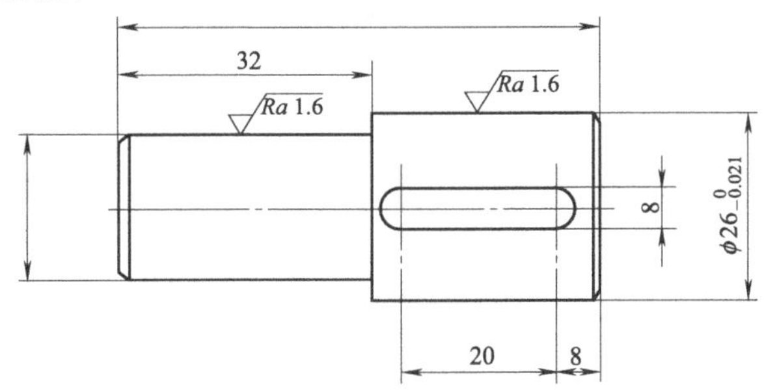

图 2-18 阶梯轴零件图

1. 信息收集

请仔细识读零件图，回答下列问题。

（1）查阅资料，简述什么是定位。

（2）查阅资料，简述什么是装夹。

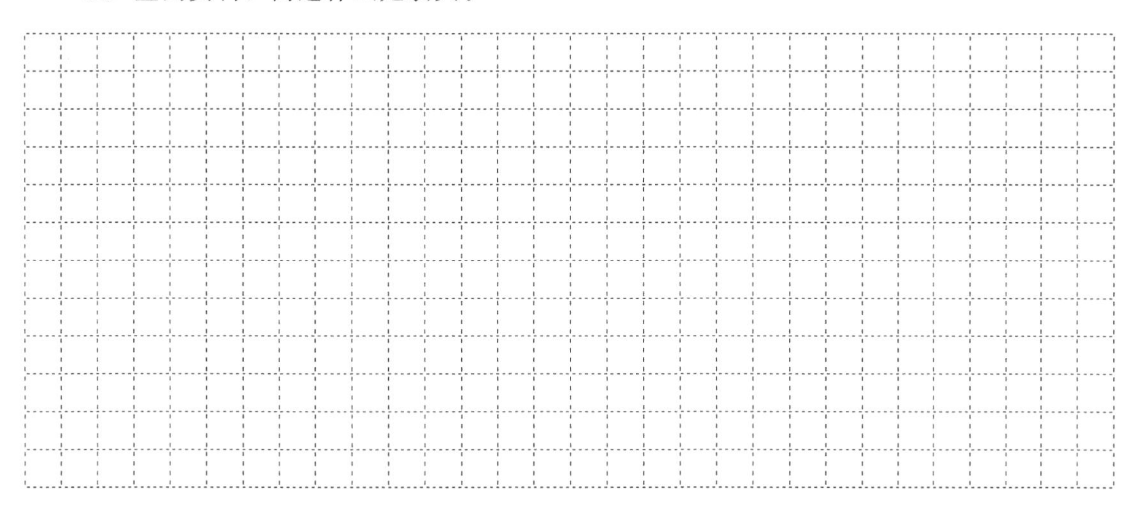

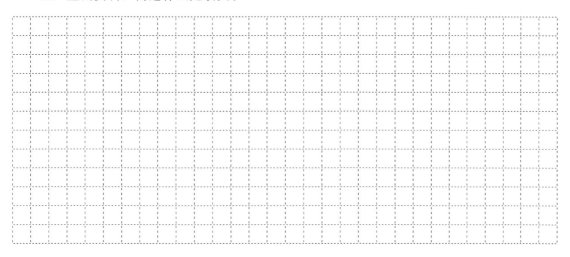

（3）一个工人使用同一台车床，加工完成了一个阶梯轴零件。加工过程中出现了多次安装及换刀，这个工人完成的加工内容应划分为几个工序？

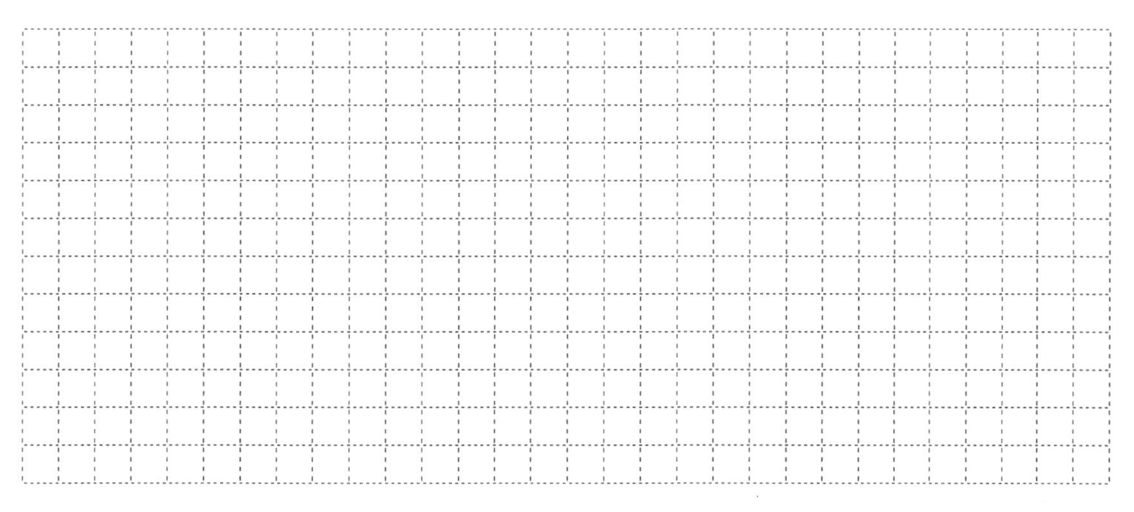

（4）查阅资料，简述粗基准的选择原则。

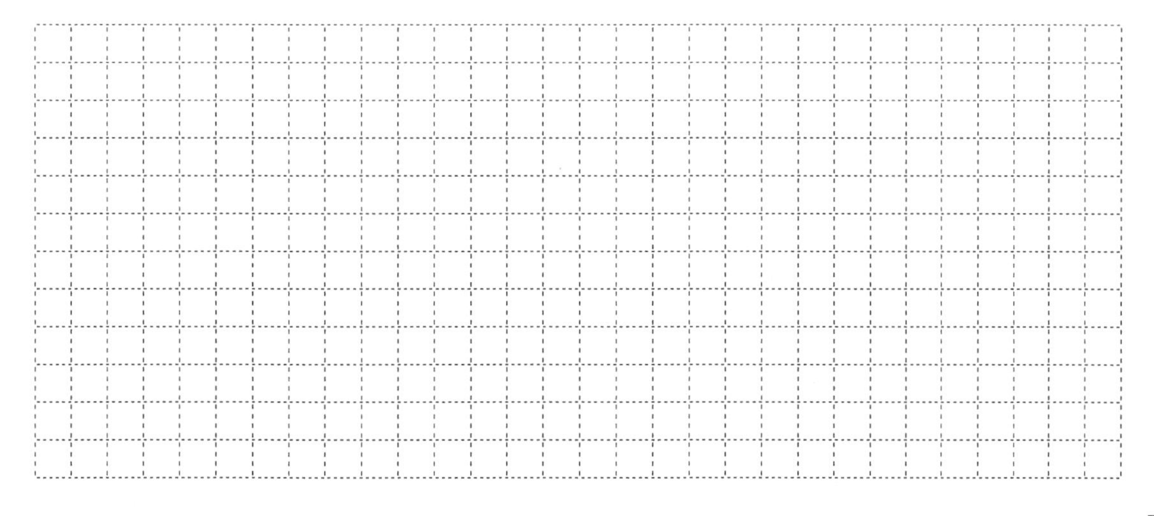

2. 编制计划

（1）一个工人在车床上加工一个阶梯轴。其工艺过程如下：先将这批工件的一端全部车好，再车另一端。请问，加工过程是几个工序？

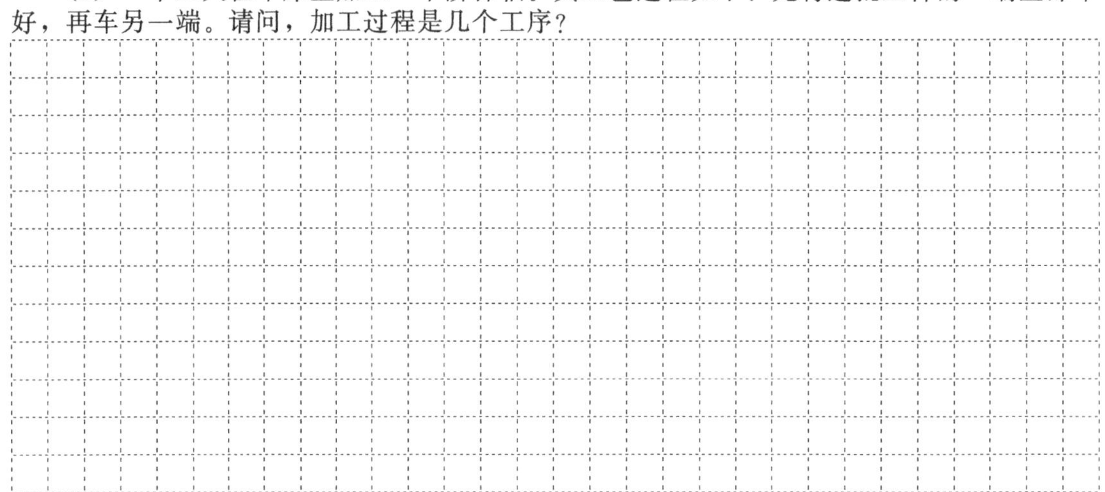

（2）查阅资料，简述粗基准的选择原则。

3. 制订决策

（1）仔细识读机械零件图，完成零件图工艺路线。

（2）制订工序卡（见表 2-12）。

表 2-12　工序卡

任务：				图纸：		工作时间	
序号	工作阶段/步骤	附注	准备清单 机器/工具/辅助工具	工作安全	工作质量 环境保证	计划 用时	实际 用时
日期：		培训教师：	日期：		组长：	组员：	

（3）工具清单（表 2-13）。

表 2-13　工具清单

工具名称	数量	单位	材料	特殊要求	附注
工件名称：		任务名称：		班级：	
		组号：		组长：	
		组员：			

4. **评价总结**（表 2-14、表 2-15）

表 2-14　自我评价

（姓名）				
序号	信息、计划和团队能力	受训生自我评分分数	培训教师	
			评分分数	结果自我评分分数
	（对检查的问题）			
信息、计划和团队能力评分				

总成绩

序号	评估组	结果	除数	100-分制结果	加权系数	分数
总分						
分数						

附注

日期：　　　　　　　　受训生　　　　　　　　培训教师

（整体任务名称）	部分：（任务名称）	
	（工件名称）	任务/工作
	检查评分表	分练习

表 2-15 总结分享

项目	内容
成果展示	
总结与分享	

项目三　使用车床加工零部件

普通车床加工零部件是数控车床加工的基础，也是机械专业学生必须掌握的基本技能。车削加工是机械加工中最基本最常用的加工方法，它是在车床上用车刀对零件进行切削加工的过程。它既可以加工金属材料，也可以加工塑料、橡胶、木材等非金属材料。车床在机械加工设备中占总数的50%以上，是金属切削机床中数量最多的一种，在现代机械加工中占有重要的地位。

【项目导入】

在某机械加工厂生产中，某机械加工厂来了一批零件，生产主任将这批零件分配到三厂区来完成这批订单。通过读图、选择机床、选择刀具最后完成零件加工。

【项目要点】

(1) 素质目标

① 培养学生的沟通能力及团队协作精神。

② 培养学生勤于思考、勇于创新、敬业乐业的工作作风。

③ 培养学生的质量意识、安全意识和环境保护意识。

④ 培养学生分析问题、解决问题的能力。

⑤ 培养学生的交际和沟通能力。

⑥ 培养学生良好的职业道德。

(2) 能力目标

① 能根据零件图的要求，制订加工工艺和选择工艺装备。

② 能根据零件图的要求，编制合理高效的加工程序。

③ 能根据零件图的要求，加工合格的零件。

④ 能根据零件图的要求，进行工件质量检测。

⑤ 能根据零件图的要求，进行技术文档的管理、总结及资料存档全过程。

(3) 知识目标

① 了解普通车床的工作原理、加工工艺的基本特点，掌握普通车床加工工艺分析的主要内容。

② 能熟练拟定普通车床加工工艺路线，掌握普通车床加工零件的定位与夹紧方案。车刀的选择和加工参数的确定。

③ 能掌握各类普通车床典型零件的加工编程和操作方法。

④ 能校验数控零件加工程序，并能对零件尺寸和精度要求进行正确的测量与分析。
⑤ 熟练掌握普通车床日常点检及保养。
⑥ 培养学生独立工作的能力和安全文明生产的习惯。

引导问题

问题 1 | 查阅资料，简述车床安全操作规程。

问题 2 | 查阅资料，简述车床的组成、结构、功能。

问题 3 | 简述车床的加工精度、加工范围。

问题 4 | 描述车床的保养和维护。

问题 5 | 描述车床的加工特点。

【项目准备】

任务一 轴类零件工艺特征分析

轴类零件是机器中经常遇到的典型零件之一。它主要用来支承传动零部件，传递扭矩和承受载荷。轴类零件是旋转体零件，其长度大于直径，一般由同心轴的外圆柱面、圆锥面、内孔和螺纹及相应的端面所组成。根据结构形状的不同，轴类零件可分为光轴、阶梯轴、空心轴和曲轴等。

【任务导入】

在某机械加工厂生产中，某机械加工厂线来了一批零件，生产主任将这批零件分配到三厂区来完成这批订单。为保证零件的加工质量在加工前制订零件加工工艺。

【任务要点】

(1) 基本目标

① 了解轴类零件结构特点。

② 掌握分析轴类零件图技术要求。

③ 掌握轴类零件毛坯选择及热处理方法。

(2) 能力目标

① 具有识图与绘图的能力。

② 具有制订轴类零件机械加工工艺的能力。

③ 具有分析零件技术要求的能力。

【任务提示】

① 分析零件的视图、尺寸、公差和技术要求等是否齐全。

② 查阅资料，简述轴类零件加工特点。

③ 查阅资料，简述轴类零件如何选择毛坯热处理。

【任务准备】

一、轴类零件的结构特点

轴类零件是机器中的常用零件之一，其主要功用是支承传动件（齿轮、带轮、离合器等）、传递扭矩和承受载荷，保证装在轴上的零件具有一定的回转精度。

按其结构形式可分为光轴、阶梯轴、半轴、空心轴、花键轴、凸轮轴、偏心轴及曲轴等。常见轴的种类如图 3-1 所示。

从结构特征来看，轴是长度 L 大于直径 d 的回转体零件。其加工表面主要是内外圆柱面、内外圆锥面、螺纹、花键、键槽、沟槽等。

二、轴类零件的技术要求

在轴上，与轴承配合的外圆柱面，称为支承轴颈；与传动件配合的外圆柱面称为配合轴

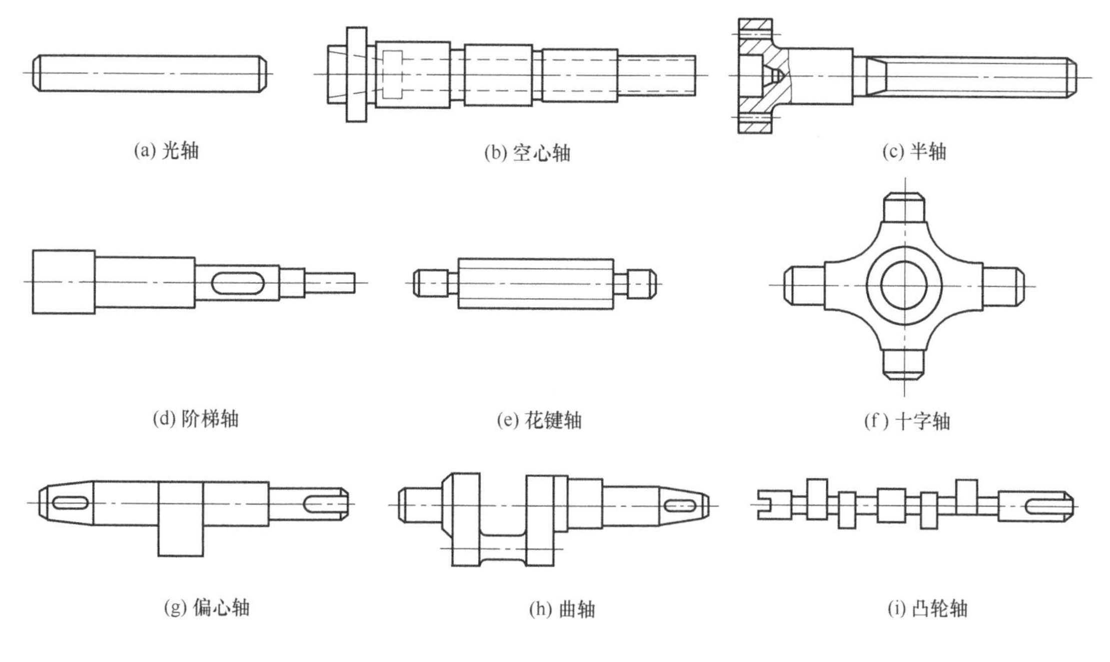

图 3-1 轴的种类

颈，如图 3-2 所示。

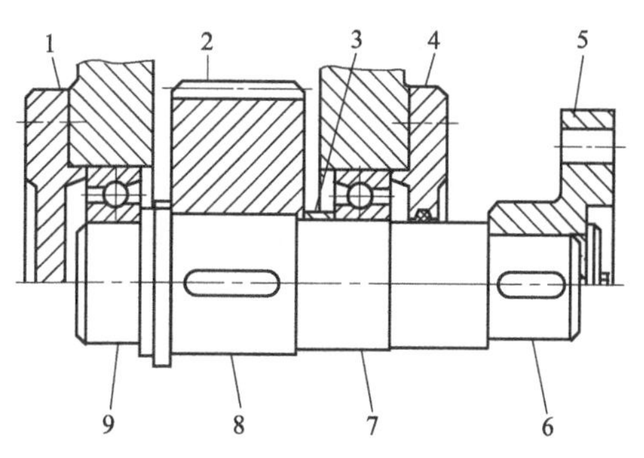

图 3-2 轴与轴上零件装配图

1—滚动轴承；2—齿轮；3—套筒；4—轴承器；5—联轴器；6，8—配合轴颈；7，9—支承轴颈

1. 尺寸精度

支承轴颈通常是轴类零件的主要表面，它影响轴的旋转精度与工作状态，精度要求最高，为 IT5～IT7；配合轴颈的尺寸精度要求可低一些，为 IT6～IT9。

2. 形状精度

轴类零件的形状精度要求一般为圆柱面的圆度、圆柱度，通常限制在尺寸公差范围内。高精度的轴类零件，应在图样上单独标注形状公差要求。

3. 位置精度

保证配合轴颈相对支承轴颈的同轴度或跳动量，是轴类零件位置精度的普遍要求。一般精度轴，径向圆跳动为 0.01～0.03mm；高精度的轴，径向圆跳动为 0.001～0.005mm。

4. 表面粗糙度

支承轴颈和重要表面的表面粗糙度 *Ra* 值常为 0.16～0.63μm，配合轴颈和次要表面的表面粗糙度 *Ra* 值为 0.63～25μm。

三、轴类零件的材料、毛坯及热处理

1. 轴类零件的材料

一般轴类零件常选用 45 钢，经过调质可得到较好的切削性能，获得较高的强度和韧性等综合力学性能，重要表面经局部淬火后再回火，表面硬度可达 45～52HRC。中等精度而转速较高的轴可选用 40Cr 等合金结构钢，经调质和表面淬火处理后，具有较高的综合力学性能。

精度较高的轴，可用轴承钢 GCr15 和弹簧钢 65Mn，经调质和表面高频感应加热淬火后再回火，表面硬度可达 50～58HRC，并具有较高的耐疲劳性和耐磨性。

高转速、重载荷等条件下工作的轴，可选用 20CrMoTi、20Mn2B、20Cr 等低碳合金钢或 38CrMoAlA 中碳合金渗氮钢。低碳合金钢经正火和渗碳淬火后可获得很高的表面硬度、较软的芯部，因此耐冲击韧性好，但热处理变形大。而对于渗氮钢，由于渗氮温度比淬火低，经调质和表面渗氮后，变形小而硬度却很高，具有很好的耐磨性和耐疲劳强度。

2. 轴类零件的毛坯

轴类毛坯的制造方法主要与零件的使用要求和生产类型有关。光轴或直径相差不大的阶梯轴，一般选用棒料；比较重要或直径相差较大的轴，大都选用锻件；只有某些大型或结构复杂的轴（如曲轴），在质量允许时才采用铸件。

3. 轴类零件的热处理

轴的性能除与所选钢材种类有关外，还与热处理有关。轴的锻造毛坯在机械加工之前，均需进行正火或退火处理，使钢材的晶粒细化（或球化），以消除锻造后的残余应力，降低毛坯硬度，改善切削加工性能。

凡要求局部表面淬火以提高表面耐磨性的轴，须在淬火前安排调质处理（有的采用正火）。当毛坯加工余量较大时，调质放在粗车之后、半精车之前，使粗加工产生的残余应力能在调质时消除；当毛坯余量较小时，调质可安排在粗车之前进行。表面淬火一般放在精加工之前，可保证淬火引起的局部变形在精加工中得以纠正。

对于精度要求较高的轴，在局部淬火和粗磨后，还需安排低温时效处理，以消除淬火及磨削中产生的残余奥氏体和残余应力，控制尺寸稳定；对于整体淬火的精密轴，在淬火粗磨后，要经过较长时间的低温时效处理；对于精度更高的轴，在淬火之后，还要进行定性处理，定性处理一般采用冰冷处理方法，以进一步消除加工应力，保持轴的精度。

任务二　使用普通车床加工零部件

车床主要用于加工各种具有回转体表面、端面及螺纹面的零件，如各种轴、盘、套筒和螺纹类零件。

车床依靠车刀和工件之间的相对运动来形成被加工零件的表面。其运动包括表面成形运动（即工件的旋转运动和刀具的直线运动）和辅助运动。车削时，工件的旋转运动是主运动；车刀的纵向、横向运动是进给运动。

车床的种类很多，常用的有卧式车床、立式车床、转塔车床、仿形车床、自动和半自动车床以及各种专用车床等，其中卧式车床应用最广。

【任务导入】

某机械加工厂来了一批零件，生产主任将这批零件分配到三厂区来完成。小明是新来的一名员工，在加工这批零件前去车间熟悉机床。

【任务要点】

（1）基本目标

① 了解车床的型号。

② 掌握车床的组成及功用。

③ 掌握车床及基本操作。

(2) 能力目标

① 能掌握车床各个零部件名称及使用。

② 能掌握车床加工范围及应用。

③ 能根据加工零件选择合适的主轴转速。

【任务提示】

① 查阅资料，简述车床的组成及功用。

② 简述车床的加工范围。

③ 简述车床在加工时有哪些安全防范措施。

【任务准备】

一、车床的概述及工艺范围

1. 车床的组成

图 3-3 所示为 CA6140 型卧式车床的外形，其主要部件和作用如下。

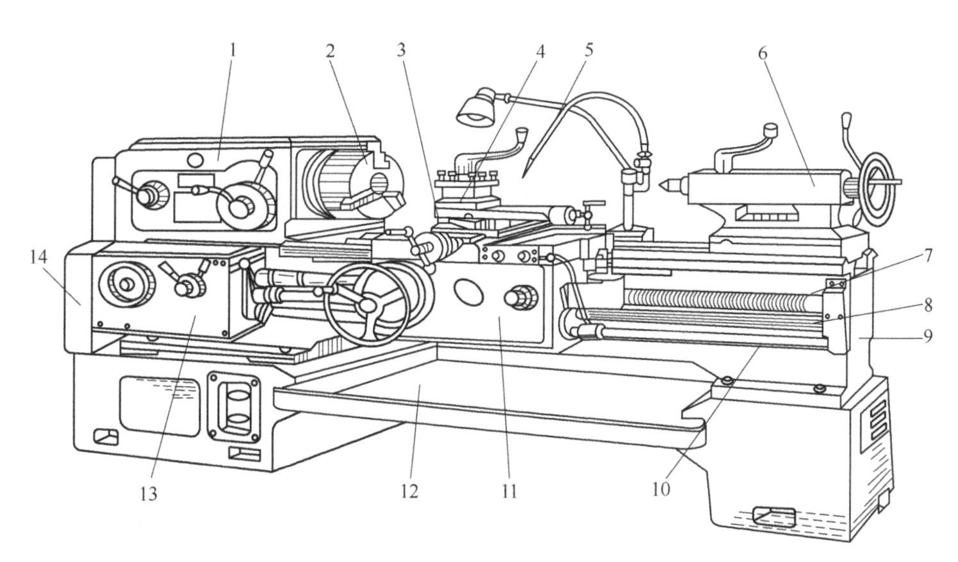

图 3-3 CA6140 型卧式车床的外形

1—主轴箱；2—卡盘；3—床鞍；4—刀架；5—冷却管；6—尾座；7—丝杠；8—光杠；
9—床身；10—操纵杆；11—溜板箱；12—盛液盘；13—进给箱；14—交换齿轮箱

① 主轴箱 1：支承主轴并通过操纵机构变换主轴正转、反转及转速，主轴通过卡盘带动工件旋转，实现主运动。

② 交换齿轮箱 14：将主轴的运动传递给进给箱传动轴，并与进给箱的齿轮变速机构配合，用于车削各种不同导程的螺纹。

③ 进给箱 13：是进给传动系统的变速机构。它把交换齿轮箱传递过来的运动，经过变速后传递给丝杠 7，以实现车削各种螺纹；传递给光杠 8，以实现机动进给。

④ 溜板箱 11：接受光杠或丝杠传递的运动，以驱动床鞍和中、小滑板及刀架实现车刀的纵向、横向进给和快速移动。

⑤ 刀架 4：用来夹持车刀并带动车刀做纵向、横向或斜向运动。

⑥ 尾座 6：可沿导轨纵向移动，调整位置，可安装顶尖、钻头、铰刀等。

⑦ 床身 9、床腿：用来支承和连接各主要部件的基础构件。

2. 工艺范围及应用

车床加工工艺范围很广，如图 3-4 所示。

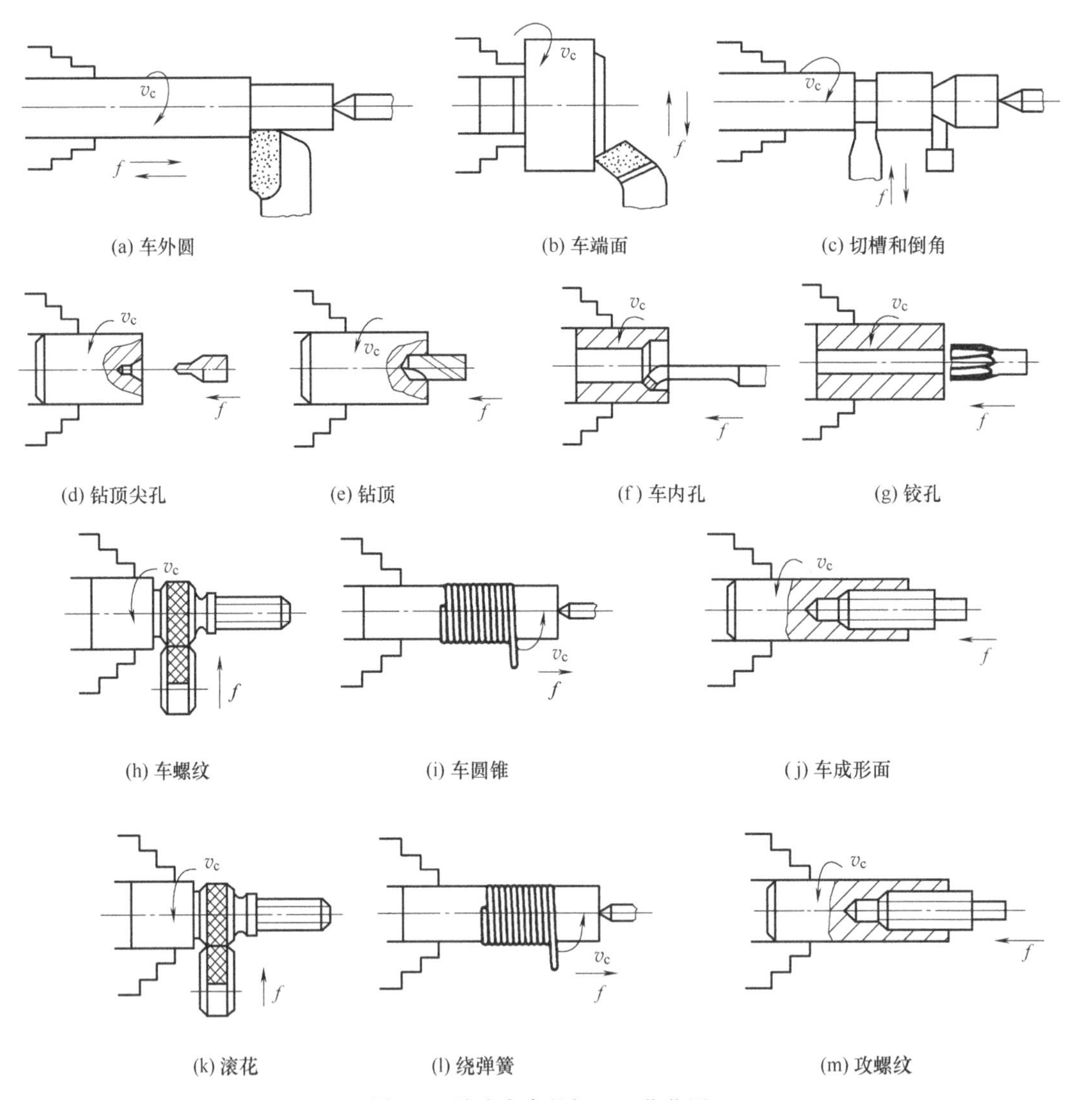

(a) 车外圆　(b) 车端面　(c) 切槽和倒角

(d) 钻顶尖孔　(e) 钻顶　(f) 车内孔　(g) 铰孔

(h) 车螺纹　(i) 车圆锥　(j) 车成形面

(k) 滚花　(l) 绕弹簧　(m) 攻螺纹

图 3-4　卧式车床的加工工艺范围

3. 金属切削机床型号编制方法

机床型号的编制，是采用大写的汉语拼音字母和阿拉伯数字按一定规则组合排列的，用以表示机床的类别、类型、主参数、性能和结构特点等。例如 CA6140 型卧式车床，按照我国金属切削机床型号编制方法（GB/T 15375—2008）的规定，其型号中的代号及数字的含义如下：

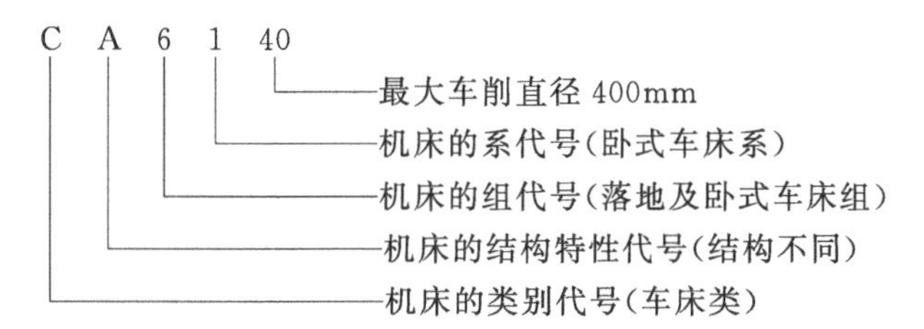

(1) 机床的类别代号　用大写的汉语音字母表示，按其相对的汉语字义读音，机床的类别和分类代号见表 3-1。

表 3-1　机床的类别和分类代号

类别	车床	钻床	镗床	磨床	齿轮加工机床	螺纹加工机床	铣床	刨床	拉床	锯床	其他机床
代号	C	Z	T	M	Y	S	X	B	L	G	Q
读音	车	钻	镗	磨	牙	丝	铣	刨	拉	割	其

(2) 机床通用特性代号　用大写的汉语拼音字母表示，位于类别代号之后。它有固定的含义，在各种机床型号中，表示的意义相同。机床通用特性代号见表 3-2。

表 3-2　机床通用特性代号

通用特性	高精度	精密	自动	半自动	数控	加工中心(自动换刀)	仿形	轻型	加重型	简式或经济式	柔性加工单元	数显	高速
代号	G	M	Z	B	K	H	F	Q	C	J	R	X	S
读音	高	密	自	半	控	换	仿	轻	重	简	柔	显	速

为了区分主参数相同而结构、性能不同的机床，在型号中加结构特性代号予以区分。结构特性代号用大写的汉语拼音字母表示，例如 CY6140 型卧式车床型号中的“Y”，可理解为这种型号的车床在结构上区别于 CA6140 型车床。结构特性代号在型号中没有统一的含义，当型号中有通用特性代号时，结构特性代号应排在通用特性代号之后。

(3) 机床的组、系代号　将每类机床划分为十个组，每个组又划分为十个系。机床的组代号用一位阿拉伯数字表示，位于类代号和通用特性、结构特性代号之后。机床的系代号用一位阿拉伯数字表示，位于组代号之后。部分机床的组、系划分见表 3-3。

表 3-3　部分机床组、系划分表

组		系		组		系	
代号	名称	代号	名称	代号	名称	代号	名称
0	仪表车床	0		1	单轴自动车床	0	主轴箱固定型自动车床
		1				1	单轴纵切自动车床
		2				2	单轴横切自动车床
		3	仪表转塔车床			3	单轴转塔自动车床
		4	仪表卡盘车床			4	
		5	仪表精整车床			5	
		6	仪表卧式车床			6	
		7				7	
		8	仪表轴车床			8	
		9				9	

续表

组		系		组		系	
代号	名称	代号	名称	代号	名称	代号	名称
5	立式铣床	0		6	落地及卧式车床	0	落地车床
		1	单柱立式车床			1	卧式车床
		2	双柱立式车床			2	马鞍车床
		3	单柱移动立式车床			3	轴车床
		4	双柱移动立式车床			4	卡盘车床
		5	工作台移动单柱立式车床			5	球面车床
		6				6	
		7	定梁单柱立式车床			7	
		8	定梁双柱立式车床			8	
		9				9	

(4) 机床主参数表示方法　机床型号中，主参数用折算值表示，位于系代号之后。部分车床主参数及折算系数见表 3-4。

表 3-4　车床主参数及折算系数

车床	主参数	主参数折算系数	第二主参数
单轴自动车床	最大棒料直径	1	
多轴自动车床	最大棒料直径	1	轴数
多轴半自动车床	最大车削直径	1/10	轴数
转塔式六角车床	最大车削直径	1/10	
单柱及双柱立式车床	最大车削直径	1/100	
落地车床	最大工件回转直径	1/100	最大工件长度
卧式车床	床身上最大工件回转直径	1/10	最大工件长度

(5) 机床的重大改进顺序号　当机床结构、性能有重大改进，需按新产品重新设计、试制和鉴定时，才按其设计改进的次序分别用字母“A、B、C、D…”表示，附在机床型号的末尾，以区别原机床型号。

二、CA6140 型卧式车床及传动系统

CA6140 型卧式车床传动系统分为主传动系统、车螺纹传动系统和纵、横向机动进给传动系统三部分。图 3-5 所示为 CA6140 型卧式车床传动系统图。

1. 主运动传动链

主运动传动链的作用是将主电动机的运动及动力传给主轴，使主轴带动工件旋转。主运动传动链结构式如下：

$$\text{电动机}-\frac{\phi 130}{\phi 230}-\text{I}-\left\{\begin{array}{l}\overleftarrow{M_1}_{\text{向左正转}}-\left\{\begin{array}{c}\frac{56}{38}\\ \frac{51}{43}\end{array}\right\}-\\ \overrightarrow{M_1}_{\text{向右正转}}-\frac{50}{34}\times\frac{34}{30}\end{array}\right\}-\text{II}-\left\{\begin{array}{c}\frac{39}{41}\\ \frac{22}{58}\\ \frac{30}{50}\end{array}\right\}-\text{III}-\left\{\begin{array}{l}\overleftarrow{M_2}(\text{向左})-\frac{63}{50}-\\ \frac{20}{80}\div\frac{50}{50}-\left\{\begin{array}{c}\frac{20}{80}\\ \frac{51}{50}\end{array}\right\}\end{array}\right\}-\text{V}-\frac{26}{58}-M_2(\text{向右})-\text{VI}(\text{主轴})$$

由主电动机经 V 带轮传动副$\frac{\phi 130}{\phi 230}$传到主轴箱的轴Ⅰ。在轴Ⅰ上装有双向多片式摩擦离

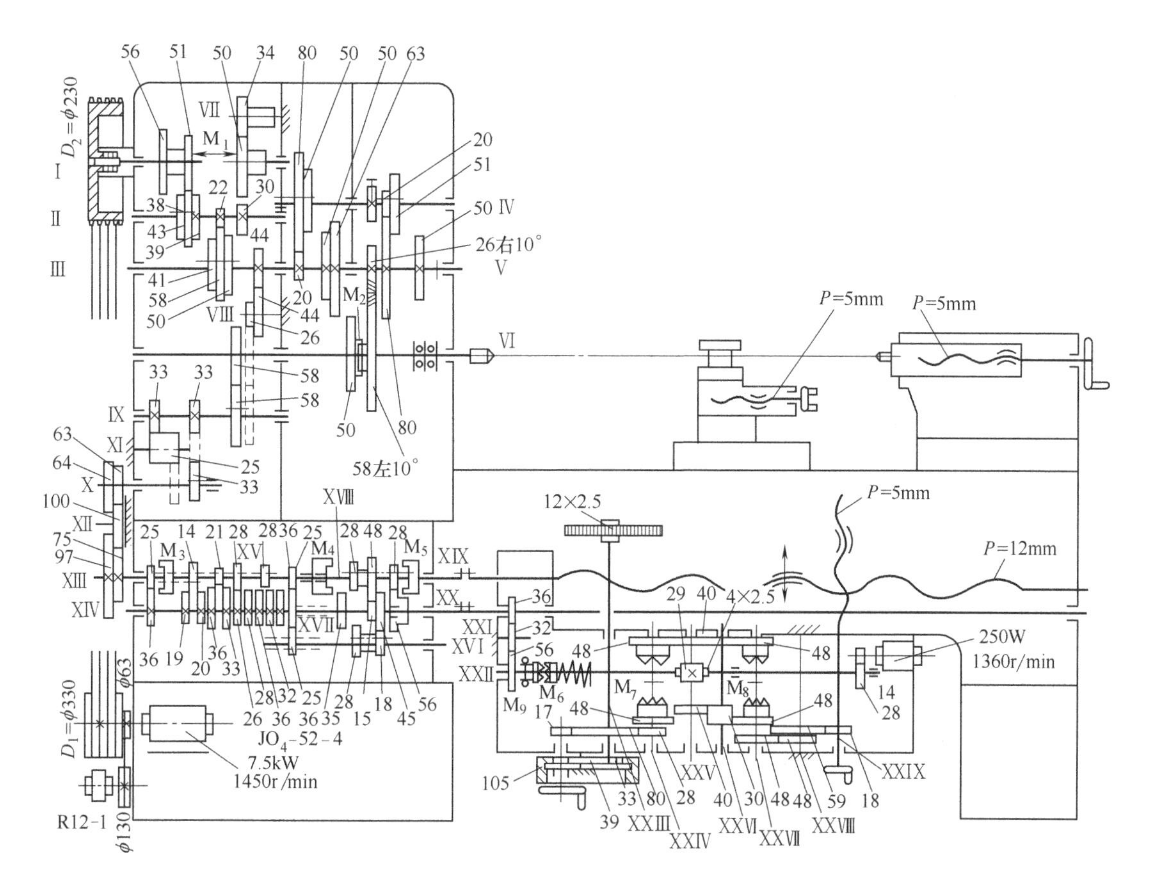

图 3-5 CA6140 型卧式车床传动系统图

注：图中数字代表齿轮齿数。

合器 M_1，可以控制主轴正转、反转或停止。压紧 M_1 左部摩擦片时，轴Ⅰ的运动经齿轮副 $\frac{56}{38}$或$\frac{51}{43}$传给轴Ⅱ，从而使轴Ⅱ获得两种转速。压紧 M_1 右部摩擦片时，轴Ⅰ的运动经 M_1 右部摩擦片及齿轮 Z50 传给轴Ⅴ上的空套齿轮 Z34，然后再传到轴Ⅱ上的齿轮 Z30，使轴Ⅱ转动。在这条传动路线上，由于多了一个中间齿轮 Z34，因此轴Ⅱ的转动方向与经 M_1 左部摩擦片压紧时的转动方向相反，轴Ⅱ的反转转速只有一种。当离合器 M_1 处于中间位置时，其左部和右部的摩擦片都没有被压紧，轴Ⅰ的运动不能传到轴Ⅱ，这时主轴停止转动。

轴Ⅱ的运动可分别通过三对齿轮副$\frac{22}{58}$或$\frac{30}{50}$或$\frac{39}{41}$传给轴Ⅲ，轴Ⅲ共有 2×3＝6 种转速，通过两条不同的路线传给主轴。

① 主轴高速转动（450～1400r/min）的传动路线。主轴上的滑移齿轮 Z50 移到左端位置，使之与轴Ⅲ上的齿轮 Z63 啮合，这时运动就由轴Ⅲ经齿轮副$\frac{63}{50}$直接传给主轴，使主轴得到 6 种高转速。

② 主轴中、低速转动（10～500r/min）的传动路线。主轴上的滑移齿轮 Z50 移到右端位置，使齿式离合器 M_2 啮合。于是轴Ⅲ上的运动传给轴Ⅳ，然后经过齿轮副或二传给轴Ⅴ，经轴Ⅴ上的齿轮 Z26 与主轴上的空套齿轮 Z58 啮合，再经过 M_2 传给主轴。

主轴正转时，利用滑移齿轮的轴向位置的各种不同组合，共可得 2×3×（1+2×2）=30 种转速。因为轴Ⅲ到轴Ⅴ之间的 4 条传动路线实际上只有 3 种不同的传动比，因此实际获得的转速为 6×(4−1）=18 种。加上高速传动路线获得的 6 种转速，主轴共有 2×3×[1+(2×2−1)]=24 级转速。

同理主轴反转路线总数为 3×(1+2×2)=15 条，其中有 3 种转速重复，所以反转的有 3×[1+(2×2−1)]=12 级转速。

主轴的转速可按下列传动链方程式计算：

$$n_{主轴}=n_{电机}\frac{d_1}{d_2}\varepsilon i_{总}\ (\mathrm{r/min})$$

式中 d_1——主动带轮直径，mm；

d_2——从动带轮直径，mm；

ε——V 带传动的滑动系数，$\varepsilon=0.98$；

$i_{总}$——所选传动路线齿轮总传动比。

其中正转时的最高及最低转速计算如下：

$$n_{正\max}=1450\times\frac{130}{230}\times0.98\times\frac{56}{38}\times\frac{39}{41}\times\frac{63}{50}\approx1400(\mathrm{r/min})$$

$$n_{正\min}=1450\times\frac{130}{230}\times0.98\times\frac{51}{43}\times\frac{22}{58}\times\frac{20}{80}\times\frac{26}{58}\approx10(\mathrm{r/min})$$

2. 纵向、横向机动进给传动链

刀架纵向、横向机动进给传动链结构式如下：

$$\text{主轴 VI}—\{\text{英制螺纹传动路线、米制螺纹传动路线}\}—\text{XVIII}—\frac{28}{56}\text{XX}(\text{光杠})—\frac{28}{56}\times\frac{28}{56}—M_9$$

$$(\text{超越离合器})—M_6(\text{安全离合器})—\text{XXII}—\frac{4}{29}—\text{XXV}—$$

$$\left\{\begin{array}{l}\left.\left\{\begin{array}{l}\frac{40}{48}—M_7\uparrow\\ \frac{40}{30}\times\frac{40}{48}—M_8\downarrow\end{array}\right.\right\}—\text{XXII}—\frac{28}{80}—\text{XXIII}—Z12(\text{纵向进给齿条—刀架})\\ \left.\left\{\begin{array}{l}\frac{40}{48}—M_7\uparrow\\ \frac{40}{30}\times\frac{40}{48}—M_8\downarrow\end{array}\right.\right\}—\text{XXII}—\frac{48}{48}\times\frac{59}{18}—\text{XXIX}—(\text{横向进给刀架})\end{array}\right\}$$

CA6140 型车床纵向机动进给量有 64 种。

为了减轻操作者的劳动强度，缩短辅助时间，CA6140 型卧式车床还有刀架快速移动传动路线，它可以使刀架快速趋近或退离加工部位。扳动溜板箱右侧的操纵手柄并按下顶部的按钮，使快速电动机（0.25kW，1360r/min）接通，电动机经齿轮副$\frac{14}{28}$传动，使轴 XXII 高速转动，经蜗杆副$\frac{4}{29}$传到溜板箱内的传动机构，使刀架按手柄扳动方向做快速移动。

任务三　普通车床选用车刀

车刀是用于车削加工的、具有一个切削部分的刀具。车刀是切削加工中应用最广的刀具之一。车刀的工作部分就是产生和处理切屑的部分，包括刀刃、使切屑断碎或卷拢的结构、排屑或容储切屑的空间、切削液的通道等结构要素。

【任务导入】

某机械加工厂来了一批零件，生产主任将这批零件分配到三厂区来完成。在加工零件前选择合适的车刀进行零件加工。

【任务要点】

(1) 基本目标

① 掌握切削运动及切削用量。

② 掌握车刀的种类及用途。

③ 掌握车刀的角度。

(2) 能力目标

① 具有合理选择切削参数的能力。

② 能够识别刀具角度的能力。

【任务提示】

① 查阅资料，简述切削运动与切削用量。

② 查阅资料，简述刀具不同角度对加工表面的影响。

③ 简述车刀的种类，如何选择合适的车刀。

【任务准备】

一、切削运动与切削用量

1. 切削运动

切削加工时，刀具与工件之间的相对运动称为切削运动。切削运动按其在切削中所起的作用不同，可分为主运动和进给运动。图 3-6 表示了车削运动、切削层及工件上形成的表面。

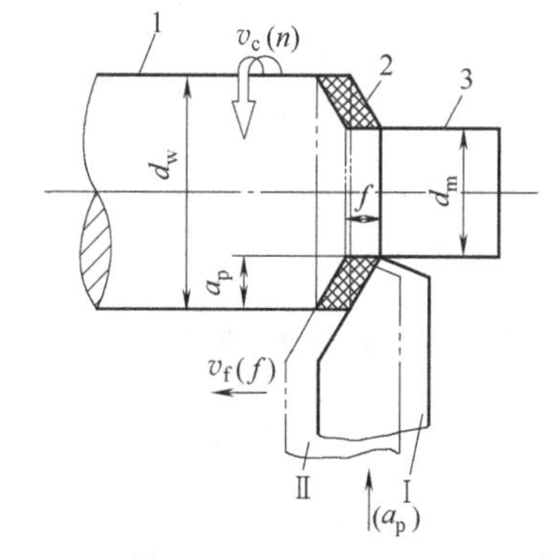

图 3-6 车削运动、切削层及工件上形成的表面

1—待加工表面；2—过渡表面；3—已加工表面

(1) 主运动　主运动是切削时最主要的、消耗动力最多的运动，它使刀具与工件之间产生相对运动。在切削运动中，主运动一般只有一个，它可以由工件完成，也可以由刀具完成，如车削的主运动是工件的旋转运动。

(2) 进给运动　进给运动是使金属层不断投入切削，以加工出整个表面的运动。进给运动可以是一个，也可以是多个；可以是连续的，也可以是间断的。如图 3-6 中 v_f 是车外圆时纵向进给运动速度，它是连续的；而横向进给运动则是间断的。

(3) 切削层　切削时刀具在一次进给中从工件待加工表面上切除的材料层即为切削层。

切削层截面形状和尺寸直接影响着刀具承受的负荷大小。

2. 切削用量、切削时间

切削用量是切削加工过程中切削速度、进给量和背吃刀量（切削深度）的总称。它表示主运动及进给运动量，它是调整机床，计算切削力、切削功率、时间定额等所必需的参数。

(1) 切削速度 v　切削速度是指切削刃选定点相对工件主运动的瞬时速度，单位为 m/min（m/s）。在车削中，一般是工件旋转形成切削速度；钻削和铣削中，则是刀具旋转形成切削速度。刀具或工件的旋转运动所形成的切削速度的计算公式为

$$v_c=\frac{\pi dn}{1000}=\frac{dn}{318}$$

式中　n——工件或刀具的转速，r/min；

d——工件或刀具选定点的旋转直径，mm。

(2) 进给量 f　进给量是刀具在进给运动方向上相对工件的位移量，可用工件每转（行程）的位移量来度量，单位为 mm/r。进给运动的大小可用进给速度表示。进给速度是指切削刃选定点相对工件进给运动的瞬时速度，单位为 mm/s（mm/min、m/min）。

车削时，进给速度

$$v_f=nf$$

(3) 背吃刀量（切削深度）a_p　背吃刀量是垂直于进给速度方向测量的切削层最大尺寸，单位为 mm。车外圆时

$$a_p=\frac{(d_w-d_m)}{2}$$

式中　d_w——待加工表面直径，mm；

d_m——已加工表面直径，mm。

(4) 切削时间（机动时间）t　切削时间是切削时直接改变工件尺寸、形状等工艺过程所需的时间，它是反映切削效率高低的一个指标。车外圆时 t_m 的计算式为

$$t_m=\frac{lA}{v_f a_p}=\frac{\pi dlA}{1000a_p v_c f}$$

式中　t_m——切削时间，min；

l——刀具行程长度，mm；

A——半径方向加工余量，mm。

由以上可知，提高切削用量中任一要素均可提高生产率。

二、车刀的种类和用途

常用车刀按其用途不同，可分为外圆车刀、端面车刀、切断刀、内孔车刀、螺纹车刀和成形车刀等。图 3-7 为常用车刀的形式与用途。

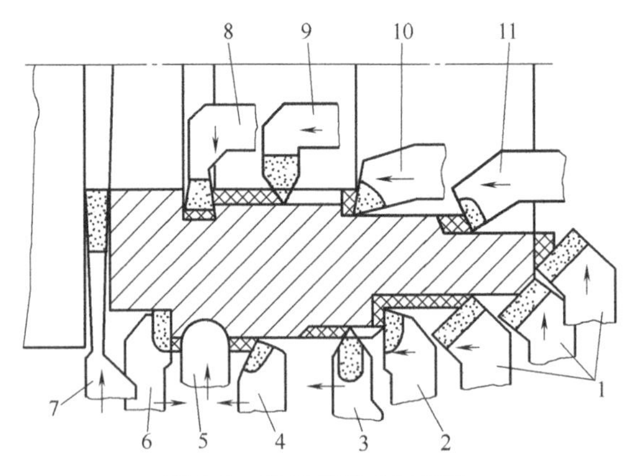

图 3-7　车刀的形式与用途

1—45°端面车刀；2—90°外圆车刀；3—外螺纹车刀；4—70°外圆车刀；5—成形车刀；6—90°左切外圆车刀；7—切断刀、切槽车刀；8—内孔车槽车刀；9—内螺纹车刀；10—95°内孔车刀；11—75°内孔车刀

车刀按结构分类，有整体式、焊接式、机夹式和可转位式四种形式，它们的特点与用途见表 3-5。

表 3-5 车刀的结构类型、特点与用途

名称	简图	特点	适用场合
整体式	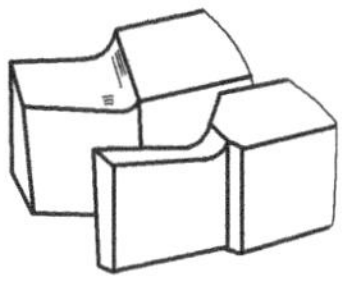	用整体高速钢制造，刃口可磨得锋利	小型车床或车有色金属
焊接式	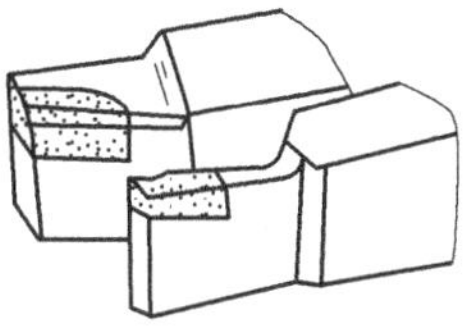	焊接硬质合金刀片，结构紧凑，使用灵活	各类车刀
机夹式	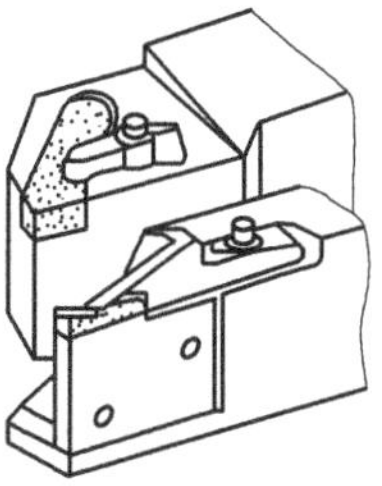	避免焊接产生裂缝、应力等缺陷，刀杆利用率高，刀片可集中刃磨	外圆、端面、镗孔、切断、螺纹车刀等
可转位式	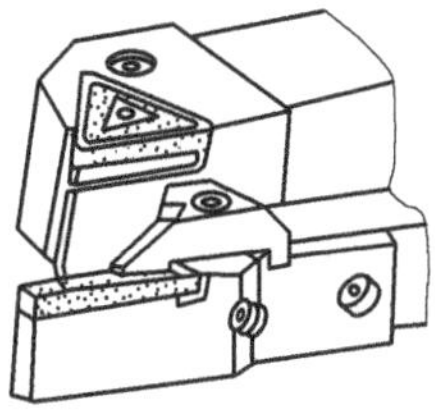	避免焊接刀缺点，刀片可快速转位，断屑稳定，可使用涂层刀片	大中型车床、数控机床、自动线加工外圆、端面、镗孔等

三、车刀的角度

1. 车刀的组成

如图 3-8 所示，车刀由刀头和刀柄两部分组成。刀头担负切削工作，刀柄用来装夹车刀。

刀头是由若干个刀面和切削刃组成的。

① 前刀面：刀具上切屑流过的表面。

② 主后刀面：与过渡表面（工件上由切削刃正在形成的表面）相对的表面。

③ 副后刀面：与已加工表面相对的表面。

④ 主切削刃：前刀面和主后刀面的相交部位，它担负主要的切削工作。

⑤ 副切削刃：前刀面和副后刀面的相交部位，它配合主切削刃完成少量的切削工作。

⑥ 刀尖：主、副切削刃的交点。实际应用中，为增强刀尖的强度和耐磨性，往往磨成一段直线或圆弧，称为过渡刃，如图 3-9 所示。

2. 刀具角度参考系

用于定义和规定刀具角度的各基准坐标平面称为刀具角度参考系。由基面 p_r、切削平

面 p_s、正交平面 p_0 组成的坐标系称为正交平面参考系，如图 3-10 所示。

① 基面 p_r：过切削刃选定点，垂直于切削速度方向的平面。车刀的基面可理解为平行于刀具底面的平面。

② 切削平面 p_s：通过切削刃上选定点，与该切削刃相切并垂直于基面的平面。

③ 正交平面 p_0：通过切削刃上选定点并同时垂直于基面和切削平面的平面。

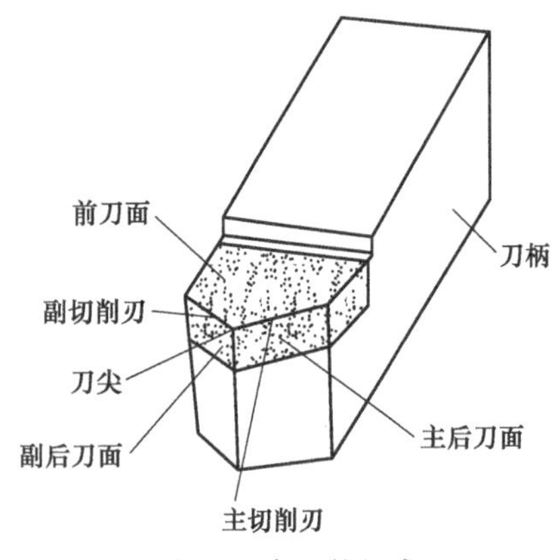

图 3-8 车刀的组成

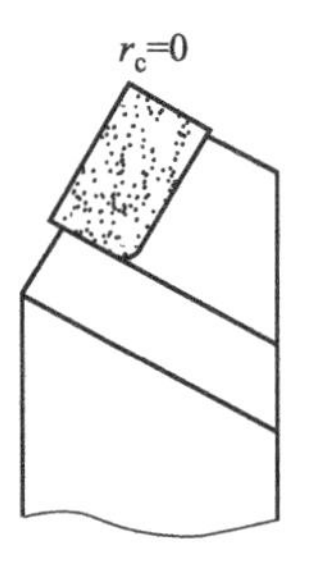

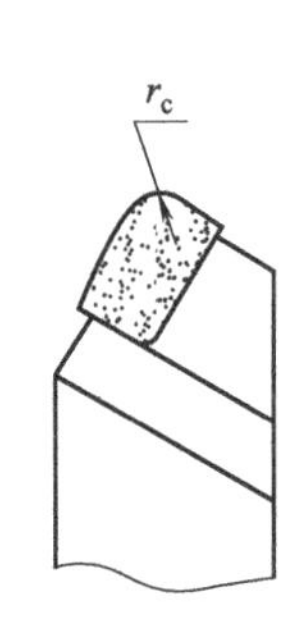

(a) 切削刃的实际交点 (b) 倒角刀尖 (c) 修圆刀尖

图 3-9 刀尖形状

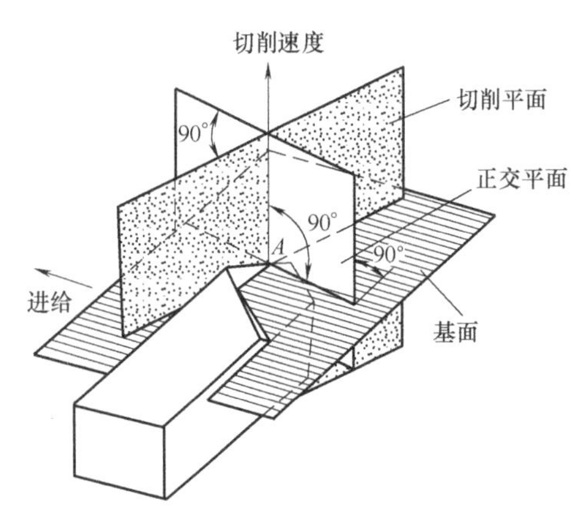

图 3-10 正交平面参考系

3. 刀具的标注角度

刀具的标注角度是指刀具设计图样上标注出的角度，刀具角度的标注最常用的是正交平面参考系，如图 3-11 所示。

① 前角 γ_0：正交平面内测量的前面与基面间的夹角。

② 后角 α_0：正交平面中测量的主后面与切削平面间的夹角。

③ 主偏角 κ_r：基面中测量的主切削平面与假定工作平面间的夹角。

④ 刃倾角 λ_s：切削平面中测量的切削刃与基面间的夹角。

⑤ 副后角 α'_0：副正交平面中测量的副后面与副切削平面间的夹角。

⑥ 副偏角 κ'_r：基面中测量的副切削平面与假定工作平面间的夹角。

为了比较切削刃和刀尖的强度，还需用到以下两个派生角度。

① 刀尖角 ε_r：基面投影中主切削刃与副切削刃间的夹角，只有正值。

$$\varepsilon_r = 180° - (\kappa_r + \kappa'_r)$$

② 楔角 β_0：正交平面中测量的前面与后面的夹角。

$$\beta_0 = 90° - (\gamma_0 + \alpha_0)$$

4. 刀具角度正负的规定

如图 3-12 所示，前面与切削平面之间的夹角小于 90°时，前角为正，用符号“＋”表示；大于 90°时，前角为负，用符号“－”表示；前面与基面平行时前角为零；后面与基面夹角小于 90°时，后角为正，大于 90°时，后角为负，分别用“＋”“－”表示。

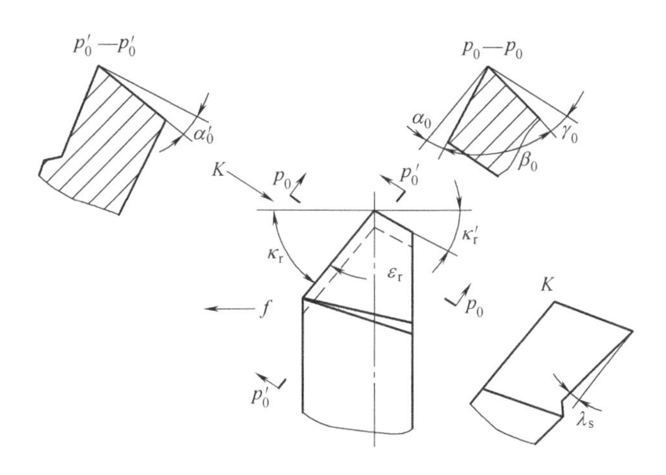

图 3-11 正交平面参考系刀具角度

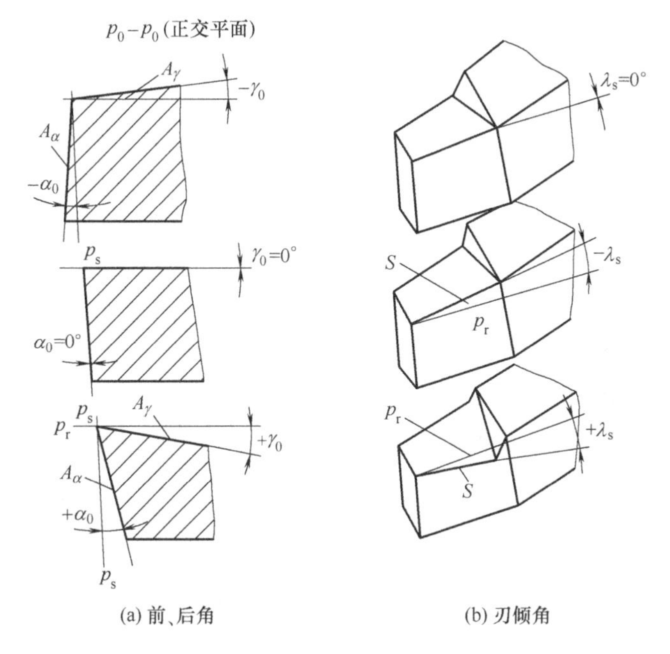

图 3-12 刀具角度正负的规定

四、车刀几何角度的合理选择

切削加工中刀具角度的好坏，会直接影响刀具寿命、工件质量、加工生产率、加工成本以及加工安全等。为了正确地选择刀具角度，必须对刀具角度的功用有全面的了解。

1. 前角 γ_0 的功用及其选择

前角的功用是减小切削变形、降低切削力和提高刀刃强度。前角的选择原则是在保证加工质量和足够的刀具耐用度的前提下，尽量选取较大的前角。选择前角的主要因素是工件材料、车刀材料、机床刚性、加工要求等。

工件材料软，可选择较大的前角；工件材料硬，应选择较小的前角。车削塑性材料（钢、纯铜等）时，可取较大的前角；车削脆性材料（灰铸铁、球墨铸铁等）时，应取较小的前角。

粗加工，尤其是车削有硬皮的铸、锻件时，为了保证切削刃有足够的强度，应取较小的前角；精加工时，为了减小工件的表面粗糙度值，一般应取较大的前角。

车刀材料的强度、韧性较差时，前角应取小值；反之，应取较大值。

2. 后角 α_0 的功用及其选择

后角的作用是减小刀具后面与工件切削表面、已加工表面间的摩擦，使刀具在切削过程中降低阻力。后角直接影响刀具的强度和传热，因此也影响刀具的寿命。后角选择的原则是在不产生摩擦的前提下，适当减小后角。

粗加工时应选取较小的后角；精加工时应取较大的后角。

工件材料较硬，后角应取小值；工件材料较软，后角应取大值。

表 3-6 为硬质合金车刀合理前角、后角的参考值，高速钢车刀的前角一般比表中数值大 5°～10°。

表 3-6　硬质合金车刀合理前角、后角的参考值

工件材料种类	合理前角参考值/(°)		合理后角参考值/(°)	
	粗车	精车	粗车	精车
低碳钢	18～20	20～25	8～10	10～12
中碳钢、合金钢	10～15	15～20	5～7	6～8
淬火钢	−15～5		8～10	
不锈钢	15～25	25～30	6～8	8～10
灰铸钢	10～15	5～10	4～6	6～8
铜及铜合金	10～15	5～10	4～6	6～8

3. 主偏角 κ 的功用及其选择

主偏角的大小影响刀尖部分的强度与散热条件，影响切削刃的分配，改变切削厚度与宽度，直接影响工件表面的质量和刀具寿命。减小主偏角，刀刃参加切削的长度增加，刀刃的散热面积加大，散热情况好，刀尖角增大，相应提高了车刀的强度，对提高刀具的寿命比较有利。

在工艺系统刚性允许的情况下，应尽可能采用较小的主偏角；工艺系统刚性较差时，采用较大的主偏角。

当工件材料的强度、硬度较高时，刀具磨损快，为提高刀具的耐用度，应选用较小的主偏角。

4. 副偏角 κ 的功用及其选择

副偏角的功用是减小刀具与已加工表面之间的摩擦，降低工件的表面粗糙度。副偏角的选择原则是在不引起振动的条件下，选取较小的角度。

粗车时，为了考虑生产率和刀具耐用度，副偏角应选大些；精车时，为了保证已加工表面的粗糙度，副偏角应选小一些。

当加工高强度、高硬度的材料或断续切削时，为了增大刀尖强度，副偏角应取较小值；当加工塑性和韧性较大的材料时，为了使刀尖锐利，副偏角可取较大值。

当工艺系统刚性较好时，副偏角取较小值；工艺系统刚性较差时，副偏角取较大值。

表 3-7 为主、副偏角的参考值。

表 3-7　主、副偏角的参考值

适合范围	工艺系统刚度好	刀具从工件中间部分切入	工艺系统刚度较差	工艺系统刚度较差	切断、切槽
加工条件	淬硬钢、冷硬铸铁	外圆、端面、倒角	粗车、强力车削	台阶轴、细长轴、多刀车、仿形车	
主偏角 κ_r	10°～30°	45°～60°	60°～70°	75°～90°	≥90°
副偏角 κ_r'	4°～6°	45°～60°	10°～15°	10°～15°	1°～2°

5. 刃倾角 λ_s 的功用及其选择

刃倾角的作用是控制排屑方向。当刃倾角为负值时，可增加刀头的强度和在车刀受冲击时保护刀尖。刃倾角为正值时，刀尖位于主切削刃的最高点，刀尖部分强度较差；当刃倾角为负值时，刀尖位于主切削刃的最低点，刀尖部分强度较好，较耐冲击。正刃倾角刀具使切屑流向待加工表面，负刃倾角刀具使切屑流向已加工表面，如图 3-13 所示。

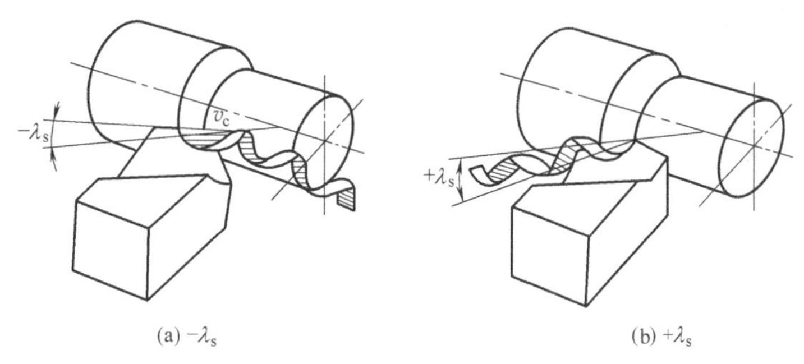

图 3-13　刃倾角对切屑流向的影响

表 3-8 为刃倾角选用的参考值。从表中可以看出以下结论。

① 粗加工时，应保证刀具有足够的强度，λ_s 多取负值；精加工时为使切屑不流向已加工表面使其擦伤，λ_s 取正值。

② 加工余量不均匀或在其他产生冲击振动的切削条件下，应选取绝对值较大的负刃倾角。

表 3-8　刃倾角选用的参考值

λ_s 值	0°～5°	+5°～10°	−5°～0°	−10°～−5°	−15°～−10°	−45°～−10°	−75°～−45°
应用范围	精车钢、车细长轴	精车有色金属	粗车钢和灰铸铁	粗车余量不均匀钢	断续车削钢、灰铸钢	带冲击切削淬硬钢	大刃倾角刀具薄切削

任务四　普通车床车削加工

车削是指车床加工，是机械加工的一部分。车床加工主要是用车刀对旋转的工件进行车削加工，主要用于加工轴、盘、套和其他具有回转表面的工件。车床是机械制造和修配工厂中使用最广的一类机床加工。车削是最基本、最常见的切削加工方法，在生产中占有十分重要的地位。车削适于加工回转表面，大部分具有回转表面的工件都可以用车削方法加工，如内外圆柱面、内外圆锥面、端面、沟槽、螺纹和回转成形面等，所用刀具主要是车刀。

【任务导入】

某机械加工厂来了一批零件，生产主任将这批零件分配到三厂区来完成。经过前期加工准备，现使用车床完成零件加工。

【任务要点】

（1）基本目标

① 掌握车削加工工件的装夹。

② 掌握车刀的安装方法。

③ 掌握车削用量的选择方法。

（2）能力目标

① 具有工件装夹的能力。

② 能根据工件要求选择刀具及安装。

③ 能选择合理的切削用量。

【任务提示】

① 查阅资料，简述车削加工时如何装夹工件。

② 查阅资料，简述车刀如何安装。

③ 简述在零件加工时如何选择合理的切削用量。

【任务准备】

一、工件的装夹

切削加工时，工件必须在机床夹具中定位和夹紧，使它在整个切削过程中始终保持正确的位置。工件的装夹和速度直接影响加工质量和劳动生产率。

1. 三爪自定心卡盘装夹

三爪自定心卡盘（简称三爪卡盘）是一种通用夹具，其结构如图 3-14 所示。当用方扳手旋转小锥齿轮时，大锥齿轮便转动，它背面的平面螺纹使三个卡爪同时向中心靠拢或离开，从而可使工件定心夹紧或松开。

三爪自定心卡盘能自动定心，工件装夹后一般不需找正。其缺点是夹紧力小，定位精度不高，特别是对于形状不规则的工件找正困难，需加垫片调整，所以适用于装夹外形规则的中、小型工件。

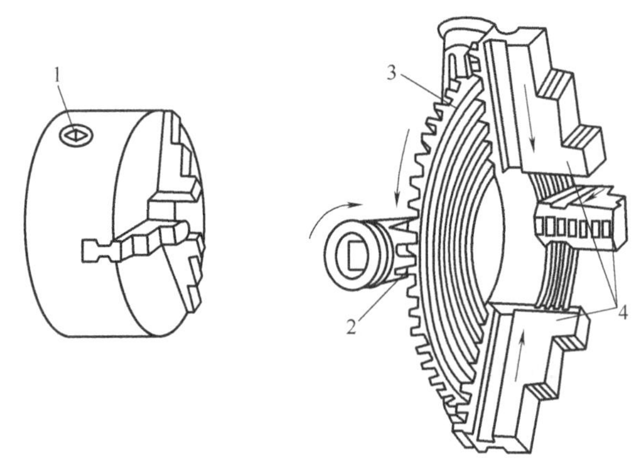

图 3-14　三爪自定心卡盘的结构

1—方孔；2—小锥齿轮；3—大锥齿轮；4—卡爪

2. 四爪单动卡盘装夹

四爪单动卡盘是一种通用夹具。它的每个卡爪都可以单独移动，每一个卡爪都分别有一个螺杆传动，用方扳手旋转螺杆便可使卡爪沿径向向内或向外移动，如图 3-15（a）所示。工件装夹时必须将加工部分的回转中心找正到与车床主轴的回转中心重合后才能车削，如图 3-15（b）所示。四爪单动卡盘的夹紧力较大，找正比较费时，所以适用于装夹大型或形状不规则的工件。

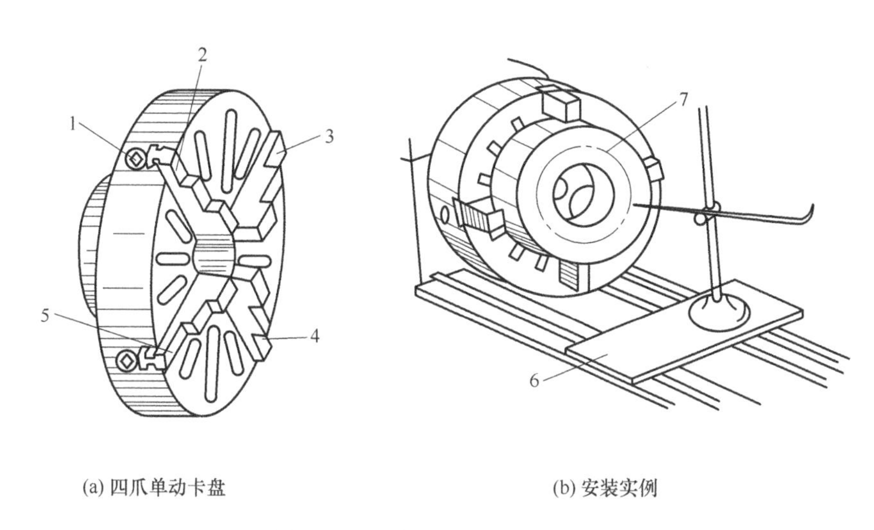

(a) 四爪单动卡盘　　(b) 安装实例

图 3-15　四爪单动卡盘及工件的找正

1—调节螺杆；2～5—卡爪；6—平板；7—孔加工线

3. 两顶尖装夹

对于较长的或必须经过多次装夹才能加工好的工件，如长轴、长丝杠等的车削；或工序较多，在车削后还要铣削或磨削的工件，为了保证每次装夹时的装夹精度，可用两顶尖装夹。两顶尖装夹工件方便，不需找正，装夹精度高，如图 3-16 所示。

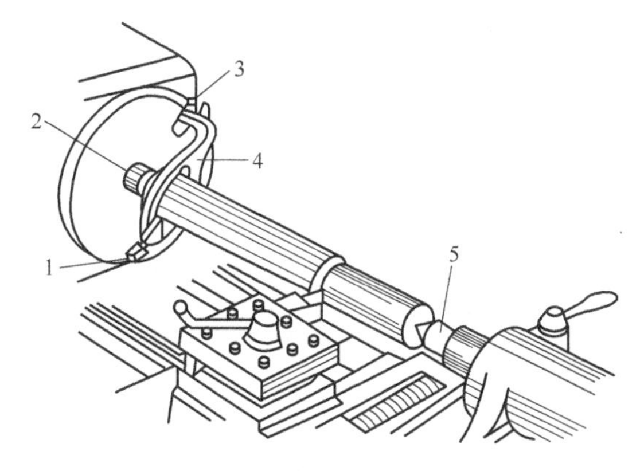

图 3-16　两顶尖装夹工件

1—紧固螺钉；2—前顶尖；3—拨盘；4—鸡心夹头；5—后顶尖

由图 3-16 可以看出，工件装夹在前、后顶尖之间，主轴带动拨盘转动，拨盘带动鸡心夹头转动，鸡心夹头用紧固螺钉紧固在工件上，从而使工件跟着转动。装在主轴锥孔内与主轴一起旋转的顶尖为前顶尖；装在尾座套筒锥孔内的顶尖为后顶尖。后顶尖又分为固定顶尖和回转顶尖两种，如图 3-17 所示。在车削中固定顶尖不随工件转动，与中心孔产生滑动摩擦而发出大量的热量，所以它适用于低速、加工精度要求较高的工件。回转顶尖和工件一起转动，将顶尖与工件中心孔的滑动摩擦改成顶尖内部轴承的滚动摩擦，能承受很高的转速。

顶尖孔（中心孔）是工件加工过程中的定位基准，也是检验和测量基准。图 3-18 所示为中心孔的两种形状。A 型中心孔由圆柱部分和圆锥部分组成，圆锥孔为 60°，一般用于不需要多次装夹或不保留中心孔的零件。B 型中心孔是在 A 型中心孔的端部多一个 120°的圆锥孔，目的是保护 60°锥孔，不使其敲毛碰伤，一般适用于多次装夹的零件。

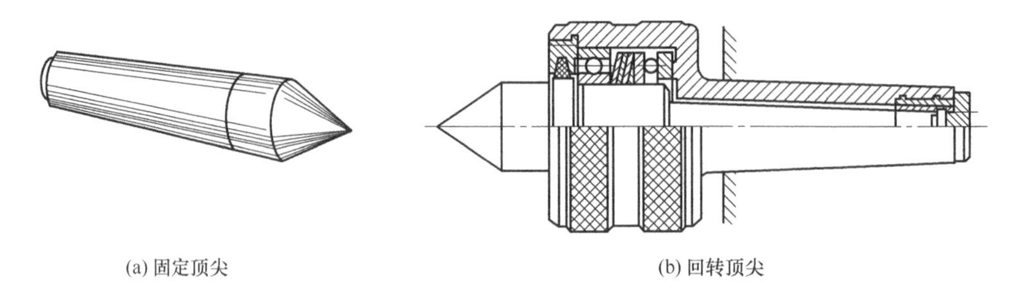

(a) 固定顶尖　　(b) 回转顶尖

图 3-17　顶尖的种类

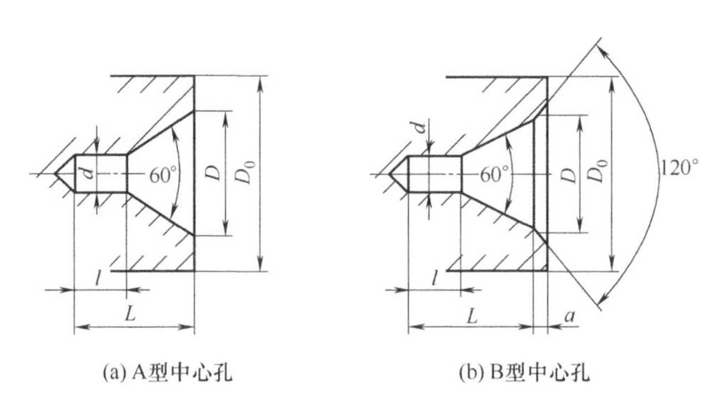

(a) A型中心孔　　(b) B型中心孔

图 3-18　顶尖孔

加工中心孔的刀具是中心钻，如图 3-19 所示。车完端面后，中心钻用钻夹装夹在车床尾座上，低速钻中心孔。

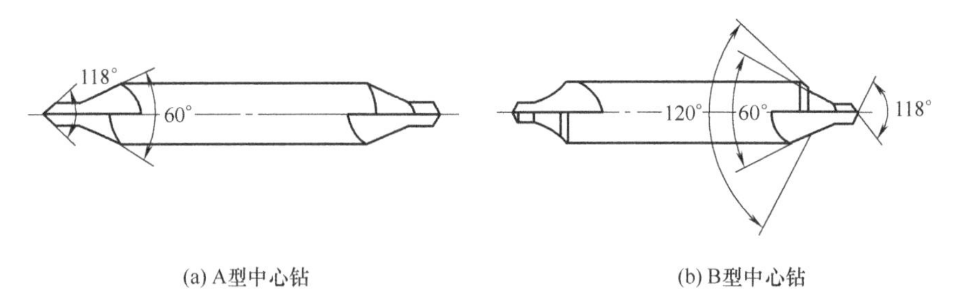

(a) A型中心钻　　(b) B型中心钻

图 3-19　中心钻

4. 一夹一顶装夹

用两顶尖装夹工件虽然精度高，但刚性较差，影响切削用量的提高。因此，车削一般轴类工件，尤其是较重的工件，不能用两顶尖装夹，而采用一端夹住一端用后顶尖顶住的装夹方法，如图 3-20 所示。为了防止工件由于切削力作用而产生轴向位移，必须在卡盘内装一限位支承，或利用工件的台阶作限位。这种装夹方法较安全，能承受较大的轴向切削力，因此应用广泛。

5. 中心架和跟刀架的应用

① 中心架的应用。在车削长轴时，把中心架直接安装在工件中间，如图 3-21 所示。车细长轴时，使用中心架可以提高工件刚性。

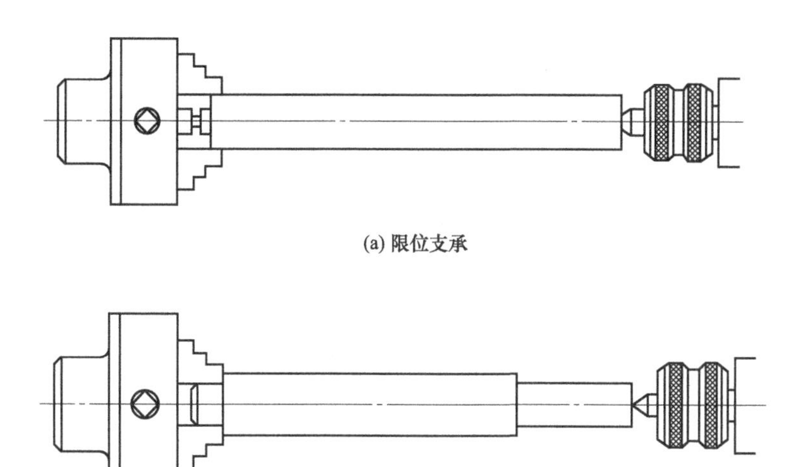
(a) 限位支承

(b) 工作台阶限位

图 3-20　用一夹一顶方式装夹工件

② 跟刀架的应用。跟刀架固定在床鞍上，可以随车刀移动，如图 3-22 所示。跟刀架主要用于车削不允许接刀的细长轴，支承爪可抵消径向力，增加工件刚度，减少变形。

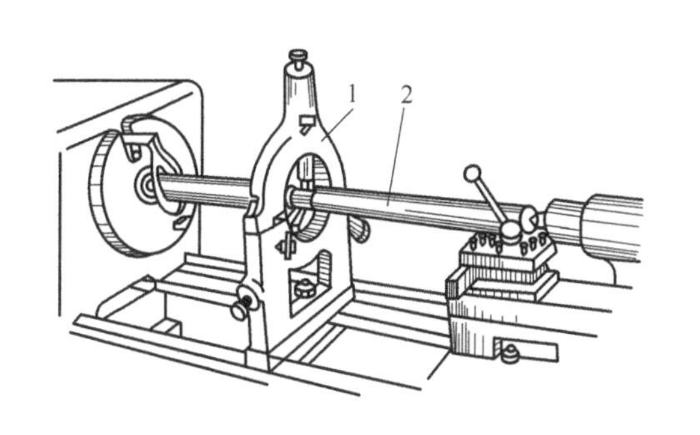

图 3-21　用中心架车削工件
1—中心架；2—工件

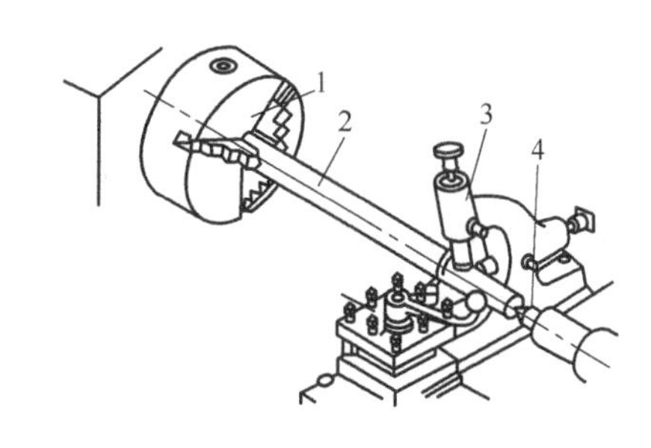

图 3-22　跟刀架及其使用
1—三爪自定心；2—工件；3—跟刀架；4—后顶尖

二、车刀的安装

在车削过程中，车刀安装在刀架上的正确与否，直接影响车削的顺利进行和工件的加工质量。车刀的安装步骤及要求如下。

① 确定车刀伸出长度。车刀装夹在刀架上探出的部分不要过长，保持其刚性。一般车刀伸出长度为刀杆厚度的 1.5 倍。

② 车刀刀尖对准工件中心，车刀刀尖应与工件旋转中心等高。刀尖高于或低于工件轴线，会造成刀尖损坏或工件端面不平，如图 3-23 所示。车刀对准工件中心的方法主要有顶尖对准法（根据车床尾座顶尖来调整车刀中心）和测量刀尖高度法（根据车床主轴中心高，用钢板尺直接测量装刀）。

③ 车刀的紧固。车刀下面的垫片要尽量少放并与刀架边缘对齐，至少用刀架上的两个刀架压紧螺钉压紧，以防不测，如图 3-24 所示。

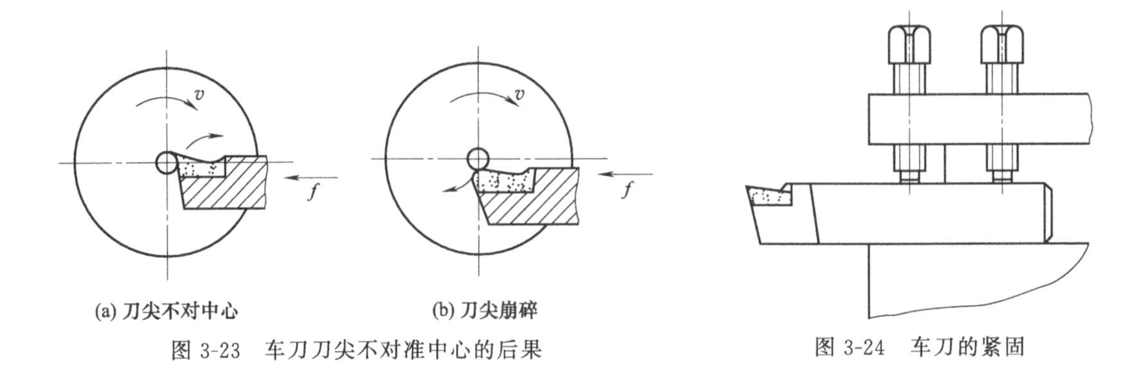

(a) 刀尖不对中心　　(b) 刀尖崩碎

图 3-23　车刀刀尖不对准中心的后果

图 3-24　车刀的紧固

三、车削用量的合理选择

单件小批生产中，在工艺文件上常不具体规定切削用量，而由操作者根据具体情况确定。在成批以上生产时，则将经过严格选择确定的切削用量写在工艺文件上由操作者执行。目前，许多工厂是通过切削用量手册、实践总结或工艺试验来选择切削用量的。

1. 切削用量选择原则

所谓合理的切削用量，是指应在充分利用刀具切削性能和机床性能，在保证加工质量的前提下，获得高的生产率和低的加工成本的切削用量。

粗加工时，首先考虑提高生产率，并保证合理的刀具耐用度。故一般优先选择尽可能大的背吃刀量。其次选择较大的进给量，最后根据刀具寿命要求，确定合适的切削速度。

精加工时，必须保证加工精度和表面质量，兼顾刀具耐用度和生产效率。故一般选用较小的进给量和背吃刀量，而尽可能选用较高的切削速度。

2. 车削用量选择方法

粗车时的切削用量，一般 $a_p=2\sim5$mm，$f=0.3\sim0.7$mm/r，在确定 a_p、f 之后可根据刀具材料和机床功率确定切削速度 v_c。

精车时的切削用量，一般 $a_p=0.1\sim0.4$mm，$f=0.08\sim0.2$mm/r，硬质合金刀具选取较高的切削速度，高速钢刀具选用较低的切削速度。

选择外圆车削速度可参考表 3-9。粗、精车外圆及端面的进给量可参照车工工作手册选取。

表 3-9　外圆车削速度参考值

工件材料	刀具材料	$a_p=0.13\sim0.38$mm	$a_p=0.38\sim2.4$mm	$a_p=2.4\sim4.7$mm	$a_p=4.7\sim9.5$mm
		$f=0.05\sim0.13$mm/r	$f=0.13\sim0.38$mm/r	$f=0.38\sim0.76$mm/r	$f=0.76\sim1.3$mm/r
		v_c/(m/min)			
易切钢	(1)	—	75～105	55～75	25～45
	(2)	230～460	185～230	135～185	105～135
低碳钢、低合金钢	(1)	—	70～90	45～60	20～40
	(2)	215～365	165～215	120～165	90～120
中碳钢、中碳合金钢	(1)	—	45～60	30～40	15～20
	(2)	130～165	100～130	75～100	55～75
不锈钢	(1)	—	30～45	25～30	15～20
	(2)	115～150	90～115	75～90	55～75

续表

工件材料	刀具材料	a_p=0.13～0.38mm	a_p=0.38～2.4mm	a_p=2.4～4.7mm	a_p=4.7～9.5mm
		f=0.05～0.13mm/r	f=0.13～0.38mm/r	f=0.38～0.76mm/r	f=0.76～1.3mm/r
		v_c/(m/min)			
灰铸钢	(1)	—	35～45	25～35	20～25
	(2)	135～185	105～135	75～105	60～75
易切铝黄铜、青铜	(1)	—	90～120	70～90	45～75
	(2)	300～380	245～305	200～245	

注：(1) W18Cr4V 高速钢。
(2) 硬质合金。

四、车削方法

1. 车外圆

根据车刀的几何角度、切削用量及车削达到的精度不同，车外圆分为粗车、半精车和精车。

(1) 粗车　粗车时主要考虑的是提高生产率。在充分发挥刀具和机床性能的前提下，背吃刀量取大值，最好在一次加工行程中车完粗车余量。粗车直径相差较大的台阶轴时，一般从直径最大的部分开始加工，直径最小的部位最后加工，以使整个车削过程有较好的刚性。

(2) 半精车　半精车是在粗车基础上，进一步提高精度和减小粗糙度数值。可作为中等精度表面的终加工，也可作为精车或磨削前的预加工。

(3) 精车　精车是指车削的末道加工。为了使工件获得准确的尺寸和规定的表面粗糙度值，操作者在精车时，通常把车刀修磨得锋利，采用高转速和小进给量。

2. 车圆锥

圆锥面加工是一道难加工的工序，它除了对尺寸精度、形状精度和表面粗糙度有要求外，还有角度或锥度精度要求。在车床上加工圆锥面常用以下两种方法。

(1) 小滑板转位法　如图 3-25 所示，当内、外锥面的圆锥角为 α 时，将小刀架扳转 $\alpha/2$ 即可加工。其方法操作简单，可加工任意锥角的内、外锥面。其缺点是受小刀架行程的限制，不能加工较长的圆锥，且只能手动进给。

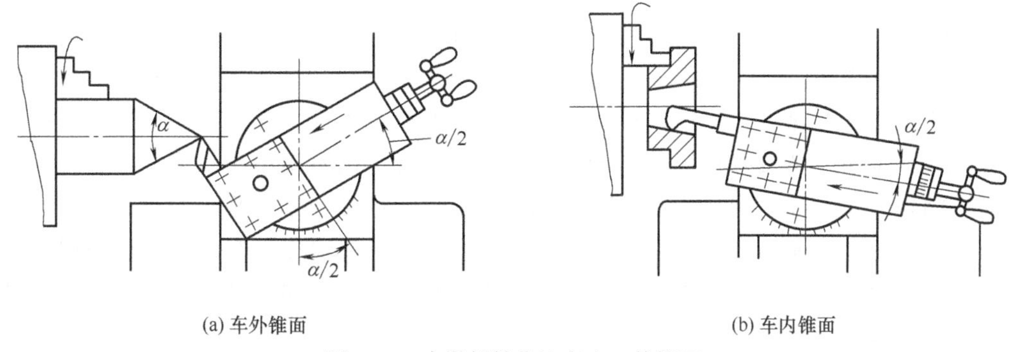

(a) 车外锥面　　(b) 车内锥面

图 3-25　小滑板转位法车内、外锥面

(2) 尾座偏移法　如图 3-26 所示，用来加工轴类零件或安装在心轴上的盘套类零件的锥面。将工件或心轴安装在前、后顶尖之间，把后顶尖（尾座）向前或向后偏移一定距离

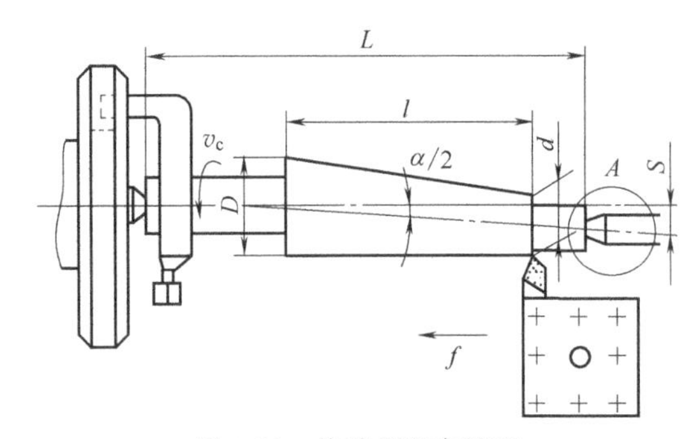

图 3-26　偏移尾座车锥面

S，使工件回转轴线与车床轴线的夹角等于圆锥斜角 $\alpha/2$，即可自动走刀车削。这种方法只适宜加工长度较长、锥度较小、精度要求不高的工件，而且不能加工内锥面。

3. 车普通（三角形）螺纹

三角形螺纹的特点是螺距小，一般螺纹长度较短。其基本要求是，螺纹轴向剖面牙型角必须正确，两侧面表面粗糙度值小；中径尺寸应符合精度要求；螺纹与工件轴线应保持同轴。

（1）准备工作　按工件螺距调整交换齿轮和进给箱手柄，然后调整主轴转速。用高速钢车刀车塑性材料时，选择 12～150r/min 低速；用硬质合金车刀车削钢等塑性材料时，选择 480r/min 左右高速。工件螺纹直径小、螺距小（$P<2$mm）时，宜选用较高的转速；螺纹直径大、螺距大时，应选用较低的转速。

（2）车削方法　车削螺纹的进刀方法有直进法、左右切削法、斜进法，如图 3-27 所示。

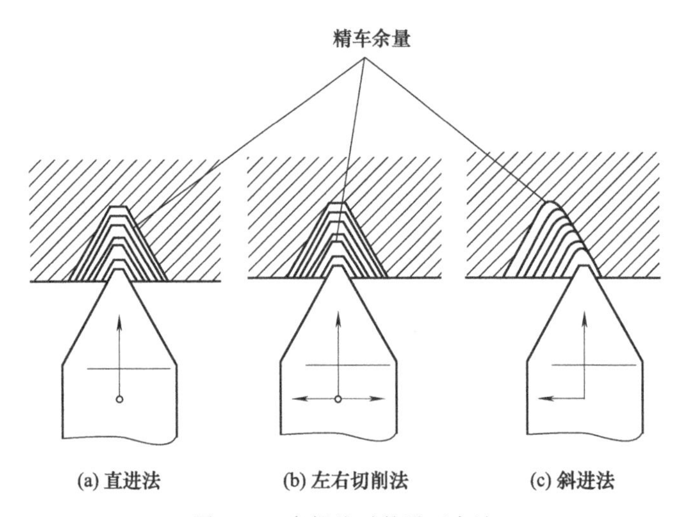

图 3-27　车螺纹时的进刀方法

① 直进法。车削时只用中滑板横向进给，在几次行程后，把螺纹车到所需求的尺寸和表面粗糙度，如图 3-27（a）所示。此方法的特点是，能得到比较正确的牙型，但螺纹不易车光，容易产生扎刀现象。适合于 $P\leqslant 2$mm 的三角形螺纹的粗、精车。

② 左右切削法。车螺纹时，除中滑板做横向进给外，同时用小滑板将车刀向左或向右做微量移动，经几次行程后把螺纹牙型车好，如图 3-27（b）所示。采用左右进刀法车螺纹时，车刀只有一个切削刃进行切削，这样刀尖受力小，受热情况均有改善，不易引起“扎刀”，可相对提高切削用量，但操作较复杂，牙型两侧的切削余量须合理分配吃刀。车外螺纹时，大部分余量应在尾座一侧车去。在精车时，车刀左右进给量一定要小，否则造成牙底宽或不平。此方法适于除车削梯形螺纹以外的各类螺纹的粗、精车。

③ 斜进法。当螺距较大、螺纹槽较深、切削余量较大时，粗车为了操作方便，除中滑板直进外，小滑板同时只向一个方向移动的车削方法称为斜进法，如图 3-27（c）所示。此法一

般只用于粗车，且每边牙侧留约 0.2mm 的精车余量，精车时，则应采用左右切削法车削。

【项目实施】

项目实施名称：10 型游梁式抽油机曲柄轴加工。

请按图 3-28 所示要求完成齿轮轴加工。

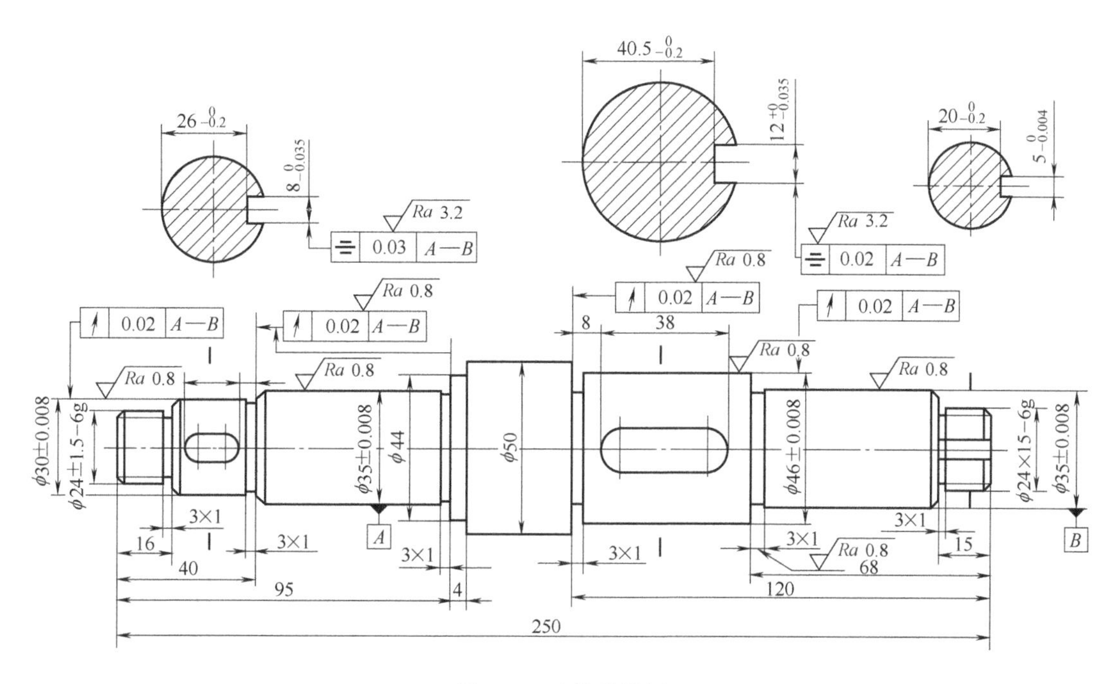

图 3-28　齿轮零件图

1. 信息收集

请仔细识读零件图（见图 3-28），回答下列问题。

（1）查阅资料，简述本传动轴如何安装加工。

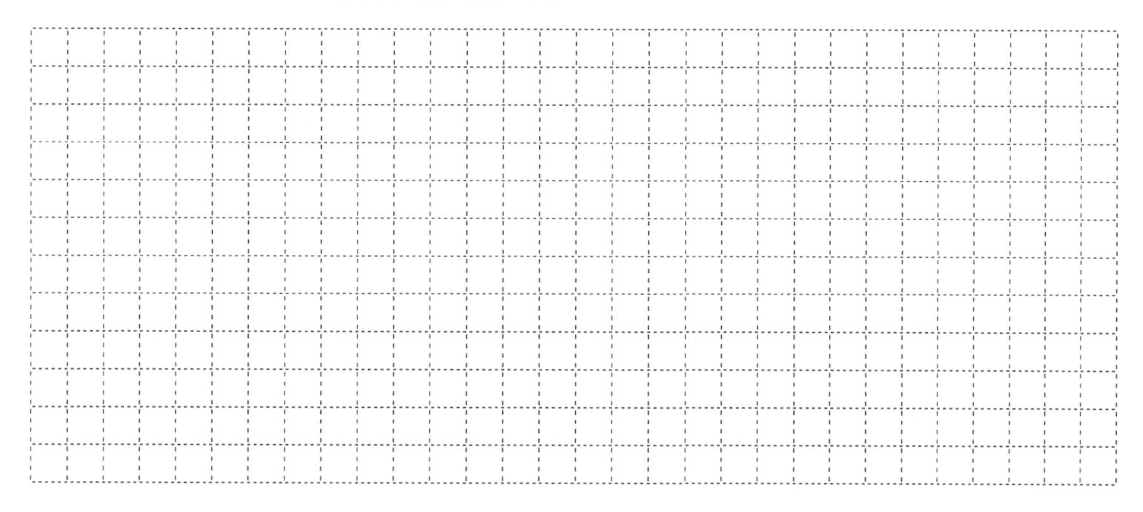

(2) 认真读图，简述哪些尺寸需要特殊加工。

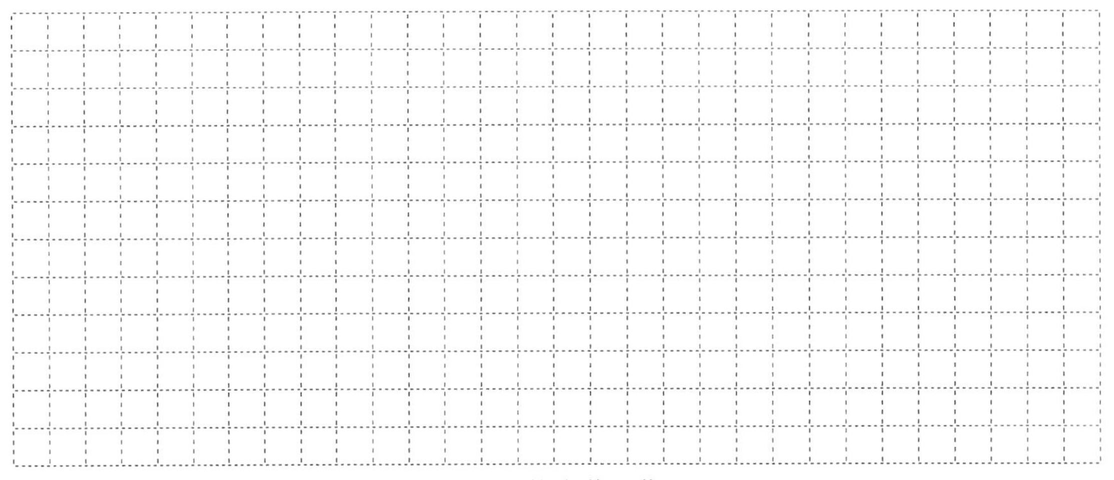

(3) 查阅资料，简述如何加工键槽，键槽有什么作用。

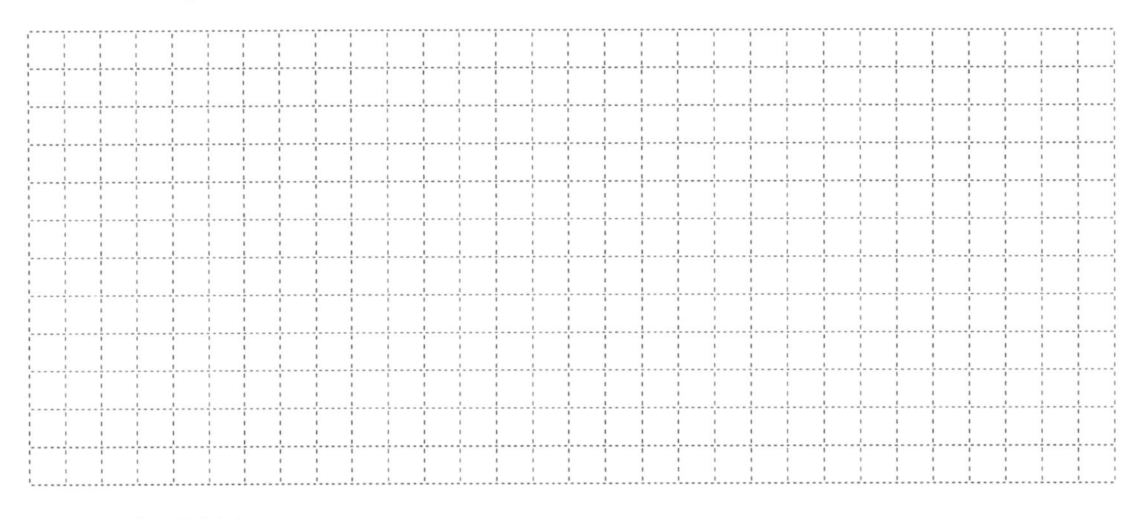

2. 编制计划

根据零件图写出完整工作计划。

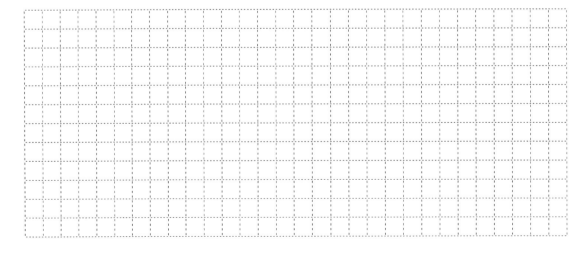

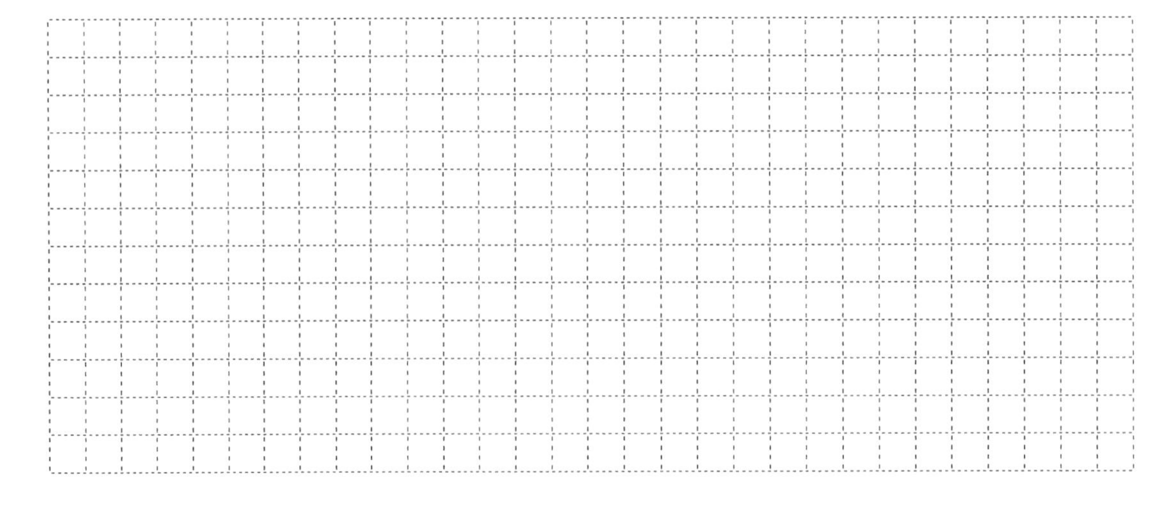

3. 制订决策

（1）简述零件粗加工时切削用量的选择原则和顺序。

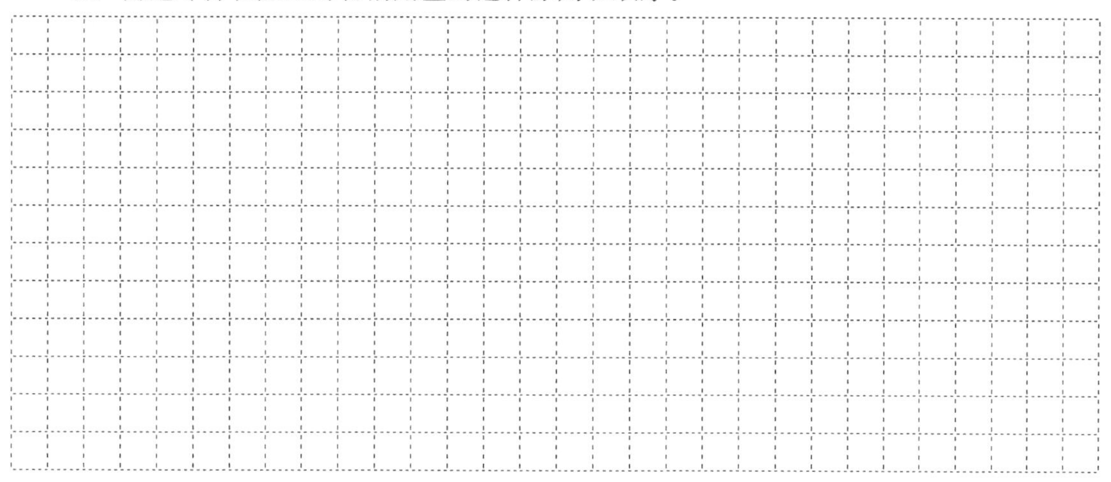

（2）简述零件精加工时切削用量的选择原则和顺序。

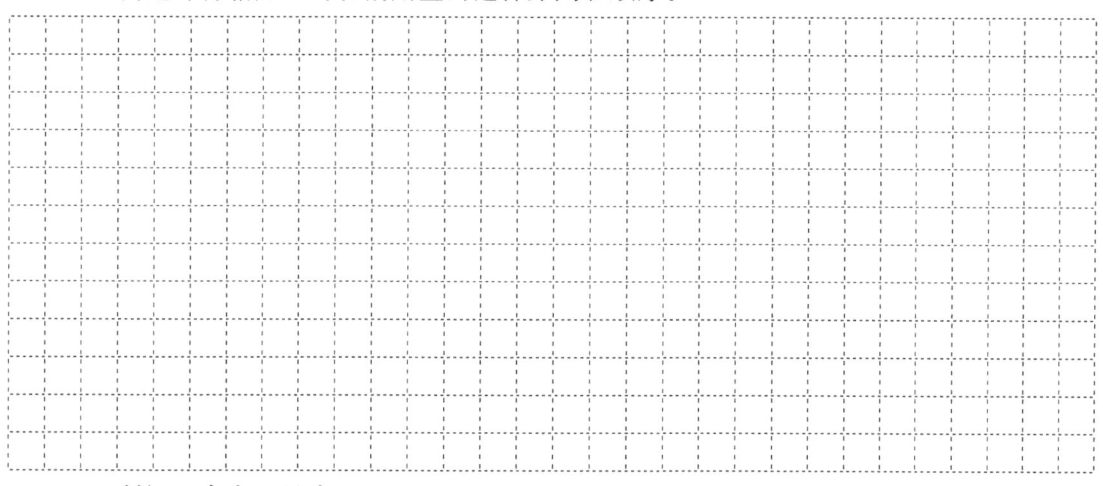

（3）制订工序卡（见表 3-10）。

表 3-10　工序卡

<table>
<tr><td colspan="4">任务：</td><td colspan="2">图纸：</td><td colspan="2">工作时间</td></tr>
<tr><td>序号</td><td>工作阶段/步骤</td><td>附注</td><td>准备清单
机器/工具/辅助工具</td><td>工作安全</td><td>工作质量
环境保证</td><td>计划
用时</td><td>实际
用时</td></tr>
<tr><td></td><td></td><td></td><td></td><td></td><td></td><td></td><td></td></tr>
<tr><td></td><td></td><td></td><td></td><td></td><td></td><td></td><td></td></tr>
<tr><td></td><td></td><td></td><td></td><td></td><td></td><td></td><td></td></tr>
<tr><td></td><td></td><td></td><td></td><td></td><td></td><td></td><td></td></tr>
<tr><td></td><td></td><td></td><td></td><td></td><td></td><td></td><td></td></tr>
<tr><td></td><td></td><td></td><td></td><td></td><td></td><td></td><td></td></tr>
<tr><td></td><td></td><td></td><td></td><td></td><td></td><td></td><td></td></tr>
<tr><td></td><td></td><td></td><td></td><td></td><td></td><td></td><td></td></tr>
<tr><td colspan="2">日期：</td><td colspan="2">培训教师：</td><td colspan="2">日期：</td><td>组长：</td><td>组员：</td></tr>
</table>

（4）工具清单（见表3-11）。

表3-11 工具清单

工具名称	数量	单位	材料	特殊要求	附注
工件名称：		任务名称：		班级：	
		组号：		组长：	
		组员：			

4. 计划实施（见表3-12）

表3-12 过程记录

名称		内　　容
设备	操作	
	工、量、刀具	
工艺	加工合理性	
6S	5S	
	安全	

5. 质量检测（见表 3-13、表 3-14）

表 3-13　目测和功能检查表

（任务名称）					组织形式 EA□ GEA□ GA
姓名					
序号	位号	目测和功能检查	受训生 自我评分 分数	培训教师	
				评分 分数	自我评分结果 分数
总分					

说明：
灰色区域应促进受训生自行进行评分，并不计入评分。

自我评分标准：
加/减一个评分等级：=9 分
加/减两个评分等级：=5 分
加/减三个评分等级：=0 分

（整体任务名称）	部分：（任务名称）	
	（工件名称）	任务/工作
	（工件名称）+（连接、检验、测量）	分练习

表 3-14　尺寸和物理量检查表

序号	位号	经检查的尺寸或经验检查的物理量	受训生		培训教师		
			自我评分		结果 尺寸检查		结果 自我评分
			实际尺寸	分数	实际尺寸	分数	分数
总分							

经检查的尺寸和物理量的评分
(10 分或 0 分)

6. 评价总结（见表 3-15、表 3-16）

表 3-15　自我评价

<table>
<tr><td colspan="5">（姓名）</td></tr>
<tr><td rowspan="2">序号</td><td rowspan="2">信息、计划和团队能力</td><td rowspan="2">受训生自我评分
分数</td><td colspan="2">培训教师</td></tr>
<tr><td>评分
分数</td><td>结果自我评分
分数</td></tr>
<tr><td></td><td>（对检查的问题）</td><td></td><td></td><td></td></tr>
<tr><td></td><td></td><td></td><td></td><td></td></tr>
<tr><td></td><td></td><td></td><td></td><td></td></tr>
<tr><td></td><td></td><td></td><td></td><td></td></tr>
<tr><td colspan="3">信息、计划和团队能力评分</td><td></td><td></td></tr>
</table>

<table>
<tr><td colspan="7">总成绩</td></tr>
<tr><td>序号</td><td>评估组</td><td>结果</td><td>除数</td><td>100-分制结果</td><td>加权系数</td><td>分数</td></tr>
<tr><td></td><td></td><td></td><td></td><td></td><td></td><td></td></tr>
<tr><td></td><td></td><td></td><td></td><td></td><td></td><td></td></tr>
<tr><td></td><td></td><td></td><td></td><td></td><td></td><td></td></tr>
<tr><td></td><td></td><td></td><td></td><td></td><td></td><td></td></tr>
<tr><td colspan="5" rowspan="2">总分
分数</td><td></td><td></td></tr>
<tr><td></td><td></td></tr>
<tr><td colspan="7">附注</td></tr>
</table>

日期：　　　　　　　　受训生　　　　　　　　培训教师

<table>
<tr><td rowspan="3">（整体任务名称）</td><td>部分:(任务名称)</td><td></td></tr>
<tr><td>（工件名称）</td><td>任务/工作</td></tr>
<tr><td>检查评分表</td><td>分练习</td></tr>
</table>

表 3-16　总结分享

项目	内容
成果展示	
总结与分享	

项目四　使用铣床加工零部件

铣床是一种用途广泛的机床，在铣床上可以加工平面（水平面、垂直面）、沟槽（键槽、T形槽、燕尾槽等）、分齿零件（齿轮、花键轴、链轮）、螺旋形表面（螺纹、螺旋槽）及各种曲面。此外，还可用于对回转体表面、内孔加工及进行切断工作等。铣床在工作时，工件装在工作台上或分度头等附件上，铣刀旋转为主运动，辅以工作台或铣头的进给运动，工件即可获得所需的加工表面。由于是多刃断续切削，因而铣床的生产率较高。简单来说，铣床可以对工件进行铣削、钻削和镗孔加工的机床。

【项目导入】

因市场需求急需加工一大批口罩，就在生产口罩时某一机械零件突然损坏，现找到一厂加工，一厂接到订单后交由一组来完成，一组经过讨论使用铣床完成零件加工。

【项目要点】

（1）素质目标

① 培养学生发现问题和解决问题的能力。

② 培养学生的安全文明生产意识和5S管理理念。

③ 培养学生具有正确的生产价值观与评判事物的能力。

④ 培养学生爱岗敬业、团结协作、吃苦耐劳的职业精神与创新意识。

（2）能力目标

① 能达到铣床操作工初级技能水平，使部分优秀学生达到中级工技能水平。

② 具有各种平面（平行面、垂直面、斜面）、台阶、沟槽（直沟槽、T形槽、V形槽、键槽）、孔及等分零件加工能力。

③ 能正确选择与使用加工这些零件所用的刀、量具及辅具，能合理选择切削参数，合理制订典型铣削零件的加工工艺的能力。

（3）知识目标

① 了解铣床的基本知识，主要包括铣床的种类、铣床的基本部件及功能。

② 熟悉铣刀的基本知识，主要包括铣刀材料的种类及牌号、铣刀的种类及标记、铣刀的主要几何参数。

③ 熟悉铣削的基本知识，主要包括铣削参数及用量的基本知识及正确选择。

④ 掌握铣削零件的定位、装夹，主要包括工件基准的概念、种类及选择原则。

⑤ 掌握铣削零件加工的分度原理及分度方法。
⑥ 了解铣削零件的质量分析。
⑦ 掌握平面铣削零件、沟槽铣削零件的加工工艺。
⑧ 掌握铣削零件的检测原理与方法，以及检测工具的正确使用。

引导问题

问题 1｜描述铣床安全操作规程。

____
____
____
____
____

问题 2｜描述铣床的组成、结构、功能。

____
____
____
____
____

问题 3｜描述铣床的加工精度、加工范围。

____
____
____
____
____

问题 4｜描述铣床的保养和维护。

____
____
____
____
____

问题 5｜描述铣床的加工特点。

____
____
____
____
____

【项目准备】

任务一　使用铣床加工平面、箱体类零部件

箱体零件通常是机械产品基础件，用来包容、支承其他零件，内部以圆形或方形腔体为主要特征，如图 4-1 所示。此类零件的结构形状比较复杂，毛坯多为铸件，加工工序多，有较多形状、大小各异的凸台和孔等结构。箱体零件加工精度与机械产品装配精度和运动精度有密切关系，直接影响产品的使用性能和寿命。

(a) 变速箱体

(b) 蜗轮变速箱体

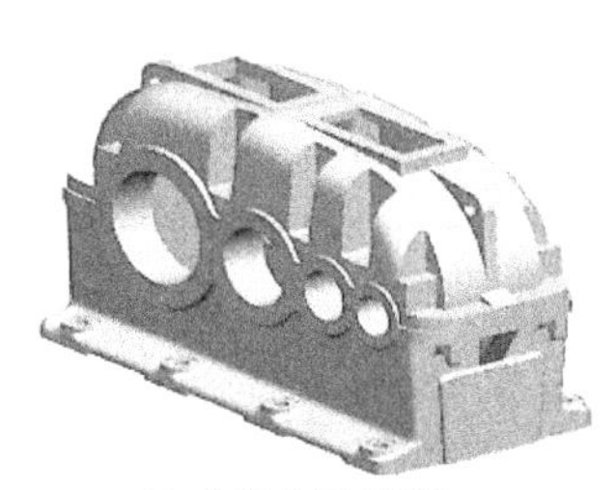
(c) 分离式变速箱体

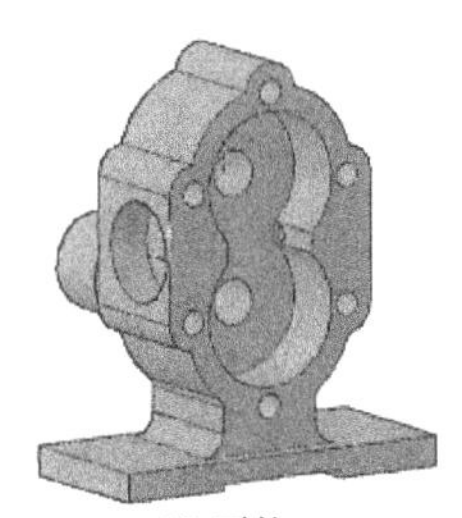
(d) 泵体

图 4-1　常见的箱体零件

【任务导入】

某机械加工厂来了一批零件，生产主任将这批零件分配到四厂区来完成。在加工零件前了解箱体及铣床各个部件。

【任务要点】

(1) 基本目标

① 了解箱体类零件的结构特点。

② 掌握铣床种类及结构。

③ 掌握铣床加工范围。

(2) 能力目标

① 具有识别各个零部件功能的能力。

② 具有铣床加工的能力。

③ 具有掌握铣床内部结构的能力。

【任务提示】

① 简述箱体各孔之间的位置精度对齿轮变速器装配精度的影响。

② 查阅资料，简述箱体主要平面平面度对齿轮变速器装配精度的影响。

③ 查阅资料，简述铣床的组成及功用。

【任务准备】

一、箱体零件结构

箱体零件的种类有很多，图 4-1 所示为常见的几种箱体零件。由图可知，尽管箱体零件

在外形、尺寸、结构等方面存在着很大差异，但是它们的结构形状仍然具有很多相同特征。如形状比较复杂，壁厚较薄且不均匀，箱壁上既有精度较高的轴承孔和平面需要加工，也有许多精度要求不高的孔需要加工。这些结构特点决定了箱体零件是一种加工部位多，加工难度大的零件。

二、箱体零件主要技术要求

1. 孔尺寸精度、几何形状精度

孔径尺寸误差和几何形状误差会造成轴承与孔配合不良。因此，箱体类零件对孔精度要求较高，一般主轴孔尺寸精度为IT6，其他各支承孔尺寸精度为IT7～IT8，几何形状精度控制在尺寸公差的1/2范围内。

2. 孔与孔的位置精度

孔与孔的位置精度要求一般为同轴线支承孔，同轴度为ϕ0.01～0.03mm，各支承孔间平行度为0.03～0.06mm，孔距允差为±（0.06～0.25）mm。

3. 主要平面精度

箱体主要平面的平面度一般为0.02～0.1mm，表面粗糙度值为Ra0.8～3.2μm。主要平面间平行度、垂直度为300：（0.02～0.1）。

4. 孔与主要平面位置精度

一般支承孔与安装基面的平行度要求为0.03～0.1mm。

5. 表面粗糙度

一般主轴孔表面粗糙度为Ra0.4μm，其他各纵向孔表面粗糙度为Ra1.6μm，孔内端面表面粗糙度为Ra3.2μm，装配基准面和定位基准面表面粗糙度为Ra0.63～2.5μm，其他平面表面粗糙度为Ra2.5～10μm。

三、箱体零件材料、毛坯及热处理

箱体零件材料常选用各种牌号的灰铸铁，这是因为灰铸铁具有较好的耐磨性、铸造性和可切削性，而且吸振性好、成本低。但对于一些负荷较大的箱体应采用铸钢件。

箱体零件常用材料和形状结构的特点，决定了箱体零件毛坯的生产方法一般为铸造。但单件小批生产一些简易箱体时，为了缩短毛坯制造周期，常采用焊接结构箱体。

为了消除铸造形成的应力，保证零件加工后精度的长期保持性，毛坯铸造后要安排时效处理。普通精度箱体安排一次时效，精度要求高或形状复杂的箱体要在粗加工后再安排一次时效处理，以消除粗加工造成的应力。

四、铣床种类及结构

生产中常用的铣床有升降台铣床、龙门铣床、万能工具铣床、仿形铣床等。

1. 卧式升降台铣床

卧式万能升降台铣床外形如图4-2所示。常见的卧式万能铣床型号为XA6132，其含义为：X表示铣床；6表示卧式铣床；1表示万能升降台铣床；32表示工作台宽度的1/10，即工作台宽度为320mm。

铣床工作时，铣刀用刀轴安装在主轴上，绕主轴轴心线做旋转运动；工件和夹具装夹在工作台做进给运动。

铣床的主要组成部分如下。

① 床身。床身用来支承和连接机床其他部件，是机床的主体。床身内部装有齿轮变速机构，通过变速操纵机构，使主轴获得18级转速。

② 横梁。横梁上安装有吊架，用来支承刀杆的悬出端，增强刀杆刚性。横梁可沿着床身顶部燕尾形水平导轨前后移动，调整伸出长度。

③ 纵向工作台。纵向工作台台面的宽度，是铣床规格的主要参数。纵向工作台上有三条T形槽（中间一条精度较高，其余两条精度较低），用来安装机用虎钳、分度头、回转台及工件和夹具等；侧面有行程挡铁，用来控制机床的机动纵向进给。

④ 转台。万能铣床的转台位于纵向工作台和横向工作台之间，作用是使纵向工作台在水平面内回转一个正、反不超过45°的角度，以便铣削螺旋槽。

⑤ 横向工作台。横向进给工作台用来带动纵向工作台做横向运动。

⑥ 升降台。升降台是工作台的支座，安装着铣床的纵向工作台、横向工作台和转台。升降台可以沿床身前壁的垂直导轨上下移动，用以调整工作台面到铣刀的距离。纵向工作台、横向工作台和升降台，使工件获得三个互相垂直的坐标方向移动。带转台的升降台铣床称为万能升降台铣床，不带转台的铣床称为升降台铣床。

⑦ 主轴。主轴是一根空心轴，前端是锥度为7∶24的圆锥孔，用于安装铣刀，并带动铣刀旋转。

2. 立式升降台铣床

立式升降台铣床外形如图4-3所示。立式铣床安装主轴的部分称为立铣头，铣头与床身结合处的转盘上带有刻度。立铣头可按工作需要，在垂直方向上左右转动，搬转角度通过转盘上的刻度控制。立式铣床可用来镗孔。

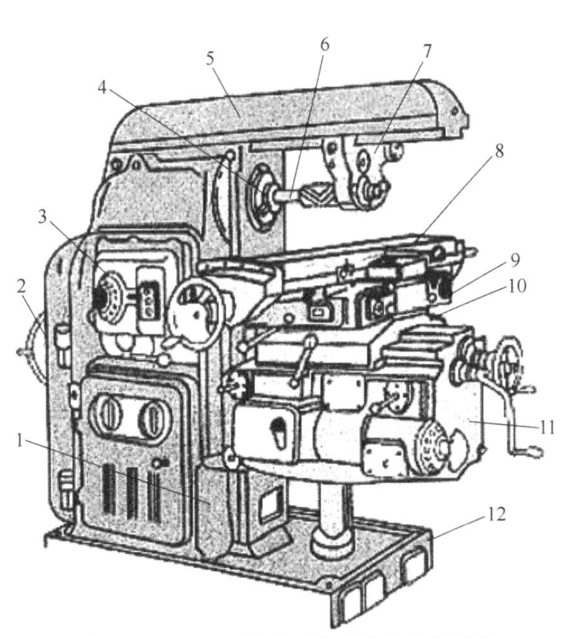

图4-2　XA6132卧式万能升降台铣床外形

1—床身；2—电动机；3—主轴变速机构；4—主轴；5—横梁；6—铣刀杆；7—吊架；8—纵向工作台；9—转台；10—横向工作台；11—升降台；12—底座

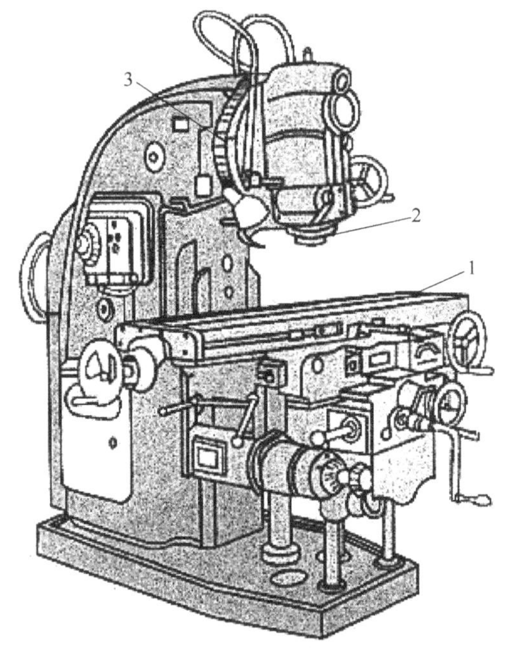

图4-3　X5040型立式升降台铣床外形

1—工作台；2—主轴；3—转盘

五、铣床加工范围

铣床加工范围很广，可以加工各种复杂形状的零件，如图4-4所示。

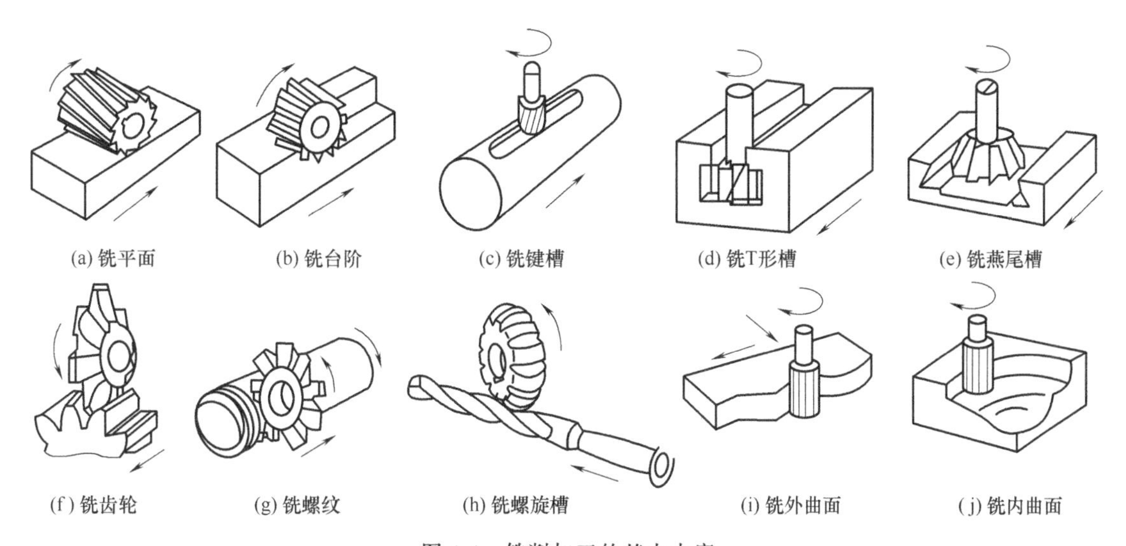

图 4-4　铣削加工的基本内容

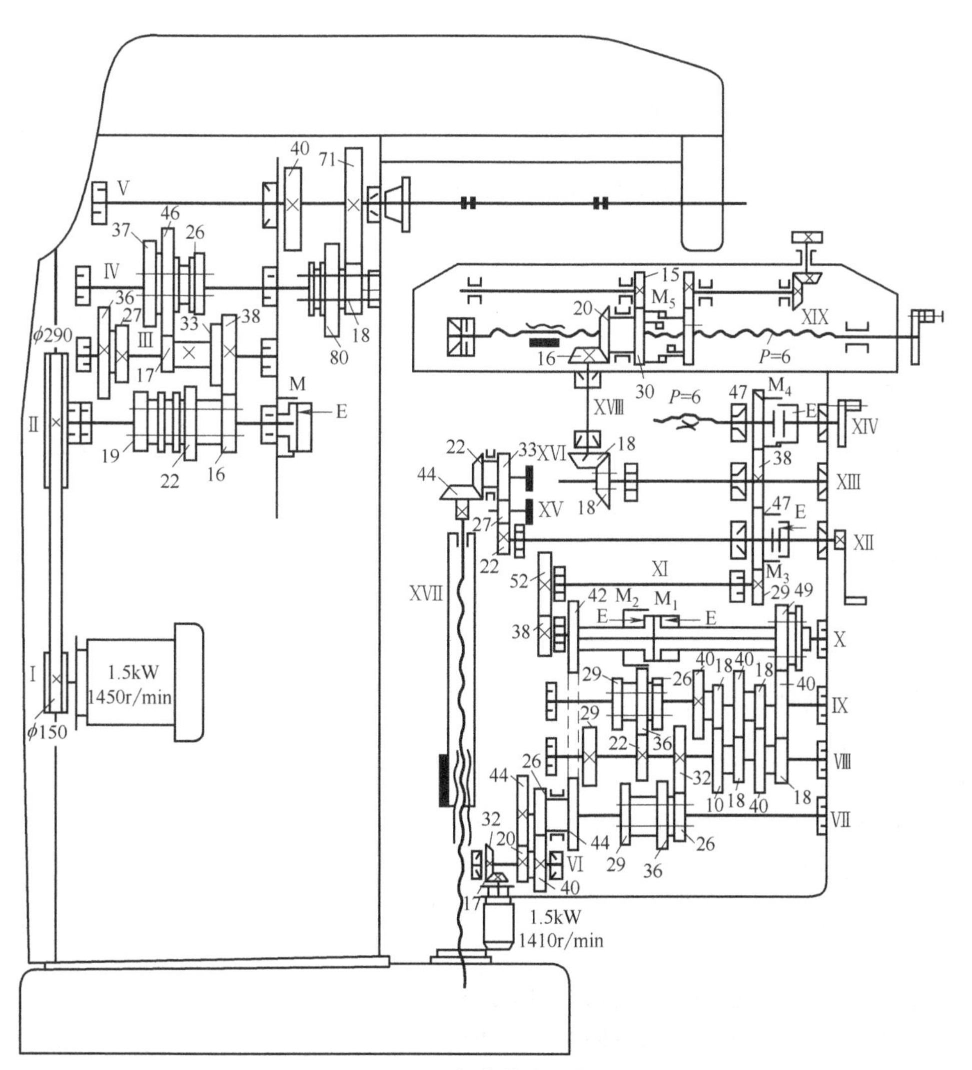

图 4-5　铣床传动系统

六、铣床传动系统

铣床传动系统由主传动链和进给传动链组成，如图 4-5 所示。

主传动链是主轴运动传动链（图 4-5 左侧部分），起始件为主轴电动机，终端件为主轴，共有 18 级转速。其传动结构式为：

$$\text{电动机}-\mathrm{I}-26/54-\mathrm{II}-\begin{Bmatrix}\frac{22}{33}\\[2pt]\frac{19}{36}\\[2pt]\frac{16}{39}\end{Bmatrix}-\mathrm{III}-\begin{Bmatrix}\frac{39}{26}\\[2pt]\frac{28}{37}\\[2pt]\frac{18}{47}\end{Bmatrix}-\mathrm{IV}-\begin{Bmatrix}\frac{82}{38}\\[2pt]\\[2pt]\frac{19}{71}\end{Bmatrix}-\mathrm{V}\text{（主轴）}$$

铣床主轴的最高转速 n_{m} 和最低转速 $n_{\min}$ 分别为：

$n_{\mathrm{m}}=1450\times26/54\times22/33\times39/26\times82/38\approx1500$（r/min）

$n_{\min}=1450\times26/54\times16/39\times18/47\times19/71\approx30$（r/min）

进给传动链是主轴运动传动链（图 4-5 右侧部分），起始件为进给电动机，终端件为工作台，工作台纵向和横向进给各有 18 级转速。

任务二　铣床刀具选择

铣刀是用于铣削加工的、具有一个或多个刀齿的旋转刀具。工作时各刀齿依次间歇地切去工件的余量。铣刀主要用于在铣床上加工平面、台阶、沟槽、成形表面和切断工件等。

【任务导入】

某机械加工厂来了一批零件，生产主任将这批零件分配到三厂区来完成。在加工零件前选择合适的铣刀进行零件加工。

【任务要点】

（1）基本目标

① 掌握切削运动及切削用量。

② 掌握铣刀的种类及用途。

③ 掌握铣刀的角度。

（2）能力目标

① 具有合理选择切削参数的能力。

② 能够识别刀具角度的能力。

【任务提示】

① 查阅资料，简述铣削运动与切削用量。

② 查阅资料，简述刀具材料不同对加工表面的影响。

③ 简述铣刀的种类，如何选择合适的铣刀。

【任务准备】

一、常用铣刀种类及用途

铣刀名称一般根据铣刀某一方面的特征或用途来确定。铣刀按铣刀材料划分，有高速钢铣刀、硬质合金铣刀；按结构特征划分，有整体铣刀、镶齿铣刀、可转位式铣刀；按形状划分，有圆柱铣刀、锯片铣刀等，如图 4-6 所示。

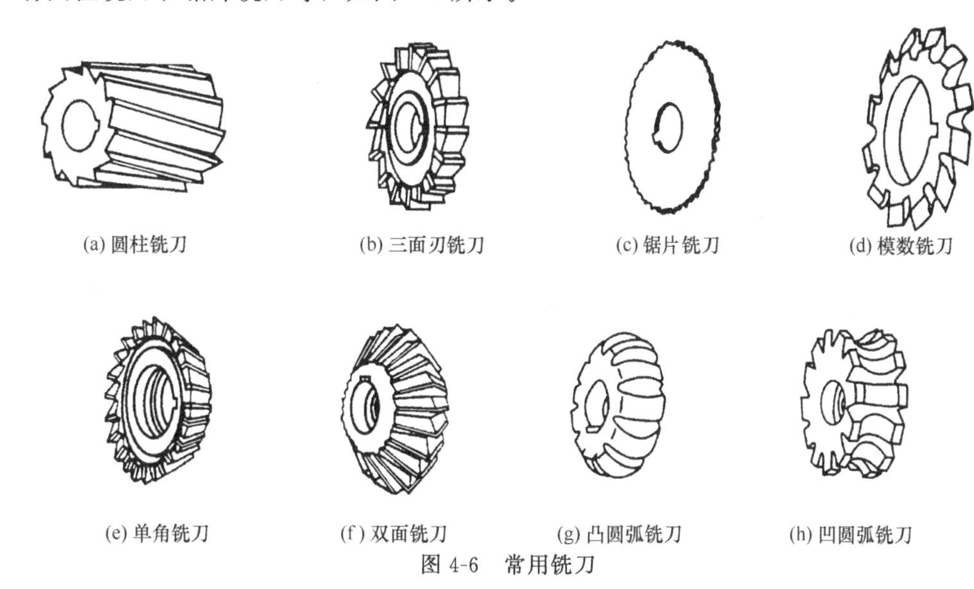

(a) 圆柱铣刀　(b) 三面刃铣刀　(c) 锯片铣刀　(d) 模数铣刀

(e) 单角铣刀　(f) 双面铣刀　(g) 凸圆弧铣刀　(h) 凹圆弧铣刀

图 4-6　常用铣刀

1. 立铣刀

立铣刀主要用于加工平面凹槽、台阶面等。

立铣刀圆柱面上的切削刃是主切削刃，端面上的切削刃不通过中心，是副切削刃。工作时，由于普通立铣刀端面中心处无切削刃，所以立铣刀不能做轴向进给。标准立铣刀的螺旋角 β 为 40°～50°（细齿）；套式结构立铣刀的 β 为 15°～25°。

为增大容屑空间，防止切屑堵塞，立铣刀刀齿数较少，容屑槽圆弧半径较大。一般粗齿立铣刀齿数 z＝3～4，用于粗加工；细齿立铣刀齿数 z＝5～8，用于精加工。

2. 端铣刀种类

端铣刀种类如图 4-7 所示，端铣刀圆周表面和端面都有切削刃，端部切削刃为副切削刃。端铣刀多制成套式镶齿结构，刀杆部分短、刚性好，常用于高速平面铣削。

国家标准规定高速钢端铣刀直径 d＝80～250mm，螺旋角 β＝10°，刀齿数 z＝10～26。

可转位端铣刀直径的标准系为 50mm、63mm、80mm、100mm、125mm、160mm、200mm、250mm、315mm、400mm、500mm。同一直径的可转位端铣刀的齿数分为粗、密、超密三种，如图 4-8 所示。

粗铣长切屑工件或同时参加切削的刀齿较多，选用粗齿端铣刀；铣削短切屑工件或精铣钢件时，选用密齿端铣刀；超密齿端铣刀的每齿进给量较小，适用于加工薄壁铸件。

粗铣时，因切削力大，应选择直径较小的铣刀，以减小切削扭矩；精铣时，选择的铣刀直径应尽量覆盖工件整个加工宽度，以提高加工精度、表面质量和加工效率。加工各种材料的端铣刀直径可按表 4-1 选用。

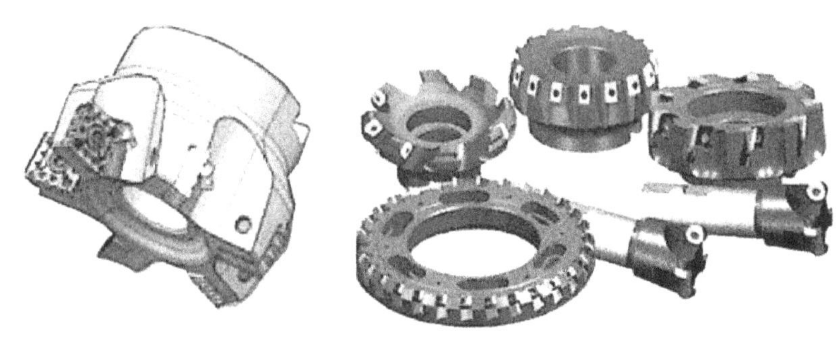

图 4-7　机夹式端铣刀

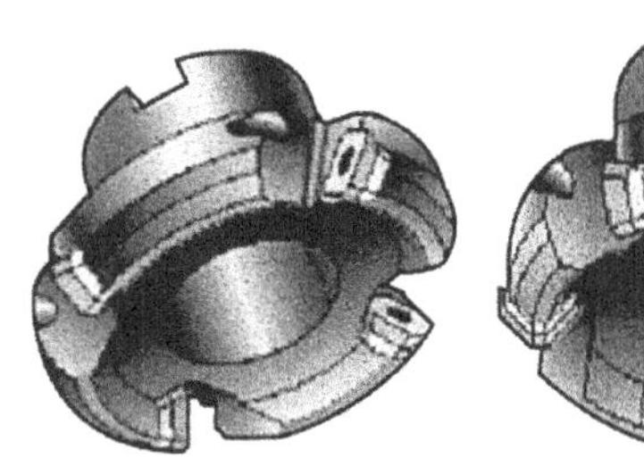

(a) 粗尺(L)

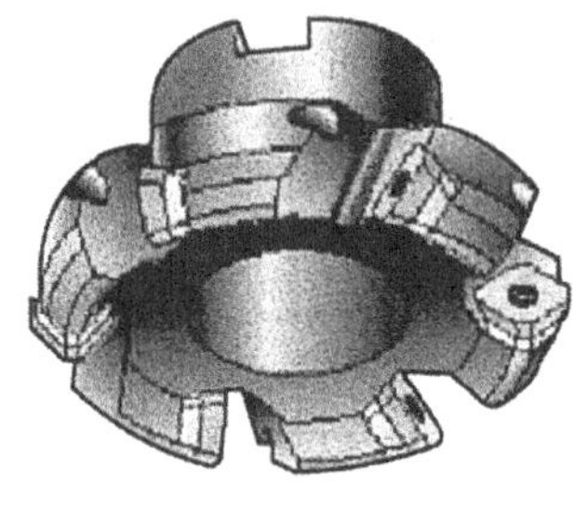

(b) 密尺(M)

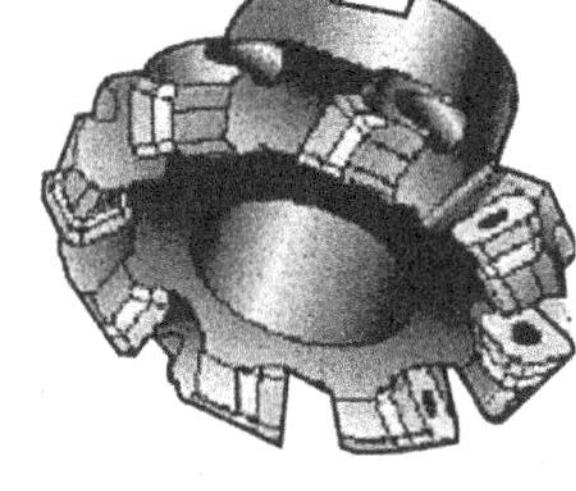

(c) 超密齿(H)

图 4-8　不同齿密度的端铣刀

表 4-1　端铣刀直径选择

加工材料	合理的切入角	不对称铣削	对称铣削
		d/a_e	d/a_e
钢	－10°～20°	5/3	5/1.7
铸铁	50°以下	5/4	5/4
轻合金	40°以下	3/2～5/3	3/2～5/3

3. 盘形铣刀

盘形铣刀包括两面刃铣刀、三面刃铣刀、槽铣刀、锯片铣刀等。两面刃铣刀有一个主切削刃、一个副切削刃，用于加工台阶［图 4-9（a）］；三面刃铣刀有一个主切削刃、两个副切削刃，用于切槽及加工台阶面［图 4-9（b）］；锯片铣刀比槽铣刀更窄，用于切断、切窄槽，如图 4-9（c）所示。

4. 键槽铣刀

键槽铣刀专门用于加工键槽，如图 4-10 所示。键槽铣刀有两个刀齿，圆柱面和端面都有切削刃，端面刃延至中心，既像立铣刀，又像钻头。加工时，先轴向进给达到槽深，然后沿键槽方向铣出键槽全长。键槽铣刀圆周切削刃仅在靠近端面的一小段内发生磨损，重磨时只需刃磨端面切削刃，因此，重磨后铣刀直径尺寸不变。

国家标准规定，直柄键槽铣刀直径 d＝2～22mm，锥柄键槽铣刀直径 d＝14～50mm。

5. 角度铣刀

角度铣刀主要用来加工带角度沟槽和斜面。图 4-11（a）所示为单角铣刀，圆锥切削刃为主切削刃，端面切削刃为副切削刃。图 4-11（b）所示为双角铣刀，两圆锥面上切削刃均为主切削刃，双角铣刀有对称双角铣刀和不对称双角铣刀之分。

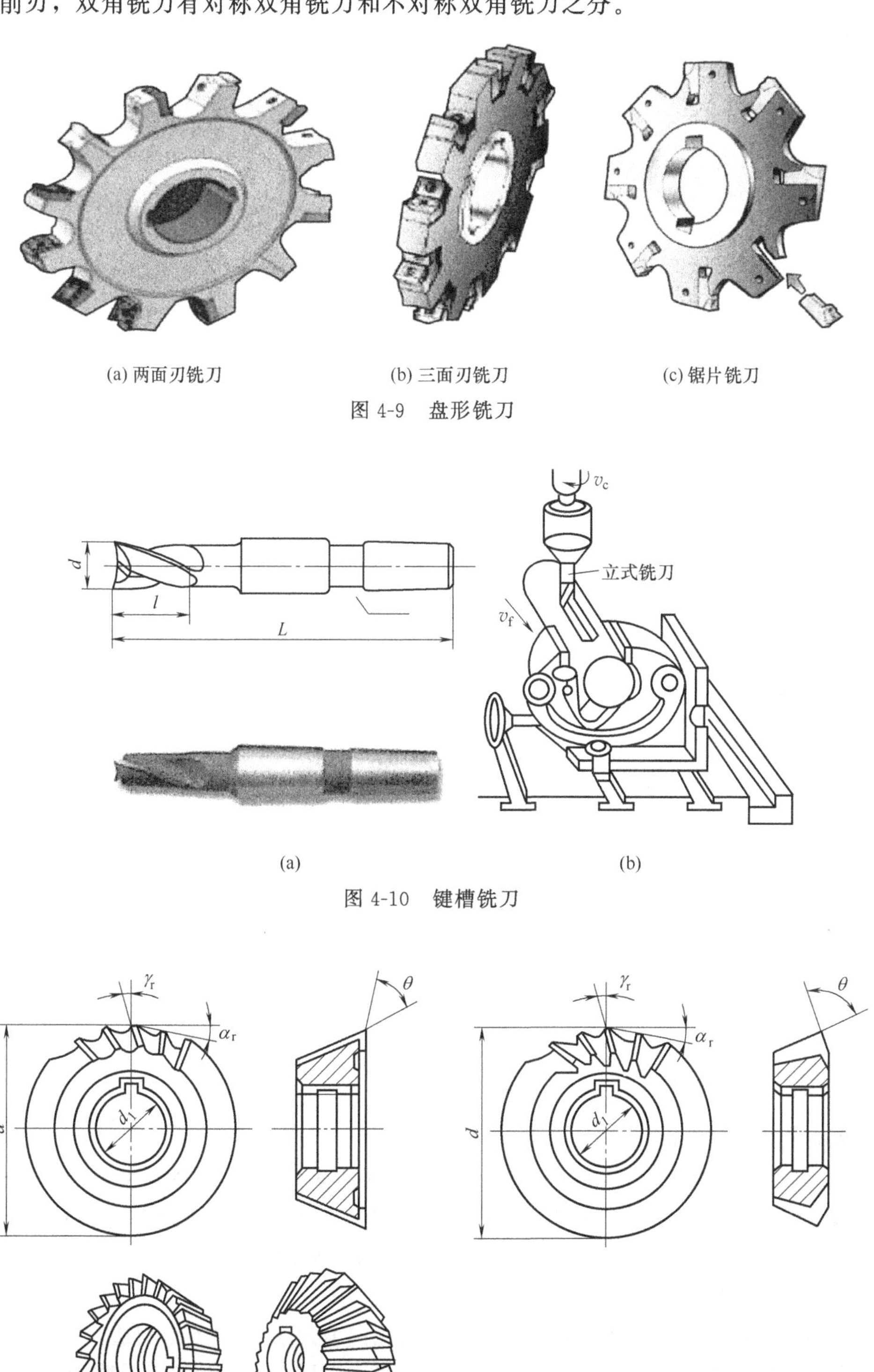

(a) 两面刃铣刀　(b) 三面刃铣刀　(c) 锯片铣刀

图 4-9　盘形铣刀

(a)　(b)

图 4-10　键槽铣刀

(a) 单角铣刀　(b) 双角铣刀

图 4-11　角度铣刀

国家标准规定，单角直径 $d=40\sim100$mm，两刀刃间夹角 $\theta=18°\sim19°$；不对称双角铣刀直径 $d=40\sim100$mm，两刀刃间夹角 $\theta=50°\sim100°$；对称双角铣刀直径 $d=50\sim100$mm，两刀刃间夹角 $\theta=18°\sim19°$。

6. 模具铣刀

模具铣刀（见图 4-12）用来加工模具型腔或凸模成形表面，主要有三种：圆锥形立铣刀（直径 $d=6\sim20$mm）、圆柱形球头立铣刀（直径 $d=4\sim63$mm）、圆锥形球头立铣刀（直径 $d=6\sim20$mm）。

模具铣刀的结构特点是球头或端面上布满了切削刃，圆周刃与球头刃连接，可以做径向和轴向进给。国家标准规定模具铣刀直径 $d=4\sim63$mm，铣刀工作部分用高速钢或硬质合金制造，小规格的硬质合金模具铣刀多制成整体结构，16mm 以上直径的铣刀，制成焊接或机夹可转位刀片结构。

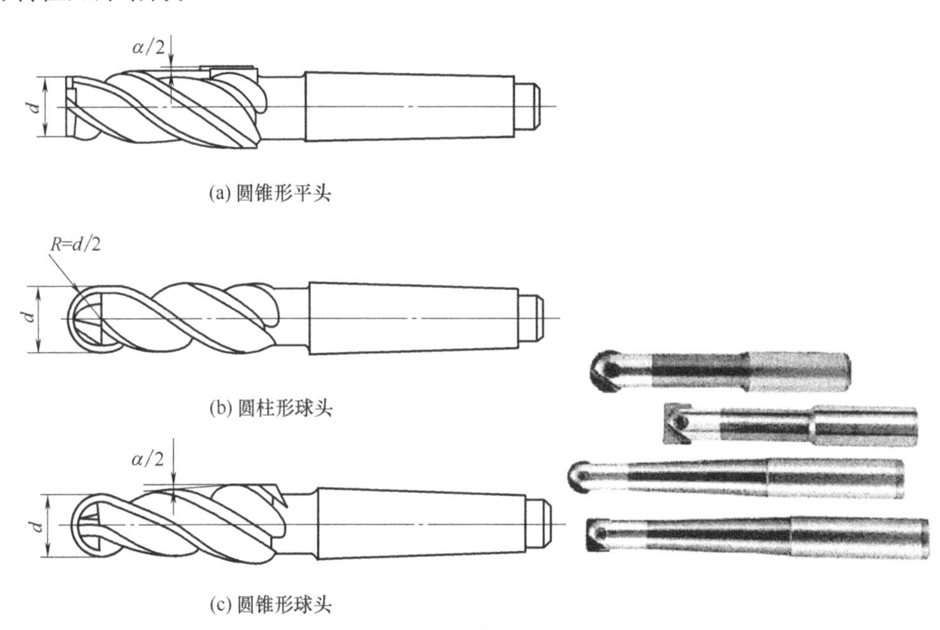

图 4-12　模具铣刀

二、铣刀几何角度

1. 圆柱铣刀几何角度

圆柱铣刀用于圆周铣削。铣刀工作时，铣刀旋转运动是主运动，工件直线运动是进给运动。

① 螺旋角。螺旋角 ω 是螺旋切削刃展开成直线后，与铣刀轴线之间的夹角。螺旋角 ω 使切削轻快平稳，形成螺旋形切屑，排屑容易。一般细齿圆柱形铣刀 $\omega=30°\sim35°$，粗齿圆柱形铣刀 $\omega=35°\sim45°$。

② 前角。圆柱铣刀前角在图样上通常标注为法向前角 γ_n，以便于制造。

③ 后角。铣刀磨损主要发生在后刀面上，适当增大后角，可减少刀具磨损。

2. 端铣刀几何角度

如图 4-13 所示，机夹端铣刀的每个刀齿相当于一把前角 γ_0、刃倾角 λ_s 等于零的车刀。在正交平面参考系中，端铣刀标注有前角 γ_0、后角 α_0、主偏角 κ_r、副偏角 κ'_r、副后角 α'_0 和刃倾角 λ_s 等。

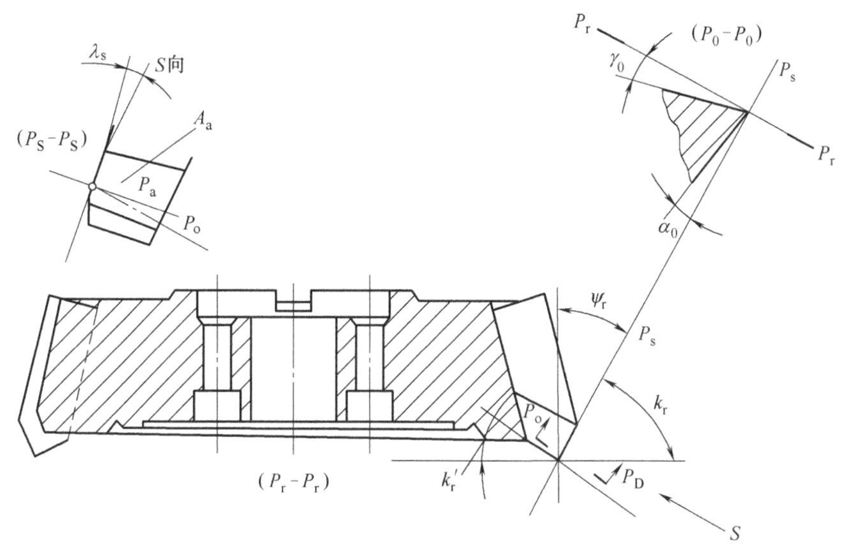

图 4-13　端铣刀的几何角度

3. 铣刀几何角度选择

(1) 前角的选择（见表 4-2）　根据刀具和工件的材料确定。一般小于车刀；高速钢比硬质合金刀具要大；塑性材料时前角增大，脆性材料则前角减小。

表 4-2　前角的选择

工件材料		高速钢铣刀	硬质合金铣刀
钢材(强度)	＜600MPa	20°	15°
	600～1000MPa	15°	−5°
	＞1000MPa	12°～10°	−(10°～15°)

(2) 后角的选择（见表 4-3）　在铣削过程中，铣刀的磨损主要发生在后刀面上采用较大的后角可以减少磨损；当采用较大的负前角时，可适当增加后角。

表 4-3　后角的选择

铣刀的类型		后角值
高速钢铣刀	粗齿	12°
	细齿	16°
高速钢锯片铣刀	粗、细齿	20°
硬质合金铣刀	粗齿	6°～8°
	细齿	12°～15°

(3) 刃倾角的选择（见表 4-4）　立铣刀和圆柱铣刀的外圆螺旋角 β 就是刃倾角 λ_s。β 增大，实际前角增大，切削刃锋利，切屑易于排出。铣削宽度较窄的铣刀，增大 β 的意义不大，故一般取 $\beta=0$ 或较小的值。

表 4-4　刃倾角的选择

铣刀类型	螺旋齿圆柱铣刀		铣刀	三面刃、两面刃铣刀
	粗齿	细齿		
螺旋角	45°～60°	25°～30°	30°～45°	15°～20°

(4) 主偏角与副偏角的选择

① 常用的主偏角有 45°、60°、75°、90°。工艺系统的刚性好，取小值；反之取大值。副偏角一般为 5°～10°。

② 圆柱铣刀只有主切削刃，没有副切削刃，因此没有副偏角。主偏角为 90°。

(5) 常用铣刀几何角度选择参考值　高速钢铣刀几何角度选择参考值见表 4-5，硬质合金铣刀几何角度选择见表 4-5。

表 4-5　高速钢铣刀的几何角度参考值

	加工材料		γ_0（螺旋齿圆柱铣刀为 γ_a）		
前角	钢(σ_b/MPa)	<589	20°		
		589～931	15°		
		>931	10°～12°		
	铸铁(硬度/HBS)	≤150	5°～15°		
		>150	5°～15°		
	铝镁合金、铝硅合金及铸造铝合金		15°～35°		
后角	铣刀类型	铣刀特征	α_0		
			周齿		端齿
	圆柱铣刀及端铣刀	细齿	20°		8°
		粗齿和镶齿	20°		
	两面刃和三面刃盘铣刀	直细齿	20°		6°
		直细齿和镶齿	20°		
		螺旋细齿	20°		
		螺旋粗齿和镶齿	20°		
	立铣刀和角度铣刀	D_0<10mm	20°		8°
		D_0=10～20mm	20°		
		D_0>20mm	20°		
	切槽，切断铣刀(圆锯片)	—	20°		—
偏角	铣刀类型	使用条件或铣刀特征	主偏角	过渡刃偏角	副偏角
			κ_r	$\kappa_{r\varepsilon}$	κ_r'
	端铣刀	系统刚性好，余量小	30°～45°	15°～23°	1°～2°
		中等刚性，加工余量大	60°～75°	30°～28°	1°～2°
		加工相互垂直的表面	90°	40°～48°	1°～2°
	两面刃和三面刃盘铣刀	—	—	—	1°～2°
	切槽铣刀	直径 d_0=40～50mm 宽度 B=0.6～0.8mm B>0.8mm	—	—	0°15′ 0°30′
		D_0=75mm B=1～3mm B>3mm			0°30′ 1°30′
	切断铣刀	D_0=75～110mm B=1～2mm B>2mm	—	—	0°30′ 1°
		B=2～3mm			0°15′ 0°30′

续表

<table>
<tr><td rowspan="5">刀齿螺旋角或刃角</td><td colspan="2">铣刀类型</td><td>β</td><td colspan="2">铣刀类型</td><td>λ</td></tr>
<tr><td rowspan="3">圆柱铣刀</td><td>粗</td><td>40°～60°</td><td colspan="2" rowspan="2">两面刃和三面刃盘铣刀</td><td rowspan="2">10°～20°</td></tr>
<tr><td>细</td><td>30°～35°</td></tr>
<tr><td>组</td><td>55°</td><td rowspan="2">端铣刀</td><td>整体</td><td>10°～20°</td></tr>
<tr><td colspan="2">立铣刀</td><td>20°～45°</td><td>镶齿</td><td>10°～20°</td></tr>
</table>

表 4-6　硬质合金铣刀的几何角度参考值

<table>
<tr><td colspan="2" rowspan="2">加工材料</td><td rowspan="2">铣刀前角 γ_0</td><td colspan="2">后角 α_0</td><td rowspan="2">端铣刀副后角 α_0'</td><td colspan="2">刀齿斜角</td><td colspan="3">偏角</td><td rowspan="2">过渡刃宽度 /mm</td></tr>
<tr><td>最大切削厚度 >0.08/mm</td><td>最大切削厚度 0.08/mm</td><td>端铣刀 λ_s</td><td>三刃铣刀 λ_s</td><td>主偏角 κ_r</td><td>过渡刃 κ_r</td><td>副偏角 κ_r'</td></tr>
<tr><td rowspan="6">钢(强度)/MPa</td><td><638</td><td>+5</td><td rowspan="5">6°～8°</td><td rowspan="5">8°～12°</td><td rowspan="5">8°～10°</td><td>−5°～−15°</td><td>−10°</td><td rowspan="5">20°～75°</td><td rowspan="5">10°</td><td rowspan="5">5°</td><td rowspan="5">1～1.5</td></tr>
<tr><td>638～785</td><td>−5</td><td rowspan="4">−10°
−20°</td><td rowspan="4">—</td></tr>
<tr><td>843～932</td><td></td></tr>
<tr><td>932～1177</td><td>−10</td></tr>
<tr><td rowspan="2">铸铁/HBW</td><td><200</td></tr>
<tr><td>200～250</td><td>0°</td><td></td><td></td><td></td><td></td><td></td><td></td><td></td><td></td></tr>
</table>

注：1. 半精铣和精铣钢（δ_s＝389～785MPa）时，γ_0＝−5°，α_0＝5°～10°。

2. 在上等系统刚性下，铣削余量小于 3mm 时，取 κ＝20°～30°；在中等系统刚性下，铣削余量小于 3～6mm 时，取 κ＝45°～75°。

3. 采用端铣刀对称铣削，初始切削厚度 h＝0.6mm 时，取 λ_s＝5°；非对称铣削时，初始切削厚度 h_D＜0.05mm 时，取 λ_s＝−5°；当以 κ_r＝45°端铣刀铣削铸铁时，取 λ_s＝−20°；当 κ_r＝60°～75°时，取 λ_s＝−10°。

任务三　在铣床上安装工件

零件机械加工时，需要用夹具将工件固定在机床工作台上。常用的机床夹具有压板、角铁、V 形铁、平口钳、回转工作台、立铣头、分度头以及组合夹具等。

【任务导入】

某机械加工厂来了一批零件，生产主任将这批零件分配到三厂区来完成。在加工零件前将零件安装在铣床上。

【任务要点】

（1）基本目标

① 了解工件在夹具中的定位。

② 掌握铣床夹具的分类。

（2）能力目标

① 具有选择夹具的能力。

② 具有安装夹具的能力。

【任务提示】

① 查阅资料，简述完全定位、不完全定位、欠定位和过定位的概念。

② 查阅资料，简述夹具如何选择，如何安装在铣床上。

③ 查阅资料，简述夹具分类及特点。

【任务准备】

一、工件在夹具中的定位

机床夹具的主要功用是实现工件定位和夹紧，保证工件相对于机床、刀具有正确位置，从而实现加工技术要求。合理使用夹具能够缩短加工时间，提高生产率，降低生产成本，扩大机床的工艺范围，减轻劳动强度。图 4-14 所示为连杆工件在夹具中安装的情况。

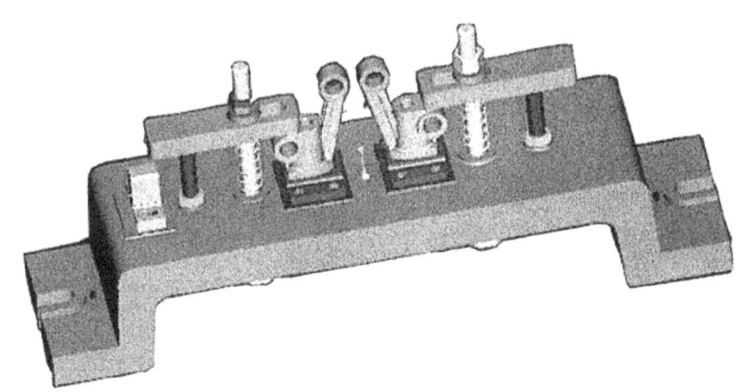

图 4-14　连杆在夹具中的安装

1. 夹具分类

夹具有多种分类方法，按通用程度可分为通用夹具和专用夹具。

通用夹具是指已经标准化的、可用于加工一定范围内不同工件的夹具，如三爪自定心卡盘、机床用平口虎钳、万能分度头、磁力工作台等，都属于通用夹具。

专用夹具是指专为某一工件（或某一工序）设计、制造的夹具，在批量以上生产类型中广泛应用，是机械制造中数量最多的一种夹具。

图 4-15 所示的通用可调夹具是在通用夹具基础上发展出来的一种可调夹具，具有适应加工范围广、可用于不同生产类型的特点。但是，因调整环节较多，效率较低。

图 4-16 所示为使用组合夹具装夹工件。组合夹具是一种标准化、系列化程度很高的柔性化夹具，由一套预先制造好的、具有不同几何形状、不同尺寸的高精度元件组成。使用

时，按照工件定位要求，组装成所需夹具；使用完毕后，拆开、擦洗、保存，以便再次使用。组合夹具适用于多品种、小批量生产，是现代夹具的发展方向。

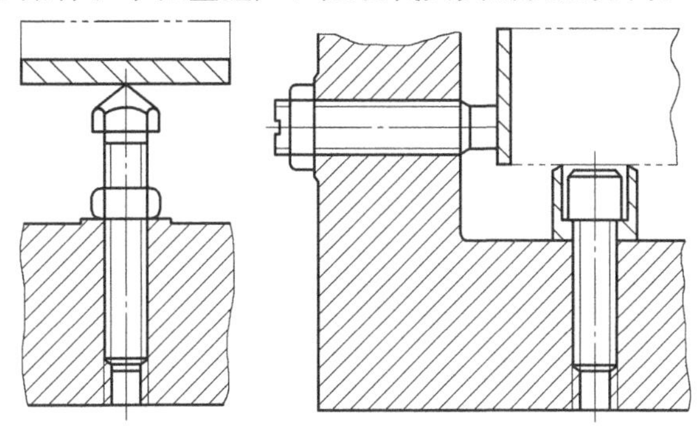

图 4-15　通用可调夹具

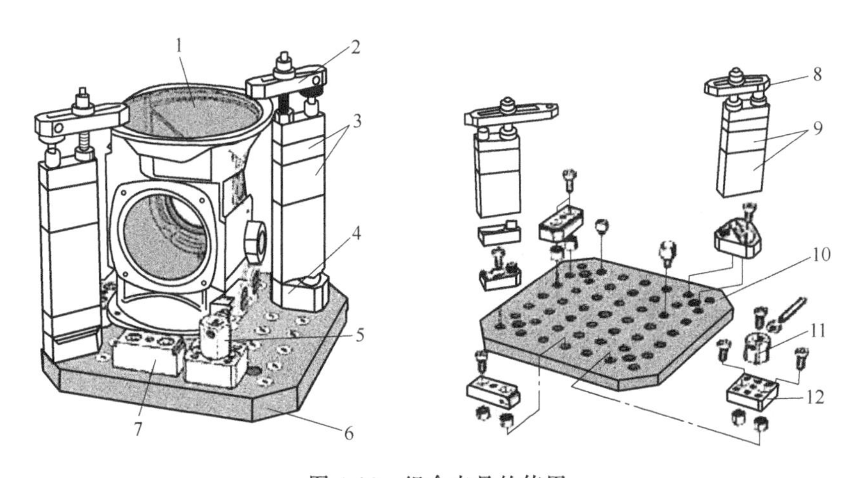

图 4-16　组合夹具的使用

1—工件；2—夹板件；3—中间隔板元件；4—单元式夹紧的底部元件；5—定位件；6—装夹板；7—结构件；8—夹板件；9—中间隔板元件；10—装夹板；11—定位件；12—定中心

2. 工件在夹具中的定位

用直角坐标系描述物体在空间的位置时，可以分解为相互垂直的六种运动，也称为物体的六个自由度。其中，沿坐标轴平行移动的三个自由度用 $\vec{X}$、$\vec{Y}$ 及 $\vec{Z}$ 表示，绕坐标轴旋转的三个运动，分别以 $\overset{\frown}{X}$、$\overset{\frown}{Y}$ 及 $\overset{\frown}{Z}$ 表示，如图 4-17 所示。自由度表示空间物体位置的不确定性，定位就是限制其自由度。

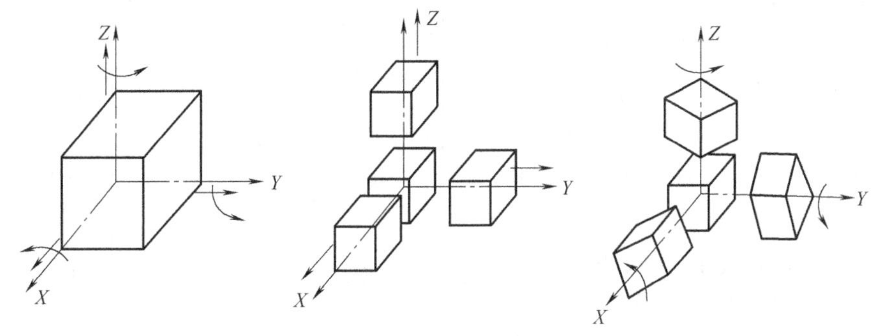

图 4-17　物体的六个自由度

在夹具中适当地布置六个支承，使工件与六个支承接触，就可限制工件的六个自由度，使工件位置完全确定。这种采用六个支承点限制工件六个自由度的方法称为“六点定位”，如图 4-18 所示。

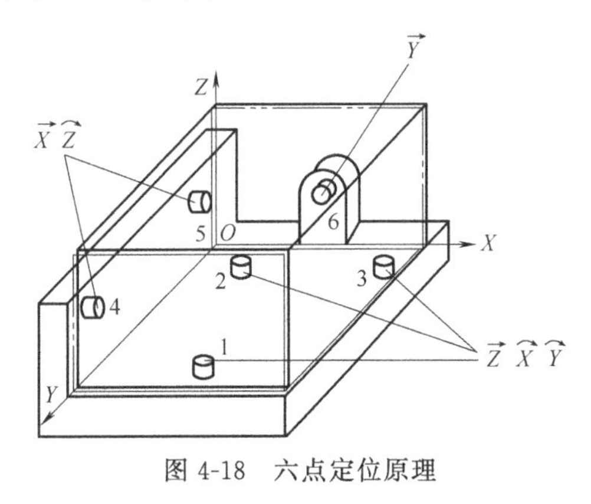

图 4-18　六点定位原理

（1）完全定位　工件在夹具中定位时，如果夹具中六个支承点恰好限制了工件六个自由度，使工件在夹具中占有完全确定的位置，这种定位方式称为完全定位，如图 4-19（a）中工件的定位方式。

（2）不完全定位　在实际生产中，并不是所有的工件都需要完全定位，而是要根据各工序的加工要求，确定必须限制的自由度个数。没有限制全部自由度，但能保证加工要求的定位方式称为不完全定位，如图 4-19（b）和（c）中工件的定位方式。

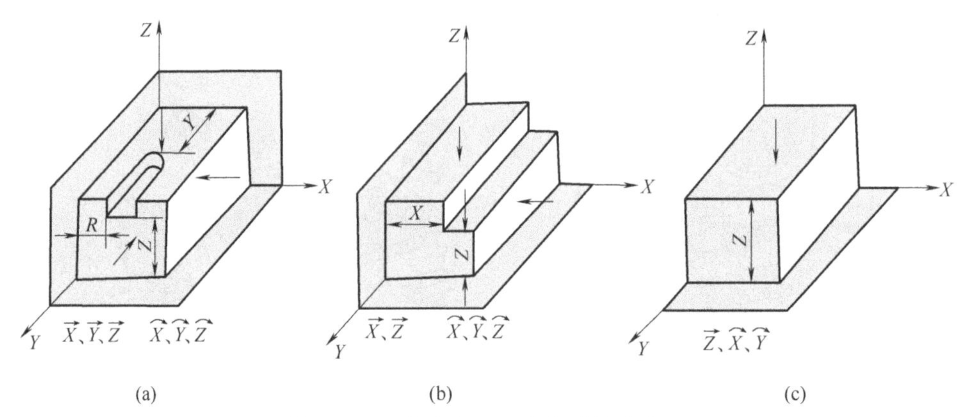

图 4-19　工件在夹具中定位并铣阶梯面

（3）欠定位　工件定位时，定位元件所限制的自由度少于加工工艺要求所需限制的数量，称为欠定位。欠定位不能满足加工需要，生产中，不允许在欠定位情况下进行加工。

（4）过定位　定位元件重复限制工件同名自由度的定位方式称为过定位，也称重复定位。图 4-20（a）所示的装夹方法，使用较长心轴对内孔定位，消除了 $\vec{Y}$、$\vec{Z}$、$\overset{\frown}{Y}$、$\overset{\frown}{Z}$ 4 个自由度，夹具平面 P 对工件大端面定位，消除了 $\vec{X}$、$\overset{\frown}{Y}$、$\overset{\frown}{Z}$ 3 个自由度，$\overset{\frown}{Y}$ 和 $\overset{\frown}{Z}$ 被心轴和平面 P 重复限制，所以是过定位方式。

实际生产中，由于工件与定位元件都存在制造误差，当采用过定位方式时，工件定位表面与两个重复定位的元件无法同时接触，若强行夹紧，工件与定位元件将产生变形，甚至损坏［见图 4-20（b）］。

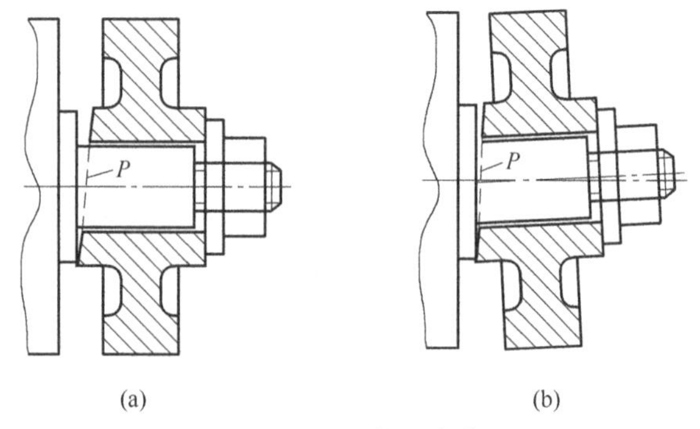

图 4-20　工件过定位

某些情况下，过定位方式可以用来提高工件定位刚度，但必须采取适当的工艺措施。图 4-21（b）所示的装夹方法，将工件端面与夹具端面改为浮动接触，消除重复限制自由度，保证工件孔与长心轴、工件端面与平面能同时接触，不发生干涉。

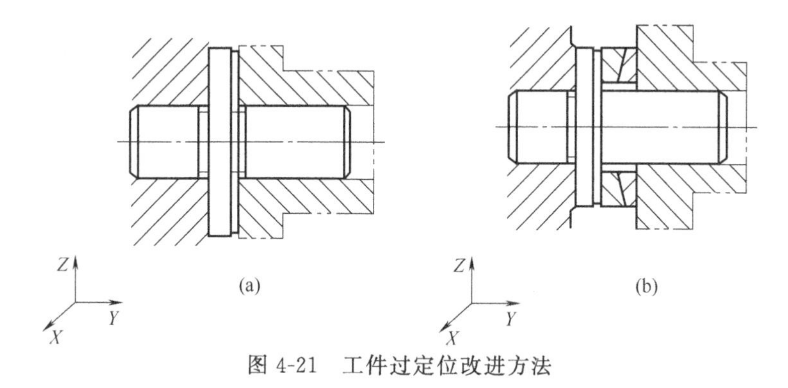

图 4-21　工件过定位改进方法

二、常用定位元件

1. 工件以平面定位时的定位元件

（1）支承钉　支承钉可分为固定支承钉、可调支承钉、自定位支承及辅助支承。

图 4-22 所示为标准支承钉结构（JB/T 8029.2—1999）。当工件以加工过的平面定位时，可采用平头支承钉［见图 4-22（a）］；当工件以毛坯面定位时，采用球头支承钉［见图 4-22（b）］；齿纹头支承钉［见图 4-22（c）］用在工件侧面，用于增大摩擦系数，防止工件滑动。

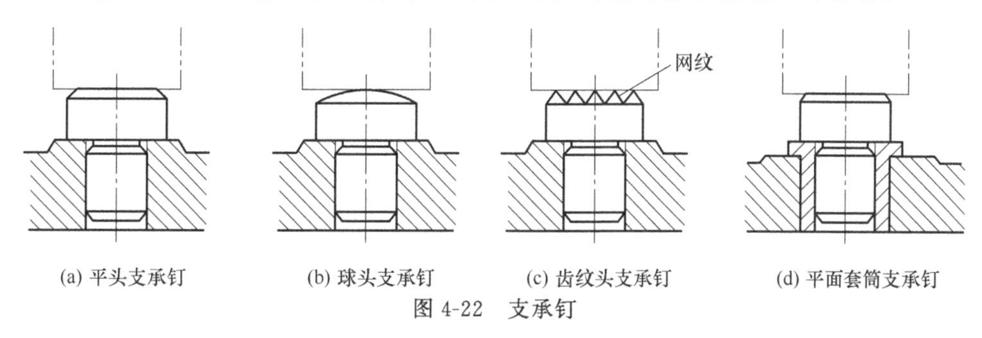

(a) 平头支承钉　(b) 球头支承钉　(c) 齿纹头支承钉　(d) 平面套筒支承钉

图 4-22　支承钉

（2）支承板　图 4-23 所示为标准支承板结构（JB/T 80291—1999）。A 型支承板结构简单，制造方便，但孔边切屑不易清除干净，适用于侧面和顶面定位；B 型支承板便于清除切屑，适用于底面定位。

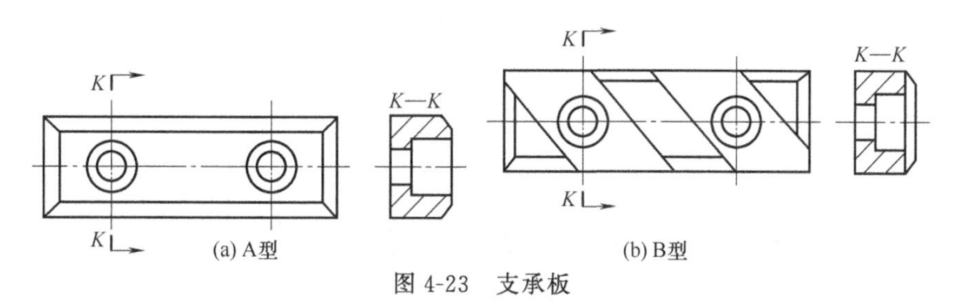

(a) A型　(b) B型

图 4-23　支承板

（3）可调支承　图 4-24 所示的可调支承主要用于工件以粗基准面定位，或定位基面形状复杂（如台阶面、成形面等），以及各批毛坯的尺寸、形状变化较大时的情况。图 4-24（a）和（b）的结构用于中小型工件，图 4-24（c）的结构用于重型工件，图 4-24（d）用于侧面支承。

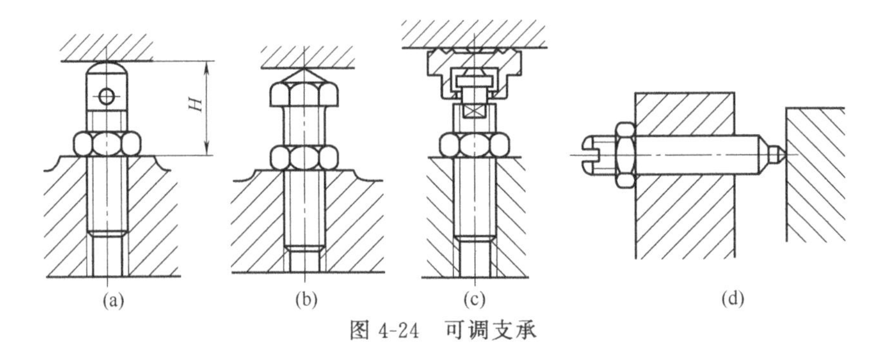

图 4-24　可调支承

（4）自位支承　支承本身可随工件定位基准面的变化而自动适应的支承形式称为自位支承，一般只限制一个自由度，适用于工件以毛坯面定位或刚性不足的场合，如图 4-25 所示。

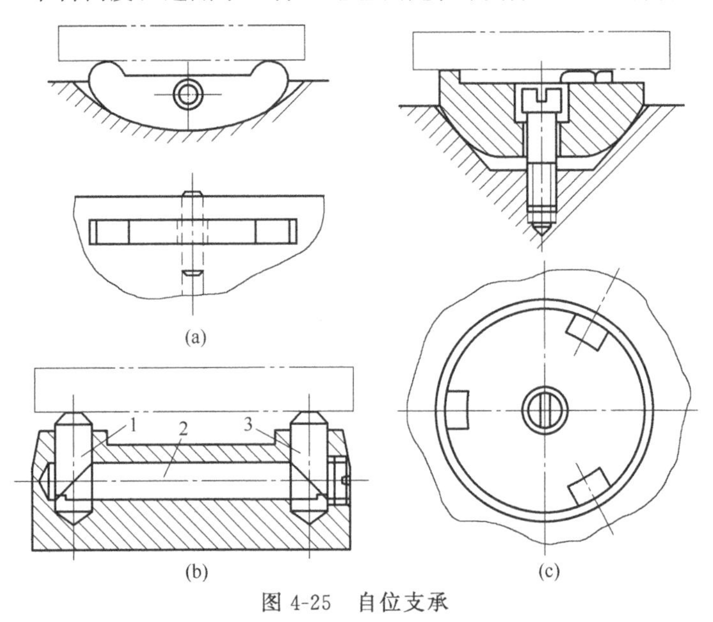

图 4-25　自位支承

（5）辅助支承　辅助支承不限制工件的自由度，不起定位作用，通常用于提高工件的装夹刚度、装夹稳定性以及工件预定位等。图 4-26 为铣削工件时，采用辅助支承的情况。

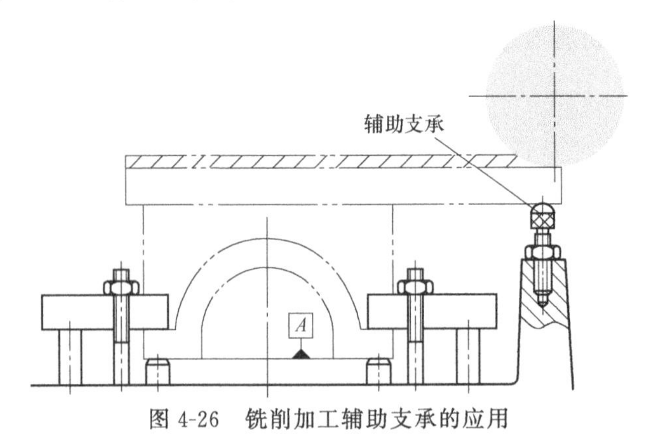

图 4-26　铣削加工辅助支承的应用

2. 工件以圆柱孔定位时的定位元件

（1）圆柱销（定位销）　图 4-27 所示为常用定位销结构。当定位销直径 D 为 3～10mm

时，通常在夹具体上加工出沉孔，使定位销沉入孔内，不影响定位，如图 4-27（a）所示；大批量生产时，为了便于定位销更换，采用图 4-27（d）所示的带衬套的结构形式。

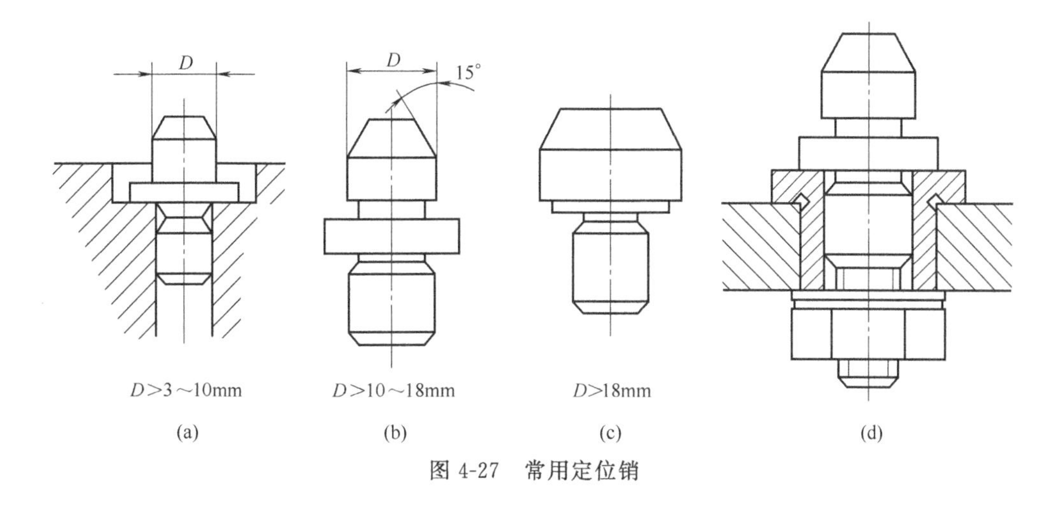

图 4-27　常用定位销

销与孔的接触面较长，且销长 L 与直径 D 之比 $L/D \geqslant 0.8 \sim 1$ 时，为长销；$L/D \leqslant 0.4$ 时，为短销。

（2）圆柱心轴　心轴主要用在车、铣、磨、齿加工机床上加工套类和盘类零件。图 4-28 为两种常用圆柱心轴的结构形式。

图 4-28（a）为间隙配合心轴。心轴的限位基面一般按 h6、g6 制造，工件装卸方便，但定心精度不高。为了减少因配合间隙而造成的工件倾斜，工件常以孔和端面联合定位。

图 4-28（b）为过盈配合心轴，由引导部分 1、工作部分 2、传动部分组成。

引导部分的作用是使工件迅速而准确地套入心轴，其直径 D_3 按 e8 制造，D_3 的基本尺寸等于工件孔的最小极限尺寸，其长度约为工件定位孔长度的一半。工作部分直径按 r6 制造，其基本尺寸等于孔的最大极限尺寸。

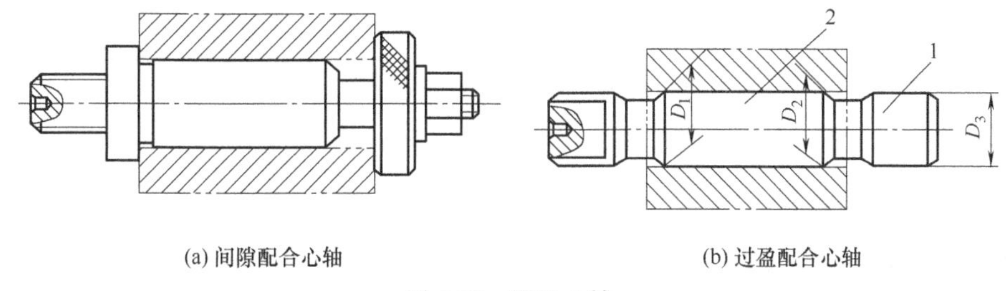

(a) 间隙配合心轴　　(b) 过盈配合心轴

图 4-28　圆柱心轴

1—引导部分；2—工作部分

这种心轴制造简单、定心准确，不用另设夹紧装置，但装卸工件不便，易损伤工件定位孔，因此，多用于定心精度要求高的精加工。

（3）圆锥销　图 4-29 为工件以圆孔在圆锥销上定位的示意图。圆锥销可限制工件的 X、Y、Z 三个自由度，图 4-29（a）用于粗定位基面，图 4-29（b）用于精定位基面。

3. 工件以外圆柱面定位时的定位元件

（1）V 形块　标准 V 形块（JB/T 8018.1—1999）两斜面的夹角 α 有 60°、90°、120°三种，以 90°应用最广。V 形块既能用于精基面定位，又能用于粗基面定位，而且具有定心作用。接触面较长的V形块［见图4-30（a）］一般用于精基准定位，接触面较短的V形块用于粗基准定位［见图4-30（b）］。

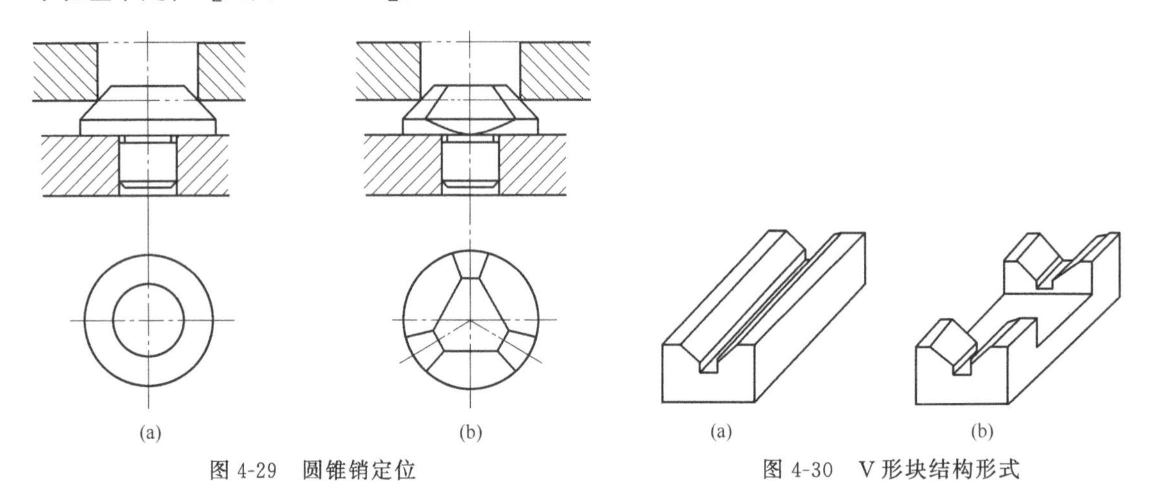

图4-29　圆锥销定位　　图4-30　V形块结构形式

（2）圆孔定位套　图4-31为外圆定位时常用的几种定位套。图4-31（a）为长定位套，图4-31（b）为短定位套。图4-31（c）为带螺纹的定位套筒，可消除套筒端面与夹具体之间的缝隙，保证定位刚度。定位套结构简单、制造容易，但定心精度不高，一般适用于精基准定位。

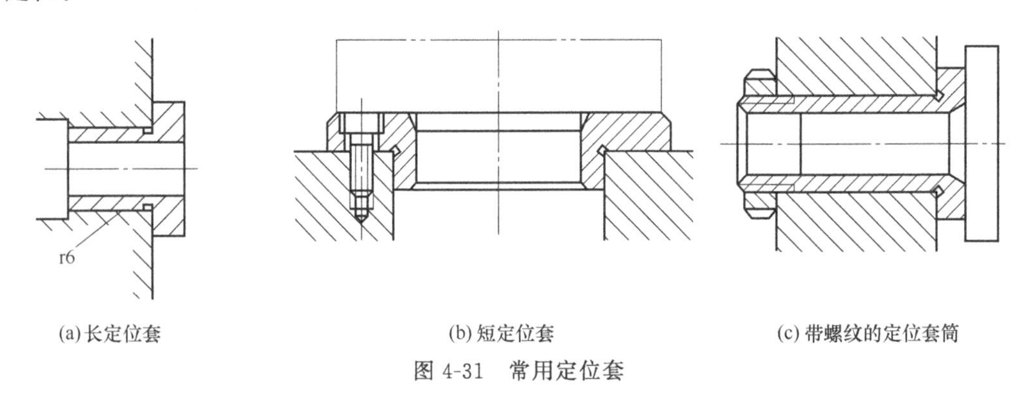

图4-31　常用定位套

三、工件夹紧方式

为保证工件定位后在加工过程中，不因切削力、离心力、惯性力、重力等外力作用产生位移或振动，必须用一定的机构将其压紧夹牢。用于工件压紧夹牢的机构称为夹紧装置。

1. 夹紧装置基本要求

夹紧装置主要由以下三部分组成（见图4-32）。

① 力源装置。产生夹紧作用力的装置，对机动夹紧机构来说，有气动、液压、电动等动力装置。

② 夹紧元件。夹紧装置的最终执行元件，直接和工件接触，把工件夹紧。

③ 中间传动机构。把力源装置产生的力传给夹紧元件的中间机构。其作用是改变力的作用方向和大小，当手动夹紧时，能可靠地自锁。

夹紧装置的功能应达到下述要求。

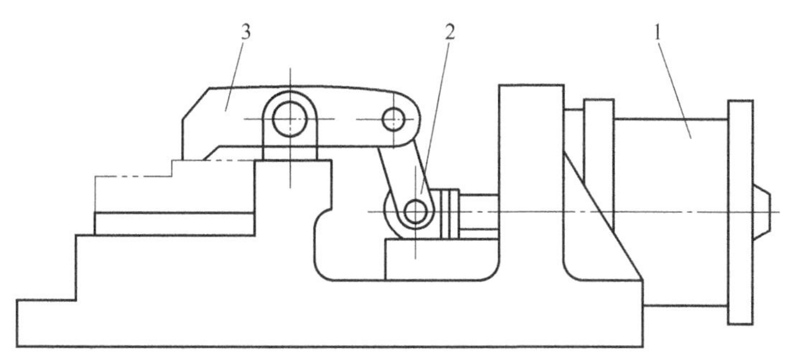

图 4-32 夹紧装置组成示意

1— 力源装置；2—中间传动机构；3—夹紧元件

① 夹紧过程中，不改变工件定位后占据的正确位置。

② 夹紧力大小适当，既要保证工件在加工过程中位置稳定，振动小，又不能使工件产生过大的夹紧变形。

③ 使用性要好，便于操作，夹压迅速，安全省力。

④ 结构简单紧凑，便于制造、调整和维修。

2. 夹紧力确定

合理确定夹紧力的方向、作用点的数量和位置、作用力的大小和夹紧行程是夹具设计的重要工作。

① 夹紧力方向应朝向主要限位面。图 4-33 所示为工件定位的两种夹紧方式。若工件安装时，采用了图 4-33（b）所示方式，夹紧力朝向 B 面，由于工件左端面与底面夹角存在加工误差，加工后的孔歪斜，孔与左端面产生较大的垂直度。

改进措施：如图 4-33（a）所示，选工件左端面 A 为主定位基面，使夹紧力朝向 A 面，消除左端面与底面垂直度误差对孔加工的影响，保证孔轴线与左端面垂直。

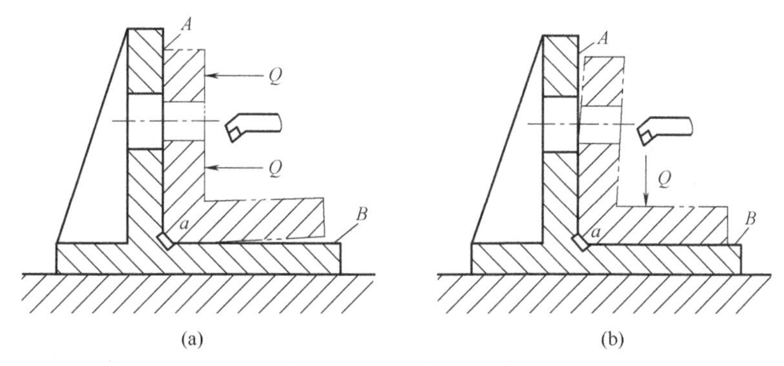

图 4-33 夹紧力朝向主要限位面

② 夹紧力作用点应落在定位元件支承范围内。如图 4-34 所示，夹紧力作用点落到了定位元件的支承范围之内，夹紧时不会破坏工件的定位。

如图 4-35 所示，铣削拨叉，主要夹紧力 F_2 作用点靠近加工部位时，可有效减小夹紧力。同时，提高了工件的装夹刚性，减少了加工振动。

③ 夹紧力作用点应落在工件刚性较好的方向和部位。如图 4-36（a）所示的薄壁箱体，夹紧力不应作用在箱体的顶面，而应作用在刚性好的凸边上。

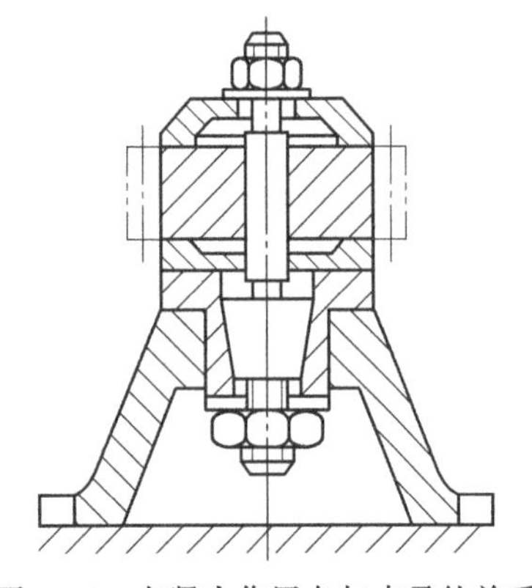

图 4-34　夹紧力作用点与支承的关系

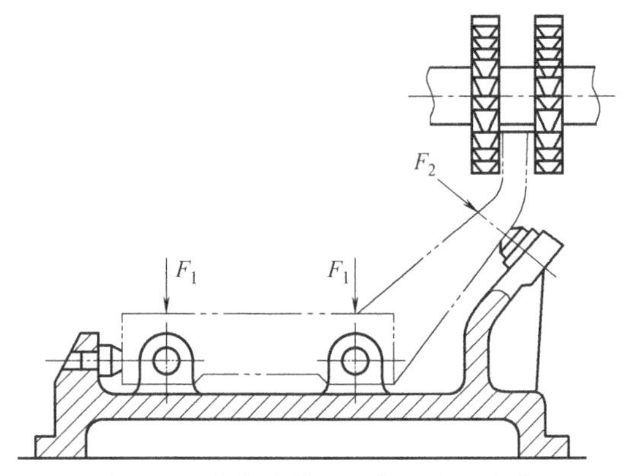

图 4-35　夹紧力作用点靠近加工部位

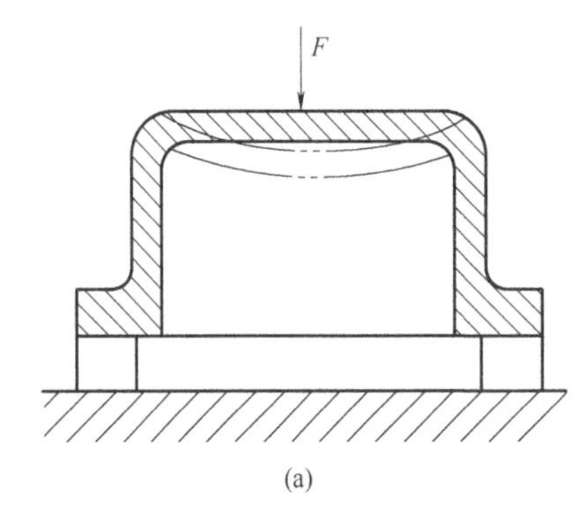

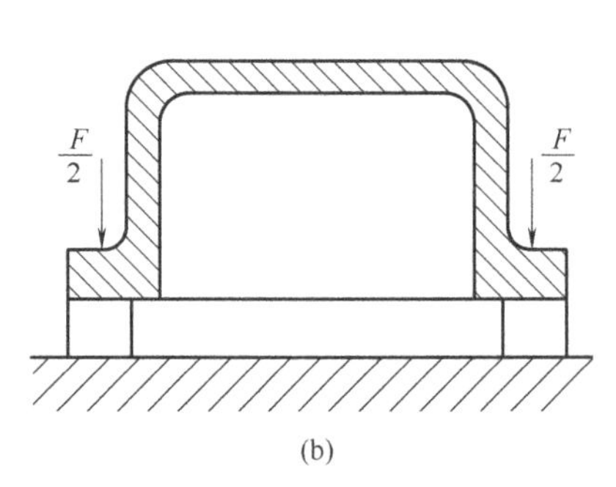

图 4-36　夹紧力作用点位置

3. 夹紧力大小的估算

夹紧力大小与工件在加工过程中承受的切削力、重力、离心力和惯性力等有密切关系。不同加工条件下，夹紧力估算应考虑不同因素。

① 加工中、小工件时，切削力（矩）是影响夹紧力大小的主要因素。

② 加工大型工件时，还需考虑工件重力作用。

③ 高速切削时，不能忽视离心力和惯性力的作用。此外，工件材质均匀性、加工余量大小、刀具磨损程度以及切削加工冲击等因素，都对切削力产生着影响。

因此，准确计算夹紧力的大小是十分困难的，一般采用两种方法确定所需夹紧力的大小。

① 类比法。根据同类夹具使用情况进行估算。

② 计算法。在工件加工过程，找出对夹紧最不利的状态，进行简化计算。简化计算的方法如下：先假设系统为刚性系统，切削过程处于稳定状态，然后按静力学原理求出夹紧力大小。

由于加工过程的复杂性，计算出的夹紧力与实际所需夹紧力存在较大差异，为了保证夹紧可靠，应将计算结果再扩大 K 倍，作为实际需要的夹紧力。即

$$F=KF_{计}$$

式中　$F_{计}$——由静力平衡计算求出的夹紧力；

F——实际需要的夹紧力；

K——安全系数，一般取 $K=1.5\sim3$，粗加工取大值，精加工取小值。

4. 常用夹紧机构

(1) 斜楔夹紧机构　图 4-37 是用斜楔夹紧机构夹紧工件的实例。斜楔在螺杆的作用力下，向前移动，压动弯板，达到夹紧工件的目的。

斜楔升角是斜楔夹紧机构的主要参数，当斜楔升角为 6°～8°时，机构具有自锁性。斜楔升角与夹紧行程成正比，角度较小时，夹紧行程也较小。

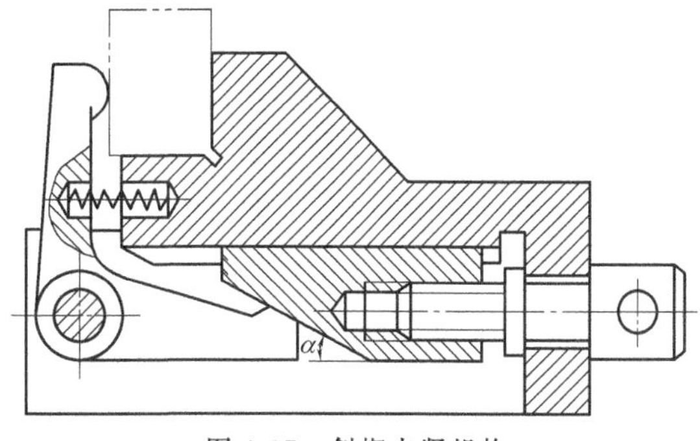

图 4-37　斜楔夹紧机构

(2) 螺旋夹紧机构　由螺钉、螺母、垫圈、压板等元件组成的夹紧机构，称为螺旋夹紧机构。螺旋夹紧机构结构简单，容易制造，自锁性能好，夹紧力和夹紧行程较大，在夹具中得到广泛应用。

直接用螺钉、螺母夹紧工件的机构，称为单个螺旋夹紧机构，如图 4-38 所示。

图 4-39 所示为常用虎钳夹紧机构，螺杆 4 的两段螺纹旋向相反，可实现快速装夹工件。

图 4-40 为演化后的螺旋压板机构，在螺柱作用下，使用压板夹紧工件。

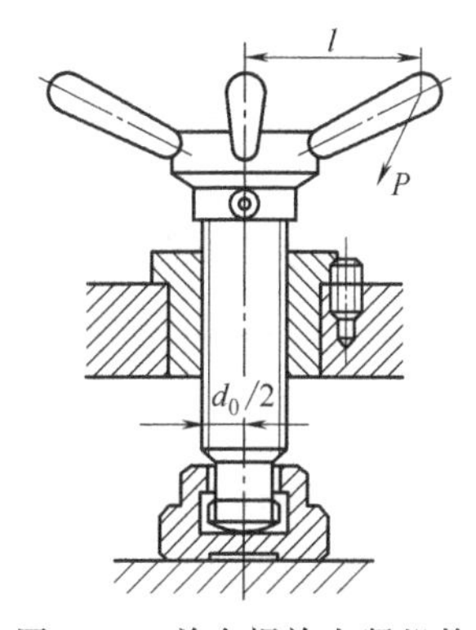

图 4-38　单个螺旋夹紧机构

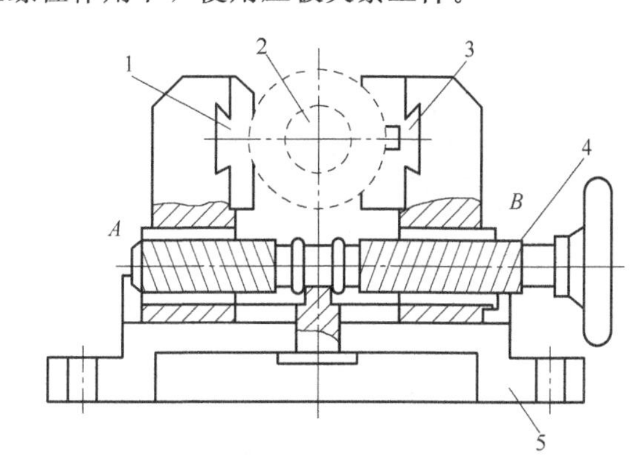

图 4-39　常用虎钳夹紧机构

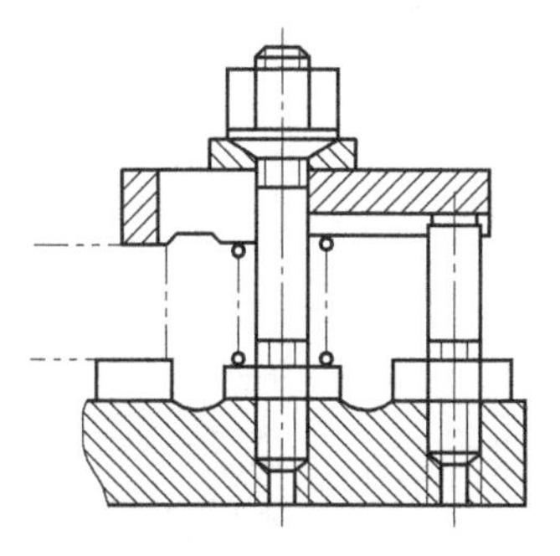

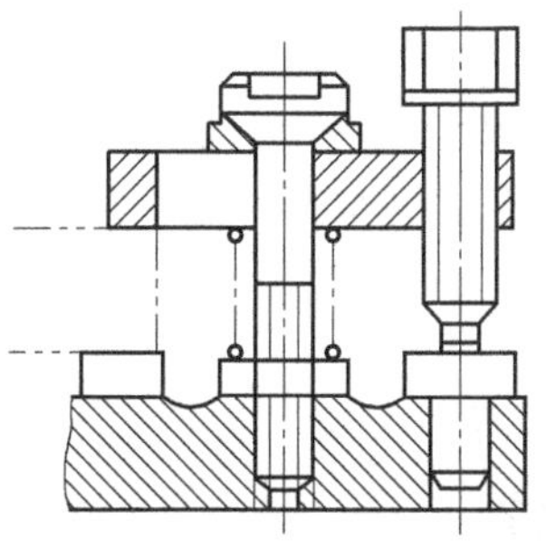

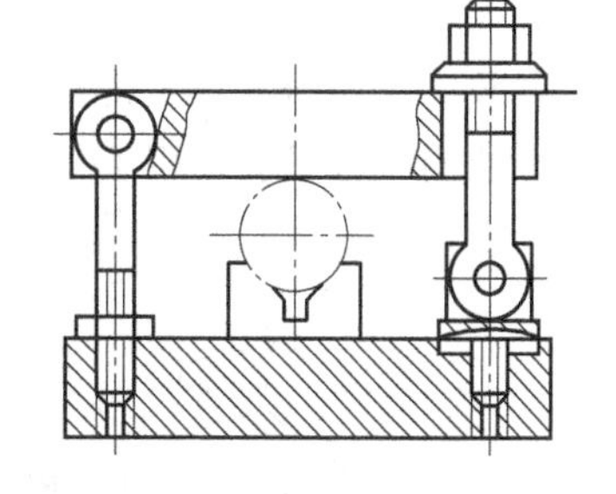

图 4-40　螺旋压板机构

(3) 偏心夹紧机构　采用偏心件直接或间接夹紧工件的机构，称为偏心夹紧机构。图 4-41 所示圆偏心夹紧机构，用手柄带动偏心轮顺时针转动，相当于一个弧形楔，逐渐楔入转轴和被压表面之间，从而夹紧工件。

圆偏心夹紧机构的自锁性由偏心轮直径和偏心距决定。当圆偏心轮与工件间摩擦系数为 0.1 时，自锁条件为 $D/e \geqslant 2.0$；当摩擦系数为 0.15 时，自锁条件为 $D/e \geqslant 1.4$。偏心夹紧

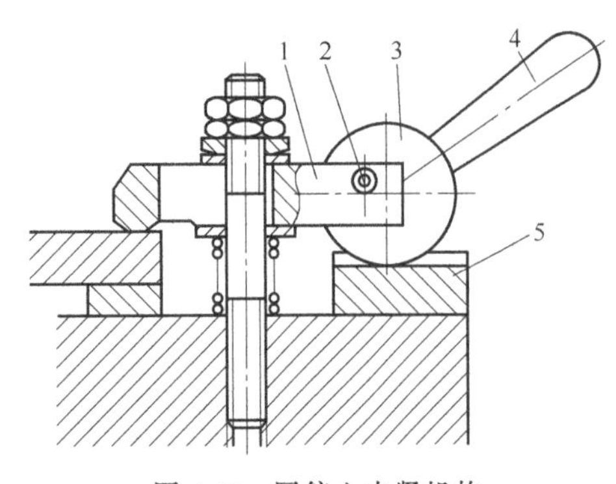

图 4-41 圆偏心夹紧机构

1—压板；2—轴；3—偏心轮；4—手柄；5—垫板

机构操作方便、夹紧迅速，缺点是夹紧力和夹紧行程较小，一般用于切削力不大、振动小、夹压面尺寸公差较小的场合。

四、常用铣床夹具

1. 平口钳

平口钳又叫机用虎钳，其构造简单，夹紧牢靠，用来装夹矩形和圆柱形一类的中小工件，使用广泛，如图 4-42 所示。

平口钳底部有两个定位键，通过与工作台中间的 T 形槽配合定位，固紧在铣床工作台上（见图 4-43）。平口钳尺寸规格以钳口宽度表示，通常为 100～200mm。回转式平口钳带有回转刻度盘，可扳转角度。

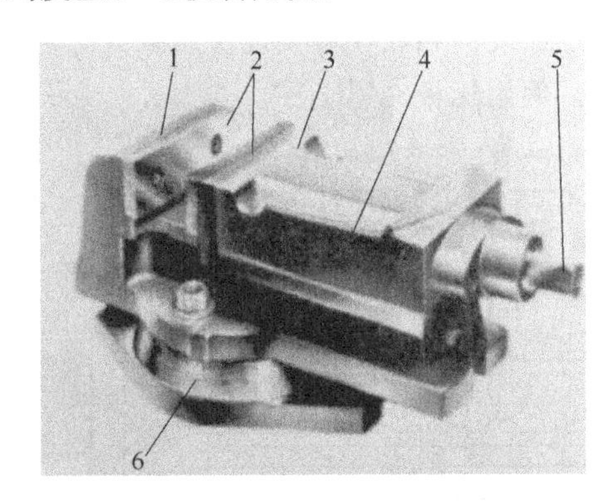

图 4-42 平口钳

1—固定钳口；2—钳口铁；3—活动钳口；4—钳身；5—螺杆方头；6—底座

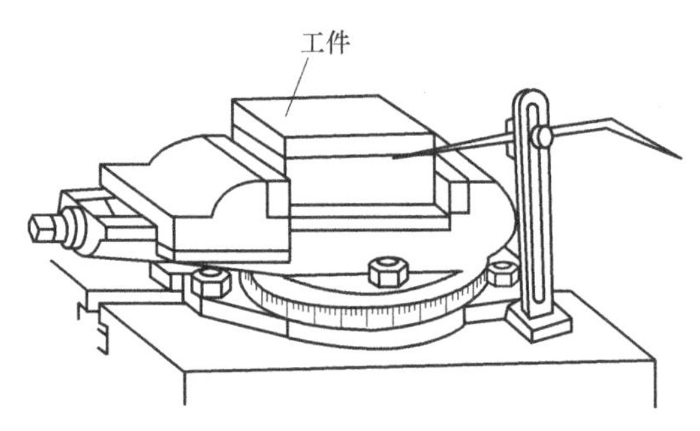

图 4-43 平口钳装夹工件

2. 回转工作台

回转工作台用来装夹有圆弧表面、圆弧曲线外形、沟槽以及分度要求的零件，其内部为蜗轮蜗杆结构，圆转台在蜗轮带动下旋转，圆转台外圆柱面上带有刻度，如图 4-44 所示。圆转工作台中央有一圆锥孔，用于工件定位，并与圆转工作台同轴中心线转动（见图 4-45）。

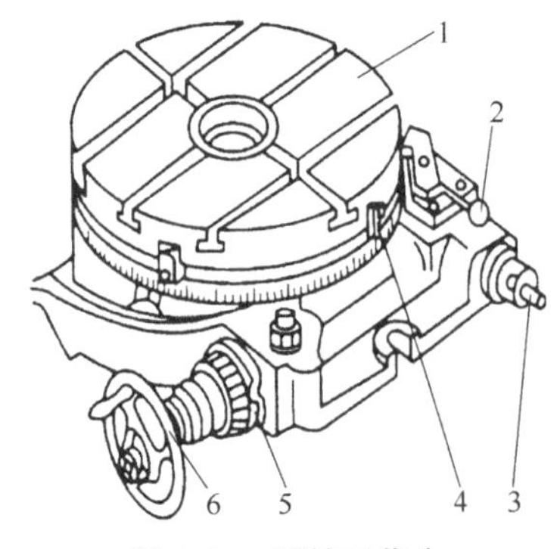

图 4-44 圆转工作台

1—转台；2—手柄；3—传动轴；4—挡铁；5—偏心环；6—手轮

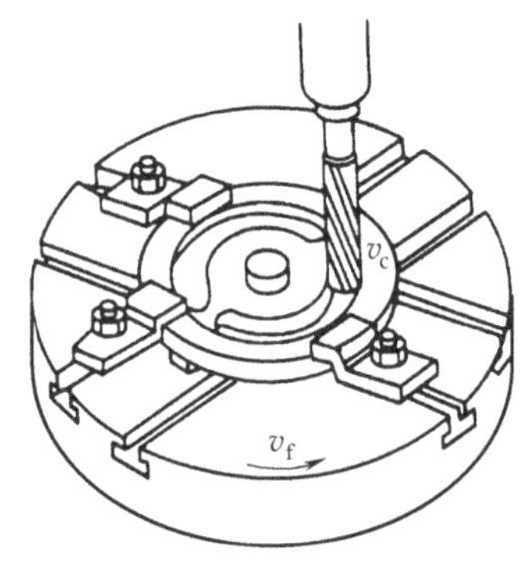

图 4-45 圆转工作台装夹工件

3. 万能分度头

分度头是铣床的主要附件，有简单分度头、万能分度头和光学分度头等，其中万能分度头的使用最为广泛。利用分度头可完成对工件圆周的等分、非等分以及直线长度划分，铣削花键轴、离合器、齿轮、齿条、螺旋槽刻线时，都要使用分度头。

(1) 万能分度头的结构　图 4-46 所示为 FW12 型万能分度头外形及其传动系统。分度头主轴轴线以水平位置为基准，可在－6°至水平线以上 90°范围内调整角度。回转体部分可绕底座上的环形导轨转动。主轴是一圆锥通孔，可安装心轴。转动分度手柄 K，经传动比为 1∶1 的齿轮和 1∶40 的蜗杆副，可使主轴回转到所需的分度位置［见图 4-46 (b)］。

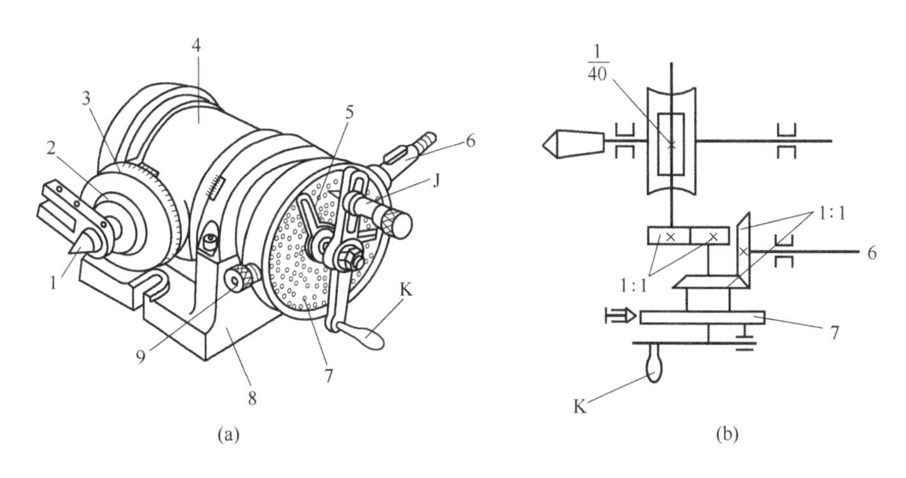

图 4-46　FW12 型万能分度头

1—顶尖；2—分度头主轴；3—刻度盘；4—壳体；5—分度叉；6—分度头外伸轴；7—分度盘；8—底座；9—锁紧螺钉；J—插销；K—分度手柄

(2) 分度盘、分度叉的作用　分度盘用来解决分度手柄不是整圈转数的分度的问题。一般分度头配有 1～3 块分度盘，每块分度盘一般两面都有分度孔圈。各种分度盘的孔数见表 4-7。

表 4-7　各种分度盘的孔数

分度头形式	分度盘的孔数	
带两块分度盘	第一块	正面：46、25、28、30、34、37 反面：38、39、41、24、43
	第二块	正面：46、47、49、51、53、54 反面：57、58、59、62、66
带三块分度盘	第一块：15、16、17、18、19、20 第二块：21、23、27、29、31、33 第三块：37、39、41、43、47、49	

为了避免每一次分度都要数已超孔数的麻烦，在分度盘上附有分度叉。使用分度叉时，先将分度手柄放置在初始位置，定位销插在选定孔圈的一个孔中，两分度叉分居在定位销两侧，其中一侧与定位销接触。沿分度手柄的转动方向转动分度叉使之转过整周数余下的孔距数，到位后，将定位销插入孔中，此时一次分度完成。

4. 常用分度方法

从图 4-46 所示的分度头传动系统可知，分度头手柄转过 40 圈，主轴转 1 转，即传动比

为 1∶40，“40” 叫做分度头定数。因此，简单分度计算公式为

$$n=N/z=40/z$$

式中　n——每等分一次分度手柄应转过的转数；

z——工件的圆周等分数；

N——分度头定数，一般为 40。

用上式算得的 n 不是整数时，可用分度盘上的孔数来进行分度（把分子和分母根据分度盘上的孔圈数，同时扩大或缩小某一倍数）。

任务四　铣削、镗削及刨削

铣削是将毛坯固定，用高速旋转的铣刀在毛坯上走刀，切出需要的形状和特征。传统铣削较多地用于铣轮廓和槽等简单外形特征。数控铣床可以进行复杂外形和特征的加工。铣镗加工中心可进行三轴或多轴铣镗加工，用于加工模具、检具、胎具、薄壁复杂曲面、人工假体及叶片等。在选择数控铣削加工内容时，应充分发挥数控铣床的优势和关键作用。

【任务导入】

某机械加工厂来了一批零件，生产主任将这批零件分配到三厂区来完成。经过前期的准备，现完成零件加工。

【任务要点】

(1) 基本目标

① 了解铣床的加工特点。

② 掌握铣床的操作方法及加工精度调整。

③ 掌握铣削参数用量方法。

(2) 能力目标

① 具有掌握铣床基本操作的能力。

② 具有调整加工精度的能力。

③ 具有选择合理的切削用量的能力。

【任务提示】

① 查阅资料，简述铣床的加工特点。

② 查阅资料，简述铣床加工零件尺寸精度不准确的原因。

③ 查阅资料，简述铣床在加工时如何确定切削用量。

【任务准备】

一、铣削方式

1. 周铣

周铣是用圆柱面铣刀加工平面的方法，如图 4-47 所示。周铣加工的平面度主要由铣刀的圆柱度决定，适用于加工较窄的平面。周铣有顺铣和逆铣两种方式。

(1) 顺铣　顺铣时，铣刀的旋转切入方向与工件进给方向相同，如图 4-48 (a) 所示。

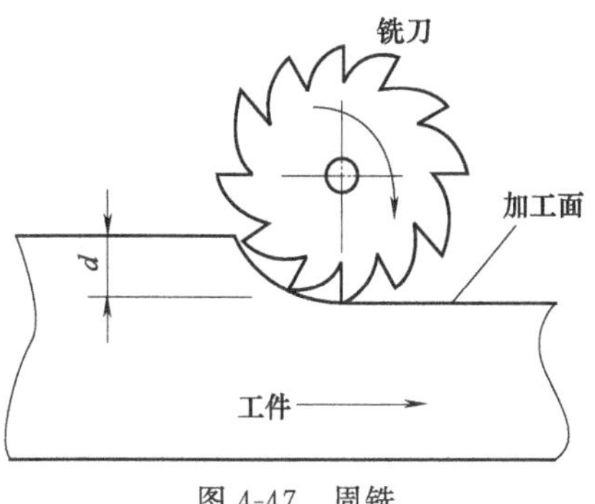

图 4-47　周铣

顺铣法加工时，铣削垂直分力始终向下，有压紧工件的作用；铣削水平分力与进给方向相同，当力的大小发生变化时，工作台丝杠与螺母的间隙将发生变化，使工作台发生窜动，引起工件位移，刀具损坏等。

顺铣加工的刀刃切入工件时，切削厚度最大，然后逐渐减小到零，避免了在工件表面的挤压、滑行，刀刃磨损较慢，加工出的工件表面质量较高。有资料表明，顺铣法加工的刀具耐用度比逆铣法高 2～3 倍。但是，当工件有硬皮时，刀刃容易磨损和毁坏。

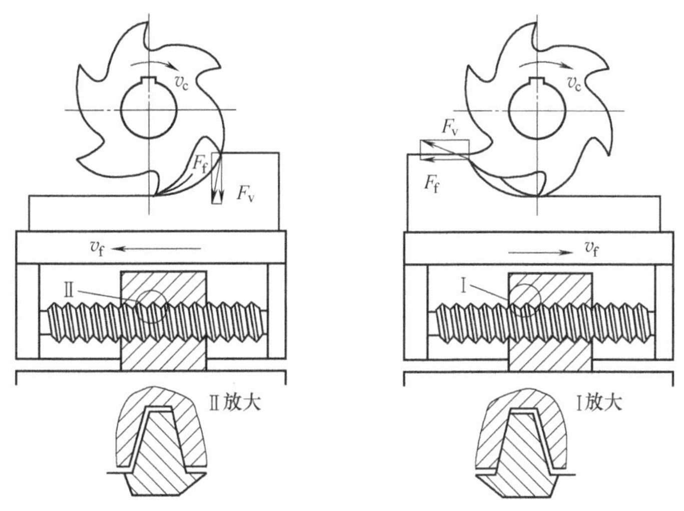

图 4-48　顺铣和逆铣

(2) 逆铣　逆铣时，铣刀的旋转切入方向与工件进给方向相反，如图 4-48 (b) 所示。

逆铣法加工时，铣削水平分力与进给方向相反，工作台丝杠螺母始终保持一侧接触，不会使工作台产生窜动，工件运动平稳。

逆铣法加工的垂直铣削力切入工件前向下，切入工件后向上，易使铣刀和工件产生振动，影响加工表面的质量。因此，逆铣时，要求夹紧力较大。

逆铣刀具切入工件时，铣削层厚度接近零，故刀刃在工件表面有一小段滑移距离，使工件表面产生冷硬层，造成刀具磨损加剧，出现工件表面粗糙度增大的现象。

(3) 顺铣和逆铣比较　顺铣和逆铣的工艺特征比较见表 4-8。

表 4-8　顺铣和逆铣的工艺特征比较

项目	刀具磨损	工件表面冷作硬化	切削力对工件的作用	表面粗糙度	工作台窜动	适用场合
顺铣	慢	无	压紧	好	有	精加工
逆铣	快	有	抬起	差	无	粗加工

精加工时，铣削余量较小，铣削力变化也较小，不易引起工作台窜动，宜采用顺铣；粗

加工时，工件表面粗糙，铣削力变化较大，易引起工作台的窜动，故采用逆铣。

2. 端铣

端铣是指用铣刀端面齿铣削的方式，如图 4-49 所示。根据铣刀与工件之间相对不同，端铣有三种方式。

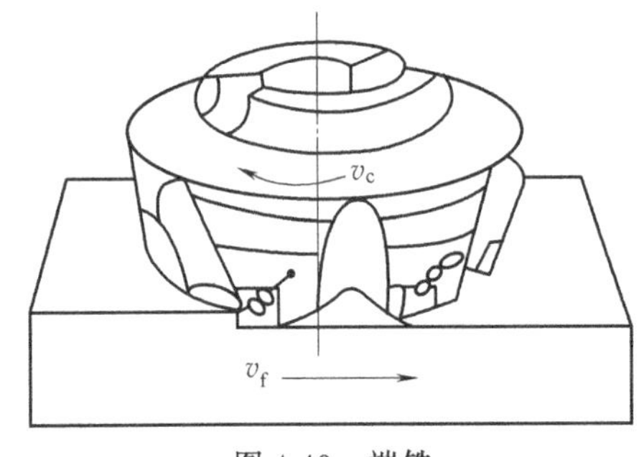

图 4-49 端铣

(1) 对称铣削　工件处在铣刀中间位置时，称为对称铣削，如图 4-50 (a) 所示。对称铣削时，铣刀轴线始终位于对称中心位置，刀齿在工件的前半部分为逆铣，后半部分为顺铣。因为铣刀切入工件时为逆铣，故耐用度较高；后半部分的顺铣能够使工件获得好的表面粗糙度。

(2) 不对称逆铣　不对称逆铣如图 4-50 (b) 所示，铣刀轴线偏置于加工表面对称中心的一侧，并且逆铣部分大于顺铣部分。不对称逆铣主要体现逆铣工艺特征，加工中振动较小，适合于铣削低合金钢 (GC2) 等和高强度低合金钢 (16Mn) 等。

(3) 不对称顺铣　顺铣部分占较大比例的不对称铣削方式称为不对称顺铣，如图 4-50 (c) 所示。

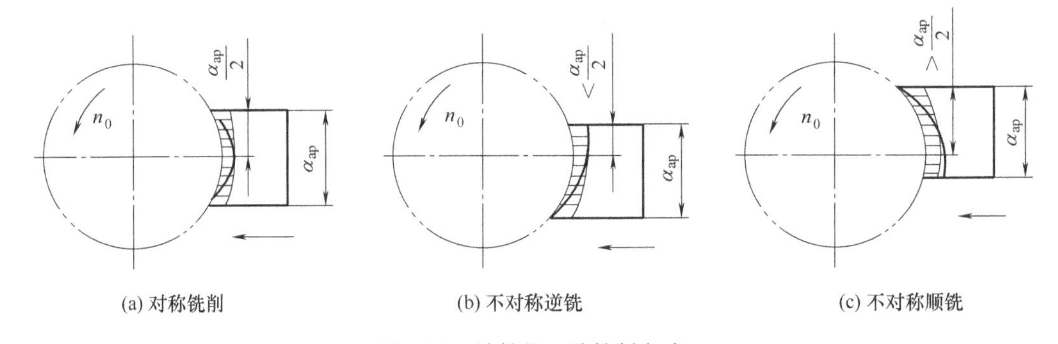

(a) 对称铣削　(b) 不对称逆铣　(c) 不对称顺铣

图 4-50 端铣的三种铣削方式

不对称顺铣主要体现顺铣工艺特征，适用于铣削不锈钢、耐热钢等加工硬化严重的材料。实验表明，采用不对称顺铣铣削不锈钢和耐热钢时，刀具耐用度比其他铣削方式提高三倍以上。

3. 周铣与端铣比较

周铣与端铣各有特点，可根据生产需要灵活选用，其工艺特征比较见表 4-9。

表 4-9 周铣与端铣的工艺特征比较

项目	加工质量	加工后平面特征	生产率	工艺范围
周铣	低	凹或凸	低	单件小批量生产,可加工多种表面
端铣	高	凹	高	成批生产,加工大端面

注：一般情况下，大多数平面都是只允许凹，不允许凸。

4. 铣床工作台顺铣机构

XA6132 型万能升降台铣床设有顺铣机构，如图 4-51 所示。顺铣机构可消除工作台运动机构——丝杠螺母机构的间隙，避免顺铣加工时工作台窜动，保证零件加工质量。

顺铣机构由丝杠 3、左螺母 1 和右螺母 2、齿轮 4 和齿条 5 等组成，工作原理为，当齿条 5 在力作用下移动，带动齿轮 4 转动，进而带动左、右螺母做相反方向转动，使左螺母 1 的螺纹左侧与丝杠螺纹的右侧靠紧，右螺母 2 的螺纹右侧与丝杠螺纹的左侧靠紧，消除螺母与丝杠 3 之间的间隙。

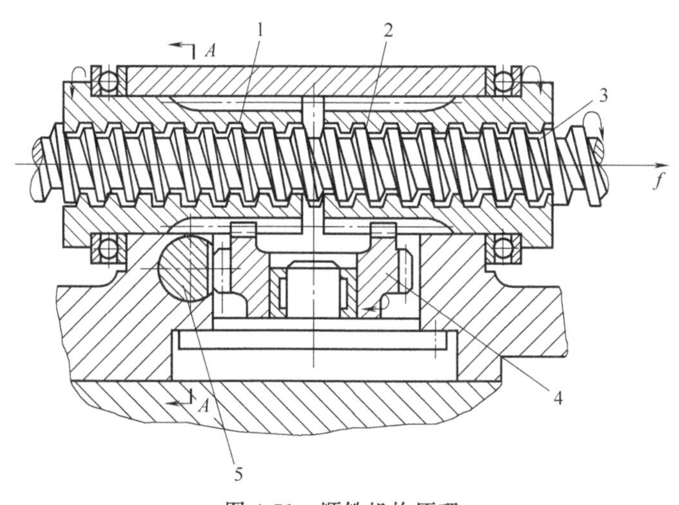

图 4-51　顺铣机构原理

1—左螺母；2—右螺母；3—丝杠；4—齿轮；5—齿条

二、铣削用量选择

铣削加工中，选用的切削用量称为铣削用量。铣削用量主要有铣削速度、进给量、铣削深度和铣削宽度。铣削用量的选择与加工质量和生产率有密切关系。

1. 铣削深度

铣削深度是沿着铣刀轴方向测量的铣削层深度。周铣和端铣时，铣削深度为背吃刀量 a，如图 4-52 所示。铣削深度 a_0 主要根据工件加工余量和加工表面精度来确定。当加工余量不大时，应尽量在一次进给中铣去全部加工余量。只有当工件加工精度要求较高或加工表面粗糙度小于 $Ra6.3\mu m$ 时，才分粗铣、精铣分步铣削。不同加工条件下，铣削深度 a_p 数值可参考表 4-10。

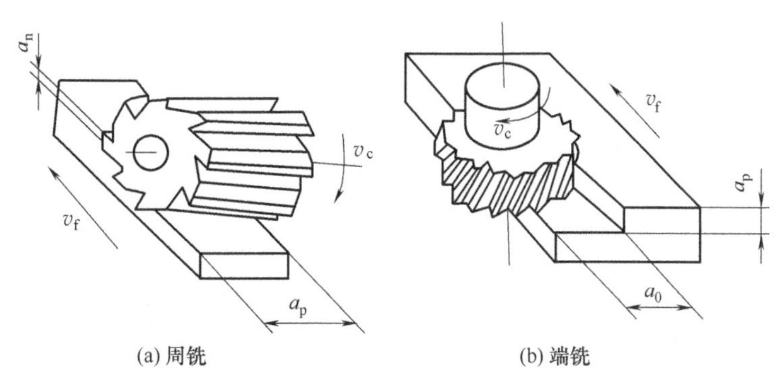

(a) 周铣　(b) 端铣

图 4-52　铣削用量参数

铣削宽度是沿着铣刀径向测量的铣削层深度，用 a 表示。通常铣削宽度选刀具直径的 70%～80%。

表 4-10 铣削深度 a 选取 mm

工件材料	高速钢铣刀		硬质合金铣刀	
	粗铣	精铣	粗铣	精铣
铸铁	5～7	0.5～1	10～18	1～2
软钢	<5	0.5～1	<12	1～2
中硬钢	<4	0.5～1	<7	1～2
硬钢	<3	0.5～1	<4	1～2

2. 进给量

每齿进给量 f 是指铣刀每转过一个刀齿，相对工件在进给方向上的位移量，单位为mm/齿。

每转进给量是指铣刀每转过一转，铣刀相对工件在进给方向上的位移量，单位为mm/r。

粗铣时，根据铣床进给机构的强度、刀具、机床和夹具等刚性选择进给量；精铣时，根据工件表面粗糙度选择进给量。表 4-11 为正常工作条件下进给量推荐值。

表 4-11 进给量推荐值 mm/r

工件材料	工件材料硬度(HB)	硬质合金		高速钢			
		端铣刀	三面刃铣刀	圆柱铣刀	立铣刀	端铣刀	三面刃铣刀
低碳钢	～150	0.20～0.4	0.15～0.30	0.12～0.20	0.04～0.20	0.15～0.30	0.12～0.2
	150～200	0.20～0.35	0.12～0.25	0.12～020	0.03～0.18	0.15～0.30	0.10～0.15
中、高碳钢	120～180	0.15～0.5	0.15～0.3	0.12～0.2	0.05～0.2	0.15～0.30	0.12～0.2
	180～220	0.15～0.4	0.12～0.25	0.12～0.2	0.04～0.20	0.15～0.25	0.07～0.15
	220～300	0.12～0.25	0.07～0.20	0.07～0.15	0.03～0.15	0.1～0.20	0.05～0.12
灰铸铁	120～180	0.2～0.5	0.12～0.3	0.2～0.3	0.07～0.18	0.2～0.35	0.15～0.25
	180～220	0.2～0.4	0.12～0.25	0.15～0.25	0.05～0.15	0.15～0.3	0.12～0.20
	220～300	0.15～0.3	0.10～0.20	0.1～0.2	0.03～0.10	0.10～0.15	0.07～0.12
可锻铸铁	110～160	0.2～0.5	0.1～0.3	0.2～0.35	0.08～0.2	0.2～0.4	0.15～0.25
	160～200	0.2～0.4	0.1～0.25	0.2～0.3	0.07～0.2	0.2～0.35	0.15～0.2
	200～240	0.15～0.3	0.1～0.2	0.12～0.25	0.05～0.15	0.15～0.3	0.12～0.2
	240～280	0.1～0.3	0.1～0.15	0.1～0.2	0.02～0.08	0.1～0.2	0.07～0.12
合金钢（碳质量分数<3%）	125～170	0.15～0.5	0.12～0.3	0.12～0.2	0.05～0.2	0.15～0.3	0.12～0.2
	170～220	0.15～0.4	0.12～0.25	0.1～0.2	0.01～0.1	0.15～0.25	0.07～0.15
	220～280	0.1～0.3	0.08～0.2	0.07～0.12	0.03～0.08	0.12～0.2	0.07～0.12
	280～320	0.03～0.2	0.05～0.15	0.05～0.1	0.025～0.05	0.07～0.12	0.05～0.1
合金钢（碳质量分数>3%）	170～220	0.125～0.4	0.12～0.3	0.12～0.2	0.12～0.2	0.15～0.25	0.07～0.15
	220～280	0.1～0.3	0.08～0.2	0.07～0.05	0.07～0.15	0.12～0.2	0.07～0.12
	280～320	0.08～0.2	0.05～0.15	0.05～0.12	0.05～0.12	0.07～0.12	0.05～0.1
	320～380	0.06～0.15	0.05～0.12	0.05～0.1	0.05～0.1	0.05～0.1	0.05～0.1
工具钢	退火状态	0.15～0.5	0.12～0.3	0.07～0.15	0.05～0.1	0.12～0.2	0.07～0.15
	36HRC	0.12～0.25	0.08～0.15	0.05～0.1	0.03～0.08	0.07～0.12	0.05～0.1
	46HRC	0.1～0.2	0.06～0.12				
	56HRC	0.07～0.1	0.05～0.1				
镁合金钢	95～100	0.15～0.38	0.125～0.3	0.15～0.2	0.05～0.15	0.2～0.3	0.07～0.2

3. 铣削速度选择

铣削速度是指铣刀刀齿切线处的线速度。铣削各类材料的切削速度 v_c 和进给速度 v_f 推荐值见表 4-12 和表 4-13。

表 4-12 铣削切削速度 v_c 推荐值 m/min

工件材料	铣刀材料					
	碳素钢	高速钢	超高速钢	合金钢	碳化钛	碳化钨
铸铁(软)	10～20	15～20	18～25	28～40		75～100
铸铁(硬)		10～15	10～20	18～28		45～60
可锻铸铁	10～15	20～30	25～40	35～45		75～110
低碳钢	10～14	18～28	20～30		45～70	
中碳钢	10～15	15～25	18～28		40～60	
高碳钢		10～15	12～20		30～45	
合金钢					35～80	
高速钢			15～25		45～70	

表 4-13 铣削进给速度 v_f 推荐值 m/min

工件材料	铣刀	面铣刀	圆柱铣刀	端铣刀	成形铣刀	高速钢镶刃刀	硬质合金镶刃刀
铸铁	0.2	0.2	0.07	0.05	0.04	0.3	0.1
可锻铸件	0.2	0.15	0.07	0.05	0.04	0.3	0.09
低碳钢	0.2	0.2	0.07	0.05	0.04	0.3	0.09
中高碳钢	0.15	0.15	0.06	0.04	0.03	0.2	0.08
铸钢	0.15	0.1	0.07	0.05	0.04	0.2	0.08

三、认识镗削和刨削

1. 镗床工艺范围

镗床类机床主要用于加工尺寸较大、形状复杂的零件，如各种箱体、床身、机架等，分为卧式铣镗床、坐标镗床、金刚镗床、龙门镗床等。如图 4-53 所示，铣镗床主要由床身、

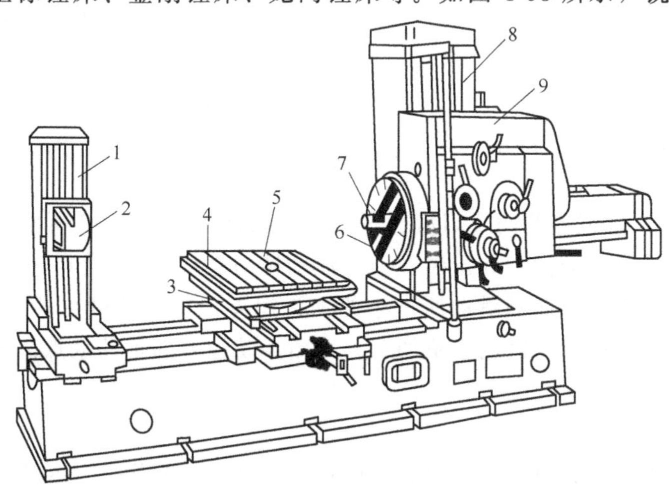

图 4-53 卧式铣镗床

1—后立柱；2—尾架；3—下滑座；4—上滑座；5—工作台；6—平旋盘；7—主轴；8—前立柱；9—主轴箱

前后立柱、工作台、主轴箱尾架、平旋盘等部件组成。卧式铣镗床典型加工方法如图 4-54 所示。

图 4-54（a）为悬伸刀杆镗孔；图 4-54（b）为双镗刀镗同轴孔；图 4-54（c）为装在平旋盘上的悬伸刀杆镗孔；图 4-54（d）为面铣刀铣平面；图 4-54（e）为平旋盘上装车刀车内沟槽；图 4-54（f）为平旋盘上装车刀车端面。

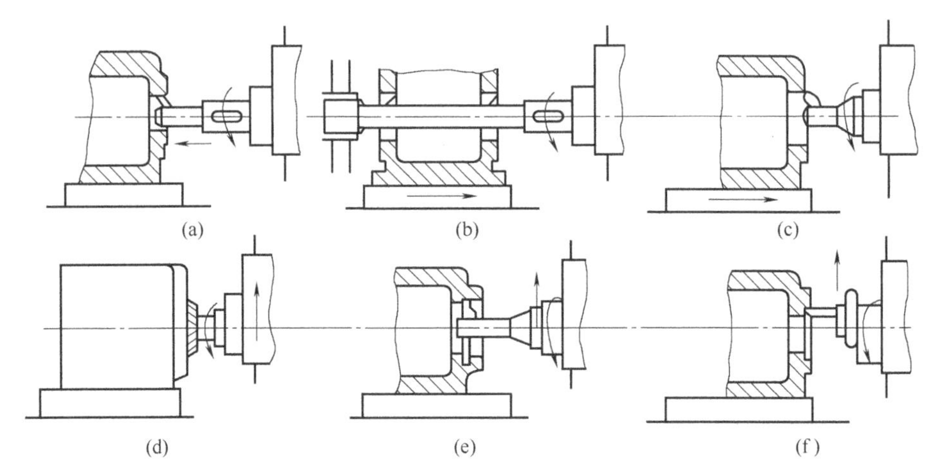

图 4-54　卧式铣镗床典型加工方法

① 单刃镗刀。图 4-55 所示是单刃镗刀中最简单的一种，镗刀和刀杆制成一体。图 4-56 所示为用于精加工的微调镗刀。刀具上的精密游标刻线指示盘，用于调整刀头伸出长度，读数精度可达 0.001mm。

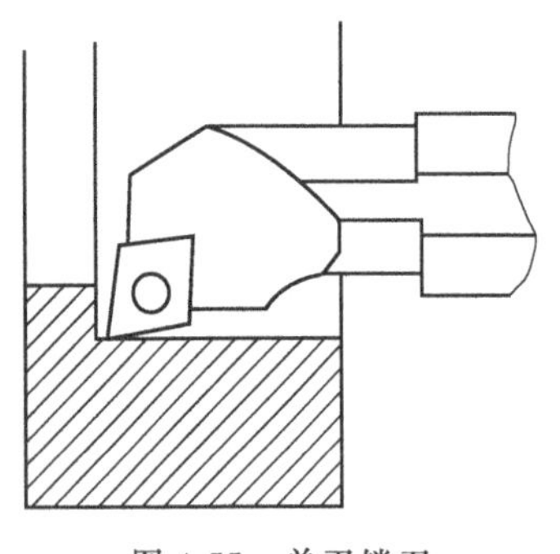

图 4-55　单刃镗刀

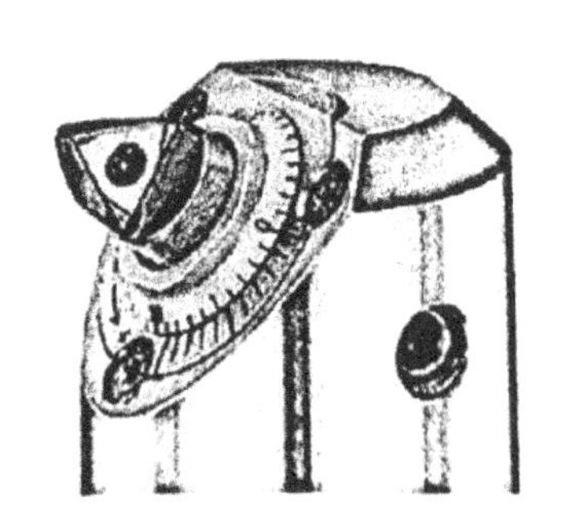

图 4-56　微调镗刀

② 双刃镗刀。双刃镗刀的两个刀齿分布在中心两侧，如图 4-57 所示。双刃镗刀按刀片在镗杆上浮动与否分为浮动镗刀和定装镗刀。浮动镗刀靠切削时的切削力自动平衡定位，补偿由刀具安装误差和镗杆径向圆跳动所产生的加工误差，加工精度可达到 IT6～IT7，表面粗糙度值为 $Ra0.4 \sim 1.6\mu m$，适用于精加工。采用浮动镗刀加工的缺点是无法纠正孔的直线度误差。

2. 刨削加工工艺范围

刨削是在刨床上用刨刀对工件进行切削的加工方式，主要用于狭长平面、沟槽及成形面加工。刨削加工的尺寸精度一般为 IT8～IT9，表面粗糙度值为 $Ra16 \sim 32\mu m$。图 4-58（a）为刨削平面加工；图 4-58（b）为刨垂直面加工；图 4-58（c）为刨斜面加工；图 4-58（d）为刨

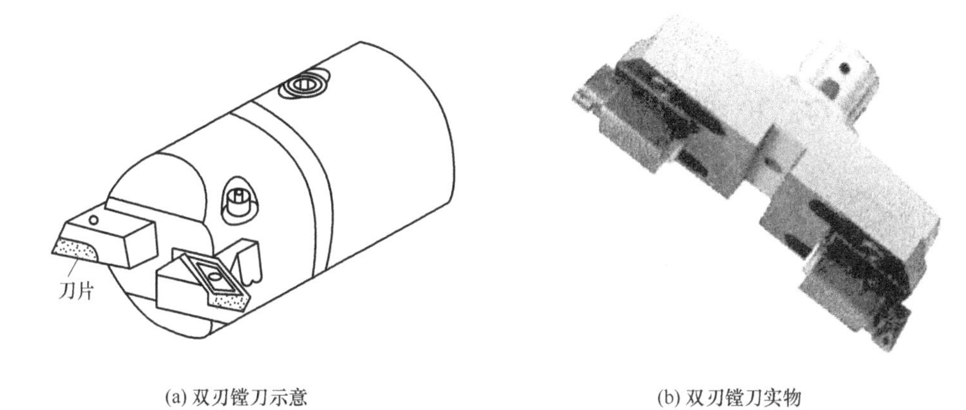

(a) 双刃镗刀示意　　(b) 双刃镗刀实物

图 4-57　双刃镗刀

燕尾槽加工；图 4-58（e）为刨 T 形槽加工；图 4-58（f）所示为矩形槽加工；图 4-58（g）为刨成形面加工。

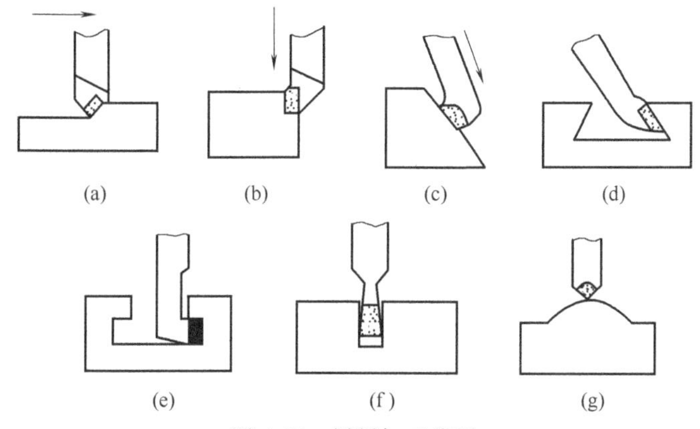

图 4-58　刨削加工范围

刨削吃刀时有冲击，刀具易损坏，切削速度受到限制，适用于单件小批工件的粗加工和半精加工。此外，刨削加工有工作行程和空回行程之分，生产效率较低。

图 4-59 所示为牛头刨床，由底座、滑枕、横梁、刀架和工作台等组成。刨削加工的主运动是刨刀（牛头刨）或工作台（龙门刨）的往复直线运动，进给运动是工作台横向间歇移动。牛头刨床有机械式和液压式两种，机械式牛头刨床结构简单、工作可靠、调整维修方便；液压式牛头刨床传力较大，运动平稳，可实现无级调速，但结构较复杂、成本较高。

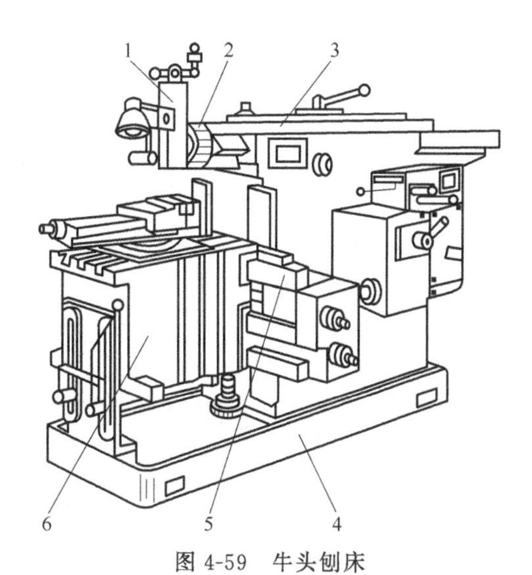

图 4-59　牛头刨床

1—刀架；2—转盘；3—滑枕；4—底座；5—横梁；6—工作台

【项目实施】

项目实施名称：10 型游梁式抽油机减速器左、右壁加工。

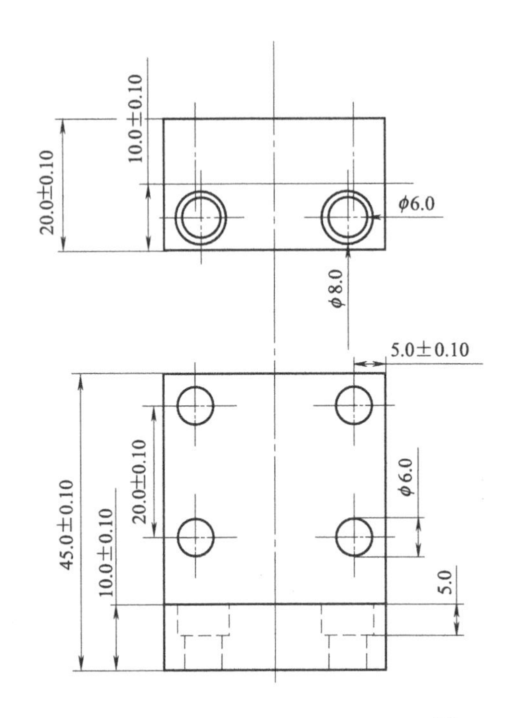

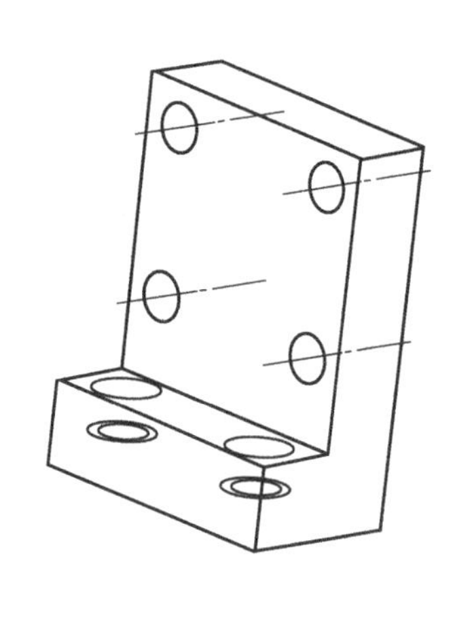

图 4-60 零件图

1. 信息收集

请仔细识读零件图（图 4-60），回答下列问题。

（1）查看图纸（图 4-60），图纸（图 4-60）中标注是否完整，都有哪些没有标注请记录下来。

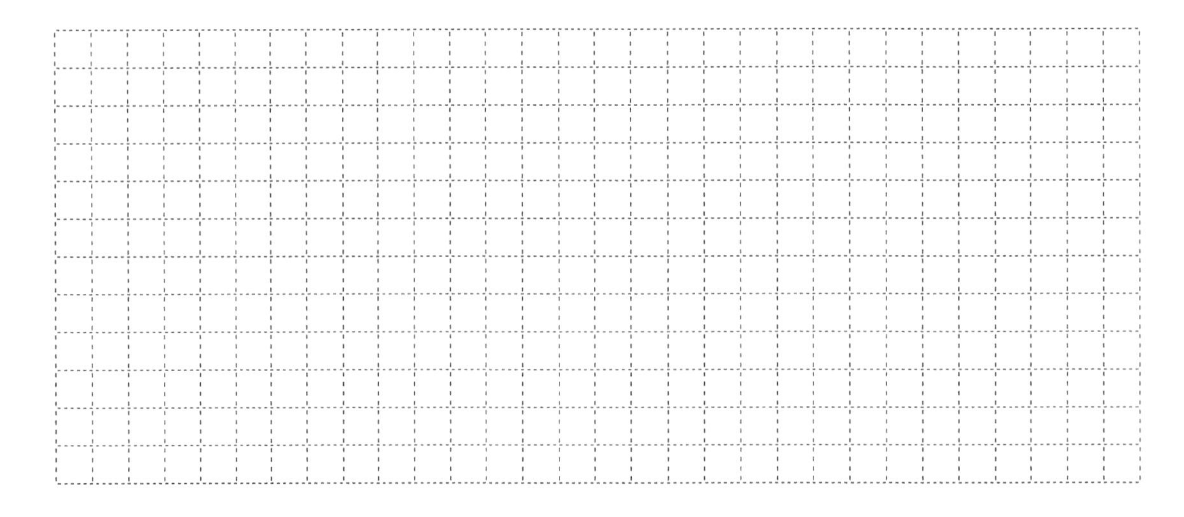

(2) 针对图纸中发现的问题进行完善，并记录过程中遇到的问题。

(3) 请根据手中的图纸，用文字描述其特征分析加工要求。

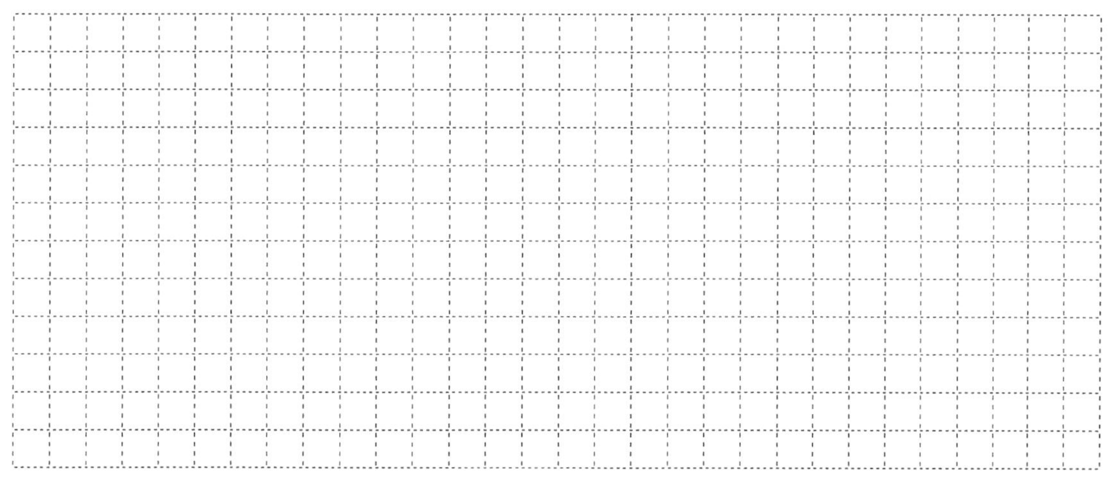

2. 编制计划

(1) 设备与夹具

① 根据图纸要求选择合理的设备及工具。

② 根据图纸要求选择机床夹具，写出夹具名称及结构。

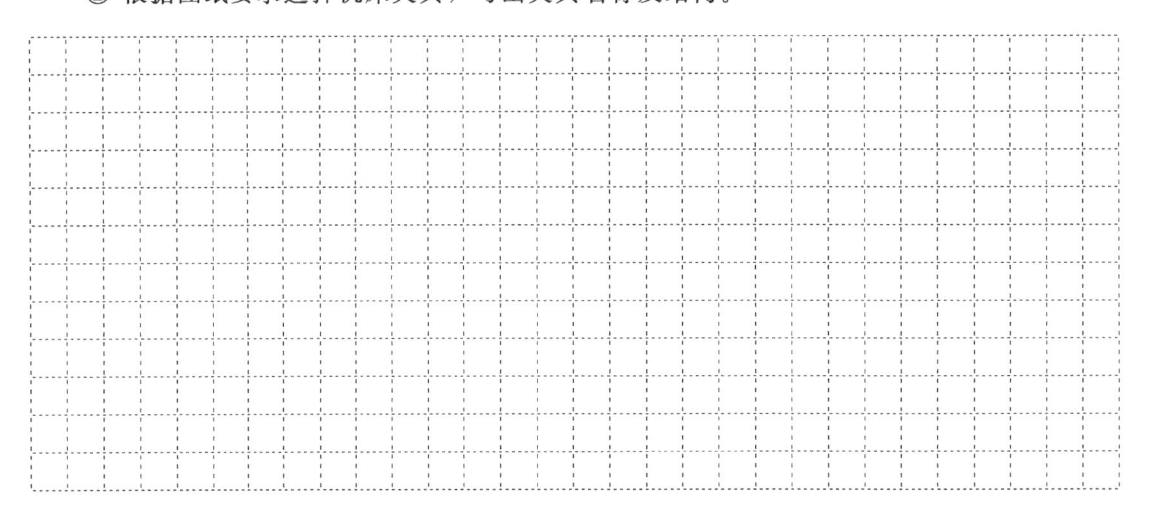

（2）刀具选择

① 根据图纸要求写出加工平面零件刀具，并用文字描述其加工特点。

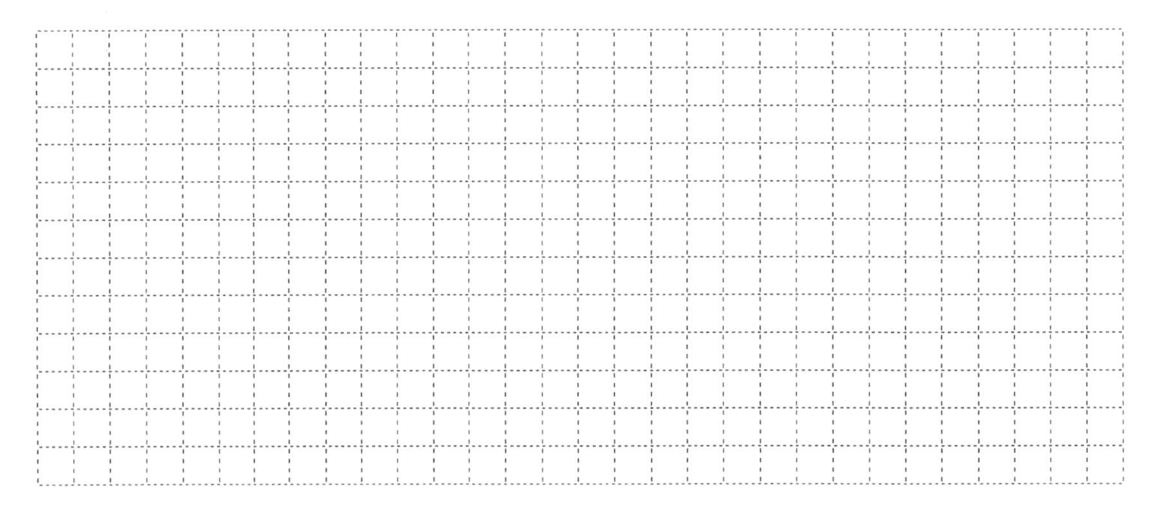

② 写出加工 10 型游梁式抽油机减速器左、右壁加工的铣刀及材料。

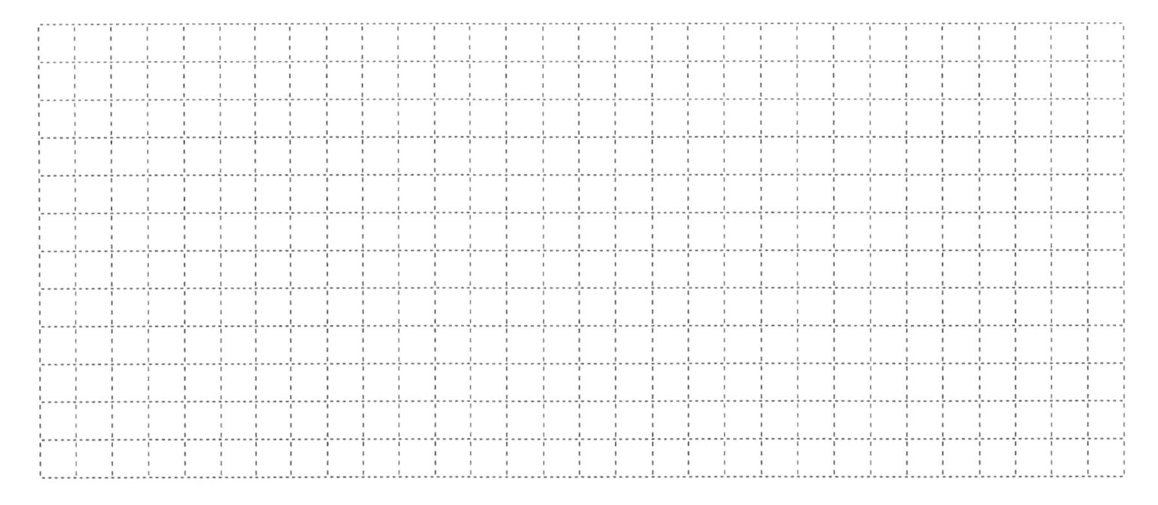

3. 制订决策

① 写出铣削加工 10 型游梁式抽油机减速器左、右壁加工的工艺路线。

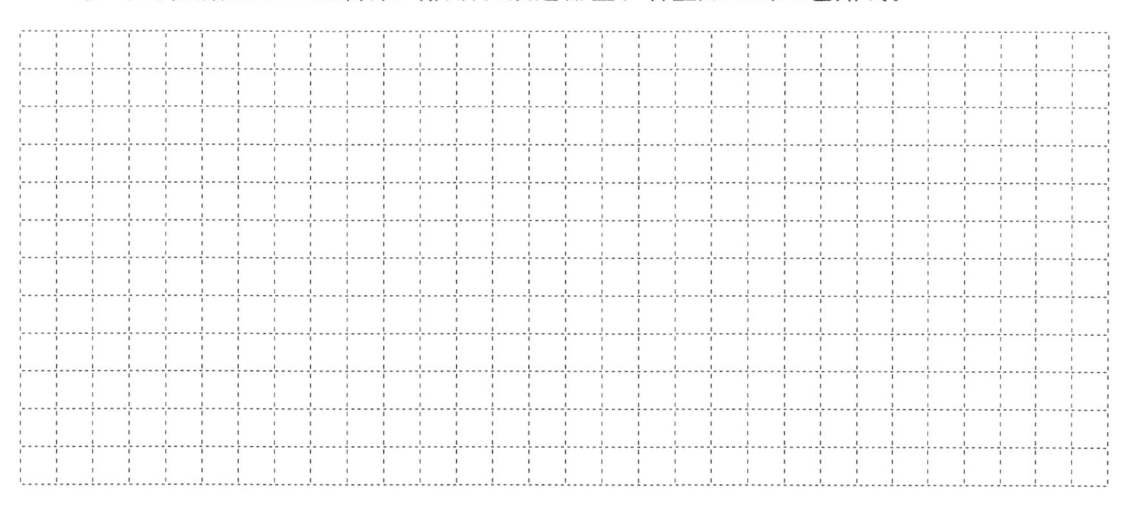

② 制订工序卡（见表 4-14）。

表 4-14　工序卡

任务：				图纸：		工作时间	
序号	工作阶段/步骤	附注	准备清单 机器/工具/辅助工具	工作安全	工作质量 环境保证	计划 用时	实际 用时
日期：		培训教师：		日期：		组长：	组员：

③ 工具清单（见表 4-15）。

表 4-15 工具清单

工具名称	数量	单位	材料	特殊要求	附注
工件名称：	任务名称：			班级：	
	组号：				组长：
	组员：				

4. 计划实施（见表 4-16）

表 4-16 过程记录

名称		内容
设备	操作	
	工、量、刀具	
工艺	加工合理性	
6S	5S	
	安全	

5. 质量检测（见表4-17、表4-18）

表4-17　目测和功能检查表

<table>
<tr><td colspan="4">（任务名称）</td><td colspan="2" rowspan="2">组织形式
EA□　GEA□　GA□</td></tr>
<tr><td colspan="4">姓名</td></tr>
<tr><td rowspan="2">序号</td><td rowspan="2">位号</td><td rowspan="2">目测和功能检查</td><td rowspan="2">受训生
自我评分
分数</td><td colspan="2">培训教师</td></tr>
<tr><td>评分
分数</td><td>自我评分结果
分数</td></tr>
<tr><td></td><td></td><td></td><td></td><td></td><td></td></tr>
<tr><td></td><td></td><td></td><td></td><td></td><td></td></tr>
<tr><td></td><td></td><td></td><td></td><td></td><td></td></tr>
<tr><td></td><td></td><td></td><td></td><td></td><td></td></tr>
<tr><td></td><td></td><td></td><td></td><td></td><td></td></tr>
<tr><td></td><td></td><td></td><td></td><td></td><td></td></tr>
<tr><td></td><td></td><td></td><td></td><td></td><td></td></tr>
<tr><td></td><td></td><td></td><td></td><td></td><td></td></tr>
<tr><td colspan="4">总分</td><td></td><td></td></tr>
</table>

说明：
灰色区域应促进受训生自行进行评分，并不计入评分。

自我评分标准：
加/减一个评分等级：=9分
加/减两个评分等级：=5分
加/减三个评分等级：=0分

<table>
<tr><td rowspan="3">（整体任务名称）</td><td>部分：（任务名称）</td><td></td></tr>
<tr><td>（工件名称）</td><td>任务/工作</td></tr>
<tr><td>（工件名称）+（连接、检验、测量）</td><td>分练习</td></tr>
</table>

表 4-18　尺寸和物理量检查表

序号	位号	经检查的尺寸或经验检查的物理量	受训生		培训教师		
			自我评分		结果尺寸检查		结果自我评分
			实际尺寸	分数	实际尺寸	分数	分数
总分							

经检查的尺寸和物理量的评分
（10 分或 0 分）

6. 评价总结（见表 4-19、表 4-20）

表 4-19　自我评价

（姓名）				
序号	信息、计划和团队能力	受训生自我评分分数	培训教师	
			评分分数	结果自我评分分数
	（对检查的问题）			
信息、计划和团队能力评分				

总成绩

序号	评估组	结果	除数	100-分制结果	加权系数	分数
				总分		
				分数		

附注

日期：　　受训生　　培训教师

（整体任务名称）	（子任务名称）	
	（工件名称）	任务/工作
	检查评分表	分练习

表 4-20　总结分享

项目	内容
成果展示	
总结与分享	

项目五　使用钻床加工零部件

钻床指主要用钻头在工件上加工孔的机床。通常钻头旋转为主运动，钻头轴向移动为进给运动。钻床结构简单，加工精度相对较低，可钻通孔、盲孔，更换特殊刀具，可扩、锪孔，铰孔或进行攻螺纹等加工。加工过程中工件不动，让刀具移动，将刀具中心对正孔中心，并使刀具转动（主运动）。钻床的特点是工件固定不动，刀具做旋转运动。

【项目导入】

某机械加工厂来了一批零件，生产主任将这批零件分配到三厂区来完成。通过读图、选择机床、选择刀具最后完成孔的加工。

【项目要点】

（1）素质目标

① 培养学生发现问题和解决问题的能力。

② 培养学生的安全文明生产意识和6S管理理念 。

③ 培养学生具有正确的生产价值观与评判事物的能力。

④ 培养学生爱岗敬业、团结协作、吃苦耐劳的职业精神与创新意识。

（2）能力目标

① 能达到独自操作钻床加工简单零件的能力。

② 具有各种孔、沉头孔、盲孔等零件加工能力。

③ 能正确选择与使用加工这些零件所用的钻头、量具及辅具，能合理选择切削参数，合理制订典型钻削零件的加工工艺的能力。

（3）知识目标

① 了解钻床的基本知识，主要包括钻床的种类、钻床的基本部件及功能。

② 熟悉钻头的基本知识，主要包括钻头材料的种类及牌号、钻头的种类及标记、钻头的主要几何参数。

③ 熟悉掌握钻加工的基本方法及参数选择。

④ 掌握钻削零件加工的分度原理及分度方法。

⑤ 了解钻削零件的质量分析。

⑥ 掌握钻削零件的检测原理与方法，以及检测工具的正确使用。

引导问题

问题 1 | 查阅资料，简述钻床的组成与功用。

问题 2 | 描述钻床加工特点与缺点。

问题 3 | 简述钻床如何调整转速。

问题 4 | 简述钻床如何安装夹具。

问题 5 | 简述钻床是否可以攻螺纹？

【项目准备】

钻床的种类很多，常用的有台式钻床、立式钻床和摇臂钻床等。台式钻床是一种放在台桌上使用的小型钻床。主要用于加工小型零件上的各种小孔，在仪表制造、钳工和装配中用得最多。立式钻床适宜加工中小型工件上的中小孔。它主要由主轴、主轴变速箱、进给箱、立柱、工作台和机座等组成。电动机的运动通过主轴变速箱使主轴获得所需的各种转速，主轴变速箱与车床的变速箱相似。钻小孔时转速需要高些，钻大孔时转速相应低些。主轴的向下进给既可手动，也可自动。在立式钻床上加工一个孔后，再钻另一个孔时，须移动工件，使钻头对准另一个孔的中心，这对于一些较大的工件来说移动起来比较麻烦。而摇臂钻床适宜加工一些笨重的大型工件及多孔工件上的大、中、小孔，广泛应用于单件和成批生产中。

【任务导入】

某机械加工厂来了一批零件，生产主任将这批零件分配到三厂区来完成。完成车削、铣削后进行钻孔加工。

【任务要点】

(1) 基本目标

① 了解钻床的结构特点。

② 掌握钻床的基本加工方法。

③ 掌握选择钻头的方法。

(2) 能力目标

① 具有操作钻床的能力。

② 具有根据螺纹的尺寸选择钻头的能力。

【任务提示】

① 查阅资料，简述钻床组成及功用。

② 查阅资料，简述钻床的基本操作方法。

【任务准备】

一、钻床

(1) 钻床的组成

钻床的组成如图 5-1 所示。

(2) 传动原理

① 主运动：电机→主动带轮→V 带→从动带轮→主轴。

② 进给运动：进给手柄→齿轮→齿条→主轴。

(3) 钻床附件

① 钻夹头：夹持 13mm 以内直柄钻头，配以夹头工具使用。

② 钻头套：装夹 13mm 以上锥柄钻头，有 1～5 号莫氏钻套。

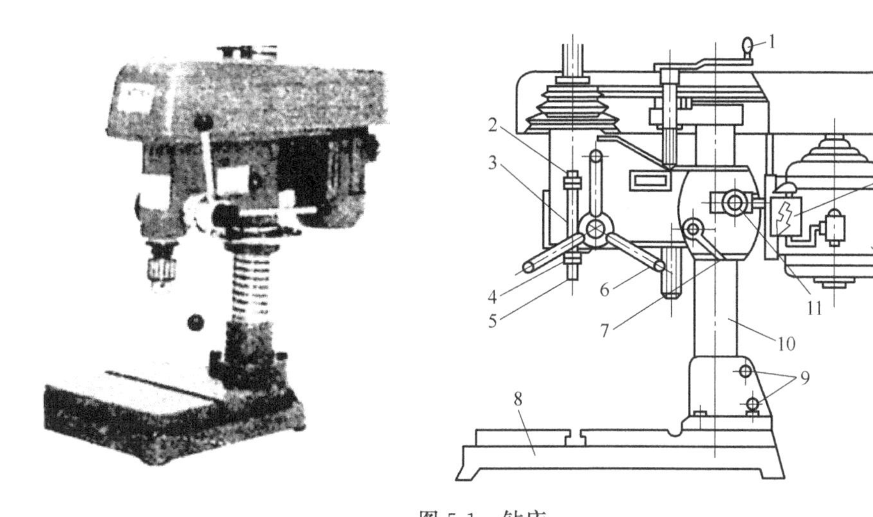

图 5-1 钻床

1—摇把；2—挡块；3—机头；4—螺母；5—主轴；6—进给手柄；7—锁紧手柄；
8—底座；9—螺栓；10—立柱；11—螺钉；12—电动机；13—转换开关

二、钻孔

孔加工可分为钻孔、扩孔、铰孔等，都是采用多刃刀具进行加工。

1. 钻孔简介

用钻头在实体材料上加工孔的方法，称为钻孔。钻孔的公差等级为 IT0 以下，表面粗糙度 Ra100～25μm。钻孔时，刀具一般都做圆周切削运动，与此同时，刀具的进给却沿旋转轴线方向做直线运动（见图 5-2）。刀具的切削刃通过进给力进入工件材料，而圆周切削运动产生切削力。

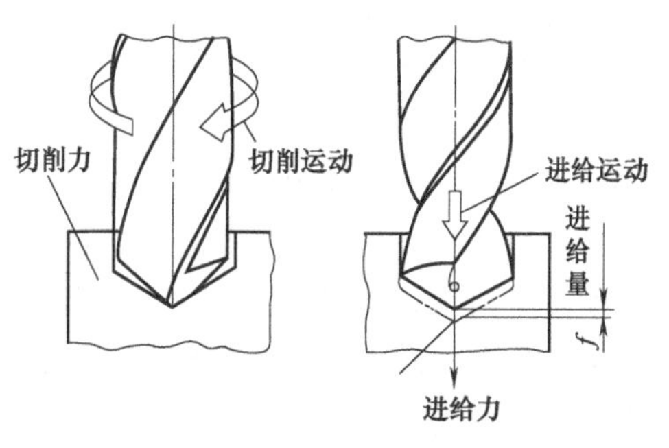

图 5-2 钻孔运动分析

根据钻孔材料的不同和所钻孔的要求不同，钻头有麻花钻、扩孔钻、群钻、薄板钻、不锈钢钻头等。麻花钻是钳工最常用的钻头之一。

（1）麻花钻的结构 麻花钻一般用高速钢（W18Cr4V）制成，淬火后硬度可达 62～68HRC。麻花钻由柄部、颈部和工作部分组成，如图 5-3 所示。

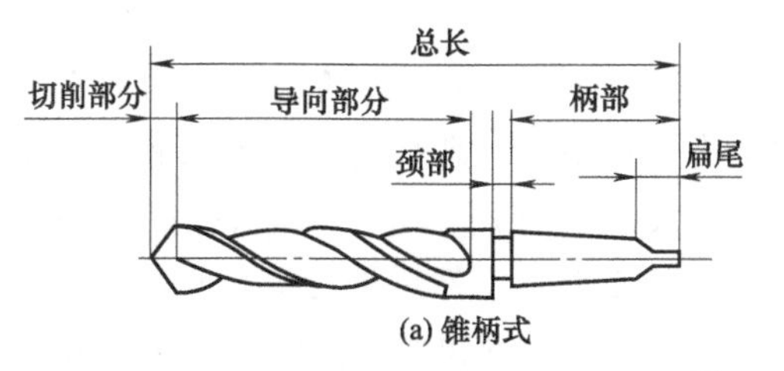

(a) 锥柄式

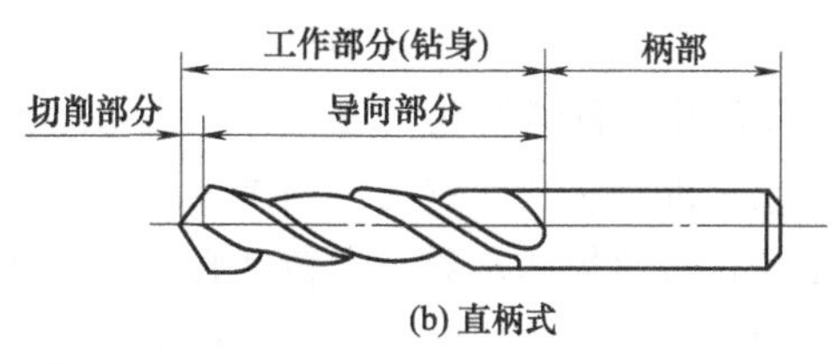

(b) 直柄式

图 5-3 麻花钻

① 柄部。柄部是麻花钻的夹持部分，按形状可分为锥柄和直柄两种。一般直径小于 13mm 的钻头做成直柄；直径大于 13mm 的钻头做成锥柄。钻孔时柄部安装在钻床主轴上，

用来传递转矩和轴向力。

② 颈部。麻花钻的颈部在磨制钻头时供砂轮退刀用。钻头的规格、材料和商标都刻在颈部。

③ 工作部分。钻头的工作部分由切削和导向两部分组成。切削部分在钻孔时主要起切削作用，切削刃的基本形状是楔形。两个相对的、螺旋状的切削槽构成主切削刃和副切削刃以及导向刃带，如图 5-4 所示。主切削刃由前面（前槽）和后面构成。经正确刃磨后每个主切削刃都是一条直线。两个后面在钻头尖端相遇的线形成横刀；它是主切削刃突然转折的部分，起刮削作用。导向部分有两个刃带和螺旋槽刃带的作用是引导钻头并修光孔壁，螺旋槽的作用是排屑和输进冷却液。

（2）麻花钻头的几何角度　麻花钻头切削部分的几何角度如图 5-5 所示。

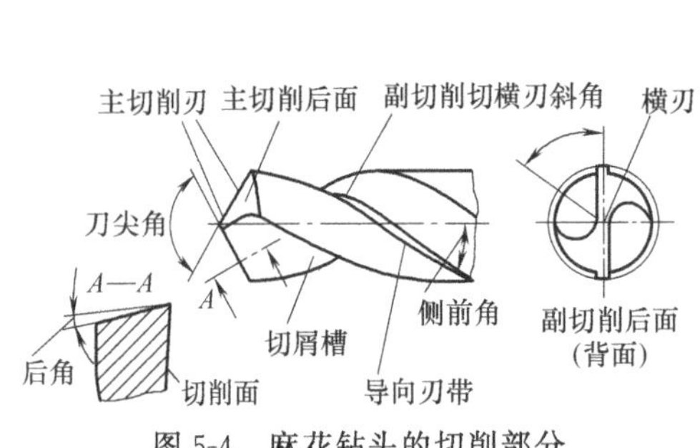

图 5-4　麻花钻头的切削部分

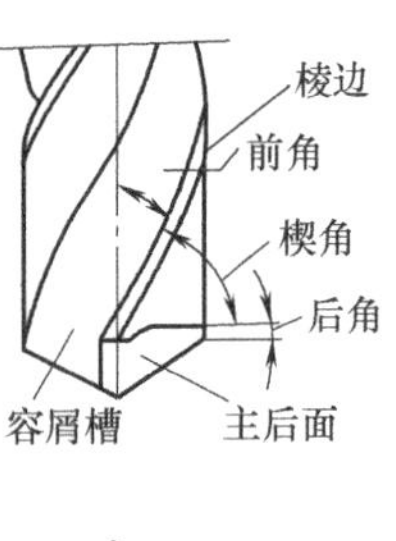

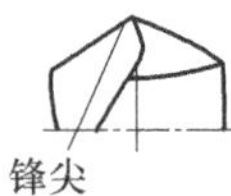

图 5-5　麻花钻头切削部分的几何角度

前角因是螺旋角，所以不是固定的，越到钻心越小。前角大小决定着切除材料的难易程度和切屑在前刀面上的摩擦阻力大小。前角越大，切削越省力，与其他切削刀刃一样，加工软材料前角大，加工硬材料前角尽量小。

钻头后角在主切削刃的各点上是不相等的，从边缘到中心逐渐增大，后角主要影响副切削面与主切削后面的摩擦和主切削刃的强度。

楔角是两主切削刃在锋尖处的夹角。标准麻花钻的顶角为 $118^{\circ}\pm2^{\circ}$，顶角的大小影响主切削刃上轴向力的大小。顶角越小，则轴向力越小，有利于散热和提高钻头耐用度。但顶角减小后，在相同条件下，钻头所受的扭矩增大，切屑变形加剧，排屑困难，会妨碍冷却液的进入。

横刃斜角是在刃磨钻头时自然形成的，其大小与后角、顶角大小有关。当后角磨得偏大时，横刃斜角就会减小，而横刃的长度会增大。

（3）钻头的选择　钻削时要根据孔径的大小和公差等级选择合适的钻头。钻削直径$\leqslant$30mm 的孔、低精度孔，选用与孔径相同直径的钻头一次钻出；高精度孔，应钻底孔，留出加工余量进行扩孔或铰孔。钻削 ϕ30～80mm 的低精度孔，可用 0.6～0.8 倍孔径的钻头进行钻孔，然后扩孔；对于高精度孔，应钻底孔，留出加工余量，然后进行扩孔和铰孔。

（4）钻削用量　钻削用量的三要素包括切削速度 v、进给量和切削深度 an。其选用原则是在保证加工精度和表面粗糙度及保证刀具合理寿命的前提下，尽量先选较大的进给量 f，当 f 受到表面粗糙度和钻头刚度的限制时，再考虑较大的切削速度 v。

① 切削速度 v。钻削时钻头切削刃上最大直径处的线速度，可由下式计算

$$v=\frac{\pi Dn}{1000}\ (\text{m/min})$$

式中　D——钻头直径，mm；

n——钻床主轴转数，r/min。

切削速度的决定因素是钻头类型、钻孔方法、材料和所要求的加工质量。切削速度是对刀具耐用度的最大影响因素，由于钻头的类型、切削刃材料和涂层等种类繁多，使用时务必查看刀具制造商标出的参考值。

② 进给量 f。钻头每转一转沿进给方向移动的距离，单位为 mm，它将影响切屑的形成和切削功耗。

③ 切削深度 a。已加工表面和待加工表面之间的垂直距离。钻孔时切削深度等于钻头直径的 1/2，单位是 mm。小于 $\phi30$ 的孔通常一次钻出，切削深度就是钻头的半径；$\phi30$～80 的孔可分两次钻出，先用（0.5～0.7）D（D 为要求的孔径）的钻头钻底孔，然后用直径为 D 的钻头将孔扩大，切削深度分两次计算。

④ 转速 n。钻头的转速可直接从转速曲线表中读取，或根据切削速度 v 和钻头直径 D 计算出来

$$n=\frac{v}{\pi D}\ (\text{r/mm})$$

⑤ 进给速度 v_f。刀具上的基准点沿着刀具轨迹相对于工件移动时的速度，由下式计算

$$v_f=n_f(\text{mm/min})$$

2. 钻头的刃磨

钻头用钝后或者根据不同的钻削要求而要改变钻头切削部分形状时，需要对钻头进行刃磨。钻头刃磨的正确与否，对钻削质量、生产效率以及钻头的耐用度影响显著。

（1）刃磨钻头的基本方法　手工刃磨钻头是在砂轮机上进行的。砂轮的粒度一般为 46～80 号，最好采用中软级硬度的砂轮。

首先，操作者应站在砂轮机的左面，右手握住钻头的头部，左手握住柄部，被刃磨部分的主切削刃处于水平位置，使钻头中心线与砂轮圆柱母线在水平面内的夹角等于钻头顶角的一半，同时钻尾向下倾斜，如图 5-6（a）所示。

其次，将主切削刃在略高于砂轮水平中心平面处先接触砂轮。右手缓慢地使钻头绕自己的轴线由下向上转动，同时施加适当的刃磨压力，这样可使整个后刀面都磨到。左手配合右手做缓慢的同步下压运动，刃磨压力逐渐增大，这样就便于磨出后角，其下压的速度及其幅度随要求的后角大小而变，为保证钻头近中心处磨出较大后角，还应做适当的右移运动。刃磨时两手动作的配合要协调、自然，如图 5-6（b）所示。

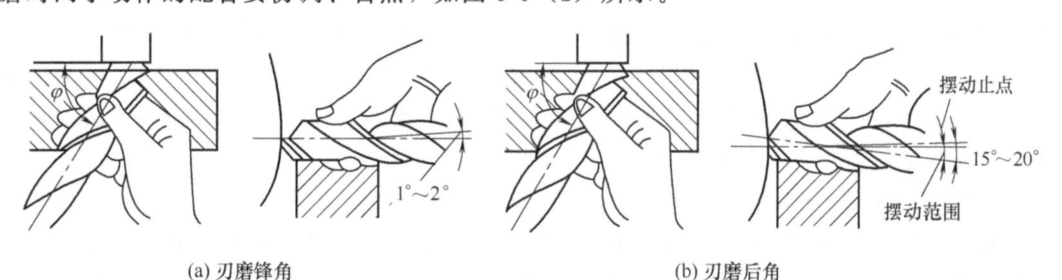

(a) 刃磨锋角　　(b) 刃磨后角

图 5-6　刃磨锋角和后角

需要注意的是刃磨时压力不要过大，应均匀地摆动，并经常蘸水冷却，防止温度过高而降低钻头硬度。当一个主后刀面磨好后，将钻头转180°刃磨另一个主后刀面时，人和手要保持原来的位置和姿势，这样才能使磨出的两个主切削刃对称。

（2）刃磨的检验　刃磨时可用目测检验，也可用样板检验。

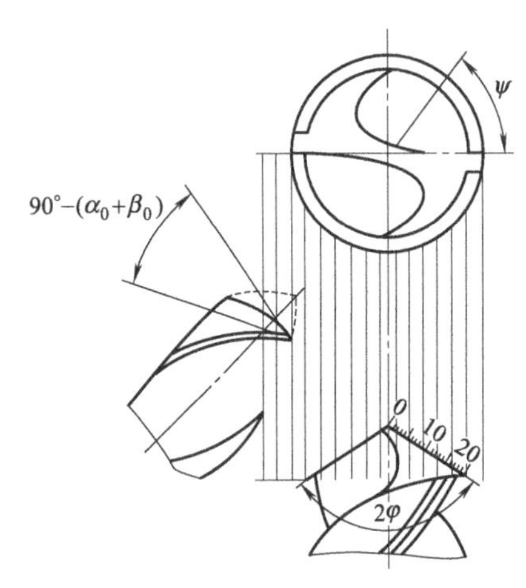

图5-7　用样板检查钻头的锋角和横刃斜角

① 目测检验是指在刃磨过程中，把钻头切削部分向上竖起，两眼平视，观察两主切削刃的长短、高低和后角的大小。反复观察两主切削刃，如果有偏差，必须再进行修磨。按此不断反复，两后刀面经常轮换，使两主切削刃对称，直至达到刃磨要求。

② 样板检验。麻花钻刃磨后锋角和横刃斜角的检查可利用检验样板进行，如图5-7所示，并要旋转180°后反复看几次，不合格时再进行修磨，直至各角度达到规定要求。

3. 钻削的装夹

（1）钻头的装夹　钻头的装夹如图5-8（a）所示，直柄钻头用钻夹头装夹。钻夹头装在钻床主轴下端用钻夹头钥匙转动小圆锥齿轮时，直到钻头被夹紧或松开；如图5-8（b）所示，锥柄钻头用柄部的莫氏椎体直接与钻床主轴连接。拆卸时，将楔铁插入钻床主轴的长孔中将钻头挤出。

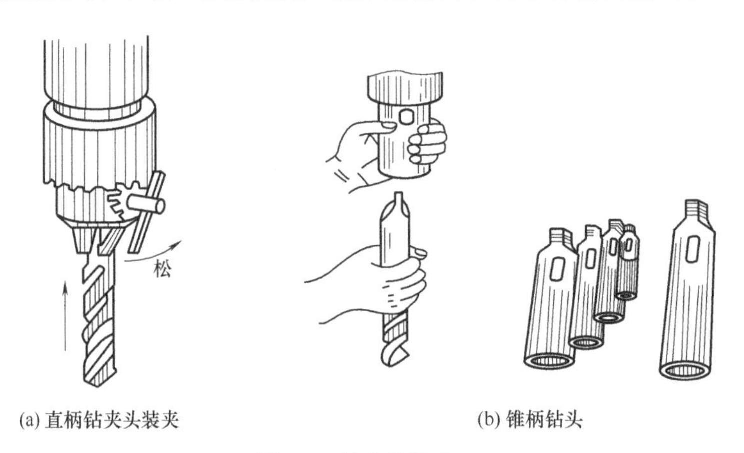

(a) 直柄钻夹头装夹　　(b) 锥柄钻头

图5-8　钻头的装夹

（2）工件的装夹　工件钻孔时应保证所钻孔的中心线与钻床工作台面垂直，为此可以根据工件大小、形状选择合适的装夹方法。小型工件或薄板工件可以用手虎钳夹持，如图5-9（a）所示；对中、小型形状规则的工件，采用平口钳装夹，如图5-9（b）所示；在圆柱面上钻孔时，用V形块装夹，如图5-9（c）所示；较大的工件，用压板螺栓直接装夹在钻床工作台上，如图5-9（d）所示。

4. 钻孔的冷却和润滑

钻孔一般属于粗加工。由于是半封闭状态加工，因而摩擦严重，散热困难。在钻孔过程中，加注冷却液的主要目的是冷却。因为加工材料和加工要求不一样，所以钻孔时所用冷却液的种类和作用也不一样。

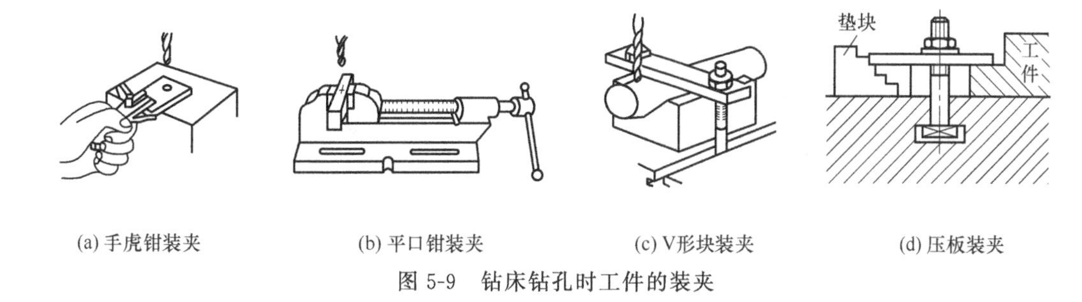

(a) 手虎钳装夹　(b) 平口钳装夹　(c) V形块装夹　(d) 压板装夹

图 5-9　钻床钻孔时工件的装夹

① 在强度较高的材料上钻孔时，因钻头后刀面要承受较大的压力，要求润滑膜有足够的强度，以减少摩擦和钻削阻力。因此，可在切削液中增加硫、二硫化钼等成分，例如硫化切削油。

② 在塑性、韧性较大的材料上钻孔时，应该加强润滑作用。在冷却液中可加入适当的动物油和矿物油。

③ 钻削精度要求较高和表面粗糙度值要求很小的孔时，应选用主要起润滑作用的冷却液，例如菜油、猪油等。

5. 钻孔的基本操作

① 工件划线。按钻孔的位置尺寸要求，划出孔位的十字中心线，并打上样冲眼（冲眼要小，位置要准），按孔的大小划出孔的圆周线。对于直径较大的孔，还应划出几个大小不等的检查圆，用于检查和校正钻孔的位置，如图 5-10（a）所示；当钻孔的位置尺寸要求较高时，为避免打中心眼所产生的偏差，可直接划出以中心线为对称中心的几个大小不等的方格，作为钻孔时的检查线，然后将中心样冲眼敲大，以便准确落钻定心，如图 5-10（b）所示。

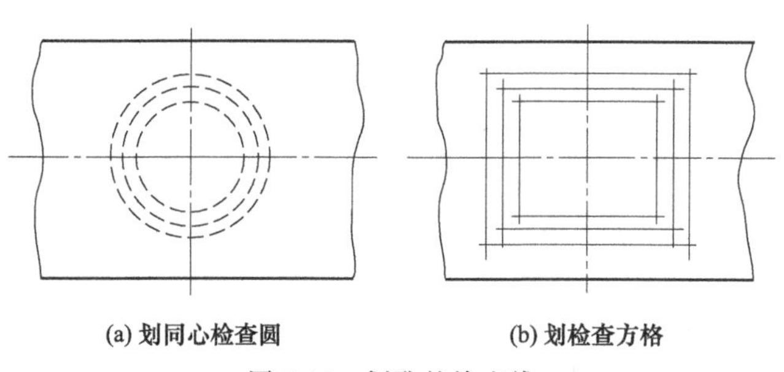

(a) 划同心检查圆　(b) 划检查方格

图 5-10　划孔的检查线

② 工件的装夹。由于工件比较平整，可用机用平口钳装夹，如图 5-11（a）所示。然后用铜棒或木棍敲击，听声音检查工件是否放平夹紧，如图 5-11（b）所示。

装夹时，工件表面应与钻头垂直，钻直径大于 ϕ8mm 的孔时，必须将机用平口钳固定，固定前应用钻头找正，使钻头中心与被钻孔的样冲眼中心重合。

③ 安装麻花钻。将直柄麻花钻用钻夹头夹持牢固。

④ 钻床转速的选择。现使用直径 8.5mm 高速钢麻花钻钻钢件，取 $n=715$r/min，即主轴转速取 715r/min，启动电动机。因孔直径小于 30mm，所以该孔一次钻出。

⑤ 起钻。钻孔前，先打样冲眼。判断钻尖是否对准钻孔中心（要在两个相互垂直的方向上观察）。对准后，先试钻一浅坑，看钻出的锥坑与所划的线是否同心，如果同心，就可

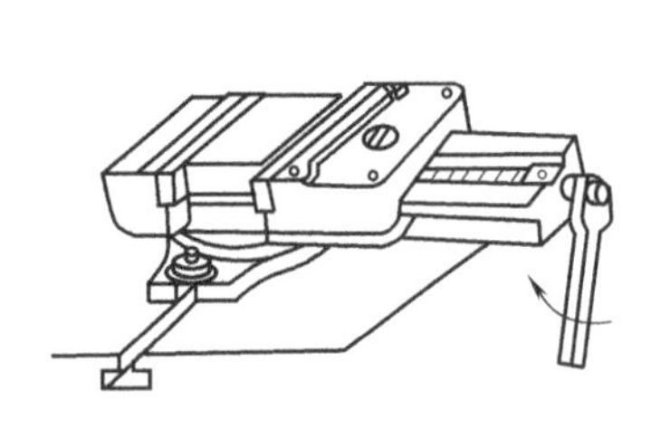

(a) 工件的装夹

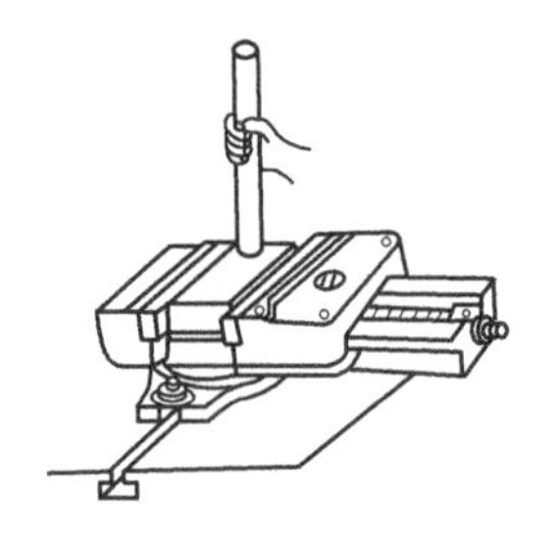

(b) 用铜棒或木棍敲击工件

图 5-11 用机用平口钳装夹工件

继续钻孔。否则要校正，使起钻浅坑与划线圆同轴。校正时，如果偏位较少，可在起钻的同时用力将工件向偏位的相同方向推移，达到逐步校正。如果偏位较多，可在校正方向打几个中心样冲眼或用油槽錾錾出几条槽，以减少此处的切削阻力，达到校正的目的。无论用何种方法校正，都必须在锥坑外圆小于钻头直径之前完成，如图 5-12 所示。

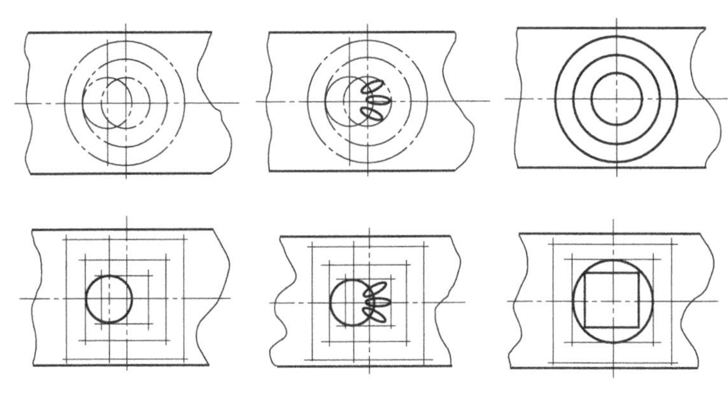

图 5-12 用油槽錾校正起钻偏位的孔

⑥ 手动进给钻孔。当起钻达到钻孔位置要求后，可夹紧工件完成钻孔，并用毛刷加注乳化液。手动进给操作钻孔时，进给力不宜过大，防止钻头发生弯曲，使孔歪斜。孔将钻穿时，进给力必须减小，以防止进给量突然过大，增大切削抗力，造成钻头折断，或使工件随钻头转动造成事故。

⑦ 钻孔完毕，退出钻头。

⑧ 关闭钻床电动机，卸下工件，按图样要求检查工件。

6. 钻孔注意事项

① 严格遵守钻床操作规程，严禁戴手套操作。

② 工件必须夹紧，特别在小工件上钻较大直径孔时装夹必须牢固，孔将钻穿时，要尽量减小进给力。

③ 钻孔前要清理工作台，如使用的刀具、量具等不应放在工作台面上，并检查是否有钻夹头钥匙或斜铁插在钻轴上。

④ 钻孔时不可用手和棉纱或用嘴吹来清除切屑，必须用手刷清除，钻出长条切屑时，要用钩子钩断后除去。

⑤ 操作者的头部不准与旋转着的主轴靠得太近，停车时应让主轴自然停止，不可用手刹住，也不能用反转制动。

⑥ 松紧钻夹头应在停车后进行；且要用“钥匙”来松紧而不能敲击。当钻头要从钻头套中退出时要用斜铁敲出。

⑦ 清洁钻床或加注润滑油时，必须切断电源。

三、扩孔

扩孔是在现有孔上加工出成形面或锥形面。扩孔公差等级可达 IT10～9，表面粗糙度 *Ra* 数值可达 12.5～32μm，扩孔一般分为端面刮孔、端面扩孔和成形扩孔。扩孔钻头除用麻花钻外，专用扩孔钻有整体式和插柄式两种，如图 5-13 所示。

扩孔的特点如下。

① 导向性较好，它有较多的切削刃，切削较为平稳，所以扩孔质量比钻孔高，常作为半精加工或铰孔前的预加工。

② 可以增大进给量和改善加工质量，由于钻心较粗，具有较好的刚度，所以其进给量约为钻孔的 1.5～2 倍。

③ 由于吃刀深度小，排屑容易，故加工表面质量较好。用扩孔钻扩孔，扩孔前的钻孔直径约为孔径的 0.9 倍，切削速度为钻孔的 1/2；用麻花钻扩孔，扩孔前的钻孔直径约为孔径的 0.5～0.7 倍。其进给量约为钻孔的 1.5～2 倍，切削速度为钻孔的 0.2～0.5 倍。

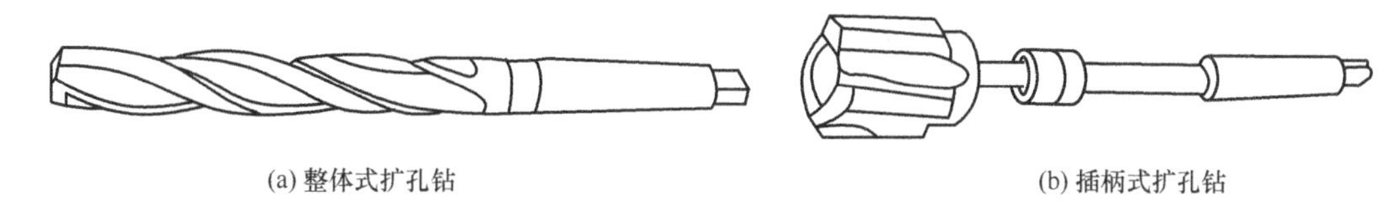

(a) 整体式扩孔钻　　(b) 插柄式扩孔钻

图 5-13　扩孔钻

四、锪孔

锪孔是用锪孔钻对端面或锥形沉孔进行加工的方法，其切削速度为钻孔的 0.3～0.5 倍。锪孔作用主要是去毛刺、倒角以及安装埋头螺钉等。如图 5-14 所示，锪孔钻主要有以下几种。

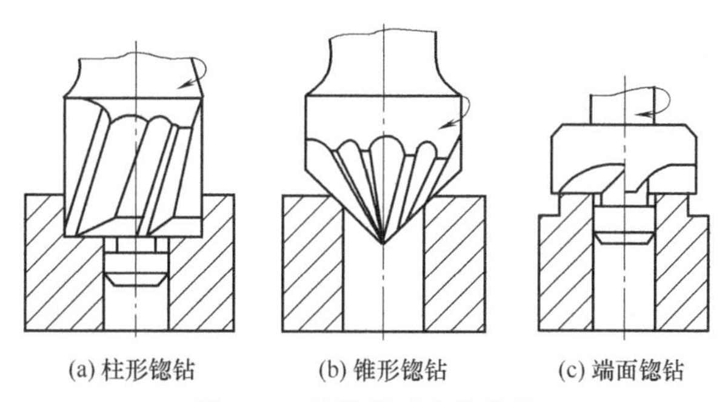

(a) 柱形锪钻　(b) 锥形锪钻　(c) 端面锪钻

图 5-14　锪孔形式和锪孔钻

1. 柱形锪钻（沉孔钻）

用于锪圆柱形沉孔，它的主切削刃是端面刀刃；副切削刃是外圆柱面上的刀刃，起修光孔壁的作用；前端有导柱，导柱与已有的孔采用间隙配合，使锪钻具有良好的定心作用和导向性。

2. 锥形锪钻

锥形锪钻的锥角有 60°、75°、90°和 120°四种，其中以 90°最为常见。锥形锪钻也可由麻花钻改制而成，由于齿数少，故将后角磨得小些。

3. 端面锪钻

专用于锪孔口端面的刀具，是由高速钢条制成并用螺钉紧固在刀杆上，锪钢时前角为15°～25°，锪铸铁时前角为5°～10°，后角为6°～8°。刀杆下端的导向圆柱与工件孔采用H7/f7的间隙配合，以保证良好的引导作用。

【项目实施】

项目实施名称：10型游梁式抽油机减速器左、右壁孔加工

如图5-15所示，请使用钻床完成孔的加工。

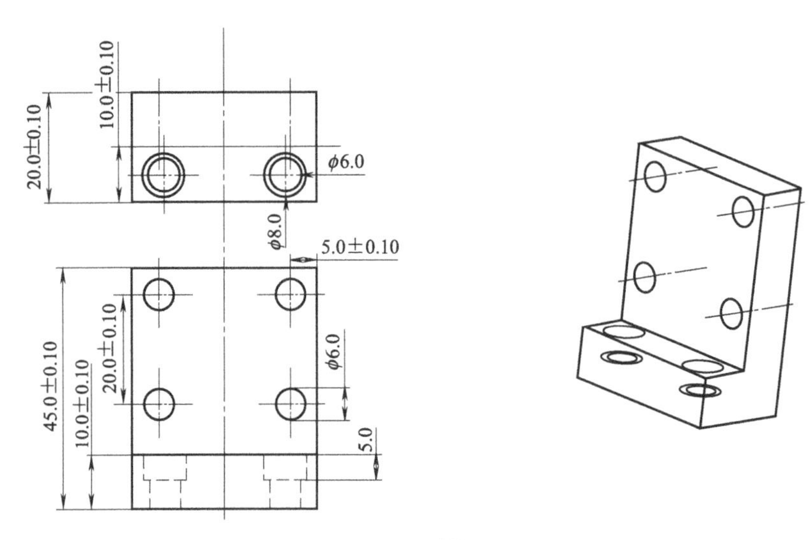

图5-15 零件图

1. 信息收集

请仔细识读零件图（见图5-15），回答下列问题。

（1）查看给定的图纸，图纸中是否有错误，都有哪些错误请记录下来。

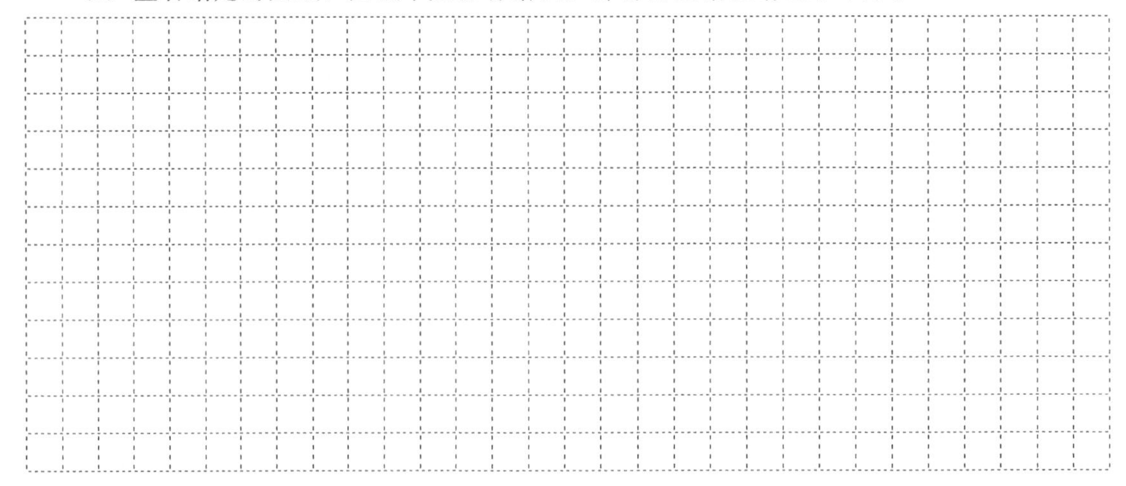

（2）对图 5-15 发现的问题，进行完善并记录在实施过程中遇到的问题。

（3）根据图纸加工的零件分析零件的功能，请用文字描述。

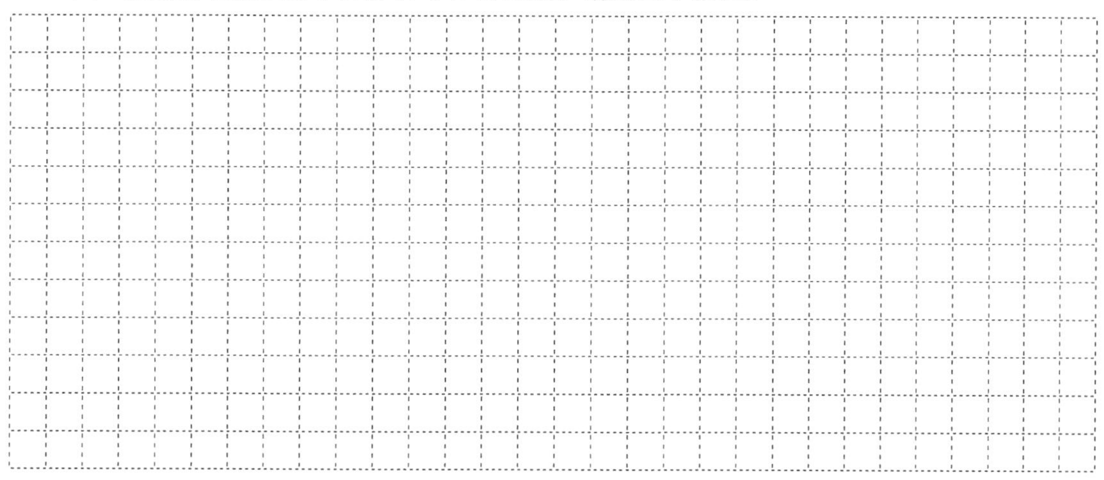

2. 编制计划

（1）设备与夹具

① 根据前面的任务中的缺陷，你将如何计划解决。

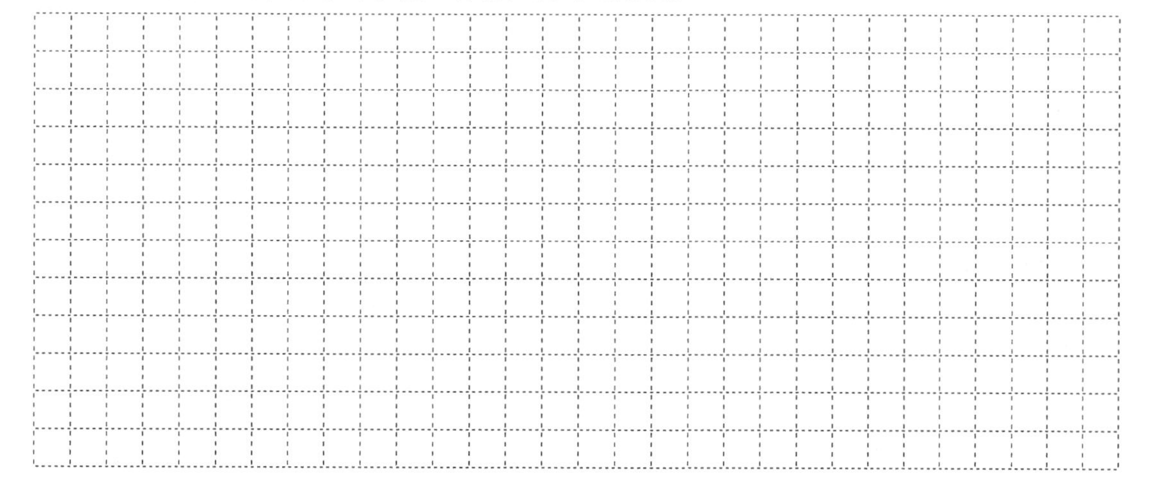

② 小组讨论，根据图纸要求完成工作。

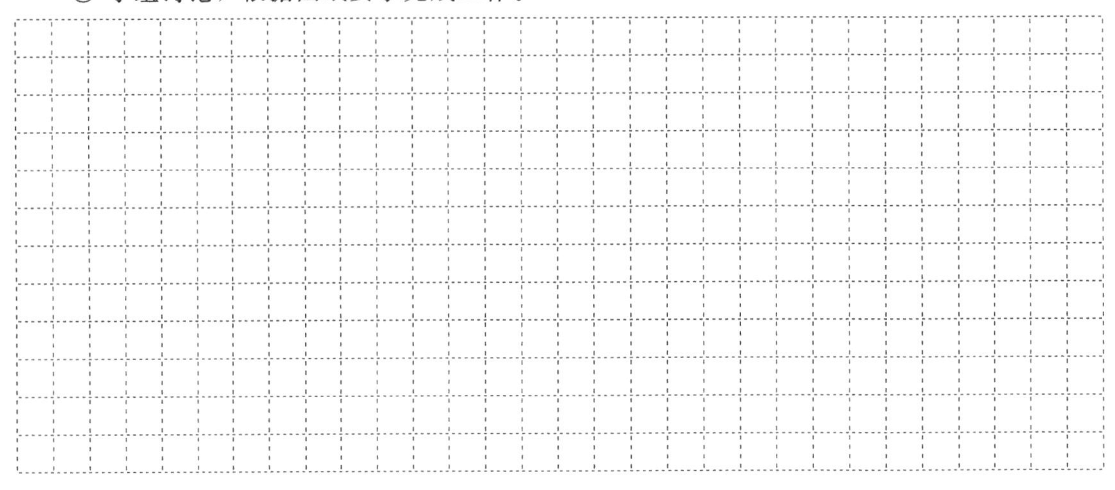

（2）刀具选择。根据图纸要求选择刀具，说明原因。

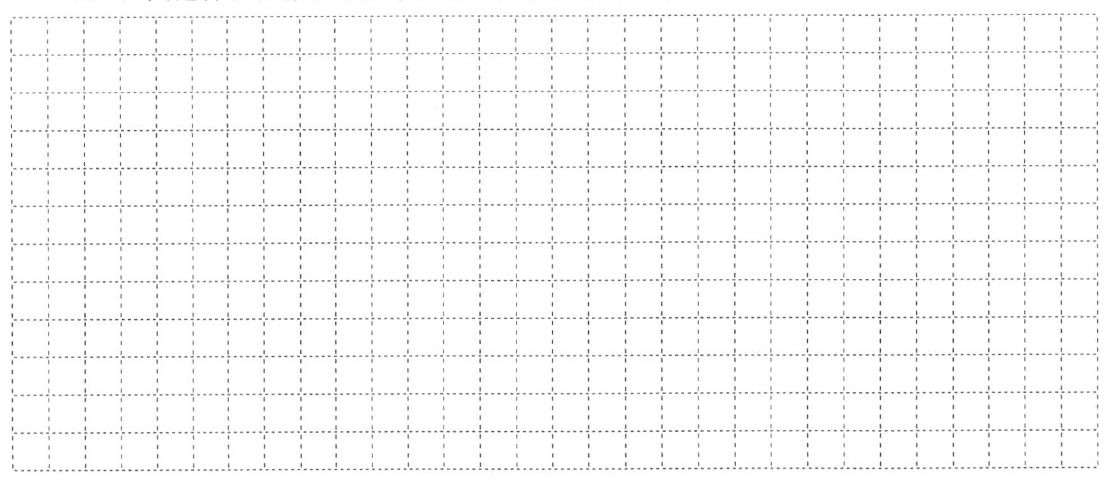

3. 制订决策

（1）根据图纸写出工艺路线。

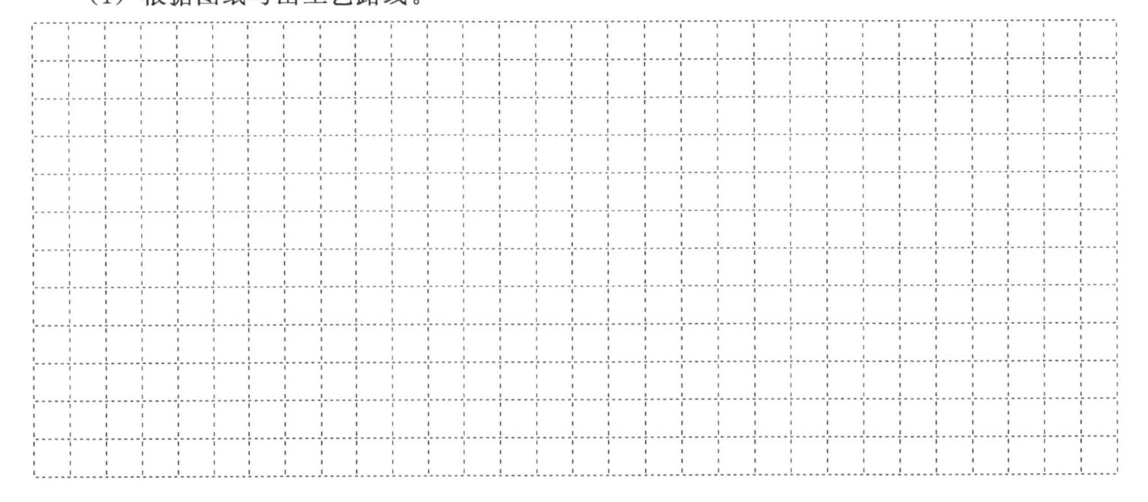

（2）制订工序卡（见表 5-1）。

表 5-1　工序卡

任务：				图纸：		工作时间	
序号	工作阶段/步骤	附注	准备清单 机器/工具/辅助工具	工作安全	工作质量 环境保证	计划 用时	实际 用时
日期：		培训教师：	日期：		组长：	组员：	

(3) 工具清单（见表5-2）。

表5-2　工具清单

<table>
<tr><th>工具名称</th><th>数量</th><th>单位</th><th>材料</th><th colspan="2">特殊要求</th><th>附注</th></tr>
<tr><td></td><td></td><td></td><td></td><td colspan="2"></td><td></td></tr>
<tr><td></td><td></td><td></td><td></td><td colspan="2"></td><td></td></tr>
<tr><td></td><td></td><td></td><td></td><td colspan="2"></td><td></td></tr>
<tr><td></td><td></td><td></td><td></td><td colspan="2"></td><td></td></tr>
<tr><td></td><td></td><td></td><td></td><td colspan="2"></td><td></td></tr>
<tr><td></td><td></td><td></td><td></td><td colspan="2"></td><td></td></tr>
<tr><td></td><td></td><td></td><td></td><td colspan="2"></td><td></td></tr>
<tr><td></td><td></td><td></td><td></td><td colspan="2"></td><td></td></tr>
<tr><td></td><td></td><td></td><td></td><td colspan="2"></td><td></td></tr>
<tr><td></td><td></td><td></td><td></td><td colspan="2"></td><td></td></tr>
<tr><td></td><td></td><td></td><td></td><td colspan="2"></td><td></td></tr>
<tr><td></td><td></td><td></td><td></td><td colspan="2"></td><td></td></tr>
<tr><td></td><td></td><td></td><td></td><td colspan="2"></td><td></td></tr>
<tr><td></td><td></td><td></td><td></td><td colspan="2"></td><td></td></tr>
<tr><td colspan="2" rowspan="3">工件名称：</td><td colspan="3">任务名称：</td><td colspan="2">班级：</td></tr>
<tr><td colspan="4">组号：</td><td>组长：</td></tr>
<tr><td colspan="5">组员：</td></tr>
</table>

4. 计划实施（见表5-3）

表5-3　过程记录

<table>
<tr><th colspan="2">名称</th><th>内容</th></tr>
<tr><td rowspan="2">设备</td><td>操作</td><td></td></tr>
<tr><td>工、量、刀具</td><td></td></tr>
<tr><td>工艺</td><td>加工合理性</td><td></td></tr>
<tr><td rowspan="2">6S</td><td>5S</td><td></td></tr>
<tr><td>安全</td><td></td></tr>
</table>

5. 质量检测（见表 5-4、表 5-5）

表 5-4　目测和功能检查表

（任务名称）					组织形式 EA□　GEA□　GA□
姓名					
序号	位号	目测和功能检查	受训生 自我评分 分数	培训教师	
				评分 分数	自我评分结果 分数
总分					

说明：
灰色区域应促进受训生自行进行评分，并不计入评分。

自我评分标准：
加/减一个评分等级：=9 分
加/减两个评分等级：=5 分
加/减三个评分等级：=0 分

表 5-5 尺寸和物理量检查表

序号	位号	经检查的尺寸或 经验检查的物理量	受训生		培训教师		
			自我评分		结果 尺寸检查		结果 自我评分
			实际尺寸	分数	实际尺寸	分数	分数
总分							

经检查的尺寸和物理量的评分
(10 分或 0 分)

6. 评价总结（见表 5-6、表 5-7）

表 5-6 自我评价

<table>
<tr><td colspan="5">（姓名）</td></tr>
<tr><td rowspan="2">序号</td><td rowspan="2">信息、计划和团队能力</td><td rowspan="2">受训生自我评分
分数</td><td colspan="2">培训教师</td></tr>
<tr><td>评分
分数</td><td>结果自我评分
分数</td></tr>
<tr><td></td><td>（对检查的问题）</td><td></td><td></td><td></td></tr>
<tr><td></td><td></td><td></td><td></td><td></td></tr>
<tr><td></td><td></td><td></td><td></td><td></td></tr>
<tr><td></td><td></td><td></td><td></td><td></td></tr>
<tr><td colspan="3">信息、计划和团队能力评分</td><td></td><td></td></tr>
</table>

总成绩

<table>
<tr><td>序号</td><td>评估组</td><td>结果</td><td>除数</td><td>100-分制结果</td><td>加权系数</td><td>分数</td></tr>
<tr><td></td><td></td><td></td><td></td><td></td><td></td><td></td></tr>
<tr><td></td><td></td><td></td><td></td><td></td><td></td><td></td></tr>
<tr><td></td><td></td><td></td><td></td><td></td><td></td><td></td></tr>
<tr><td></td><td></td><td></td><td></td><td></td><td></td><td></td></tr>
<tr><td colspan="5" rowspan="2">总分
分数</td><td></td><td></td></tr>
<tr><td></td><td></td></tr>
</table>

附注

日期：　　　　受训生　　　　培训教师

<table>
<tr><td rowspan="3">（整体任务名称）</td><td>部分：（任务名称）</td><td></td></tr>
<tr><td>（工件名称）</td><td>任务/工作</td></tr>
<tr><td>检查评分表</td><td>分练习</td></tr>
</table>

表 5-7 总结分享

项目	内容
成果展示	
总结与分享	

项目六　圆柱齿轮加工

齿轮是指轮缘上有齿轮连续啮合传递运动和动力的机械元件。齿轮在传动中的应用很早就出现了。19 世纪末，展成切齿法的原理及利用此原理切齿的专用机床与刀具相继出现。随着生产的发展，齿轮运转的平稳性受到重视。

【项目导入】

某机械加工厂来了一批零件，生产主任将这批零件分配到四厂区来完成。在这批零件加工里其中就要求加工圆柱齿轮。

【项目要点】

（1）素质目标

① 培养学生的沟通能力及团队协作精神。

② 培养学生勤于思考、勇于创新、敬业乐业的工作作风。

③ 培养学生的质量意识、安全意识和环境保护意识。

④ 培养学生分析问题、解决问题的能力。

⑤ 培养学生的交际和沟通能力。

⑥ 培养学生良好的职业道德。

（2）能力目标

① 能根据要求完成齿轮参数计算且满足传动要求。

② 能根据零件图的要求，制订加工工艺。

③ 能根据零件图的要求，编制合理高效的加工程序。

④ 能根据零件图的要求，加工合格的零件。

⑤ 能根据零件图的要求，进行工件质量检测。

⑥ 能根据零件图的要求，进行技术文档的管理、总结及资料存档全过程。

（3）知识目标

① 了解齿轮的工作原理、加工工艺的基本特点。

② 能熟练拟订齿轮加工工艺路线，掌握机床加工齿轮的定位与夹紧方案；刀具的选择和加工参数的确定。

③ 能掌握数控铣床齿轮的加工编程和操作方法。

④ 能校验数控铣床加工程序，并能对零件尺寸和精度要求进行正确的测量与分析。

⑤ 熟练掌握普通车床日常点检及保养。

引导问题

问题 1｜查阅资料，简述一对齿轮传动的正确啮合条件。

问题 2｜查阅资料，简述齿轮机构的特点及分类。

问题 3｜简述齿轮材料的种类、热处理方法及适用范围。

问题 4｜查阅资料，简述滚齿加工和插齿加工各有什么特点。

问题 5｜简述齿轮如何加工，使用什么机床。

【项目准备】

任务一　齿轮认知及加工

圆柱齿轮的齿轮机构啮合传动时，沿其齿长方向存在较大的切向相对滑动速度，因而会产生较大的磨损；另一方面，两轮齿廓处于点接触状态，其接触应力值会很大，致使曲面过早被压溃，促使轮齿磨损加剧。与平行轴斜齿轮相比，交错轴斜齿轮机构的使用寿命和机械效率都低得多。

【任务导入】

某机械加工厂来了一批零件，生产主任将这批零件分配到三厂区来完成。为了能到达企业的加工要求，在加工前首先去了解齿轮。

【任务要点】

（1）基本目标

① 了解齿轮的结构特点及种类。

② 掌握齿轮的传动基本要求。

③ 掌握齿轮的加工方法。

（2）能力目标

① 具有识图与绘图的能力。

② 具有制订齿轮机械加工工艺的能力。

③ 具有分析零件技术要求的能力。

【任务提示】

① 查阅资料，简述齿轮基本参数及定义。

② 查阅资料，简述齿轮的种类及应用场合。

③ 查阅资料，简述能加工齿轮的设备，如何加工。

【任务准备】

一、齿轮的结构特点

齿轮由齿圈和轮体两部分组成。在齿圈上均匀分布着直齿、斜齿等齿面。而在轮体上有轮辐、轮毂、孔、轴等。按齿圈上轮齿的分布形式，齿轮可分为直齿轮、斜齿轮和人字齿轮等；按轮体的结构形式，齿轮可分为盘类齿轮、内齿轮、齿条、扇形齿轮等，如图 6-1所示。

二、齿轮传动的精度要求

齿轮的加工精度对机器的工作性能、承载能力、使用寿命及噪声影响很大。根据齿轮使

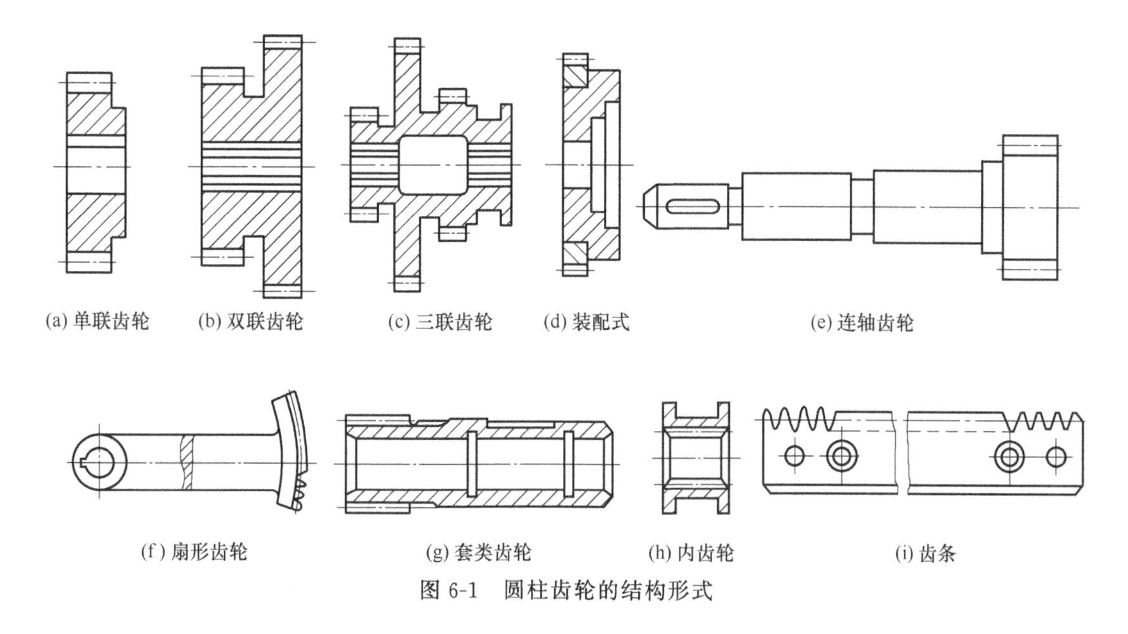

图 6-1 圆柱齿轮的结构形式

用条件，对齿轮传动提出如下要求。

① 传递运动的准确性。要求齿轮在一转范围内传动比变化尽量小，以保证主、从动轮的运动协调。也就是说，在齿轮一转中，转角误差的最大值不得超过一定的限度。

② 传递运动的平稳性。要求齿轮传动平稳，无冲击、振动，噪声小。这就需要限制齿轮传动时，瞬时传动比的变化。

③ 载荷分布均匀性。要求传动时工作齿面接触良好，使载荷沿齿面分布均匀，避免载荷集中于局部区域引起过早磨损或折断，以保证达到设计要求的承载能力和较长的使用寿命。

④ 合理的齿侧间隙。要求齿轮副的非工作齿面间有一定侧隙，用以补偿齿轮的制造误差、安装误差、热变形和弹性变形，以防止发生卡死现象。同时侧隙还用于储存润滑油，以保持良好的润滑。

不同用途和不同工作条件下的齿轮，对上述四项要求的侧重点是不同的。例如，读数装置和分度机构的齿轮，主要要求传递运动的准确性，而对接触均匀性的要求则是次要的。

三、齿轮的材料及热处理

1. 材料选择

齿轮材料的选择对齿轮的加工性能和使用寿命都有直接的影响。高速传力齿轮齿面容易产生疲劳点蚀，所以齿面硬度要高，可用 38CrMoAlA 渗氮钢。低速重载的传力齿轮、有冲击载荷的传力齿轮的齿面受压产生塑性变形或磨损，且轮齿易折断，应选用机械强度、硬度等综合力学性能好的材料（如 20CrMnTi），经渗碳淬火，芯部具有良好的韧性，齿面硬度可达 56～62HRC。低速、轻载或中载的一些不重要的齿轮，可选用中碳钢（如 45 钢）进行调质或表面淬火，这种材料经热处理后综合力学性能较好。中速、中载的重要齿轮及精度要求较高的齿轮，可选用中碳合金钢（如 40Cr）进行调质或表面淬火，这种材料经热处理后综合力学性能更好，且热处理变形小。非传力齿轮可选用非淬火钢、铸铁、夹布胶木或尼龙等材料。

2. 齿轮毛坯

齿轮毛坯的选择决定于齿轮材料、结构形状、尺寸规格、使用条件以及生产批量。

① 棒料：一些不重要、受力不大而尺寸较小、结构简单的齿轮。

② 锻件：用于重要而且受力较大的齿轮。

③ 铸钢：毛坯用于直径很大或结构形状复杂的齿轮。

④ 铸铁件：铸铁齿轮易加工，成本低，但抗弯强度、抗冲击和耐磨性较差，故常用于受力小、无冲击、低速的齿轮。

3. 齿轮的热处理

一般在齿轮的加工中，根据不同的用途安排两种热处理工序。

① 毛坯热处理。在齿轮加工前后安排预先热处理（通常为正火或调质）。正火安排在齿坯加工前，目的是为了消除锻造内应力，生产中应用较多。调质一般安排在齿坯粗加工之后，可消除锻造应力和粗加工引起的残余应力，提高综合力学性能。

② 齿面热处理。齿形加工后，为提高齿面硬度和耐磨性，常进行齿面高频淬火、渗碳淬火、碳氮共渗或渗氮等表面热处理。经渗碳淬火的齿轮变形大，对高精度的齿轮尚需进行磨齿加工。经高频淬火的齿轮变形小，但内孔直径一般会缩小 0.01～0.05mm，淬火后应予以修正。有键槽的齿轮，淬火后内孔常出现椭圆形，为此键槽加工宜安排在齿轮淬火之后。

四、铣齿加工

制造齿轮的方法有很多，可以铸造、热轧或冲压，但目前这些方法的加工精度还不够高。因而精度较高的齿轮现在仍主要靠切削法。按形成齿形的原理分类，切削齿轮的方法可分为成形法和展成法两大类。

成形法是利用与被加工齿轮齿槽形状完全相符的成形刀切出齿轮的方法。成形法加工齿轮的方法有铣削、拉削、插削及磨削等。

展成法是使齿轮刀具和齿坯严格保持一对齿轮啮合的运动关系来进行加工的，常见的有滚齿、插齿、剃齿、珩齿和磨齿等，加工精度和生产率都比较高，在生产中应用十分广泛。

在普通铣床上铣削直齿圆柱齿轮如图 6-2 所示，铣削时工件安装在分度头上，铣刀旋转对工件进行切削加工，工作台做直线运动，加工完一个齿槽后分度头将工件转过一定角度，再加工另一个齿槽，依次加工出所有齿槽。铣削斜齿圆柱齿轮必须在万能铣床上进行，铣削时工作台偏转一个角度，使其等于齿轮的螺旋角 β，工件在随工作台进给的同时由分度头带动做附加旋转运动而形成螺旋齿槽。

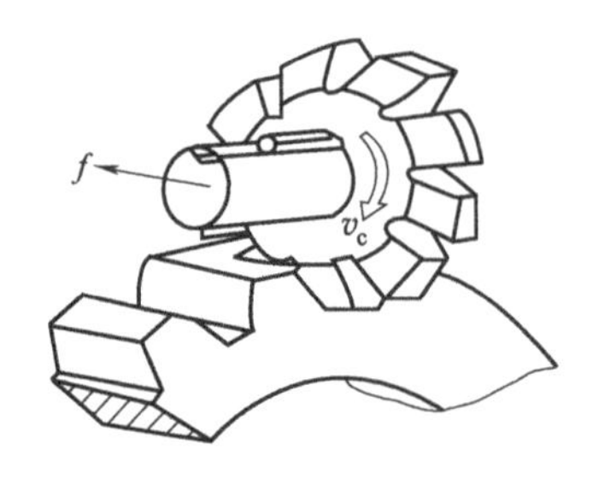

(a) 盘形齿轮铣刀铣削

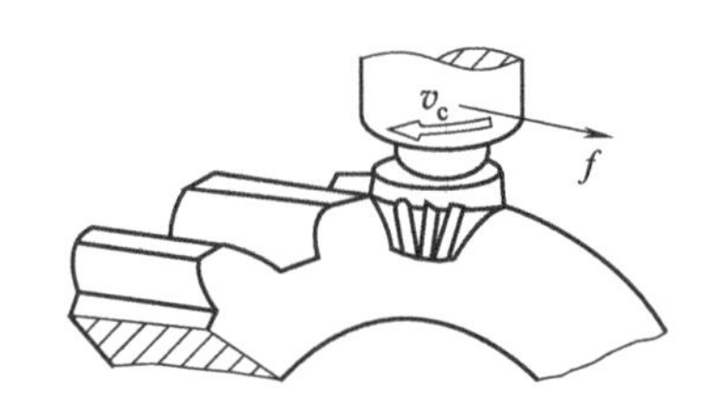

(b) 指状齿轮铣刀铣削

图 6-2　直齿圆柱齿轮的成形铣削

常用的成形齿轮刀具有盘形铣刀和指状铣刀。后者适于加工大模数（$m=8\sim40$mm）的直齿、斜齿齿轮，特别是人字齿轮。用成形铣刀加工齿轮时，齿轮的齿廓精度是由铣刀切削刃形状来保证的。而渐开线的形状是由齿轮的模数和齿数决定的，因此要加工出准确的齿形，每一个模数，每一种齿数的齿轮，就相应地需要用一种形状的铣刀，这显然是难以实现的。因此，为减少刀具数量，实际生产中采用八把套（精确的为十五把一套）的齿轮铣刀，其每一把铣刀可以切削同一模数中几个齿数的齿轮。例如八把一套的齿轮铣刀刀号及其加工齿数范围见表 6-1。

表 6-1 盘形齿轮铣刀刀号

刀号	1	2	3	4	5	6	7	8
加工齿数范围	12～13	14～16	17～20	21～25	26～34	35～54	55～134	135 以上

由于每种刀号的齿轮铣刀形状均按所加工齿数范围中最小齿数设计，所以，加工该范围内其他齿数的齿轮时，会产生一定的形状误差。

当所加工的斜齿圆柱齿轮精度要求不高时，可以借用加工直齿圆柱齿轮的铣刀，但此时铣刀的号数应按照法向截面内的当量齿数 z_d 来选取。斜齿圆柱齿轮的当量齿数 z_d 可按下式求出；

$$z_d=\frac{z}{\cos^3\beta}$$

式中 z——斜齿圆柱齿轮的齿数；

β——斜齿圆柱齿轮的螺旋角。

成形法铣齿中由于存在刀具近似误差和机床在分齿过程中的转角误差，加工精度较低，为 9～12 级，齿面粗糙度值为 $Ra3.2\sim6.3\mu$m，生产效率不高。但这种加工方法简单，可以在普通铣床上加工，所以适用于单件小批生产中加工直齿、斜齿和人字齿圆柱齿轮。

五、滚齿加工

1. 滚齿原理

滚齿加工是按照展成法的原理来加工齿轮的。用齿轮滚刀来加工齿轮的过程相当于一对交错轴的斜齿轮的啮合过程。在这对啮合的齿轮传动副中，将其中的一个齿数减少到一个或几个，轮齿的螺旋角很大，就演变成了蜗杆，再将蜗杆开槽并铲背就成了齿轮滚刀。因此，滚刀实质上就是一个斜齿圆柱齿轮，当机床使滚刀和工件严格地按一对斜齿圆柱齿轮的速比关系即当滚刀转过一转时，工件相应地转过 kz 转（k 为滚刀头数，z 为工件齿数），做旋转运动时，滚刀就可在工件上连续不断地切出齿来，如图 6-3（a）所示。在滚齿过程中，分布在螺旋线上的滚刀各刀齿相继切出齿槽中一薄层金属，每个齿槽在滚刀旋转中由几个刀齿依次切出，渐开线齿廓则由切削刃的一系列瞬时位置包络而成，如图 6-3（b）所示。

2. Y3150E 型滚齿机

Y3150E 型滚齿机是一种中型通用滚齿机，主要用于加工直齿和斜齿圆柱齿轮，也可采用径向切入法加工蜗轮，可加工工件的最大直径为 500mm，最大模数为 8mm，最小齿数为 $5k$（k 为滚刀头数）。图 6-4 是 Y3150E 型滚齿机的外形，立柱 2 固定在床身 1 上，刀架溜板 3 可沿立柱导轨上下移动，刀架体 5 安装在刀架溜板 3 上，可绕自己的水平轴线转位，以调整滚刀和工件间的相对位置（安装角），使它们符合一对轴线交叉的交错轴斜齿轮副的啮合

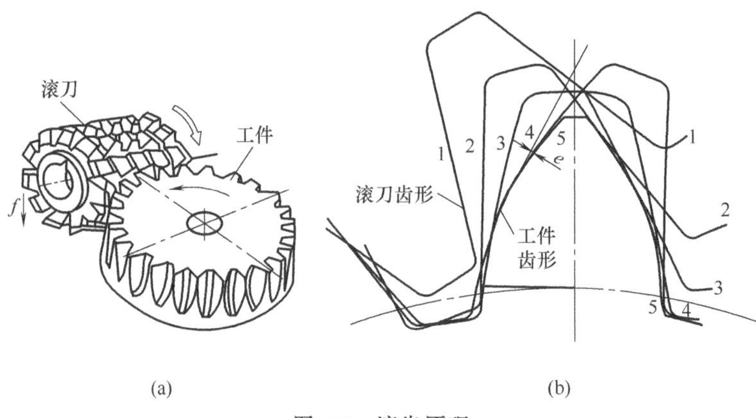

(a) (b)

图 6-3 滚齿原理

位置。工件安装在工作台 9 的心轴 7 上或直接安装在工作台上，随工作台一起转动。后立柱 8 和工作台 9 一起装在床鞍 10 上，可沿床身的水平导轨移动，用于调整工件的径向位置或做径向进给运动。

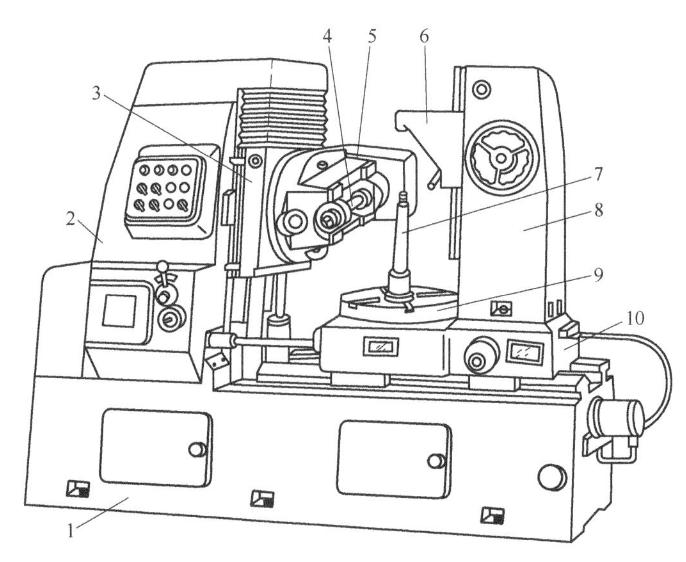

图 6-4 Y3150E 型滚齿机外形

1—床身；2—立柱；3—刀架溜板；4—刀杆；5—刀架体；6—支架；7—心轴；8—后立柱；9—工作台；10—床鞍

3. 齿轮滚刀

（1）滚刀的结构 从滚齿加工原理可知，齿轮滚刀是一个蜗杆形的刀具，如图 6-5 所示。为了使其能起到切削作用，在蜗杆上开出了容屑槽，以形成切削刃 5 和前刀面 2、顶刃后刀面 3 和侧刃后刀面 4。但是，滚刀的切削刃仍需位于这个相当于斜齿圆柱齿轮的蜗杆螺旋面 1 上，这个蜗杆即为齿轮滚刀的基本蜗杆。

滚刀的基本蜗杆有渐开线、阿基米德和法向直廓三种。理论上讲，加工渐开线齿轮应采用渐开线蜗杆，但其制造困难；而阿基米德蜗杆轴向剖面的齿形为直线，容易制造，所以生产中常用阿基米德蜗杆代替渐开线蜗杆。

滚刀结构分为整体式和镶片式等，目前中小模数的滚刀都做成整体结构，如图 6-3（a）所示。大模数滚刀为节省材料和便于热处理一般做成镶片式，镶片材料一般为高速钢和硬质合金。

(2) 滚刀的基本尺寸　滚刀的基本尺寸参数有外径 d、孔径 D、长度 L 及容屑槽数 Z。滚刀按精密程度分 AAA、AA、A、B、C 级，与被加工齿轮的精度等级关系见表 6-2。

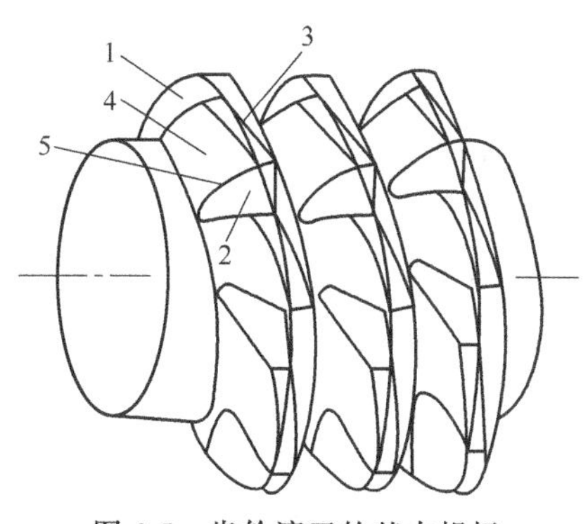

图 6-5　齿轮滚刀的基本蜗杆

1—蜗杆螺旋面；2—前刀面；3—顶刃后刀面；4—侧刃后刀面；5—切削刃

(3) 滚刀的安装及调整　滚齿时，为了切出准确的直线或螺旋线齿形，应使滚刀和工件处于准确的“啮合”位置，即滚刀在切削点处的螺旋线方向应与被加工齿轮齿槽方向一致。为此，需将滚刀轴线与工件顶面安装成一定的角度，称为安装角，用 δ 表示，见表 6-3（表中图是按工件在前面、滚刀在后面的位置画的）。

加工直齿圆柱齿轮时，滚刀的安装角 δ 为

$$\delta=\pm\omega$$

表 6-2　滚刀精度等级与被加工齿轮精度等级的关系

滚刀精度等级	AAA 级	AA 级	A 级	B 级	C 级
可加工齿轮等级	6	7～8	8～9	9	10

表 6-3　滚刀的安装角及振动方向

ω—滚刀螺旋升角 δ—滚刀安装角 β—工件的螺旋角		右旋滚刀	左旋滚刀
直齿轮		B_{11}, ω, A_2, δ, B_{12}	ω, β_{11}, A_2, δ, B_{12}
斜齿轮	右旋	δ, β, A_{21}, ω, B_{11}, δ, B_{12}, B_{22}	B_{11}, δ, A_{21}, β, ω, δ, B_{12}, B_{22}
	左旋	B_{11}, A_{21}, δ, β, ω, δ, B_{12}, B_{22}	δ, B_{11}, β, ω, A_{21}, δ, B_{12}, B_{22}

在滚齿机上加工直齿圆柱齿轮时，滚刀的轴线是倾斜的，安装角等于滚刀的螺旋升角 ω（对立式滚齿机而言）。滚刀扳动方向则决定于滚刀的螺旋线方向。

加工螺旋角为 β 的斜齿圆柱齿轮时，滚刀的安装角 δ 为

$$\delta=\beta\pm\omega$$

当 β 与 ω 异向时，取“+”号；同向时，取“-”号，滚刀的扳动方向决定于工件的螺旋方向。

加工斜齿圆柱齿轮时，应尽量选用与工件螺旋方向相同的滚刀，使滚刀的安装角小些，有利于提高机床运动的平稳性及加工精度。

4. 滚齿加工的特点

① 适应性好。由于滚齿采用展成法加工，一把滚刀可以加工与其模数、压力角相同的不同齿数的齿轮。

② 生产率较高。因为滚齿是连续切削，无空行程损失，并可采用多头滚刀来提高粗滚齿的效率。这是由于采用多头滚刀加工，齿坯转速提高。但由于多头滚刀的螺旋升角大，刀具齿形误差较大，使被切齿轮的齿形误差变大；多头滚刀存在分度误差会造成齿轮的齿距偏差；多头滚刀加工，包络齿面的刀齿数较少，被切齿面的表面粗糙度值较大。因此多头滚刀多用于粗滚和半精滚。采用多头滚刀应注意被切齿轮的齿数不应为滚刀齿数的倍数，以减少滚刀分头误差对齿距误差的影响。

③ 被加工齿轮的一转精度高（即分齿精度高）。滚齿时，一般都使用滚刀一周多一点的刀齿参加切削，工件上所有这些齿槽都是由这些刀齿切出来的，因此被切齿轮的齿距偏差小。

④ 包络误差 e 较大。滚齿时，工件转过一个齿，滚刀转过 k 转（k 为滚刀头数）。因此，在工件上加工出一个完整的齿槽，刀具相应地转 $1/k$ 转。如果在滚刀上开有 n 个刀槽，则工件的齿廓是由 $j=nk$ 个折线组成。即滚齿加工过程中，工件的每个齿形都是由滚刀在旋转中依次对工件切削的数条刀刃线包络而成的。如图 6-6（b）所示为滚刀在切削一个齿槽的过程中刀刃相对于工件的位置。从图上可见，与理想的渐开线齿形相比，工件存在着齿形的包络误差 e，滚刀刀槽数越多，工件齿形包络误差越小，由于受滚刀强度的限制，对于直径在 50～200mm 范围内的滚刀 n 值一般取 8～12。这样，使得形成工件齿廓包络的刀具齿形（即“折线”）十分有限，比起插齿要少得多。所以，一般用滚齿加工出来的齿廓表面粗糙度和齿形的误差要大于插齿加工。

⑤ 滚齿加工主要用于加工直齿、斜齿圆柱齿轮和蜗轮，但不能加工内齿轮、扇形齿轮和相距很近的多联齿轮。

六、插齿加工

插齿属于展成法加工。它一次可完成齿槽的粗加工和半精加工，其加工精度一般为 7～8 级，表面粗糙度值为 $Ra1.6\mu m$。

1. 插齿原理及运动

插齿的加工过程，从原理上分析，相当于一对直齿圆柱齿轮的啮合。插齿刀实质上是一个磨有前、后角并具有切削刃的齿轮，如图 6-6（a）所示。插齿时，插齿刀沿工件轴向做直线往复运动，形成切削加工的主运动，同时还与工件做无间隙的啮合运动，在齿坯上逐渐地切出全部齿廓。在加工过程中，刀具每往复一次，仅切出工件齿槽的一小部分，齿廓曲线渐开线是在

插齿刀刀刃多次相继切削中，由刀刃各瞬时位置的包络线所形成，如图 6-6（b）所示。

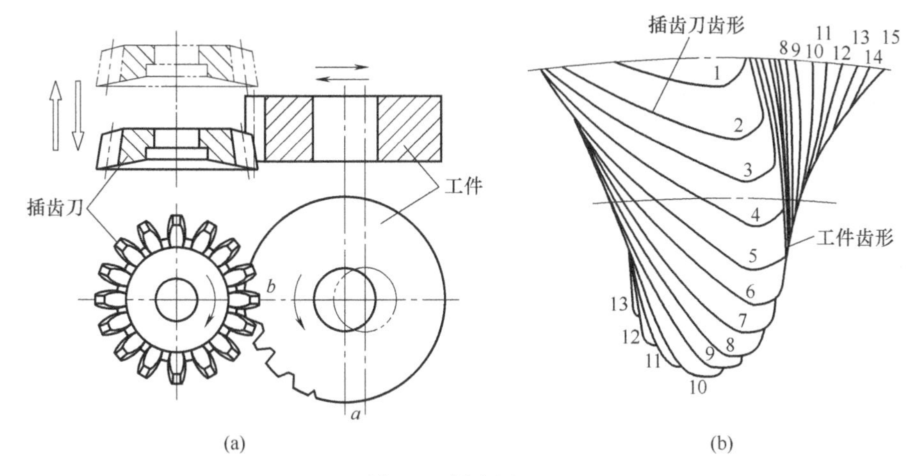

图 6-6 插齿原理

插齿加工时，机床具备如下运动。

① 主运动。插齿刀的上、下往复运动，向下为工作行程，向上为空行程。若切削速度 v（单位为 m/min）及行程长度 L（单位为 mm）已确定，则可用公式 $n=1000v/2L$ 计算出插齿刀每分钟往复行程数 $n_{刀}$（双行程/min）。

② 展成运动。加工过程中，必须使插齿刀和工件保持一对齿轮的啮合关系。即在刀具转过一个齿时，工件也转过一个齿。刀具和工件的旋转运动组成了一个形成渐开线齿廓的复合运动——展成运动。

③ 圆周进给运动。插齿刀转动的快慢决定了工件齿坯转动的快慢，同时也决定了插齿刀每一次切削的切削负荷、加工精度和生产率，所以称插齿刀的转动为圆周进给运动。圆周进给量用插齿刀每次往复行程中刀具在分度圆周上所转过的弧长表示，其单位为 mm/往复行程。

④ 让刀运动。插齿刀向上运动（空行程）时，为了避免擦伤工件齿面和减少刀具磨损，刀具和工件之间应该让开一段距离，而在插齿刀向下开始工作行程之前，应立刻恢复到原位，以使刀具进行下一次切削。这种让开和恢复原位的运动称为让刀运动。让刀运动可由安装工件的工作台移动来实现，也可由刀具主轴摆动得到。一般新型号的插齿机通过刀具主轴座的摆动来实现让刀运动，这样可以减少让刀产生的振动。

⑤ 径向切入运动。为使刀具逐渐切至工件的全齿深，插齿刀必须做径向切入运动。径向进给量是插齿刀每往复运动一次径向移动的距离，当达到全齿深后，机床便自动停止径向切入运动，这时工件必须再转动一周，才能加工出完整的齿形。

2. Y5132 型插齿机

Y5132 型插齿机外形如图 6-7 所示。插齿刀安装在刀架座的主轴 1 上，随主轴做上下往复运动和圆周进给运动；工件 4 装在工作台上做旋转运动，并随工作台一起做径向直线运动。该机床主要用于加工直齿圆柱齿轮，尤其适用于加工内齿轮和多联齿轮。配上特殊的附件，可以加工齿条。但插齿机不能加工蜗轮。

3. 插齿刀

（1）盘形插齿刀　如图 6-8（a）所示，这种形式的插齿刀以内孔和支承端面定位，用螺母紧固在机床主轴上，主要用于加工直齿外齿轮及大直径的内齿轮。它的公称分度圆直径有四种，分别为 75mm、100mm、160mm 和 200mm，用于加工模数为 112mm 的齿轮。

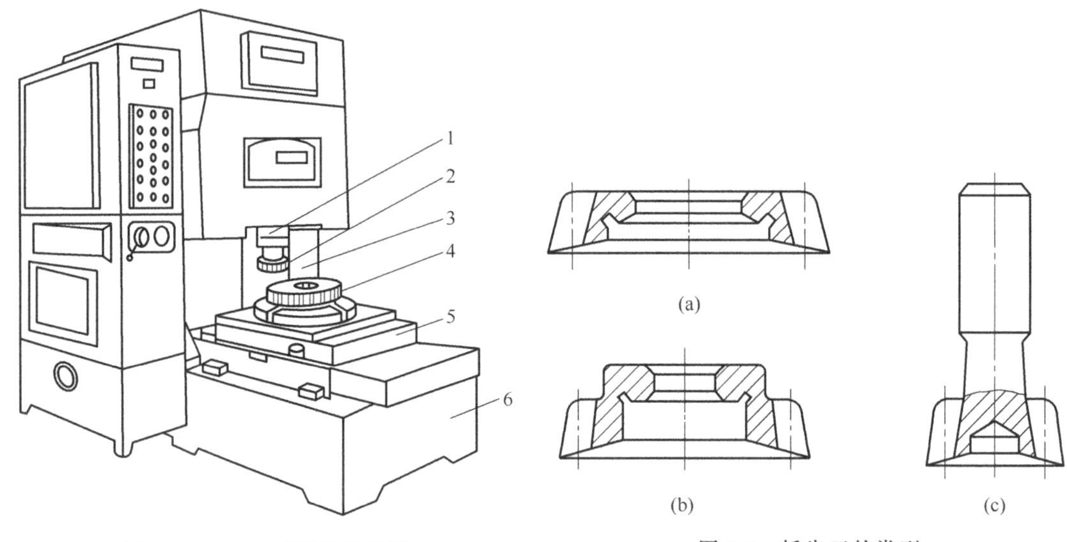

图 6-7　Y5132 型插齿机外形

1—主轴；2—插齿刀；3—立柱；4—工件；5—工作台；6—床身

图 6-8　插齿刀的类型

(2) 碗形直齿插齿刀　如图 6-8 (b) 所示，主要用于加工多联齿轮和带有凸肩的齿轮。它以内孔定位，夹紧用螺母可容纳在刀体内。公称分度圆直径也有四种，分别为 50mm、75mm、100mm 和 125mm，用于加工模数为 1～8mm 的齿轮。

(3) 锥柄插齿刀　如图 6-8 (c) 所示，主要用于加工内齿轮，它的公称分度圆直径有种，即 25mm 和 38mm，用于加工模数为 1～375mm 的齿轮。这种插齿刀为带锥柄（莫氏短圆锥柄）的整体结构，用带有内锥孔的专用接头与机床主轴连接。

插齿刀一般制成三种精度等级，即 AA、A 和 B，在正常的工艺条件下，分别用于 6、7 和 8 级精度齿轮的加工。

无论何种类型和精度等级的插齿刀，其几何表面和切削参数的形成，都是相同的。图 6-9 所示为插齿刀的一个刀齿。每一个刀齿上有一条呈圆弧形的顶切削刃，两条呈渐开线（前角为零时）或近似于渐开线（前角不等于零时）的侧切削刃，一个呈平面（前角为零时）或呈圆锥面（前角不等于零时）的前面，以及两个呈左、右旋渐开螺旋面的侧后面。

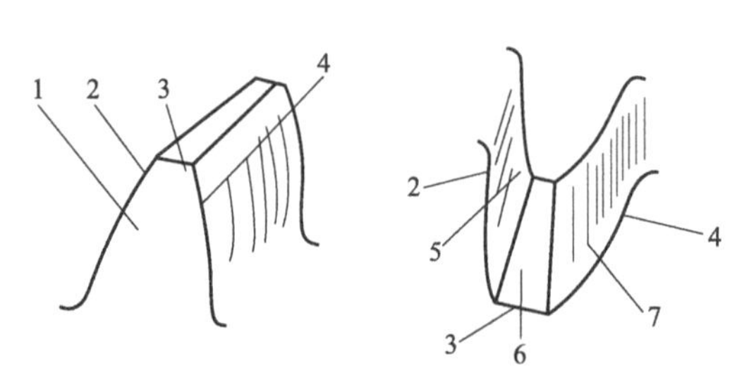

图 6-9　直齿插齿刀的刀齿

1—前面；2,4—侧切削刃；3—顶切削刃；5,7—侧后面；6—顶后面

4. 插齿加工的特点

① 由于插齿刀在设计时没有滚刀的近似齿形误差，在制造时通过高精度磨齿机获得精确的渐开线齿形，所以插齿加工的齿形精度比滚齿高。

② 齿面的表面粗糙度值小，这主要是由于插齿过程中参与包络的刀刃数远比滚齿时多。

③ 运动精度低于滚齿。由于插齿时，刀具上各个刀齿顺次地切削出工件的各个齿槽，

所以刀具的齿距累积误差将直接传递给被加工齿轮，影响被切齿轮的运动精度。

④ 插齿的齿向偏差比滚齿大。由于插齿机的主轴回转轴线与工作台的回转轴线之间存在平行度误差，这将直接影响被加工齿轮的齿向偏差。同时，刀具往复运动和让刀运动使两机构易于磨损。所以插齿的齿向偏差常比滚齿大。

⑤ 插齿的生产率比滚齿低，这是因为插齿刀的切削速度受往复运动惯性限制难以提高。目前插齿刀每分钟往复行程次数一般只有几百次。此外，插齿有空行程损失，实际切削的长度只有总行程长度的 1/3 左右。

⑥ 插齿适于加工内齿轮、双联或多联齿轮、齿条、锥形齿轮，而滚齿则无法加工这些齿轮。

任务二　10 型游梁式抽油机齿形精加工

对于 6 级精度以上的齿轮或者淬火后的硬齿面加工，往往要在滚齿或插齿后进行热处理，再进行齿面的精加工。常用的齿面精加工方法有剃齿、珩齿和磨齿。

【任务导入】

某机械加工厂来了一批零件，生产主任将这批零件分配到三厂区来完成。在粗加工后需要对齿轮进行精加工。

【任务要点】

(1) 基本目标

① 了解精加工齿轮表面特点。

② 掌握精加工齿轮技术方法。

③ 掌握精加工齿轮参数设置。

(2) 能力目标

① 具有识图与绘图的能力。

② 具有精加工齿轮的能力。

③ 具有分析零件技术要求的能力。

【任务提示】

① 查阅资料，简述分析剃齿的基本原理。

② 查阅资料，简述插齿加工特点。

③ 查阅资料，简述磨齿的加工特点。

【任务准备】

一、剃齿加工

1. 剃齿原理

剃齿加工相当于一对螺旋齿轮做双面无侧隙啮合的过程，如图 6-10 所示，剃齿刀相当于一个高精度的斜齿轮，在齿面上沿渐开线齿向开了很多槽形成切削刃。剃齿时，经过预加工的工件装在心轴上，在机床工作台上的两顶尖之间可以自由转动。剃齿刀装在机床主轴上，在机床的带动下与工件做无侧隙的螺旋齿轮啮合传动，带动工件旋转。根据啮合原理，两者在齿面法向上的速度分量 v_{1n} 与 v_{2n} 相等。在齿长方向上剃齿刀的速度分量 v_{1t} 与加工齿轮的速度分量 v_{2t} 之间的速度差为 Δv_t。这一速度差使剃齿刀与被加工齿轮沿齿长方向产生相对运动，在径向力的作用下，从工件齿面上剃下很薄的切屑（厚度可小至 0.005～0.01mm），并在啮合过程中逐渐把余量剃掉。

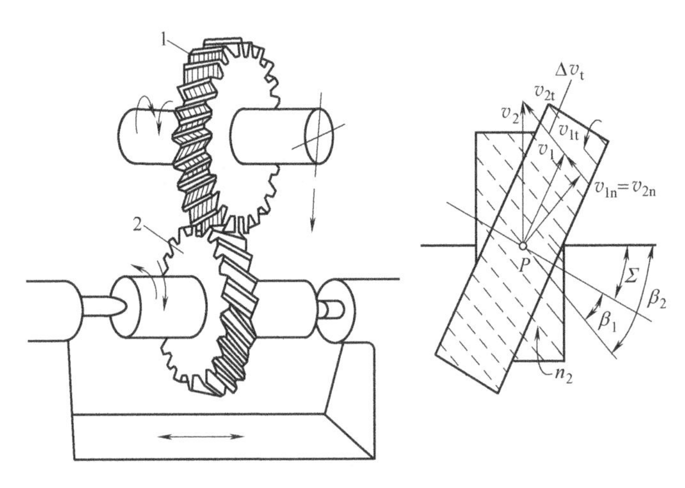

图 6-10　剃齿刀及剃齿工作原理

1—剃齿刀；2—工件

2. 剃齿的工艺特点及应用

① 由上述剃齿原理可知，剃齿刀与工件之间无强制啮合运动，是自由对滚，故机床结构简单、调整方便。

② 剃齿加工效率高，一般只要 2～4min 便可完成一个齿轮的加工。剃齿加工的成本也很低，平均要比磨齿低 90%。

③ 剃齿加工对齿轮的齿形误差和基节误差有较强的修正能力，因而有利于提高齿轮的齿形精度，但对齿轮的切向误差修正能力差，因此，在工序安排上应采用滚齿作为剃齿的前道工序，因为滚齿的运动精度比插齿好，滚齿后的齿形误差比插齿大，但这在剃齿工序中却是不难纠正的。

④ 剃齿加工精度主要取决于剃齿刀，只要剃齿刀本身的精度高，刃磨好，就能够剃 $Ra0.32$～$1.5\mu m$、精度为 6～7 级的齿轮。剃齿刀常用高速钢制造。

⑤ 剃齿可用于未淬火圆柱齿轮的精加工，是软齿面精加工最常见的加工方法之一。

3. 剃齿时要注意的问题

① 剃前齿轮的材料。剃前齿轮硬度在 22～32HRC 范围时，剃齿刀校正误差能力最好。如果齿轮材质不均匀，含杂质过多或韧性过大会引起剃齿刀滑刀或啃刀，最终影响剃齿的齿形及表面粗糙度。

② 剃前齿轮的精度。剃齿是齿形的精加工方法，因此剃齿前的齿轮应有较高的精度。通常剃齿后精度只能比剃齿前的精度提高一级。因为剃齿对齿轮公法线长度变动 Δf_w 不能修正，故剃前齿轮的 Δf_w 值不应低于剃齿后的要求。

③ 剃齿余量。剃齿余量的大小，对剃齿质量和生产率均有较大的影响。余量不足时，

剃前误差及齿面缺陷不能全部去除；余量过大，则剃齿效率低，刀具磨损快，剃齿质量反而下降。选取剃齿余量时，可参考表 6-4。

④ 剃前齿形。加工时，为了减轻剃齿刀齿顶负荷，避免刀尖折断，剃前余量分布最好如图 6-11（a）所示，即在齿根处挖掉一块。齿顶处希望能有一修缘，这不仅对工作平稳性有利，而且可使剃齿后的工件沿外圆不产生毛刺。图 6-11（b）是相应剃前滚刀的齿形。

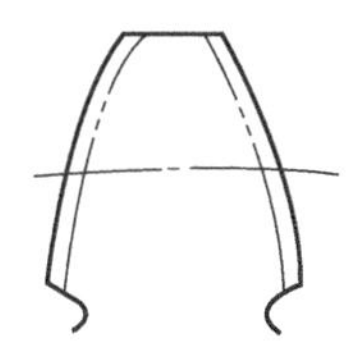
(a) 理想的余量分析

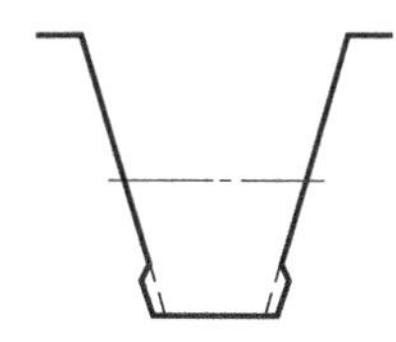
(b) 相应剃前滚刀的齿形

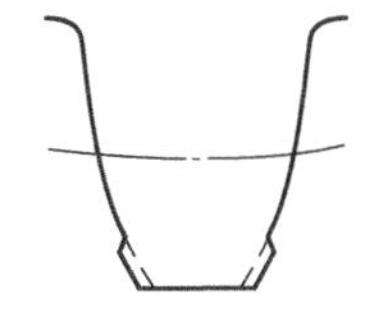
(c) 剃齿前插齿刀齿形

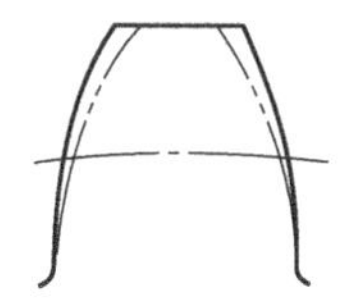
(d) 10°～15°前角滚齿后齿形

图 6-11　剃前余量分布及剃前刀具齿形

表 6-4　剃齿余量

模数/mm	1～1.75	2～3	3.25～4	4～5	5.5～6
剃齿余量/mm	0.07	0.08	0.09	0.10	0.11

⑤ 剃齿刀的选用。剃齿刀分通用和专用两类。无特殊要求时，尽量选择通用剃齿刀。剃齿刀的精度分 A、B 两级，分别用于加工 6、7 级齿轮。剃齿刀的分度螺旋角有 5°、10°和 15°三种，15°和 5°两种应用最广。15°多用于直齿圆柱齿轮，5°多用于加工斜齿轮和多联齿轮中的小齿轮。剃斜齿轮时，轴交角 Σ 不宜超过 10°～20°，否则剃削效果不好。剃齿刀安装后，应认真检查其端面圆跳动及径向圆跳动。轴交角 Σ 按齿向精度要求，通过试切逐步调好。

除了上述几点外，合理地确定切削用量和正确操作也十分重要。

二、珩齿加工

1. 珩齿原理及特点

珩齿是对热处理后的齿轮进行精整加工的方法。其加工原理与剃齿相同，所不同的是珩齿所用的刀具（珩轮）是一个用磨料、环氧树脂等材料做结合剂在铁芯上浇铸或热压而成的斜齿轮，如图 6-12（a）所示。切削是在珩轮与齿轮的“自由啮合”过程中，靠齿面间的压力和相对滑动来进行的，如图 6-12（b）所示，其特点如下。

① 珩齿时由于切削速度低（一般为 1～3ms），加工过程实际上是低速磨削、研磨和抛光的综合作用过程，齿面不会产生烧伤和裂纹，表面质量好。

② 因为珩齿与剃齿的运动关系相同，珩轮本身有一定的弹性，加工余量小，磨料粒度号大，所以珩齿修正误差的能力较差，珩轮本身精度对加工精度的影响很小。可见，珩前齿面的加工尽可能采用滚齿。

③ 与剃齿刀相比，珩轮的齿形简单，容易获得高精度的造型。

2. 珩齿的应用

由于珩齿的修正误差能力较差，因而珩齿主要用于去除热处理后齿面上的氧化皮及毛刺。可使表面粗糙度 Ra 值从 1.6μm 左右降到 0.4μm 以下。为了保证齿轮的精度要求，必须提高珩前的加工精度和减少热处理变形。因此，珩前多采用剃齿。如磨齿后需要进一步降

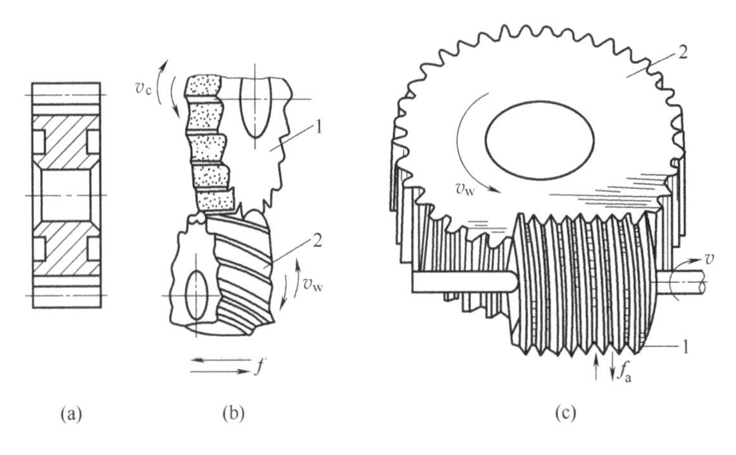

图 6-12　珩磨齿轮与珩磨原理

1—珩轮；2—工件

低表面粗糙度值，也可采用珩齿使齿面的表面粗糙度 Ra 值达到 0.1μm。

由于珩齿加工具有表面质量好、效率高、成本低、设备简单、操作方便等一系列优点，故是一种很好的齿轮光整加工方法，一般可用于加工 6～8 级精度的齿轮。目前蜗杆式珩齿［见图 6-12 (c)］的应用越来越广泛，这种方法珩齿切削速度高，蜗杆形珩轮的齿面比剃齿刀简单，且易于修磨，珩轮精度可高于剃齿刀的精度，对齿轮的齿面误差、基节偏差及齿圈径向跳动能很好地修正。因此，可以省去热处理前的剃齿工序，使传统的“滚齿—剃齿—热处理—珩齿”工艺改变为“滚齿—热处理—珩齿”新工艺。

三、磨齿

磨齿是齿形加工中精度最高的一种方法，一般条件下加工精度可达 4～6 级，最高 3 级。表面粗糙度 Ra 值达到 0.2～0.8μm，适用于淬硬齿面的精加工。由于采用强制啮合的方式，对磨前齿轮误差和热处理变形有较强的修正能力，故多用于高精度的硬齿面齿轮、插齿刀和剃齿刀等的精加工，但生产率低，机床复杂，调整困难，加工成本高。磨齿方法有成形法和展成法两类。生产中常用展成法，它是利用齿轮与齿条啮合的原理进行加工的方法，由砂轮的工作面构成假想齿条的单侧或双侧齿面。在砂轮与工件的啮合运动中，砂轮的磨削平面包络出齿轮的渐开线齿面。下面介绍展成法磨齿的几种方法。

1. 双片碟形砂轮磨齿

如图 6-13 所示，两片碟形砂轮倾斜安装，以构成假想齿条的两个侧面［见图 6-13 (a)］，同时磨削齿槽的左右齿面。磨削时，砂轮只在原位以 n_0 旋转，工件的往复移动 v 和相应的正反转动 ω 实现展成运动。由图 6-13 (b) 可见，展成运动是通过滑座 7 和由框架 2、滚圆盘 3 及钢带 4 组成的滚圆盘钢带机构实现的。为了磨出全齿宽，工件通过工作台 1 实现轴向的慢速进给运动 f。当一个齿槽的两侧面磨完后，工件快速退离砂轮，经分度机构分齿后，再进行下一个齿槽反向进给磨齿。

这种磨齿方法的展成运动传动环节少，传动误差小，分齿精度较高，加工精度可达 3～5 级；但砂轮刚性差，切深小，生产率低，故加工成本较高。适用于单件小批生产高精度直齿轮、斜齿轮的精加工。

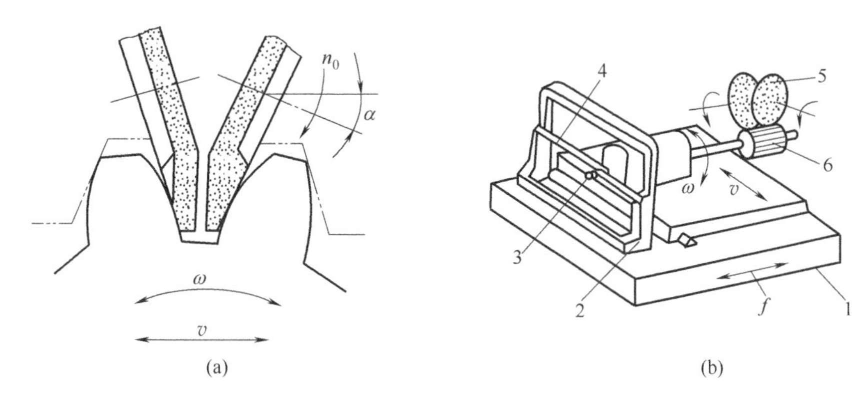

图 6-13 双片碟形砂轮磨齿

1—工作台；2—框架；3—滚圆盘；4—钢带；5—碟形砂轮；6—工件（齿轮）

2. 锥形砂轮磨齿

如图 6-14 所示，砂轮截面呈锥形，相当于齿条的一个齿，磨削时砂轮一方面以 n_0 高速转动，一方面沿齿宽方向移动。被磨齿轮放在与假想齿条相啮合的位置，面以 ω 旋转，一面以 v 移动，实现展成运动。磨完一个齿后，工件还需做分度运动，以便磨削另一个齿槽，直至磨完全部轮齿为止。

采用锥形砂轮磨齿时，砂轮刚性好，磨削效率高，但机床传动链复杂，磨齿精度较低，一般为 5～6 级。多用于成批生产中磨削 6 级精度的齿轮。

3. 蜗杆砂轮磨齿

如图 6-15 所示，蜗杆砂轮磨齿的原理与滚齿类似，其砂轮做成蜗杆状，砂轮高速旋转，工件通过机床的两台同步电动机做展成运动，工件还沿轴线做进给运动以磨出全齿宽。

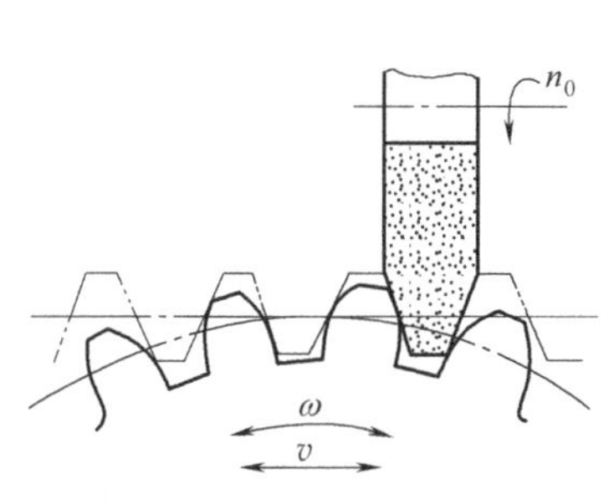

图 6-14 锥形砂轮磨齿

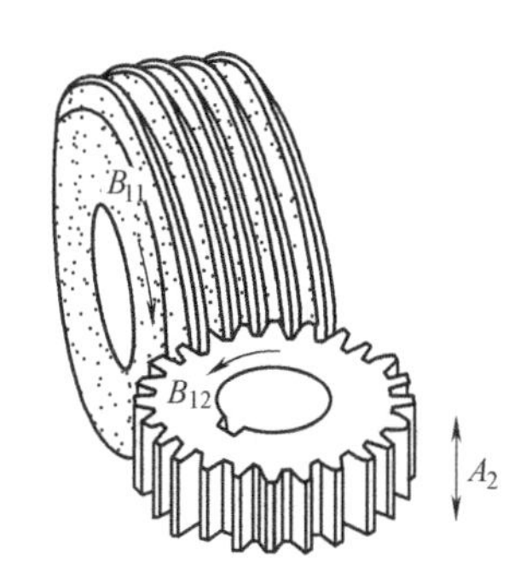

图 6-15 蜗杆砂轮磨齿

为了保证必要的磨削速度，蜗杆砂轮直径较大（ϕ200～400mm），且转速较高(2000r/min)，又是连续磨削，所以生产率很高。磨削精度一般为 5 级，适用于大、中批生产中的齿轮精加工。

【项目实施】

项目实施名称：10 型游梁式抽油机曲柄轴加工

如图 6-16 所示，材料为 40Cr，小批量生产。

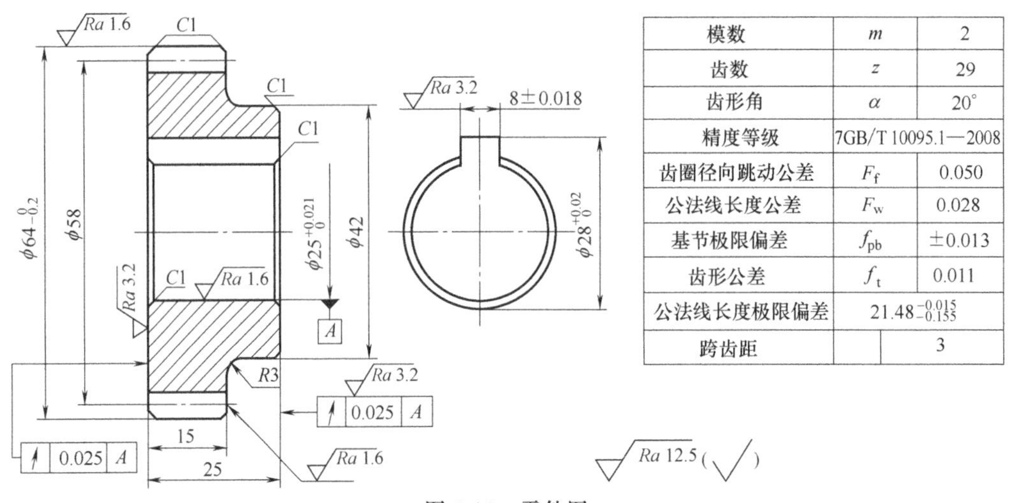

模数	m	2
齿数	z	29
齿形角	α	20°
精度等级	7GB/T 10095.1—2008	
齿圈径向跳动公差	F_f	0.050
公法线长度公差	F_w	0.028
基节极限偏差	f_{pb}	±0.013
齿形公差	f_t	0.011
公法线长度极限偏差	$21.48^{-0.015}_{-0.155}$	
跨齿距		3

图 6-16 零件图

1. 信息收集

仔细识读零件图，回答下列问题。

(1) 查阅资料，查手册找出材料 40Cr 的含义及其热处理工艺。

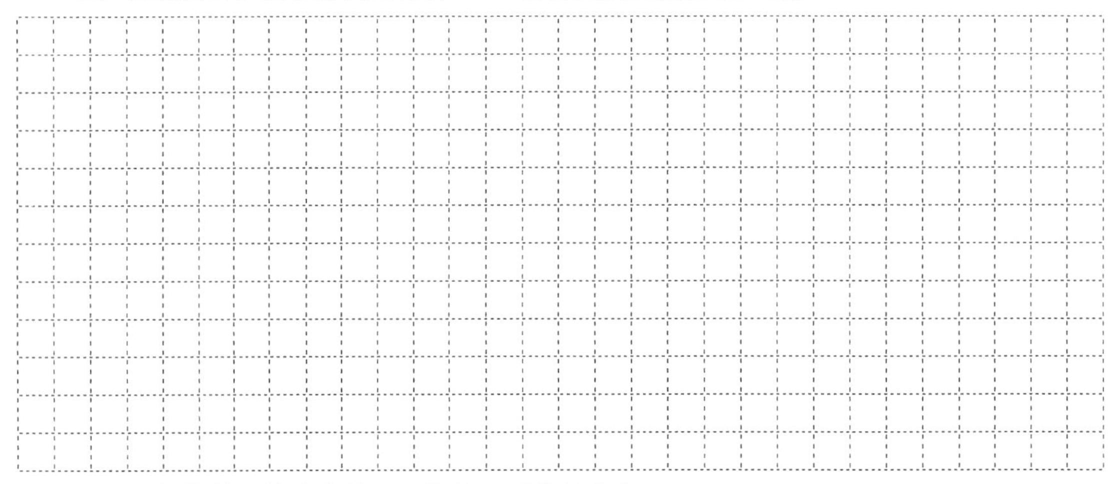

(2) 查阅资料，简述公差、上偏差、下偏差含义。

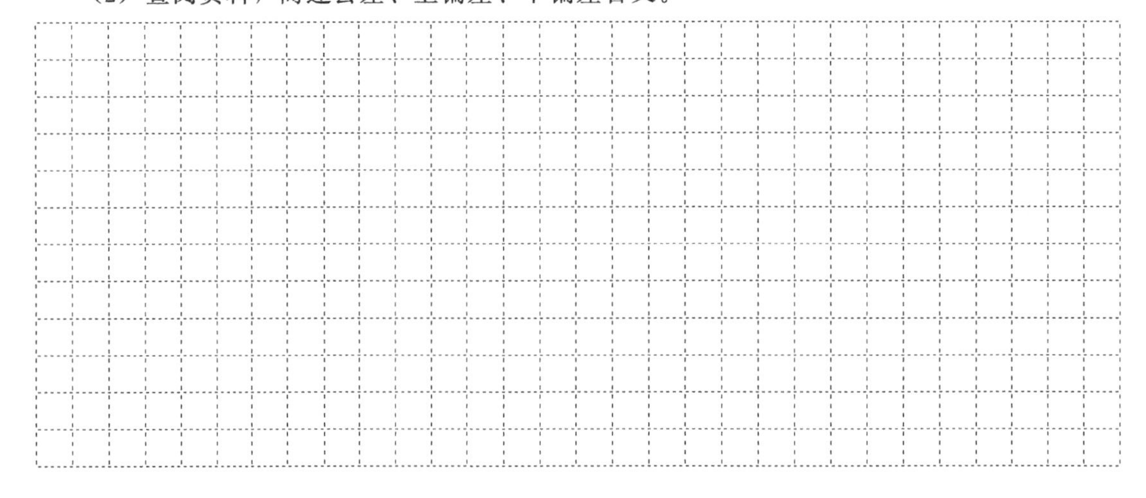

2. 编制计划

（1）设备与夹具

① 简述本零件适合选用什么机床进行加工，此类机床适合加工什么类型工件？查出此机床设备型号并解释设备型号含义。

② 加工本零件时，你选择什么装夹方式？说明理由。

（2）刀具选择

① 加工本零件时，你会选择什么刀具？说明理由。

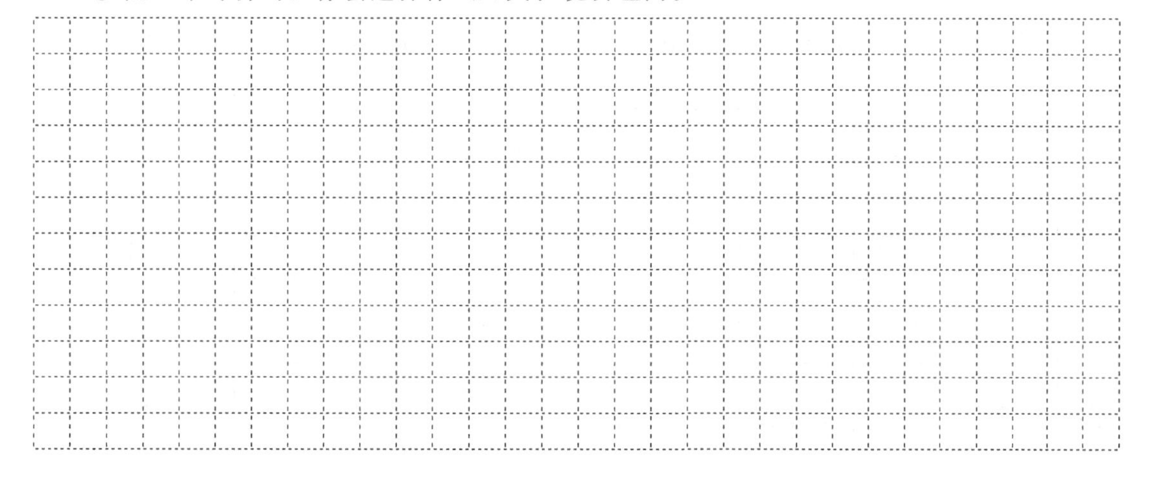

② 加工本零件时，你会用到哪些量具？

3. 制订决策

（1）拟定本零件加工工艺路线。

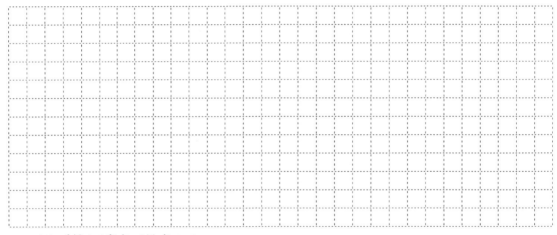

（2）制订工序卡（见表 6-5）。

表 6-5 工序卡

<table>
<tr><td colspan="4">任务：</td><td colspan="2">图纸：</td><td colspan="2">工作时间</td></tr>
<tr><td>序号</td><td>工作阶段/步骤</td><td>附注</td><td>准备清单
机器/工具/辅助工具</td><td>工作安全</td><td>工作质量
环境保证</td><td>计划用时</td><td>实际用时</td></tr>
<tr><td></td><td></td><td></td><td></td><td></td><td></td><td></td><td></td></tr>
<tr><td></td><td></td><td></td><td></td><td></td><td></td><td></td><td></td></tr>
<tr><td></td><td></td><td></td><td></td><td></td><td></td><td></td><td></td></tr>
<tr><td></td><td></td><td></td><td></td><td></td><td></td><td></td><td></td></tr>
<tr><td></td><td></td><td></td><td></td><td></td><td></td><td></td><td></td></tr>
<tr><td></td><td></td><td></td><td></td><td></td><td></td><td></td><td></td></tr>
<tr><td></td><td></td><td></td><td></td><td></td><td></td><td></td><td></td></tr>
<tr><td></td><td></td><td></td><td></td><td></td><td></td><td></td><td></td></tr>
<tr><td colspan="3">日期：</td><td>培训教师：</td><td>日期：</td><td>组长：</td><td colspan="2">组员：</td></tr>
</table>

(3) 工具清单（见表 6-6）。

表 6-6　工具清单

工具名称	数量	单位	材料	特殊要求	附注

<table>
<tr><td rowspan="3">工件名称：</td><td>任务名称：</td><td>班级：</td></tr>
<tr><td colspan="2">组号：　　　　　　　　　　组长：</td></tr>
<tr><td colspan="2">组员：</td></tr>
</table>

4. 计划实施（见表 6-7）

表 6-7　过程记录

<table>
<tr><th colspan="2">名称</th><th>内容</th></tr>
<tr><td rowspan="2">设备</td><td>操作</td><td></td></tr>
<tr><td>工、量、刀具</td><td></td></tr>
<tr><td>工艺</td><td>加工合理性</td><td></td></tr>
<tr><td rowspan="2">6S</td><td>5S</td><td></td></tr>
<tr><td>安全</td><td></td></tr>
</table>

5. 质量检测（见表 6-8、表 6-9）

表 6-8 目测和功能检查表

<table>
<tr><td colspan="4">（任务名称）</td><td colspan="2" rowspan="2">组织形式
EA□ GEA□ GA</td></tr>
<tr><td colspan="4">姓名</td></tr>
<tr><td rowspan="2">序号</td><td rowspan="2">位号</td><td rowspan="2">目测和功能检查</td><td rowspan="2">受训生
自我评分
分数</td><td colspan="2">培训教师</td></tr>
<tr><td>评分
分数</td><td>自我评分结果
分数</td></tr>
<tr><td></td><td></td><td></td><td></td><td></td><td></td></tr>
<tr><td></td><td></td><td></td><td></td><td></td><td></td></tr>
<tr><td></td><td></td><td></td><td></td><td></td><td></td></tr>
<tr><td></td><td></td><td></td><td></td><td></td><td></td></tr>
<tr><td></td><td></td><td></td><td></td><td></td><td></td></tr>
<tr><td></td><td></td><td></td><td></td><td></td><td></td></tr>
<tr><td></td><td></td><td></td><td></td><td></td><td></td></tr>
<tr><td></td><td></td><td></td><td></td><td></td><td></td></tr>
<tr><td colspan="4">总分</td><td></td><td></td></tr>
</table>

说明：
灰色区域应促进受训生自行进行评分，并不计入评分。

自我评分标准：
加/减一个评分等级：=9 分
加/减两个评分等级：=5 分
加/减三个评分等级：=0 分

<table>
<tr><td rowspan="3">（整体任务名称）</td><td>部分：（任务名称）</td><td></td></tr>
<tr><td>（工件名称）</td><td>任务/工作</td></tr>
<tr><td>（工件名称）+（连接、检验、测量）</td><td>分练习</td></tr>
</table>

表 6-9　尺寸和物理量检查表

序号	位号	经检查的尺寸或 经验检查的物理量	受训生		培训教师		
			自我评分		结果 尺寸检查		结果 自我评分
			实际尺寸	分数	实际尺寸	分数	分数
总分							

经检查的尺寸和物理量的评分
(10 分或 0 分)

6. 评价总结（见表 6-10、表 6-11）

表 6-10　自我评价

<table>
<tr><td colspan="5">（姓名）</td></tr>
<tr><td rowspan="2">序号</td><td rowspan="2">信息、计划和团队能力</td><td rowspan="2">受训生自我评分分数</td><td colspan="2">培训教师</td></tr>
<tr><td>评分分数</td><td>结果自我评分分数</td></tr>
<tr><td></td><td>（对检查的问题）</td><td></td><td></td><td></td></tr>
<tr><td></td><td></td><td></td><td></td><td></td></tr>
<tr><td></td><td></td><td></td><td></td><td></td></tr>
<tr><td></td><td></td><td></td><td></td><td></td></tr>
<tr><td colspan="3">信息、计划和团队能力评分</td><td></td><td></td></tr>
</table>

<table>
<tr><td colspan="7">总成绩</td></tr>
<tr><td>序号</td><td>评估组</td><td>结果</td><td>除数</td><td>100-分制结果</td><td>加权系数</td><td>分数</td></tr>
<tr><td></td><td></td><td></td><td></td><td></td><td></td><td></td></tr>
<tr><td></td><td></td><td></td><td></td><td></td><td></td><td></td></tr>
<tr><td></td><td></td><td></td><td></td><td></td><td></td><td></td></tr>
<tr><td></td><td></td><td></td><td></td><td></td><td></td><td></td></tr>
<tr><td colspan="5" rowspan="2">总分分数</td><td></td><td></td></tr>
<tr><td></td><td></td></tr>
</table>

附注

日期：　　受训生　　培训教师

<table>
<tr><td rowspan="3">（整体任务名称）</td><td>部分：（任务名称）</td><td></td></tr>
<tr><td>（工件名称）</td><td>任务/工作</td></tr>
<tr><td>检查评分表</td><td>分练习</td></tr>
</table>

表 6-11　总结分享

项目	内容
成果展示	
总结与分享	

项目七　夹具设计

夹具是指机械制造过程中用来固定加工对象，使之占有正确的位置，以接受施工或检测的装置，又称卡具。从广义上说，在工艺过程中的任何工序，用来迅速、方便、安全地安装工件的装置，都可称为夹具。

【项目导入】

某机械加工厂来了一批零件，生产主任将这批零件分配到三厂区来完成。在加工零件时有部分零件外形不规格不能使用标准夹具，需要进行夹具设计。

【项目要点】

（1）素质目标

① 培养学生发现问题和解决问题的能力。

② 培养学生的安全文明生产意识和6S管理理念。

③ 培养学生具有正确的生产价值观与评判事物的能力。

④ 培养学生爱岗敬业、团结协作、吃苦耐劳的职业精神与创新意识。

（2）能力目标

① 能达到独自操作钻床加工简单零件的能力。

② 具有各种孔、沉头孔、盲孔等零件加工能力。

③ 能正确选择与使用加工这些零件所用的钻头、量具及辅具，能合理选择切削参数，合理制订典型钻削零件的加工工艺的能力。

（3）知识目标

① 了解钻床的基本知识，主要包括钻床的种类、钻床的基本部件及功能。

② 熟悉钻头的基本知识，主要包括钻头材料的种类及牌号、钻头的种类及标记、钻头的主要几何参数。

③ 熟悉掌握钻加工的基本方法及参数选择。

④ 掌握钻削零件加工的分度原理及分度方法。

⑤ 了解钻削零件的质量分析。

⑥ 掌握钻削零件的检测原理与方法，以及检测工具的正确使用。

引导问题

问题 1｜查阅资料，简述夹具分类。

问题 2｜查阅资料，描述夹具的作用。

问题 3｜查阅资料，简述夹具的组成。

问题 4｜查阅资料，简述夹具定位元件。

问题 5｜描述专用夹具基本要求。

【项目准备】

任务一　机床夹具及定位方式

在加工前，必须使工件在机床或夹具上占有某一正确的位置，这个过程称为定位；为了使定位好的工件在加工过程中始终保持正确的位置，不受切削力、惯性力等的作用而发生位移，需要将工件压紧夹牢，这个过程称为夹紧；定位和夹紧的整个过程合称装夹。工件的装夹不仅影响加工质量，而且对生产率、加工成本及操作安全有直接影响。

【任务导入】

某机械加工厂来了一批零件，生产主任将这批零件分配到三厂区来完成。在加工特殊零件前需要设计机床夹具及确定定位方式。

【任务要点】

（1）基本目标

① 了解机床夹具的作用。

② 掌握机床夹具的分类。

③ 掌握工件定位方式。

（2）能力目标

① 具有设计机床夹具的能力。

② 具有设计工件定位的能力。

【任务提示】

① 查阅资料，简述机床夹具在加工过程中的作用。

② 查阅资料，简述机床夹具的分类。

③ 查阅资料，简述机床夹具的定位方式。

【任务准备】

一、机床夹具

1. 机床夹具的作用

在机械制造过程中，夹具是一种常用的工艺装备。机床夹具是夹具中的一种，它装在机床上，使工件相对刀具和机床保持正确的位置，并能承受切削力的作用。例如，车床上使用的三爪自定心卡盘，铣床上使用的平口虎钳、分度头等。机床夹具的作用主要有以下几个。

（1）保证加工精度　用夹具装夹工件时，工件相对于刀具（或机床）的位置由夹具来保证，基本不受工人技术水平的影响，因而能比较容易和稳定地保证工件的加工精度。例如，轴套上的孔加工时，可用图 7-1 所示的专用钻夹具来完成。工件以内孔和端面在定位销 6 上定位，旋紧螺母 5，通过开口垫圈 4 将工件夹紧，然后由装在钻模板 3 上的快换钻套 1 引导钻头或铰刀进行钻孔或铰孔。

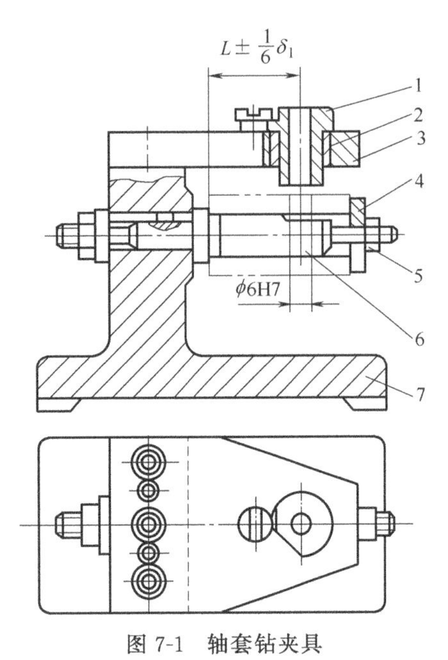

图 7-1　轴套钻夹具

1—快换钻套；2—衬套；3—钻模板；4—开口垫圈；5—螺母；6—定位销；7—夹具体

（2）提高生产效率　采用夹具后，工件无须逐个划线找正和对刀，装夹方便迅速，可显著地减少辅助时间，有利于提高劳动生产率和降低成本。

（3）扩大机床的使用范围　使用专用夹具可以扩大机床的使用范围。例如，在车床或摇臂钻床上安装镗模后，就可对箱体的孔系进行镗削加工。

（4）改善劳动条件　使用专用机床夹具可减轻工人的劳动强度，改善劳动条件，降低对工人操作技术水平的要求，也有利于保证安全生产。

2. 机床夹具的分类

机床夹具通常有三种分类方法，即分别按应用范围、使用机床、夹具动力源来分类，如图 7-2 所示。其中，通用夹具是指已经标准化的、可用于一定范围内加工不同工件的夹具，如三爪自定心卡盘、四爪单动卡盘、机用平口钳等，这类夹具主要用于单件小批量生产；专用夹具是针对某一工件的某一工序专门设计与制造的夹具，主要用于中批以上的生产。

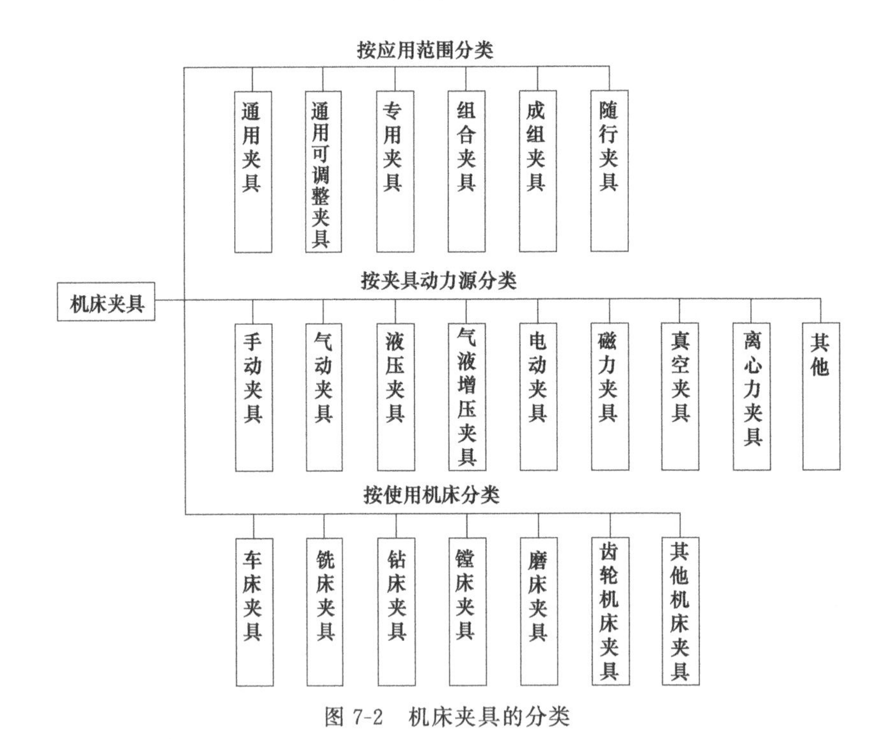

图 7-2　机床夹具的分类

3. 机床夹具的组成

机床夹具一般由以下几个基本部分组成。

（1）定位元件　定位元件的作用是用来确定工件在夹具中的正确位置。如图 7-1 中所示，夹具上的定位销 6 是定位元件。

（2）夹紧装置　夹紧装置的作用是将工件夹紧，确保工件在加工过程中位置不变。夹紧装置包括夹紧元件或其组合以及动力源。图 7-1 中所示的螺杆（与定位销合成的一个零件）、螺母 5 和开口垫圈 4 组成了夹紧装置。

（3）对刀及导向装置　对刀及导向装置的作用是保证刀具与工件间的正确位置。图 7-1 中所示的钻套 1 与钻模板 3 就是为了引导钻头而设置的导向装置。

（4）夹具体　夹具体是机床夹具的基础件，如图 7-1 中所示的夹具体 7，通过它将夹具的所有部分连接成一个整体。

（5）其他装置或元件　机床夹具除有上述四部分外，还有些根据需要设置的其他装置或元件，如分度装置、夹具与机床之间的连接元件、吊装元件等。

二、工件定位

1. 确定工件的定位方式

所谓基准就是零件上用来确定其他点、线、面的位置所依据的点、线、面。作为基准的点、线、面在工件上不一定真实存在，例如，几何中心、对称线、对称平面等。基准根据其功用不同可分为设计基准和工艺基准两大类，前者用在产品零件的设计图上，后者用在机械制造的工艺过程中。

（1）设计基准　在零件图上用来确定其他点、线、面位置的基准称为设计基准。对于线性尺寸，基准是尺寸线的起点；对于位置公差，基准是基准符号所处的位置。例如，图 7-3 所示的钻套，轴线 OO 是各外圆表面及内孔的设计基准；端面 A 是端面 B、C 的设计基准；内孔表面 D 的轴线是 ϕ40h6 外圆表面的径向跳动和端面 B 端面跳动的设计基准。

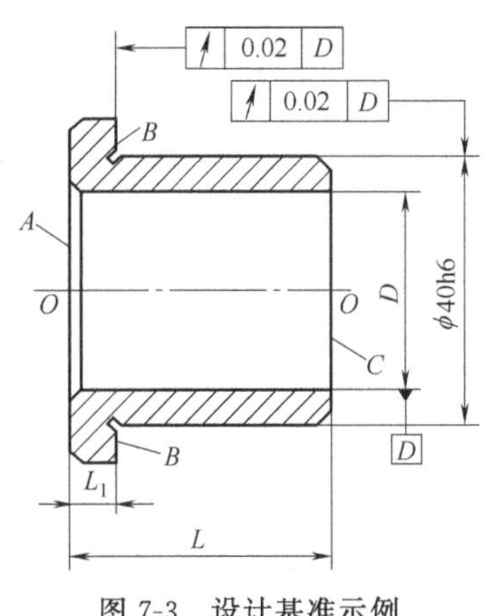

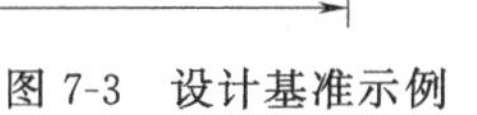

图 7-3　设计基准示例

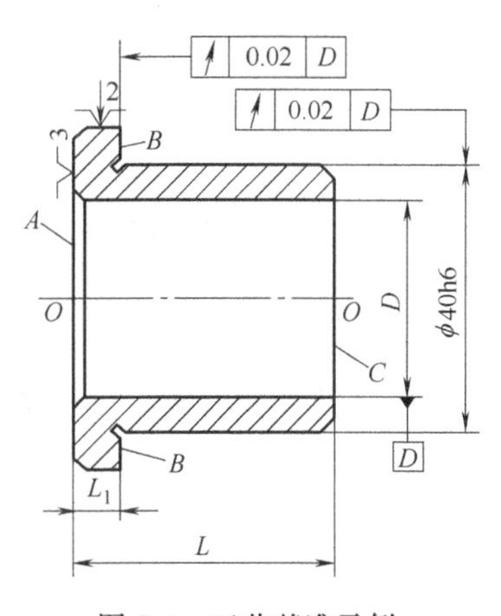

图 7-4　工艺基准示例

（2）工艺基准　零件在加工工艺过程中所采用的基准称为工艺基准。工艺基准按用途又可分为工序基准、定位基准、测量基准和装配基准。

① 工序基准。在工序图上用来标注本工序被加工表面加工后的尺寸、形状位置的基准称为工序基准。例如，图 7-4 所示为钻套零件车削端面 B、C 和外圆 ϕ40h6 时的工序图，A 面为 B、C 端面长度方向的工序基准；大外圆轴线为加工径向尺寸 ϕ40h6 时的工序基准。

② 定位基准。加工时，使工件在机床或夹具中占据一正确位置所用的基准称为定位基准。例如，图 7-4 中，车削钻套零件的端面 B、C 和外圆 ϕ40h6 时，A 面、大外圆轴线为定位基准。

定位基准除了是工件的实际表面外也可以是表面的几何中心、对称线或对称面，但必须由相应的实际表面来体现，这些实际表面称为定位基面。工件以回转面与定位元件接触时，该回转面的轴线为定位基准，此轴线由回转面来体现，回转面即为定位基面。如图 7-4 所示，加工外圆 ϕ40h6 时工件是用三爪卡盘夹紧端面大外圆来定位，则其定位基准就是该大外圆的轴心线，定位基面是它的外圆表面。

在选定定位基准及确定夹紧力的方向和作用点后，应在工序图上标注定位符号和夹紧符号，如图 7-4 所示。定位符号旁边的数字是该定位面所限制的自由度数。定位、夹紧符号可参考有关标准手册。

③ 测量基准。检验时用来测量已加工表面尺寸、形状及位置的基准称为测量基准。一般情况下常采用设计基准作为测量基准，但当用设计基准作为测量基准不方便或不可能时，也可采用其他表面作为测量基准。

④ 装配基准。在装配时，用来确定零件或部件在机器中的位置所用的基准称为装配基准。如齿轮装在轴上，其内孔轴线是装配基准；轴装在箱体孔上，则支承轴颈的轴线是装配基准；主轴箱体装在床身上，则箱体的底面是装配基准。

2. 工件的定位方法

(1) 直接找正定位法　直接找正定位法是在机床上利用百分表、划线盘等工具直接找正工件位置的方法。直接找正时工件的定位基准是所找正的表面，如图 7-5 所示。图 7-5 (a) 所示为在磨床上用四爪单动卡盘装夹套筒磨内孔，先用百分表找正工件的外圆再夹紧，以保证磨削后的内孔与外圆同轴，工件的定位基准是外圆轴线。图 7-5 (b) 所示为在牛头刨床上用直接找正法刨槽，要求保证槽的侧面与工件右侧面平行，工件的定位基准是右侧面。直接找正法生产率低，找正精度取决于工人的技术水平和测量工具的精度，一般用于单件小批生产。

(2) 划线找正定位法　此法是先在毛坯上按照零件图划出中心线、对称线和各待加工表面的加工线及找正线（找正线和加工线之间的距离一般为 5mm)，然后将工件装上机床，按照划好的线找正工件在机床上的正确位置。划线找正时工件的定位基准是所划的线，如图 7-6 所示。这种定位方法生产效率低，精度低，一般多用于单件小批生产中加工复杂而笨重的零件，或毛坯精度低而无法直接采用夹具定位的场合。

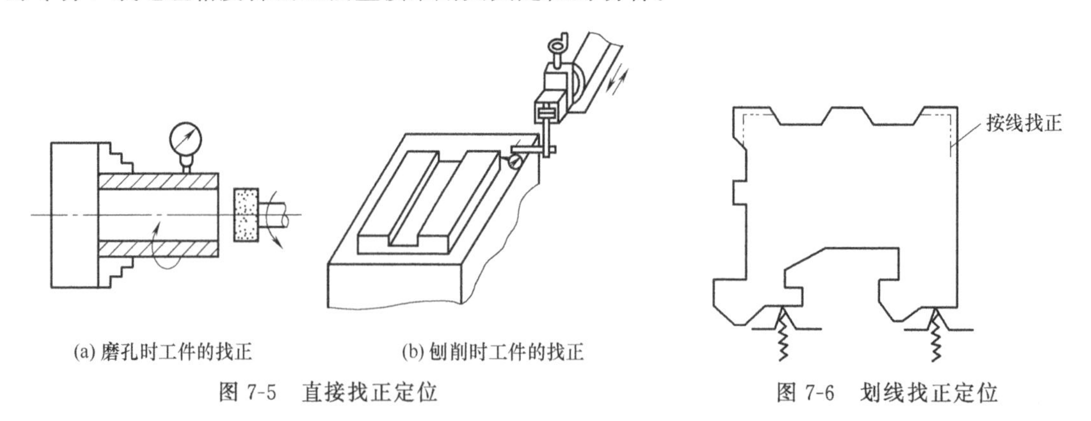

(a) 磨孔时工件的找正　(b) 刨削时工件的找正

图 7-5　直接找正定位

图 7-6　划线找正定位

(3) 夹具定位法　夹具是按照工序要求专门设计的，夹具上的定位元件能使工件迅速找到其在机床上的正确位置，不需要划线和找正就能保证工件的定位精度，见图 7-6。用夹具定位生产效率高，定位精度较高，广泛用于成批及大量生产中。

3. 工件的定位原理

任何一个尚未定位的工件，可以看成是空间直角坐标系中的自由物体，它可以与三个坐标轴平行的方向放在任意位置，即具有沿着三个坐标轴移动的自由度，记为 $\vec{x}$、$\vec{y}$、$\vec{z}$（见图 7-7）；同样，工件沿三个坐标轴旋转方向的位置也是可以任意放置的，即具有绕三个坐标轴转动的自由度，记为 $\widehat{x}$、$\widehat{y}$、$\widehat{z}$。因此要使工件在夹具中占有一致的正确位置，就必须对工件的自由度加以限制。

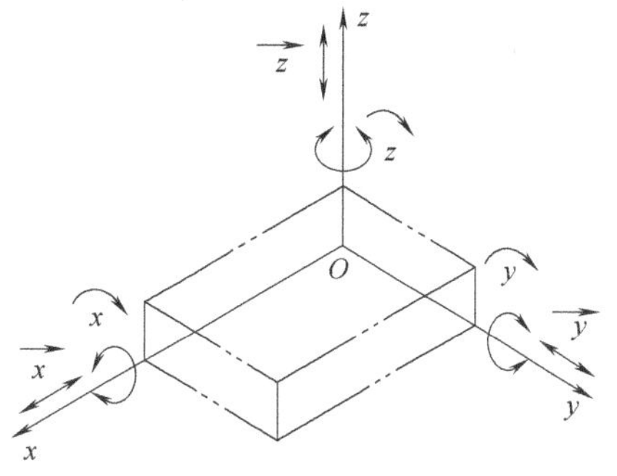

图 7-7 工件的六个自由度

在实际应用中，通常用一个支承点（接触面积很小的支承钉）限制工件一个自由度，这样用六个合理布置的支承点限制工件的六个自由度，就可以使工件的位置完全确定，称为六点定位规则，简称六点定则，也常称六点定位原理。例如，图 7-8（a）所示长方体工件，用图 7-8 的（c）所示的定位方式可限制长方体工件的 6 个自由度。

应用六点定位规则时要注意以下事项。

① 6 个支承点的位置要合理分布，否则就不能有效地限制 6 个自由度。

② 夹紧与定位是不同的，工件被夹紧，其位置不能移动了，并不等于就定位了。工件定位是指一批工件在夹紧前要占有一致的、正确的位置，而工件在任何位置均可被夹紧，并没有保证一批工件在夹具中的一致位置。

③ 定位规则中所称的限制自由度是指工件的定位面与定位支承点始终保持接触，因此工件定位后，不会具有与定位支承相反方向的移动或转动的可能。

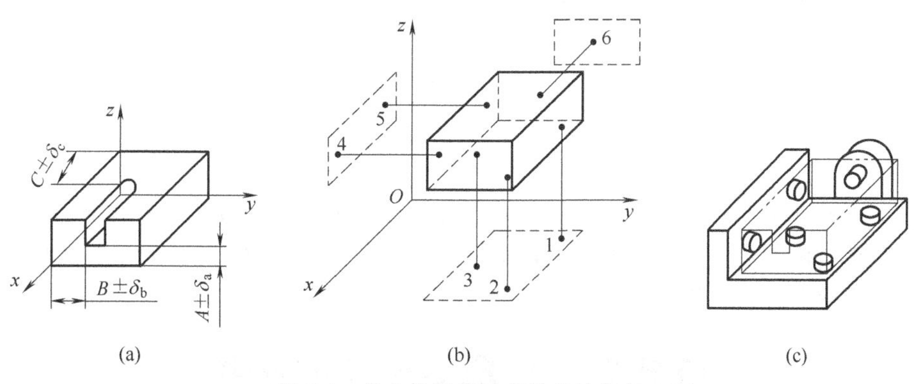

图 7-8 长方体定位时支承点的分布

4. 工件的定位形式

工件的定位形式通常有以下四种。

（1）完全定位　工件 6 个自由度全部被限制的定位状态，称为完全定位。这时工件在夹具中具有唯一的确定位置。当工件在三个坐标方向都有尺寸精度或位置精度要求时，必须采用这种完全定位方式。

（2）不完全定位　工件被限制的自由度少于 6 个，但能保证加工要求的定位状态，称为不完全定位。

（3）欠定位　工件定位时实际限制的自由度少于其按加工要求必须限制的自由度的

定位状态，称为欠定位。由于欠定位不能保证加工要求，因此欠定位在加工中是不允许的。

(4) 过定位　工件的同一自由度被重复限制的定位状态，称为过定位。过定位是否允许，要看具体情况，如果工件的定位面经过机械加工，且形状、尺寸、位置精度均较高，则过定位是允许的。有时过定位不但允许，而且是必要的，因为合理的过定位不仅不会影响加工精度，反而可以起到加强工艺系统刚度和增加定位稳定性的作用；相反如果工件的定位面是毛坯面，或虽经过机械加工，但加工精度不够高，这时过定位一般是不允许的，因为它可能造成定位不准确，或定位不稳定，或发生干涉等。图 7-9 所示为加工连杆小头孔工序时以连杆大头孔和端面定位的两种情况。图 7-9 (a) 中，长圆柱销轴限制了工件 $\vec{x}$、$\vec{y}$、$\widehat{x}$、$\widehat{y}$4 个自由度，支承板限制了 $\vec{z}$、$\widehat{x}$、$\widehat{y}$3 个自由度，其中 $\widehat{x}$、$\widehat{y}$2 个自由度被重复限制，因此属于过定位。如果工件的孔与端面能保证很好的垂直度，则此过定位是允许的；但若工件的孔与端面垂直度误差较大，且孔与销的配合间隙又很小时，定位后会引起工件歪斜，且工件端面与定位支承板只有极少部分接触，压紧后就会使工件产生变形或圆柱销歪斜，从而导致加工后的小头孔与大头孔的轴线平行度达不到要求，这种情况下应避免过定位。最简单的解决方法是将长圆柱销改成短圆柱销，如图 7-9 (b) 所示，由于短销只限制 $\vec{x}$、$\vec{y}$ 两个移动自由度，因此可以避免过定位。

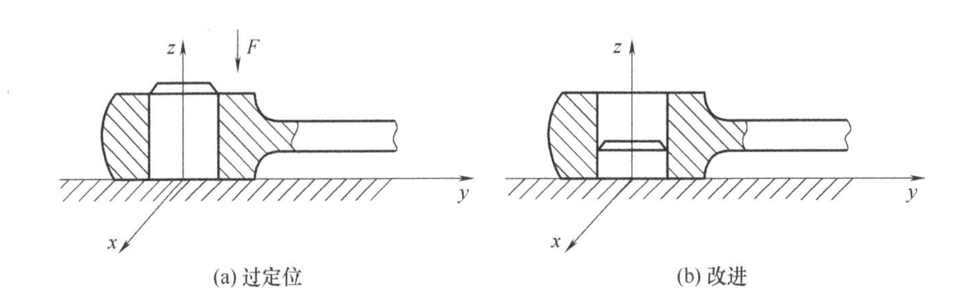

(a) 过定位　　(b) 改进

图 7-9　工件的过定位及改进方法

总之，工件在空间有 6 个自由度，但并不是每次加工时 6 个自由度都要限制，而是应该根据加工要求，限制那些对加工精度有影响的自由度，对加工精度无影响的自由度，可以限制，也可以不限制，视具体情况决定。

任务二　选择夹具定位元件

工件定位时，首先要根据加工要求确定工件需要限制的自由度，选择合适的表面作为定位基准面。工件的定位基准面有多种形式，如平面、外圆柱面、内孔等。根据定位基准面的不同，采用不同的夹具定位元件，使定位元件的定位面和工件的定位基准面相接触或配合，实现工件的定位。

【任务导入】

某机械加工厂来了一批零件，生产主任将这批零件分配到三厂区来完成。完成机床机夹及定位方式后选择定位元件。

【任务要点】

(1) 基本目标

① 了解夹具的材料及定位形式。

② 掌握工件以内孔定位时的定位元件。

③ 掌握工件以外圆柱面定位时的定位元件。

④ 掌握定位误差及工件夹紧方式。

(2) 能力目标

① 具有选择合适夹具材料及定位形式的能力。

② 具有合理设计定位元件及夹紧方式的能力。

【任务提示】

① 查阅资料，简述在设计机床夹具时选择哪些常用材料。

② 查阅资料，简述工件以内孔和外圆柱面定位时的定位元件。

③ 查阅资料，简述什么是机床定位误差。

【任务准备】

一、夹具材料及定位形式

1. 夹具定位元件的基本要求与常用材料

① 足够的精度。夹具定位元件应具有足够的精度，以保证工件的定位精度。

② 良好的耐磨性。由于定位元件的工作表面经常与工件接触和摩擦，容易磨损，因此要求定位元件工作表面的耐磨性要好，以保证使用寿命和定位精度。

③ 足够的强度和刚度。定位元件在受工件重力、夹紧力和切削力的作用不应变形和损坏，故要求定位元件有足够的刚度和强度。

④ 较好的工艺性。定位元件应容易制造、装配和维修。

⑤ 便于清除切屑。定位元件的工作表面形状应便于清除切屑，以防切屑嵌入影响加工精度。

2. 定位元件的常用材料

① 低碳钢。常用牌号有 20、20Cr，工件表面经渗碳淬火，渗碳层深度 0.8～1.2mm 左右，硬度 58～64HRC。

② 高碳钢。常用牌号有 T8、T10 等，淬硬至 58～64HRC。

此外，也有用中碳钢，如 45 钢，淬硬至 43～48HRC。

3. 工件以平面定位时的定位元件

工件以平面作为定位基面，是最常见的定位方式之一，常用于箱体、床身、机座、支架等类零件的加工。工件以平面定位时的定位元件主要有以下几种。

(1) 固定支承　固定支承有支承钉和支承板两种，在使用过程中，它们的位置是固定不变的。

① 支承钉。图 7-10 所示为 3 种标准支承钉，其中平头支承钉多用于工件以精基准定位；球头支承钉和齿纹支承钉适用于工件以粗基准定位，可减少接触面积，从而与粗基准有稳定

的接触。球头支承钉较易因磨损失去精度，齿纹支承钉能增大接触面间的摩擦力，但落入齿纹中的切屑不易清除，故多用于侧面和顶面定位。各支承钉相当于一个支承点，可限制工件一个自由度。

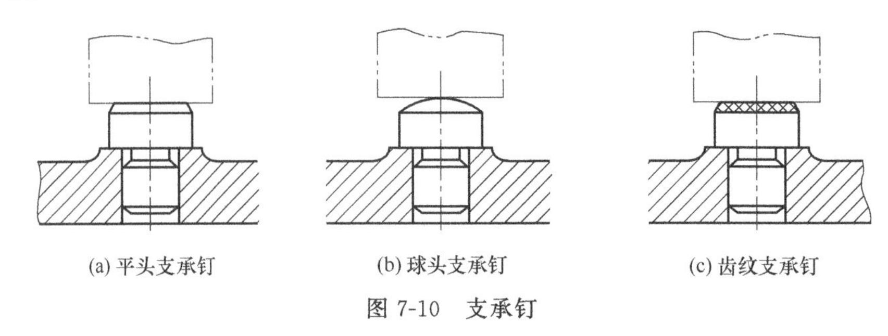

图 7-10 支承钉

支承钉与夹具体上孔的配合为 H7/r6 或 H7n6。若支承钉需经常更换时，可加衬套，其外径与夹具体孔的配合亦为 H7/r6 或 H7/n6，内径与支承钉的配合为 H7js6。当使用几个支承钉（处于同一平面）时，装配后应一次磨平其工作表面，以保证等高。

② 支承板。支承板适用于工件以精基准定位的场合。工件以大平面与一大（宽）支承板相接触定位时，该支承板相当于 3 个不在一条直线上的定位支承点，可限制工件 3 个自由度。一个窄长支承板相当于 2 个定位支承点，可限制工件 2 个自由度。工件以一个大平面同时与两个窄长支承板相接触定位时，这两个窄长支承板相当于一个大（宽）支承板，限制工件 3 个自由度。

图 7-11 所示为两种标准支承板，其中 A 型支承板结构简单、紧凑，但切屑易落入螺钉孔周围的缝隙中，且不易清除，因此多用于侧面和顶面的定位；B 型支承板在工作面上有斜槽，清除切屑方便，多用于底面定位。

根据工件定位基准面的具体轮廓形状，也可以将定位支承板设计成非标准的，例如圆形、圆环形的支承板。

支承板用螺钉紧固在夹具体上。当工件以一个大平面在两个以上的支承板上定位时，支承板在夹具体上装配后应一次磨平其工作表面，以保证其平面度。

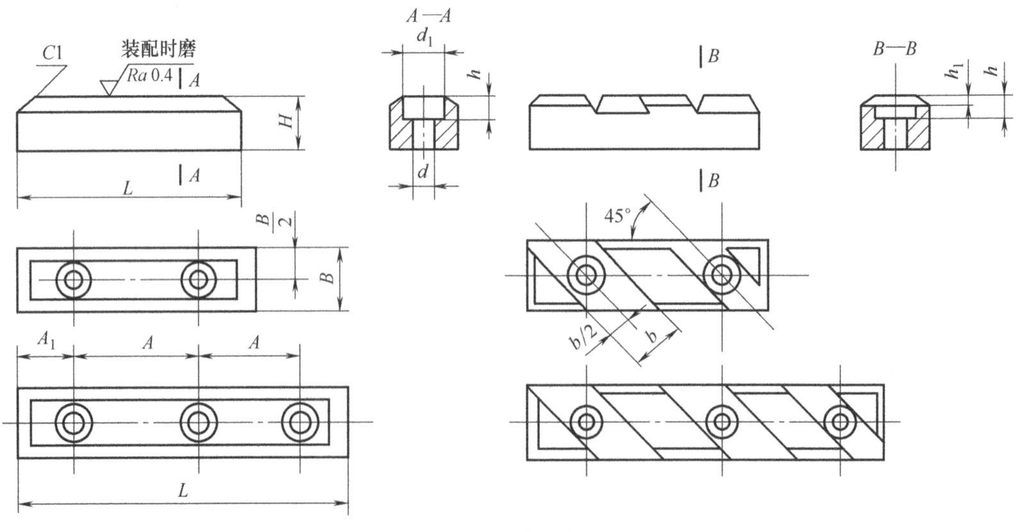

图 7-11 支承板

（2）可调支承　可调支承是指高度可以调节的支承（见图 7-12），一个可调支承限制工件一个自由度。可调支承适用于铸造毛坯分批铸造，不同批次的毛坯形状和尺寸变化较大，且又以毛坯面定位的场合；或用于同夹具加工形状相同而尺寸不同的工件；也可用于可调整夹具和成组夹具中。图 7-12（a）所示的可调支承可用手直接调节或用扳手调节，适用于支承小型工件；图 7-12（b）所示的可调支承具有衬套，可防止磨损夹具体。图 7-12（b）、（c）所示的可调支承需要用扳手调节，这两种可调支承适用于支承较重的工件。

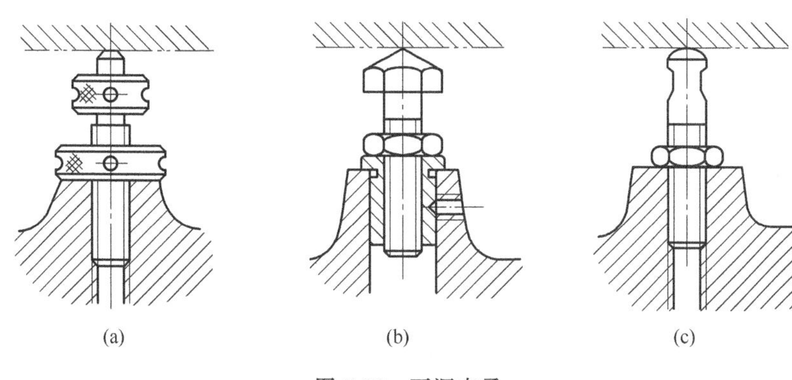

图 7-12　可调支承

可调支承在同一批工件加工中，其位置保持不变，作用相当于固定支承，因此可调支承在调整后必须用锁紧螺母锁紧。

（3）自位支承（浮动支承）　自位支承是在工件定位过程中，能随工件定位基准面的位置变化而自动与之适应的多点接触的浮动支承，其作用仍相当于一个定位支承点，限制工件的一个自由度。由于接触点数目增多，可提高工件的支承刚度和定位稳定性，适用于粗基准定位或工件刚度不足的情形，如图 7-13 所示。

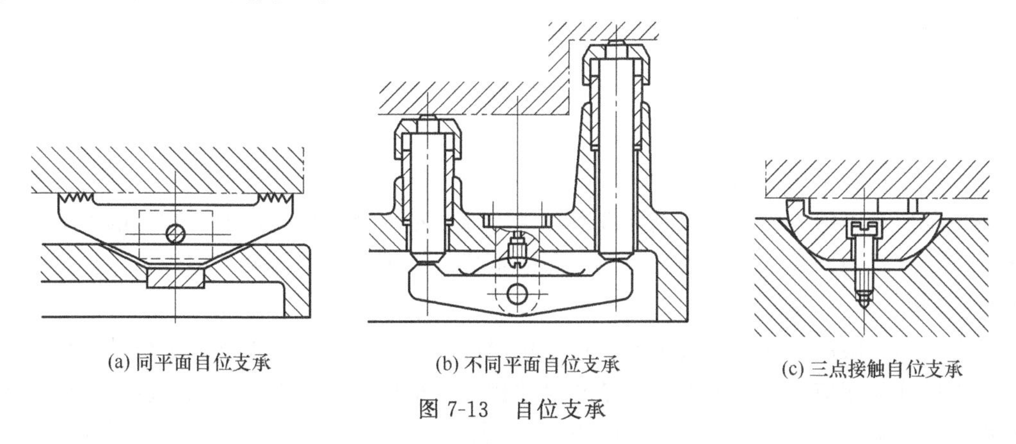

图 7-13　自位支承

（4）辅助支承　辅助支承用来提高工件的装夹刚度和稳定性，不起定位作用。辅助支承的工作特点是，待工件定位夹紧后，再调整支承钉的高度，使其与工件的有关表面接触并锁紧。每安装一个工件就要调整一次辅助支承。辅助支承还可以起到预定位的作用。

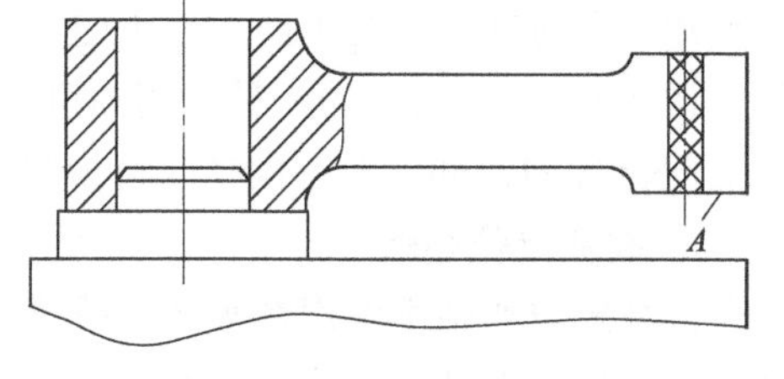

图 7-14　辅助支承的应用

如图 7-14 所示，工件以内孔及端面定位，钻右端小孔。由于右端为一悬臂，钻孔时工件刚性差。若在 A 处设置固定支承则会出现过定位，有可能破坏左端的定位。这时可在 A 处设置一辅助支承来承受钻削力，既不破坏定位，又增加了工件的刚性。

图 7-15 所示为夹具中常见的两种辅助支承。图 7-15（a）所示为螺旋式辅助支承，图 7-15（b）所示为自位式辅助支承，支承销在弹簧的作用下与工件接触，转动手柄可使顶柱将支承销锁紧。

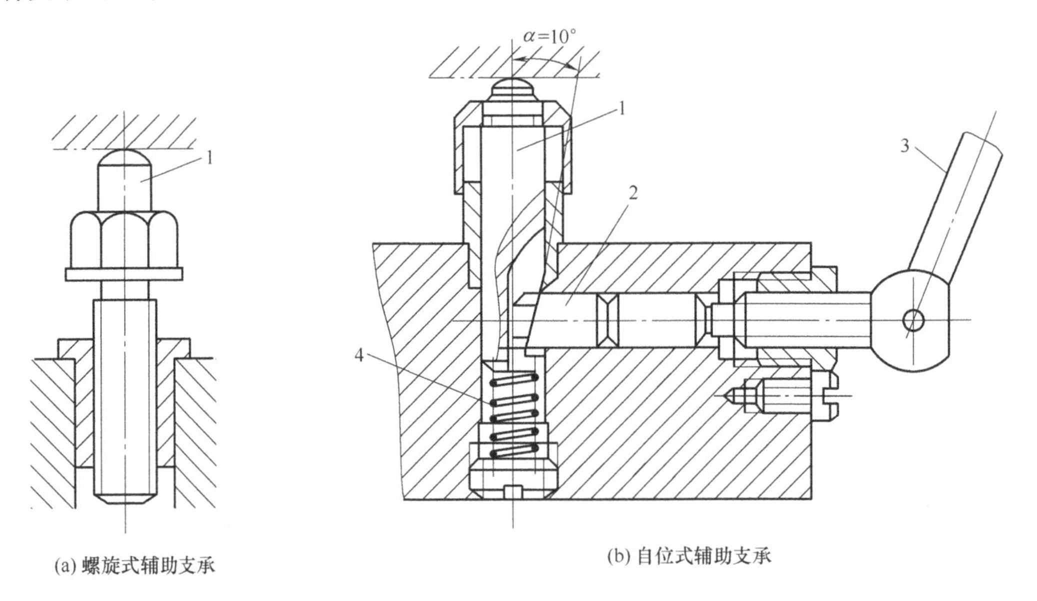

图 7-15 辅助支承

1—支承销；2 一顶柱；3—手柄；4—弹簧

二、工件以内孔定位时的定位元件

工件以内孔作为定位基准面时，常用的定位元件有以下几种。

1. 圆柱定位销

圆柱定位销的结构如图 7-16 所示。当定位销工作表面直径 D＞3～10mm 时，为增加强度，避免定位销因撞击而折断或热处理时淬裂，通常把根部倒成圆角 R，相应的夹具体上要有沉孔，使定位销圆角部分沉入孔内而不影响定位。为了便于工件顺利装入，定位销的头部应有 15°倒角。

长定位销可限制工件 4 个自由度，短定位销可限制工件 2 个自由度。定位销工作表面直径的基本尺寸与相应的工件定位孔的基本尺寸相同，精度可根据工件加工精度、定位基准面的精度和工件装卸的方便，按 g5、g6、f6、f7 制造。图 7-16（a）、（b）、（c）所示为固定式定位销，可直接用过盈配合（H76 或 H7/n6）装配在夹具体上。在大批大量生产中，定位销使用一段时间后，会因磨损而不能再用，必须更换新的。为便于更换，可采用可换式定位销，图 4-17（d）所示为一种常用的可换式定位销在夹具体上的装配结构，衬套外径与夹具体的配合为 H7/n6，衬套内径与可换式定位销的配合为 H7h6 或 H7h5。

2. 圆柱定位心轴

圆柱定位心轴主要用在车床、铣床、磨床上加工套类、盘类工件。图 7-17 所示为几种常用的圆柱心轴结构形式。图 7-17（a）所示为间隙配合心轴，由于心轴工作部分一般按 h6

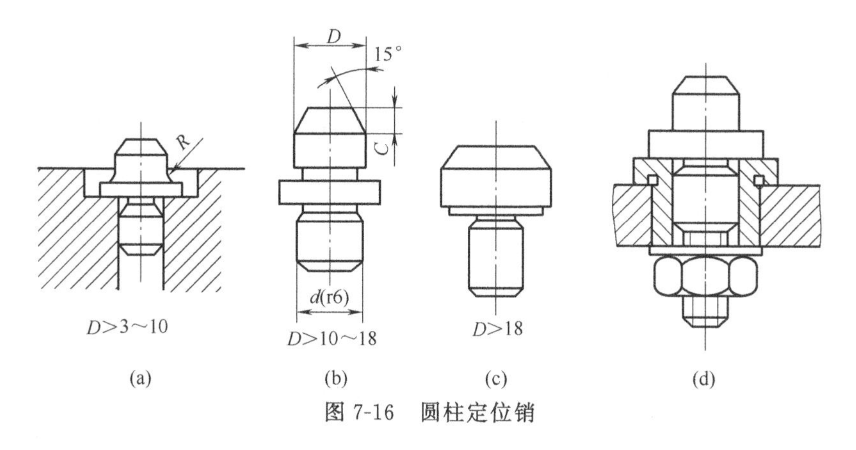

图 7-16　圆柱定位销

制造，故工件装卸比较方便，但定心精度不高。采用间隙配合心轴时，工件常以内孔和端面联合定位，因此要求孔和端面有较高的垂直度，最好能在一次装夹中加工出来。心轴限制工件 4 个自由度，心轴的小台肩端面限制工件 1 个自由度。夹紧螺母通过开口垫圈可快速夹紧或松开工件，开口垫圈的两端面应平行，一般需经过磨削。当工件定位内孔与夹紧端面的垂直度误差较大时，应采用球面垫圈夹紧。

图 7-17（b）所示为过盈配合心轴。心轴由引导部分 1、工作部分 2 以及传动部分 3 组成。引导部分的作用是使工件迅速而准确地套在心轴上。工作部分直径按 r6 制造，其基本尺寸为工件定位基准孔的最大极限尺寸，当工件定位基准孔的长径比 $L/D>1$ 时，心轴的工作部分应稍带锥度。这种心轴制造简单、定心精度高，无需另设夹紧装置，但装卸工件不便，且易损伤工件定位孔，因此多用于定心精度要求高的精加工中。

图 7-17（c）所示为花键心轴，用于加工以花键孔定位的工件。设计花键心轴时，应根据工件的不同定心方式来确定心轴的结构，其配合可参考前面两种心轴。

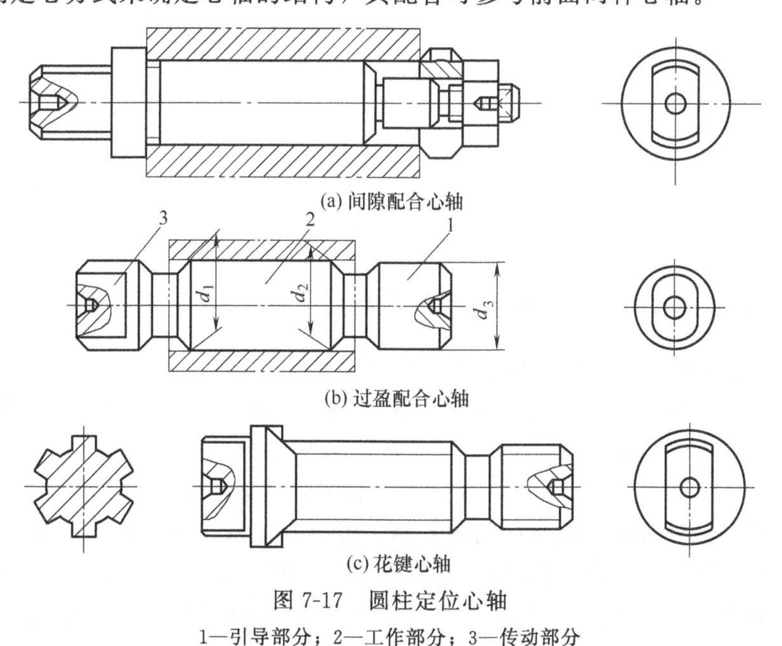

图 7-17　圆柱定位心轴

1—引导部分；2—工作部分；3—传动部分

3. 小锥度心轴

当工件既要求定心精度高，又要求装卸方便时，常以圆柱孔在小锥度心轴上定位，如图

7-18 所示。这类心轴工作表面的锥度很小，通常为 1∶3000、1∶5000、1∶8000。工件装在心轴上楔紧后，靠孔和心轴工作面产生的弹性变形来消除间隙并夹紧工件，从而产生摩擦力来带动工件转动，但因传递的扭矩较小，所以仅适用于工件定位孔精度不低于 IT7 的精车和磨削加工，其定心精度可达 ϕ0.01～0.02mm。心轴的锥度越小，定心精度就越高，且夹紧越可靠，但工件在轴向的位置就会有较大的变动。因此应根据定位孔的精度和工件的加工要求来合理地选择锥度。

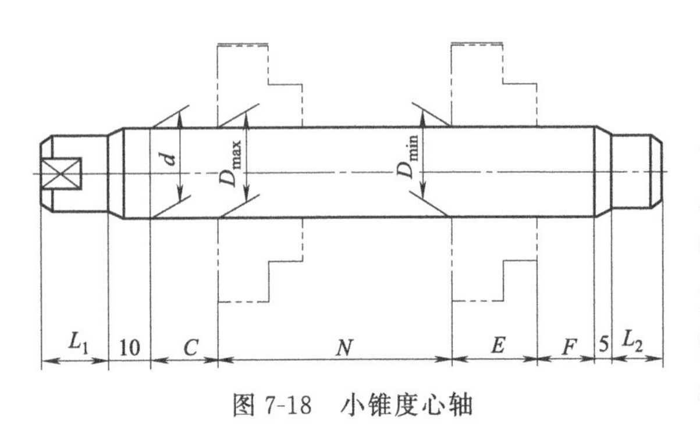

图 7-18 小锥度心轴

4. 圆锥销

图 4-20 所示为工件以圆柱孔在圆锥销上定位的示意图，圆锥销限制工件 $\vec{X}$、$\vec{Y}$、$\vec{Z}$ 3 个自由度。图 7-19（a）所示为整体圆锥销，适用于加工过的圆柱孔，若圆柱孔为毛坯孔，由于孔的误差大，为保证二者接触均匀，应采用图 7-19（b）所示的结构。图 7-19（c）所示为浮动圆锥销，用于工件需平面和圆孔同时定位的情形。

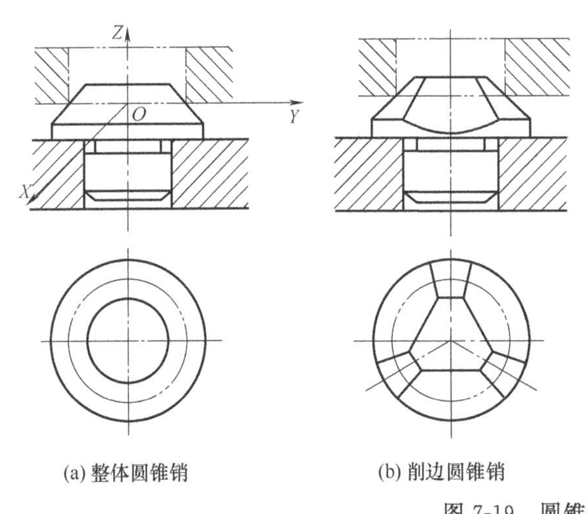

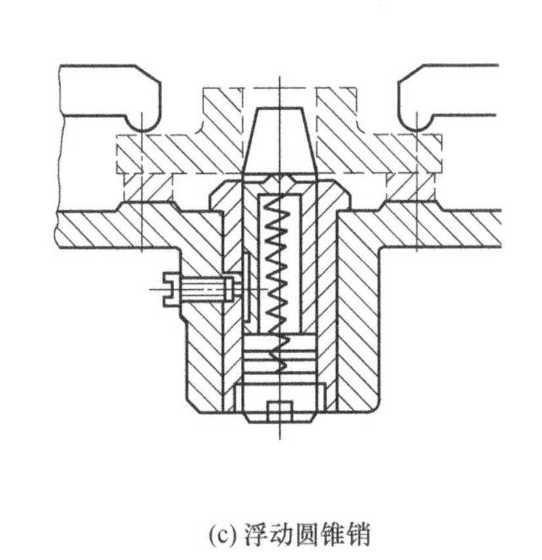

(a) 整体圆锥销　(b) 削边圆锥销　(c) 浮动圆锥销

图 7-19 圆锥销

三、工件以外圆柱面定位时的定位元件

工件以外圆柱面定位时，常用的定位元件有以下几种。

（1）V 形块　工件以外圆柱面定位时，最常用的定位元件是 V 形块。V 形块已经标准化，两斜面夹角有 60°、90°、120°，其中 90°V 形块使用最广泛。图 7-20 所示为常用 V 形块的几种结构形式，其中，图 7-20（a）用于较短的外圆柱面定位，可限制工件 2 个自由度；其余 3 种用于较长的外圆柱面或阶梯的确定轴，可限制工件 4 个自由度，图 7-20（b）用于以粗基准面定位，图 7-20（c）用于以精基准面定位，图 7-20（d）通常做成在铸铁底座上镶淬硬支承板或硬质合金板的结构形式，用于工件较长、直径较大的重型工件。

V 形块的最大优点是对中性好，可使工件的定位基准（轴线）始终对中在 V 形块两斜面的对称面上，而不受定位基准面直径误差的影响，且装夹方便。V 形块的应用范围较广，无论定位基准面是否经过加工，是完整的圆柱面还是局部的圆弧面，都可以采用 V 形块定

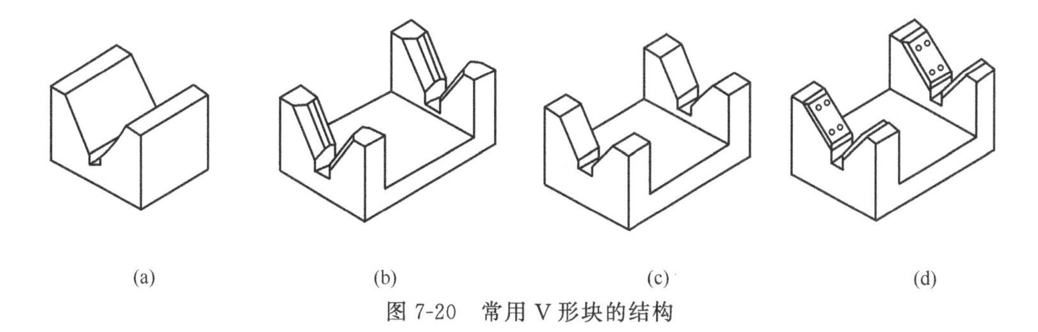

图 7-20　常用 V 形块的结构

位。V 形块是应用最多的定位元件之一。

除上述固定式 V 形块外，夹具上还经常采用活动 V 形块。活动 V 形块主要用于消除过定位，它能限制工件的 1 个自由度，还兼有夹紧的作用。

(2) 定位套　常用的两种定位套如图 7-21 所示。为了限制工件沿轴向的自由度，常与端面联合定位，图 7-21 (a) 所示是带大端面的短定位套，工件以较短的外圆柱面在短定位套的孔中定位，限制工件 2 个自由度；同时，工件以端面在定位套的大端面上定位，限制工件 3 个自由度，共限制工件 5 个自由度。图 7-21 (b) 所示是带小端面的长定位套，工件以较长的外圆柱面在长定位套的孔中定位，限制工件 4 个自由度；同时工件以端面在定位套的小端面上定位，限制工件 1 个自由度，共限制工件 5 个自由度。

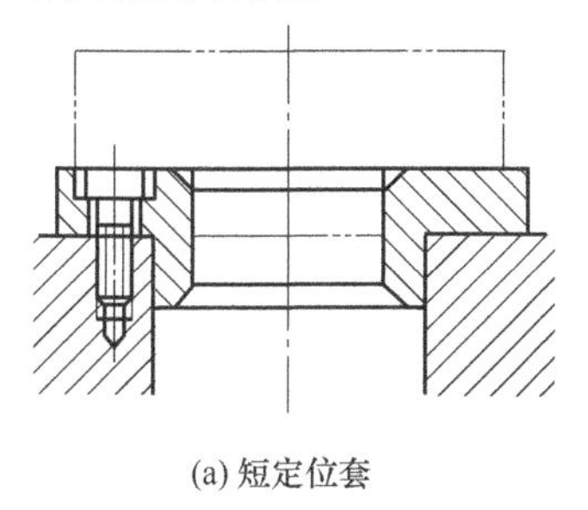
(a) 短定位套

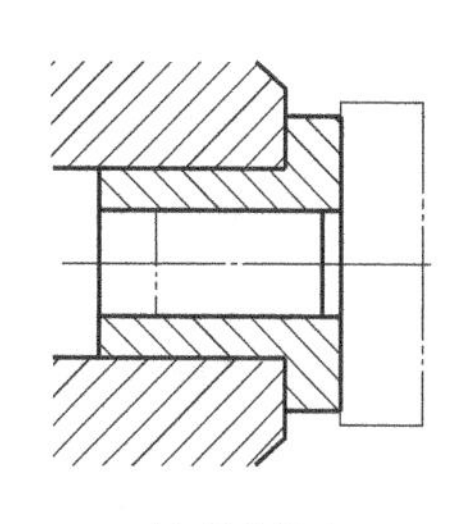
(b) 长定位套

图 7-21　定位套

定位套结构简单，容易制造，但定心精度不高，一般用于已加工表面定位。为了便于工件的装入，在定位套孔口端应有 15°或 30°倒角。

(3) 半圆套　半圆套定位装置如图 7-22 所示，其下面的半圆套起定位作用，上面的半圆套起夹紧作用。图 7-22 (a) 所示为可卸式半圆套，图 7-22 (b) 所示为铰链式半圆套，后者装卸工件更方便。半圆套定位装置主要用于大型轴类工件以及不便轴向装夹的工件。使用半圆套时，工件定位基面的精度不应低于 8～9 级，半圆套的最小内径取工件定位基面的最大直径。

(4) 圆锥套　图 7-23 所示为通用的外拨顶尖。工件以圆柱的端部在外拨顶尖的锥孔中定位，其 3 个移动自由度被限制。顶尖体的锥柄部分插入机床主轴孔中，顶尖锥孔中有齿纹，可带动工件旋转。

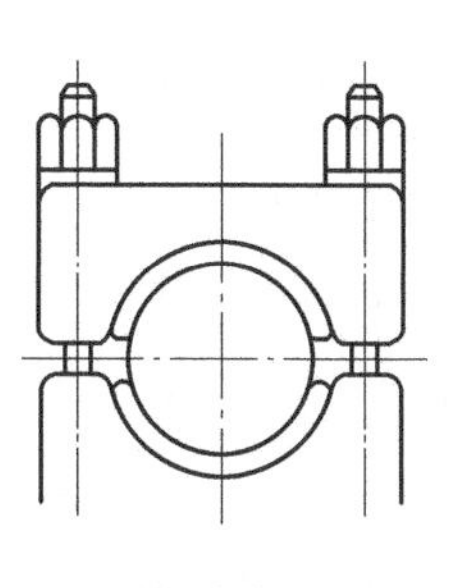
(a) 可卸式半圆套

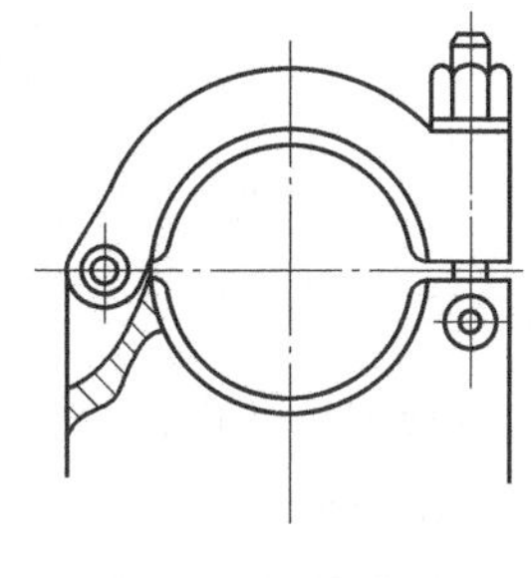
(b) 铰链式半圆套

图 7-22　半圆套

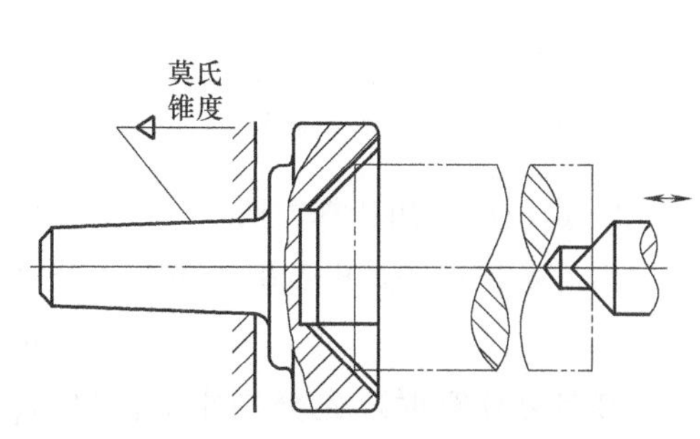

图 7-23　工件在圆锥套中定位

四、定位误差及工件夹紧方式

1. 定位误差

前面的任务中，已根据加工要求，确定此工件在夹具上加工时，工件应被限制的自由度，以及选择工件定位基准和根据工件定位面的情况来选择合适的定位元件。本任务就是要评价该定位方案能否满足工件加工精度的要求。要完成这一任务，需要对这批工件的定位误差进行分析和计算。一般规定，如果工件的定位误差不大于该工序工件允许的加工公差值的1/3，则认为该定位方案能满足加工精度的要求。

定位误差是由于工件在夹具上（或机床上）的定位不准确而引起的加工误差。例如，在轴上铣键槽，要保证尺寸 H（如图 7-24 所示），若采用 V 形块定位，键槽铣刀按尺寸 H 调整好位置，由于工件外圆直径有公差，使工件中心位置发生变化，造成加工尺寸 H 也会发生变化（若不考虑加工过程中产生的其他加工误差），此变化量（即加工误差）是由于工件的定位所引起的，故称为定位误差，用 Δ_D 表示。产生定位误差的原因有定位基准与工序基准不重合以及定位基准的位移误差两方面。

① 基准不重合误差　由于工件的定位基准与设计基准（或工序基准）不重合而造成的加工误差称为基准不重合误差，用 Δ_B 表示。如图 7-25 所示，工件以底面定位铣台阶面，要求保证尺寸 a，工序基准为工件顶面，定位基准为底面，这时刀具的位置按定位面到刀具端面间的距离调整。由于一批工件中尺寸 b 存在公差，因而使工件顶面（工序基准）的位置在一范围内变动，从而使加工尺寸 a 产生误差，这个误差就是基准不重合误差，它等于设计基准或工序基准相对于定位基准在加工尺寸方向上的最大变动量。

② 基准位移误差　工件在夹具中定位时，由于定位副制造不准确，使定位基准在加工尺寸方向上产生位移，导致各个工件的位置不一致而造成的加工误差，称为基准位移误差，用 Δ_Y 表示。图 7-24 所示就是基准位移误差的例子。

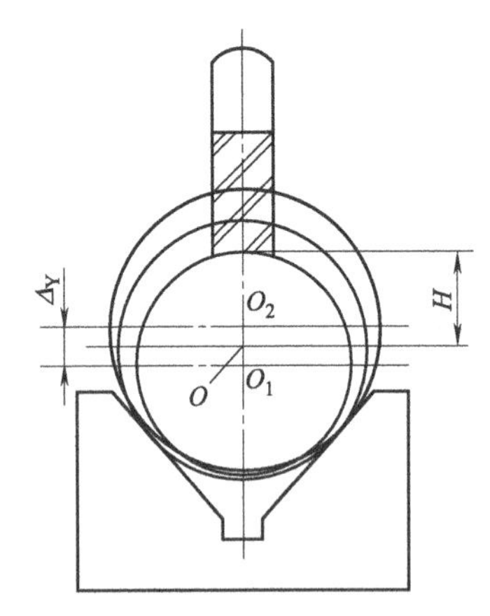

图 7-24　基准位移引起的定位误差

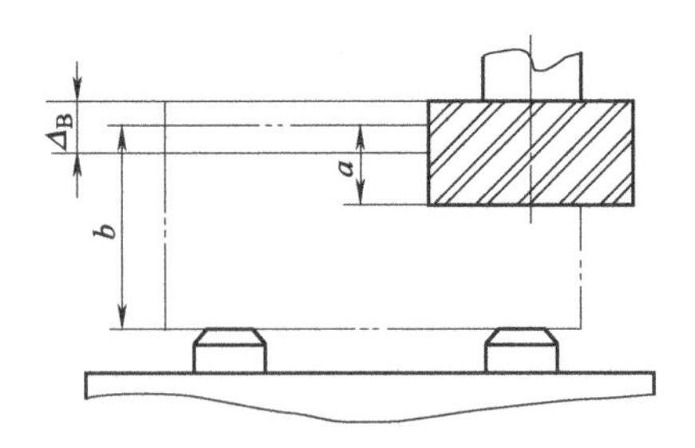

图 7-25　基准不重合引起的定位误差

2. 定位误差的计算方法

由于定位误差是由基准不重合误差 Δ_B 与基准位移误差 Δ_Y 两部分组成，因此有

$$\Delta_D = \Delta_B \pm \Delta_Y \tag{7-1}$$

在具体计算时，先分别求 Δ_B 和 Δ_Y，然后按公式（7-1）将两项合成。合成的方法如下。

① 当 $\Delta_B \neq 0$，$\Delta_Y = 0$ 时，$\Delta_D = \Delta_B$；当 $\Delta_B = 0$，$\Delta_Y \neq 0$ 时，$\Delta_D = \Delta_Y$。

② 当 $\Delta_B \neq 0$，$\Delta_Y \neq 0$，且工序基准不在定位基面上时，$\Delta_D = \Delta_B + \Delta_Y$。

③ 当 $\Delta_B \neq 0$，$\Delta_Y \neq 0$，但工序基准在定位基面上时，$\Delta_D = \Delta_B \pm \Delta_Y$。其"+""−"判别方法为：当定位基面尺寸由大变小时，分析定位基准的变动方向，然后假定定位基准不动，分析工序基准（或设计基准）的变动方向，若两者变动方向相同，取"+"号；反之，取"−"号。

分析和计算定位误差时要注意以下两项。

① 分析计算定位误差的前提是采用夹具装夹来加工一批工件，并采用调整法保证加工要求。用试切法加工时，不存在定位误差。

② 分析计算得到的定位误差是指加工一批工件时可能产生的最大定位误差范围，它是一个界限值，而不是某个工件的定位误差的具体数值。

3. 常见定位方式的定位误差计算

(1) 工件以平面定位时定位误差的计算　工件以平面定位时，由于定位副容易制造得准确，可视 $\Delta_Y = 0$，故只计算 Δ_B 即可。

例 4-1　按图 7-26 (a) 所示的定位方案铣工件上的台阶面，试分析和计算工序尺寸 (20±0.15) mm 的定位误差，并判断该定位方案是否可行。

解：由于工件以 B 面为定位基准，而加工尺寸 (20±0.15) mm 的工序基准为 A 面，两者不重合，所以存在基准不重合误差。工序基准和定位基准之间的联系尺寸是 (40±0.14) mm，因此基准不重合误差 $\Delta_B = 0.28$mm。

因为工件以平面定位，可视 $\Delta_Y = 0$，此时 $\Delta_D = \Delta_B$，所以

$$\Delta_D = \Delta_B = 0.28 > \frac{1}{3} \times 2 \times 0.15 = 0.1 (\text{mm})$$

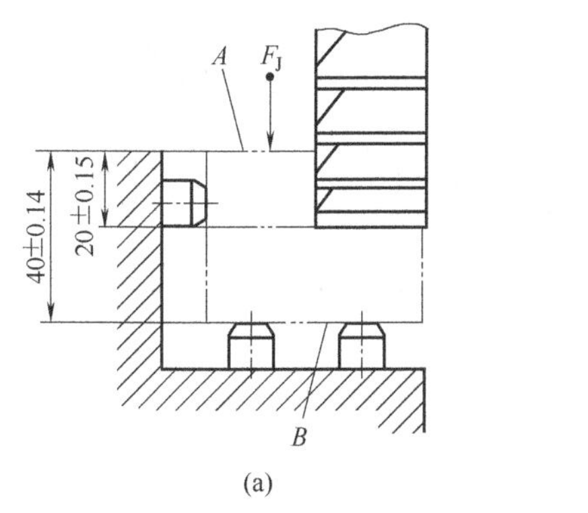

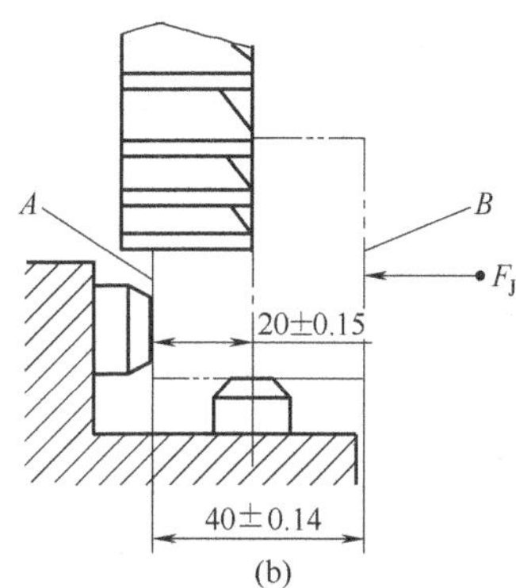

图 7-26　工件以平面定位时误差计算

由于定位误差 0.28mm 远大于工序尺寸公差值 0.3mm 的 1/3，故该定位方案不能保证加工精度。如果将工件翻转 90°采用图 7-26 (b) 所示的定位方案，此时由于基准重合，$\Delta_D = 0$，则定位方案可行。

(2) 工件以内孔在圆柱销（或心轴）上定位时定位误差的计算　当圆柱销或圆柱心轴与工件内孔为过盈配合时，不存在间隙，定位基准（内孔轴线）相对定位元件没有位置变化，此时 $\Delta_B = 0$。当定位面为间隙配合时，由于间隙的影响，会使工件的中心发生偏移，其偏移量在加工尺寸方向上的投影即为基准位移误差 Δ_Y。当定位基准在任意方向偏移时，其最大

偏移量即为定位副直径方向的最大间隙，可计算得出。

（3）工件以外圆柱面定位时定位误差的计算　工件以外圆柱面定位时，常用的定位元件为定位套和 V 形块。定位套定位时的误差分析计算与前面工件以内孔定位相似。

4. 确定工件的夹紧方式

工件定位好后，还需要采用夹紧装置将工件牢固地夹紧，保证工件在加工过程中，在切削力、工件重力、离心力或惯性力等的作用下不发生移动或振动。工件的加工质量及装夹操作都与夹紧装置有关，所以工件夹紧方式是否合理对夹具的使用性能和制造成本等有很大的影响。

（1）夹紧装置的组成　机床夹具的夹紧装置通常由以下几部分组成。

① 定位元件及定位装置。用于确定工件在夹具中的位置，通过使工件加工时相对于刀具及切削成形运动处于正确位置。常用的定位元件有定位心轴、支承板、支承钉、V 形块等。

② 夹紧装置。用于保持工件在夹具中的既定位置，使在重力、惯性力以及切削力等作用下不致产生位移。夹紧装置在夹具中由动力装置（气缸、油缸等）、中间传力机构（杠杆、螺纹、斜面等）和夹紧元件（夹爪、压板等）组成。

③ 对刀及导引元件。用于确定刀具相对于定位元件的正确位置。

注意：铣床夹具（对刀块）、钻床夹具（钻套）、镗床夹具（镗套）上必须设计对刀元件。

④ 夹具体。用于连接夹具各元件及装置，使其成为一个整体的基础零件。

⑤ 定位元件及装置。定向键、分度转位装置等用来确定夹具在机床有关部位的方向或实现工件在夹具同一次安装中分度转位等特殊功用的元件或装置。

如图 7-27 所示夹具，其夹紧装置就是由液压缸 4（力源装置）、连杆 2（中间传动机构）和压板 1（夹紧元件）所组成的。

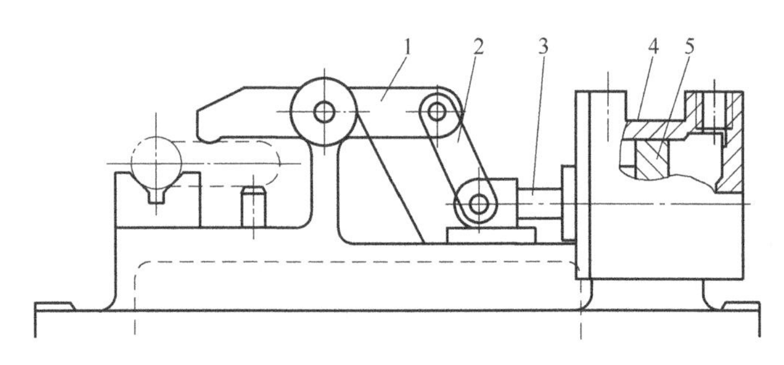

图 7-27　夹紧装置的组成

1—压板；2—连杆；3—活塞杆；4—液压缸；5—活塞

（2）对夹紧装置的基本要求

① 夹紧时不能改变工件在夹具中占有的正确位置。

② 夹紧力大小要适当，既要保证在加工过程中工件不移动、不转动、不振动，同时又不要在夹紧时损伤工件表面或产生明显的夹紧变形。

③ 操作方便、迅速、省力。大批大量生产中应尽可能采用气动、液动等高效夹紧装置，以减轻工人的劳动强度和提高生产效率。小批量生产中，采用结构简单的螺旋夹紧装置等，并尽量缩短辅助时间。手动夹紧机构所需要的力一般不要超过 100N。

④ 结构要简单紧凑，有良好的工艺性，尽量使用标准件。手动夹紧机构还要有良好的自锁性。

（3）确定夹紧力　夹紧力的确定就是要确定夹紧力的大小、方向和作用点三要素。在确定夹紧力的三要素时，要分析工件的结构特点、加工要求、切削力及其他外力作用于工件的情况，而且必须考虑定位装置的结构形式和布置方式。

① 夹紧力方向应朝向主要定位基准面。如图 7-28 所示，在直角支座上镗孔，要求孔与 A 面垂直，即 A 面为主要定位基准面，在确定夹紧力方向时，应使夹紧力朝向 A 面，以保证孔与 A 面的垂直度。反之，若朝向 B 面，当工件 A、B 两面有垂直度误差时，就无法以主要定位基准面定位，从而影响孔与 A 面的垂直度。

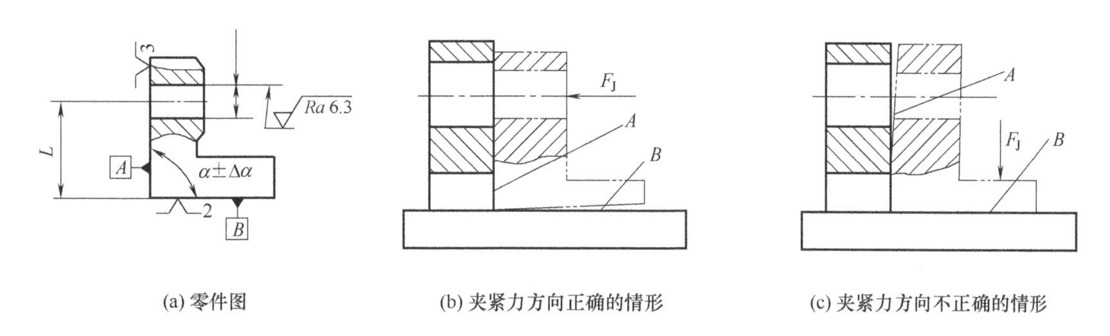

(a) 零件图　(b) 夹紧力方向正确的情形　(c) 夹紧力方向不正确的情形

图 7-28　夹紧力方向应朝向主要定位面

② 夹紧力应朝向工件刚性好的方向。由于工件在不同的方向上刚度是不等的，不同的受力表面也因其接触面积大小不同而变形各异，夹紧力的方向应使工件变形尽可能小，尤其在夹紧薄壁零件时更要注意。如图 7-29 所示薄壁套筒，其轴向刚度比径向好，用卡爪径向夹紧，工件变形大；若沿轴向施加夹紧力，则变形会小得多。

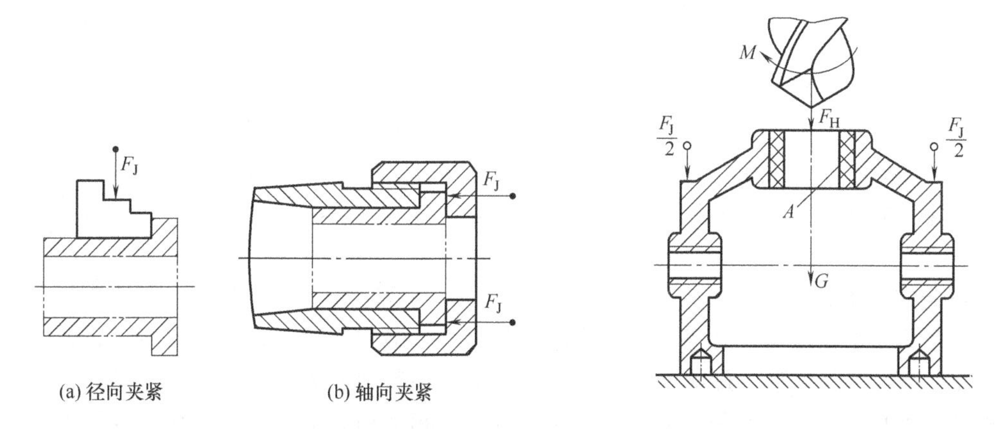

(a) 径向夹紧　(b) 轴向夹紧

图 7-29　夹紧力方向应尽可能实现三力同向

图 7-30　夹紧力应朝向工件刚性好的方向

③ 夹紧力方向应尽可能实现三力同向，以减小所需的夹紧力。当夹紧力、切削力、工件自身重力的方向均相同时，加工时所需的夹紧力最小，从而能简化夹紧装置的结构和便于操作，也有利于减少工件变形。如图 7-30 所示，钻孔时由于 F_J、F_H、G 三力同向，工件重力和切削力也能起到夹紧的作用，因此所需夹紧力最小。

5. 确定夹紧力的作用点

① 夹紧力作用点应落在定位元件的支承区域内。如图 7-31 所示为夹紧力作用点位置不合理的实例。夹紧力作用点位置不合理，会使工件倾斜或移动，破坏工件的定位。

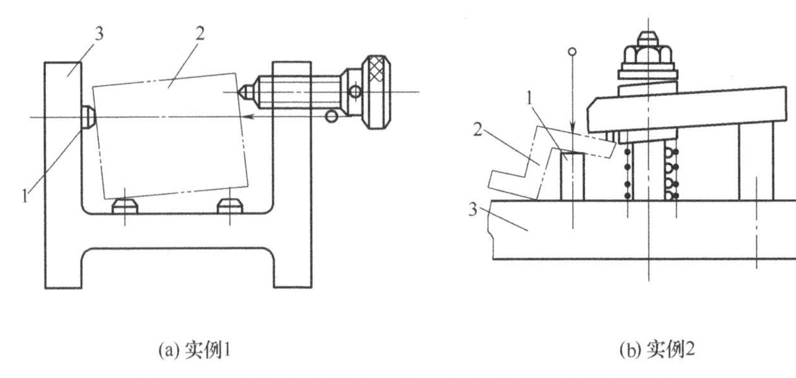

图 7-31　夹紧力作用点应落在定位元件的支承区域内

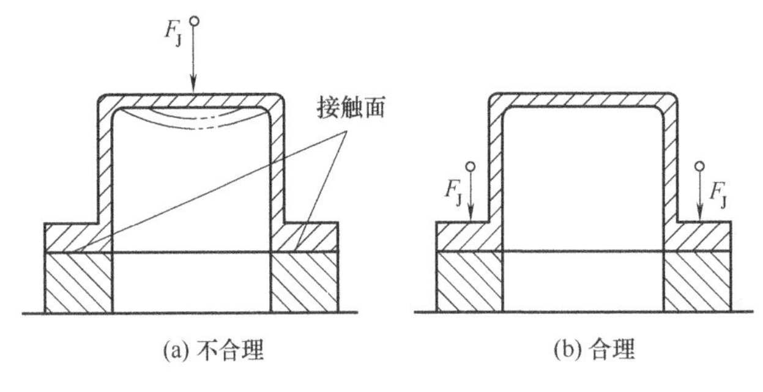

图 7-32　夹紧力作用点应作用在工件刚性较好的部位

② 夹紧力作用点应作用在工件刚性较好的部位上。夹紧图 7-32 所示的薄壁箱体时，夹紧力不应作用在箱体的顶面，而应作用在刚性好的凸缘上。当箱体没有凸缘时，可在顶部采取多点夹紧以分散夹紧力，减少夹紧变形。

③ 夹紧力作用点应尽量靠近加工部位。夹紧力作用点靠近加工部位可提高加工部位的夹紧刚度，防止或减少工件振动。如图 7-33 所示，主要夹紧力 F_J 垂直作用在主定位面上，如果不再施加其他夹紧力，因夹紧力 F_J 没有靠近加工部位，加工过程中易产生振动，所以应在靠近加工部位处采用辅助支承并施加夹紧力或采用浮动夹紧装置，这样既可提高工件的夹紧刚度，又可减小振动。

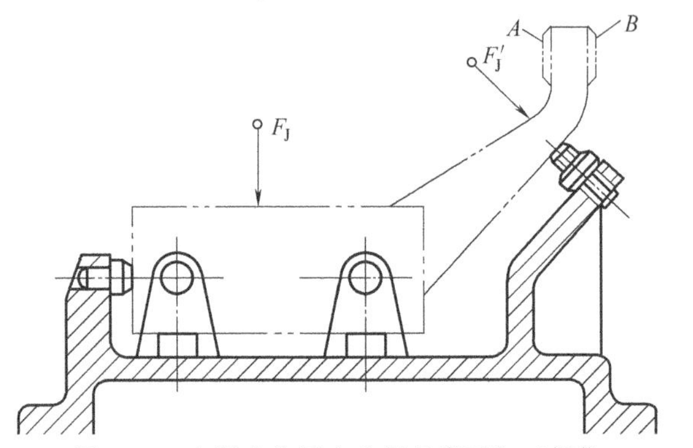

图 7-33　夹紧力作用点应尽量靠近加工部位

6. 确定夹紧力的大小

夹紧力的大小要适当。夹紧力太小难以夹紧工件；夹紧力过大，将增大夹紧装置的结构尺寸，且会增大工件变形，影响加工质量。理论上，夹紧力的大小应与加工过程中工件受到的切削力、离心力、惯性力及重力等力的合力或力矩相平衡。实际上，在加工过程中，切削力本身是变化的，夹紧力的大小还与工艺系统的刚性、夹紧装置的传递效率等有关，所以夹紧力的精确计算比较困难，一般只能在静态下进行粗略估算。

估算夹紧力的方法如下。

① 先假设工艺系统为刚性系统，切削过程处于稳定状态。

② 常规情况下，只考虑切削力（矩）在力系中的影响；切削力（矩）用有关公式计算。

③ 对重型工件应考虑工件重力的影响；工件做高速运动时，必须考虑惯性力。

④ 分析对夹紧最不利的瞬时状态，按静力平衡方程式计算此状态下所需的夹紧力作为计算夹紧力。

⑤ 将计算夹紧力再乘以安全系数 K，作为实际所需的夹紧力。K 的具体数值可查有关手册，一般取 $K=1.5\sim3$，粗加工时取大值，精加工时取小值。

夹紧力计算实例可参考夹具设计手册。

7. 典型的夹紧机构

夹紧机构的种类很多，这里只介绍其中一些典型装置，其他实例可参阅夹具设计手册或图册。

(1) 斜楔夹紧机构　图 7-34 所示为几种斜楔夹紧机构夹紧工件的实例。图 7-34 (a) 所示是在工件上钻互相垂直的 ϕ8mm、ϕ5mm 两个孔，工件装入后，敲击斜楔大头以夹紧工件，加工完成后，敲击小头，松开工件。由于用斜楔直接夹紧工件时夹紧力较小且费时费力，故实际生产中通常将斜楔与其他机构联合使用。图 7-34 (b) 是将斜楔与滑柱压板组合而成的机动夹紧机构，图 7-34 (c) 是由端面斜楔与压板组合而成的手动夹紧机构。当利用斜楔手动夹紧工件时，应使斜楔具有自锁功能，即斜楔斜面的升角应小于斜楔与工件和斜楔与夹具体之间的摩擦角之和。

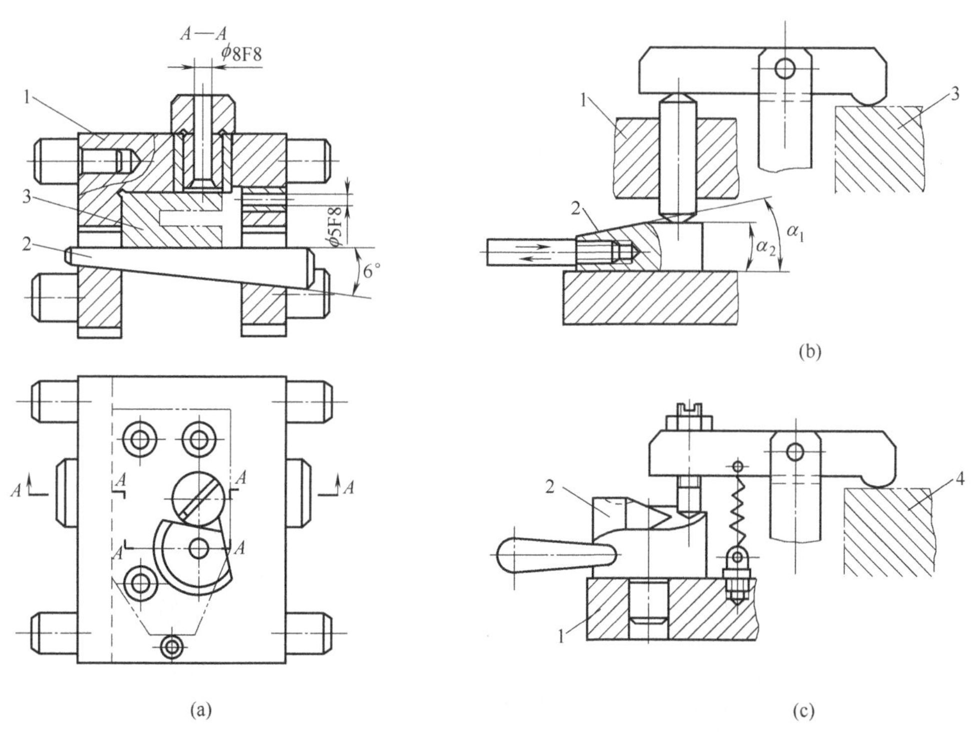

图 7-34　斜楔夹紧机构

1—夹具体；2—夹紧元件；3—工件；4—螺旋夹紧机构

(2) 螺旋夹紧机构　由螺钉、螺母、垫圈、压板等元件组成的夹紧机构，称为螺旋夹紧机构。螺旋夹紧机构结构简单、制造容易、自锁性能好、夹紧力和夹紧行程大，是应用最广泛的一种夹紧机构。

① 单个螺旋夹紧机构。直接用螺钉或螺母夹紧工件的机构，称为单个螺旋夹紧机构。如图 7-35 (a) 所示，螺钉头直接压在工件表面上，接触面小，压强大，螺钉转动时，容易损伤工件已加工表面，或带动工件旋转。克服这些缺点的办法是在螺钉头部装上如图 7-35 (b) 所示的摆动压块。

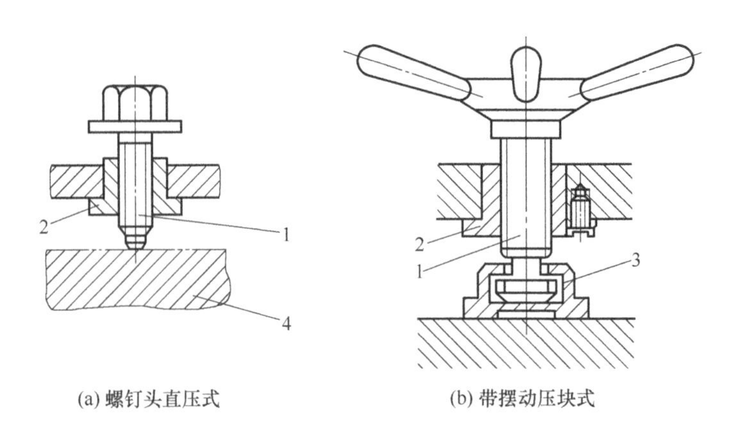

图 7-35 单个螺旋夹紧机构

1—螺钉、螺杆；2—螺母套；3—摆动压块；4—工件

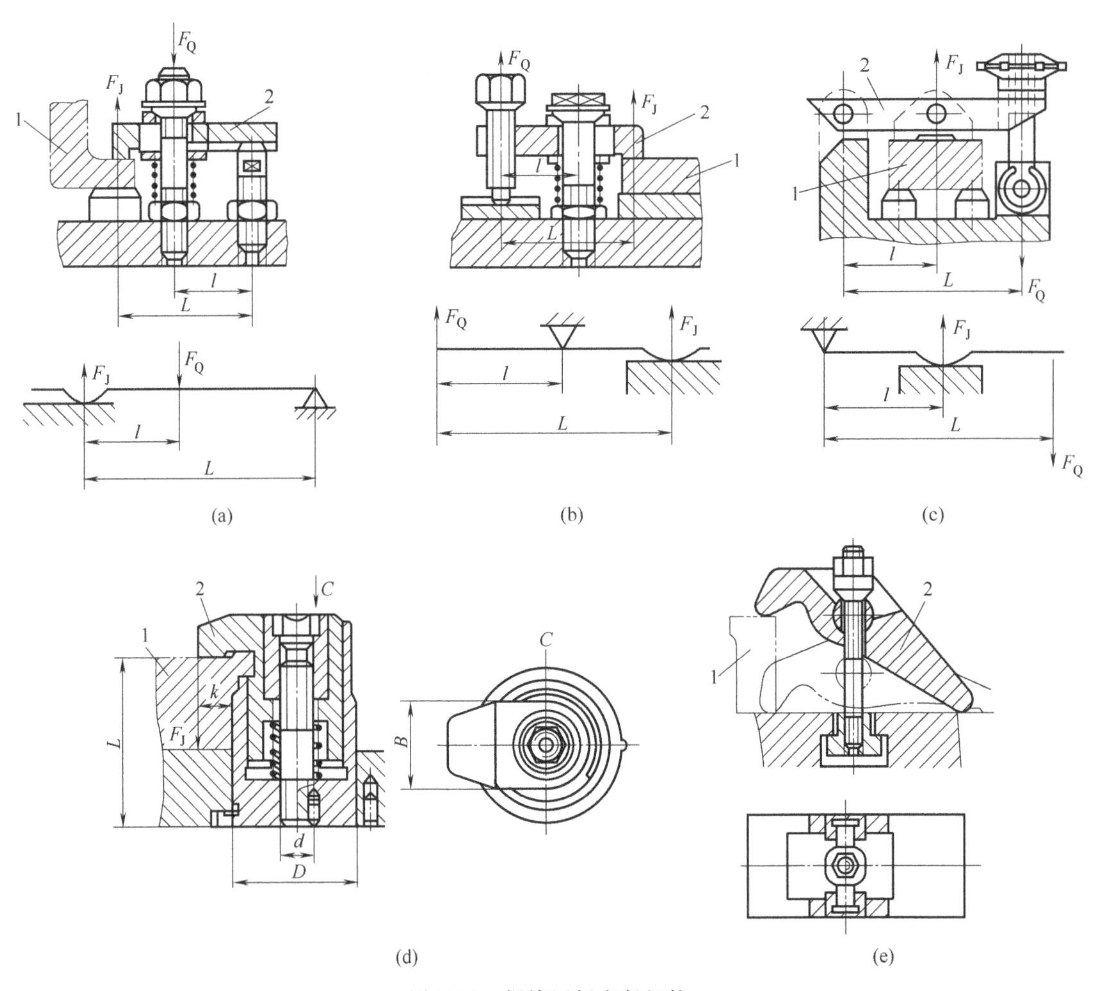

图 7-36 螺旋压板夹紧机构

1—工件；2—压板

② 螺旋压板夹紧机构。螺旋压板夹紧机构是结构形式变化最多的夹紧机构，也是应用最广的夹紧机构，图 7-36 所示为 5 种常用的典型结构，图 7-36（a）、（b）所示为移动压板，

其中图 7-36（a）为减力增加夹紧行程，图 7-36（b）为不增力但可改变夹紧力的方向；图 7-36（c）所示为采用铰链压板增力机构，减小了夹紧行程，但使用上受工件尺寸的限制；图 7-36（d）所示为钩形压板，其结构紧凑，使用方便，适用于夹具上安装夹紧机构位置受到限制的场合；图 7-36（e）所示为自调式压板，它能适应工件高度在较大范围内的变化，结构简单，使用方便。

③ 快速螺旋夹紧机构。为迅速夹紧工件，减少辅助时间，可采用各种快速螺旋夹紧机构。图 7-37（a）所示为带有开口垫圈的螺母夹紧机构，螺母最大外径小于工件孔径，松开螺母取下开口垫圈，工件即可穿过螺母被取出；图 7-37（b）所示为快卸螺母结构，螺孔内钻有光滑斜孔，其直径略大于螺纹公称直径，螺母旋松后，使其向右摆动即可取下；图 7-37（c）所示为回转压板夹紧机构，旋松螺钉后，将回转压板逆时针转过适当角度，工件便可从上面取出。

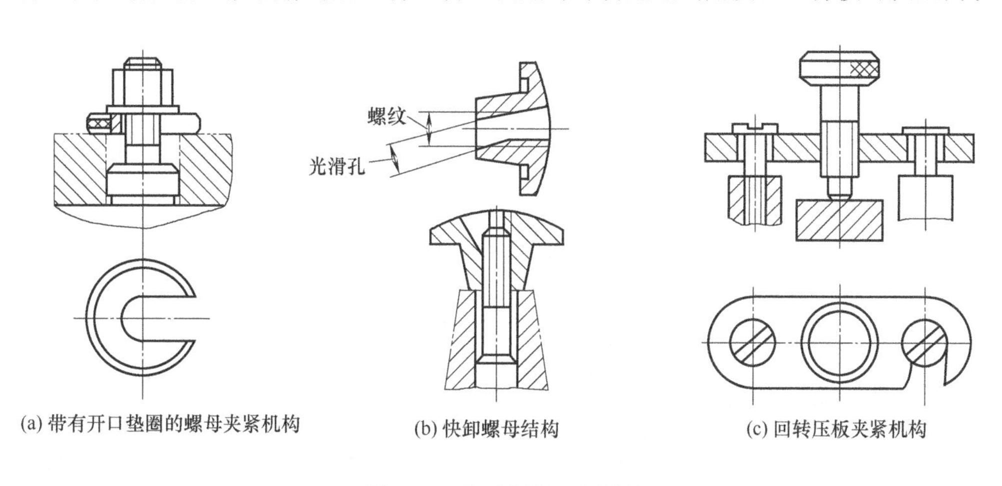

(a) 带有开口垫圈的螺母夹紧机构　(b) 快卸螺母结构　(c) 回转压板夹紧机构

图 7-37　快速螺旋夹紧机构

④ 螺旋夹紧机构的设计。螺旋夹紧机构通常用于手动夹紧，一般无须做精确计算。在实际设计中，可根据现场经验按机床夹具设计手册的数据来选取螺纹的结构尺寸，必要时对夹紧力进行校核。

8. 偏心夹紧机构

用偏心件直接或间接夹紧工件的机构，称为偏心夹紧机构。常用的偏心件是偏心轮和偏心轴，图 7-38 所示为偏心夹紧机构的应用实例，其中，图 7-38（a）、（b）用的是偏心轮，图 7-38（c）用的是偏心轴，图 7-38（d）用的是偏心叉。偏心夹紧机构结构简单、操作方便、夹紧迅速，但夹紧力和夹紧行程小，自锁性差，一般用于切削力不大、振动小、没有离心力影响的工作场合。

9. 联动夹紧机构

利用单一力源实现单件或多件的多点、多向同时夹紧的机构称为联动夹紧机构。联动夹紧机构可简化操作以及能实现同时装夹多个工件，并可减少动力装置数量，因而能有效地提高生产效率，在大批量生产中广泛应用。

联动夹紧机构可分为单件联动夹紧机构和多件联动夹紧机构，前者对一个工件实现多点多向夹紧，后者可同时夹紧几个工件。图 7-39 所示为单件联动夹紧机构，拧紧手柄可从右侧面和顶面同时夹紧工件。图 7-40 所示为平行式多件联动夹紧机构，该机构有三个浮动压块，可同时夹紧 4 个工件，且各工件所受的夹紧力理论上相等。

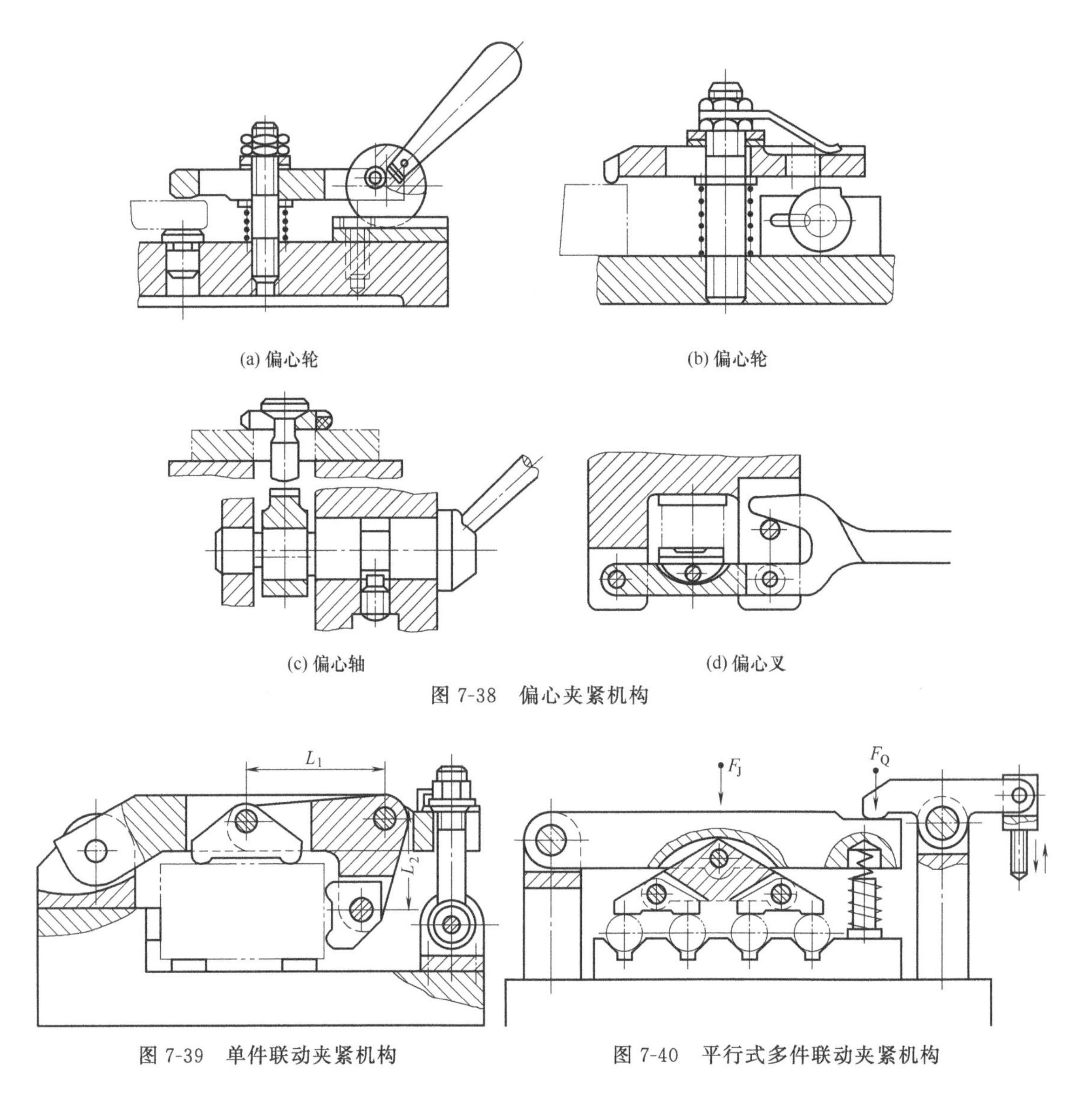

(a) 偏心轮　(b) 偏心轮

(c) 偏心轴　(d) 偏心叉

图 7-38　偏心夹紧机构

图 7-39　单件联动夹紧机构

图 7-40　平行式多件联动夹紧机构

任务三　特殊零部件专用夹具

在机械加工过程中，夹具按专业化程度可分为通用夹具、专用夹具、可调夹具、组合夹具、成组夹具、标准夹具、随行夹具、组合机床夹具等。盖板式钻夹具是一种专用夹具，是专为一工件的一道工序而设计的夹具。钻夹具的主要任务是保证刀具旋转轴线对工件定位表面有正确的相互位置，根据工件的集合形状和尺寸结构及工艺特性，选择不同形式的钻模以保证产品精度和生产率。

【任务导入】

某机械加工厂来了一批零件，生产主任将这批零件分配到三厂区来完成。完成机床机夹及定位方式后选择定位元件，而在加工时有一件零件外形异状无法装夹，需要设计专用夹具。

【任务要点】

（1）基本目标

① 了解专用夹具结构特点。

② 掌握专用加工设计方法。

③ 掌握专用夹具基本要求。

（2）能力目标

① 具有操作钻床的能力。

② 具有根据螺纹的尺寸选择钻头的能力。

【任务提示】

① 查阅资料，在机械专用夹具中简述对专用夹具的要求。

② 查阅资料，简述专用夹具的设计步骤。

【任务准备】

1. 对专用夹具的基本要求

① 首先要保证工件加工工序的技术要求。包括工序尺寸精度、位置精度、表面粗糙度和其他特殊要求。

② 便于排屑。排屑不畅，将会影响工件定位的正确性和可靠性，同时积屑的热量还会造成夹具的热变形，影响加工质量。此外，积屑还可能损坏刀具甚至造成事故。

③ 操作方便，省力和安全。

④ 提高生产率，降低成本。生产批量大时，尽量采用多件多位、快速高效的机构，缩短辅助时间。

⑤ 结构工艺性要好，便于制造、装配、调整、检测和维修。

夹具设计时，结合上述基本要求，最好提出几种设计方案进行分析比较，从中选出最优的一种方案。

2. 专用夹具的设计步骤

（1）明确设计任务并收集研究有关资料　接到夹具设计任务书后，首先要仔细阅读加工件的零件图和与之有关的部件装配图，了解零件的作用、结构特点和技术要求；其次，要认真研究加工件的工艺规程，充分了解本工序的加工内容和加工要求，了解本工序使用的机床和刀具，研究分析夹具设计任务书上所选用的定位基准和工序尺寸。

（2）拟定夹具的结构方案，绘制夹具草图　根据工件生产批量的大小、所用的机床设备、工件的技术要求、结构特点和使用要求来确定夹具的结构，具体内容如下。

① 确定工件的定位方式，设计定位装置。

② 确定对刀或引导方式，选择或设计对刀装置或引导元件。

③ 确定工件的夹紧方案，设计夹紧装置。

④ 确定其他元件或装置的结构形式，如动力源、定位键、分度装置、排屑装置及防误装置等。

⑤ 确定夹具的总体结构及夹具在机床上的安装方式。

⑥ 绘制结构方案草图。

3. 绘制夹具装配图

夹具装配图一般应按 1∶1 绘制，以使夹具图具有良好的直观性。装配图上的主视图，应选取与操作者正对的位置。

夹具装配图绘制可按以下顺序进行。

① 用细双点画线画出工件的外形轮廓和主要表面。主要表面包括定位基面夹紧表面和被加工表面。总图上的工件是个假想的透明体，它不影响夹具各元件的绘制。

② 围绕工件的几个视图依次绘出定位元件、对刀或导向元件、夹紧机构（按夹紧状态画出）、力源装置等部分。

③ 画出夹具体，把上述各组成部分连接成一体，形成完整的夹具。

4. 确定并标注有关尺寸和夹具技术要求

夹具装配图上应标注轮廓尺寸，必要的装配尺寸、检验尺寸及其公差，标出主要元件、装置之间的相对位置精度要求等。当加工的技术要求较高时，应进行工序精度分析。

5. 绘制夹具零件图

夹具中的非标准零件都必须绘制零件图。在确定这些零件的尺寸、公差或技术要求时，应注意使其满足夹具装配图的要求。

6. 专用夹具装配图技术要求的制订

（1）专用夹具装配图应标注的尺寸与公差　夹具装配图上标注尺寸和技术要求的目的是便于绘制零件图、装配和检验。应有选择地标注以下内容。

① 夹具的外形轮廓尺寸。

② 与夹具定位元件、引导元件以及夹具安装基面有关的配合尺寸、位置尺寸及公差。

③ 夹具定位元件与工件的配合尺寸。

④ 夹具引导元件与刀具的配合尺寸。

⑤ 夹具与机床的连接与配合尺寸。

⑥ 其他主要配合尺寸。

（2）形状、位置要求

① 定位元件间的相互位置精度要求。

② 定位元件与夹具安装面之间的相互位置精度要求。

③ 导向元件与连接元件和夹具体底面的相互位置精度要求。

④ 导向元件与定位元件之间的相互位置精度要求。

⑤ 与保证夹具装配精度有关的或与检验方法有关的特殊的技术要求。夹具的有关尺寸公差和形位公差通常取工件相应公差的 1/5～1/2。当工序尺寸未标注公差时，夹具公差取为±0.1mm（或±10′），或根据具体情况确定；当加工表面未提出位置精度要求时，夹具上相应公差一般不超过 0.02～0.05mm。

7. 加工精度分析

进行加工精度分析可以帮助人们了解所设计的夹具在加工过程中产生误差的原因，以便探索控制各项误差的途径，为制订、验证、修改夹具技术要求提供依据。

用夹具装夹工件进行加工时，工艺系统中影响工件加工精度的因素有定位误差 Δ_D、夹具在机床上的安装误差 Δ_Z、导向或对刀误差 Δ_R 和加工方法引起的加工误差 Δ_G。上述各项误差均导致刀具相对工件的位置不准确，从而形成总的加工误差 Δ_K。以上各项误差应满足：

$$\Delta_K=\Delta_D+\Delta_Z+\Delta_R+\Delta_G\leqslant\delta_K$$

式中，δ_K 为工件的工序尺寸公差值。

【项目实施】

项目实施名称：10 型游梁式抽油机专用夹具——惰轮孔加工

如图 7-41 所示，10 型游梁式抽油机惰轮外形已加工完，在加工孔时使用标准夹具装夹不牢固，现需要设计一简单专用夹具。

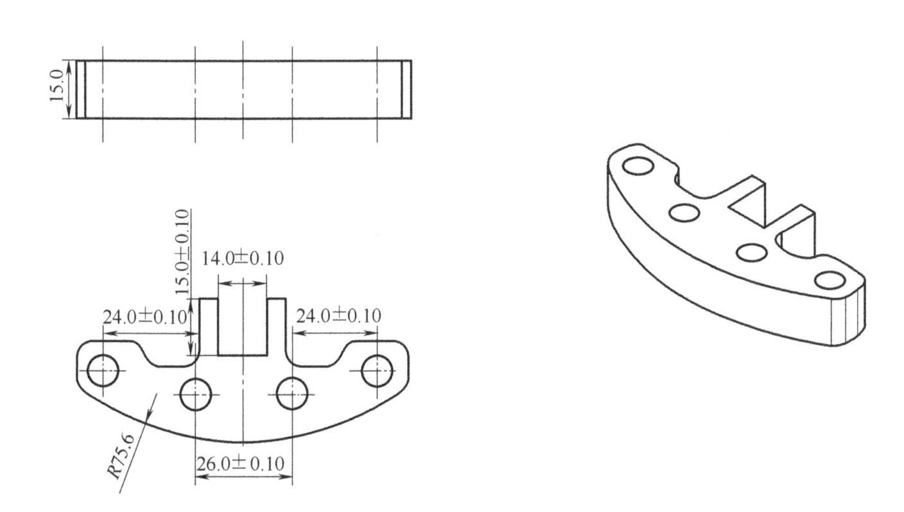

图 7-41　零件图

1. 信息收集

请仔细识读零件图，回答下列问题。

(1) 认真读图，图纸中是否有缺陷，如有缺陷请改正。

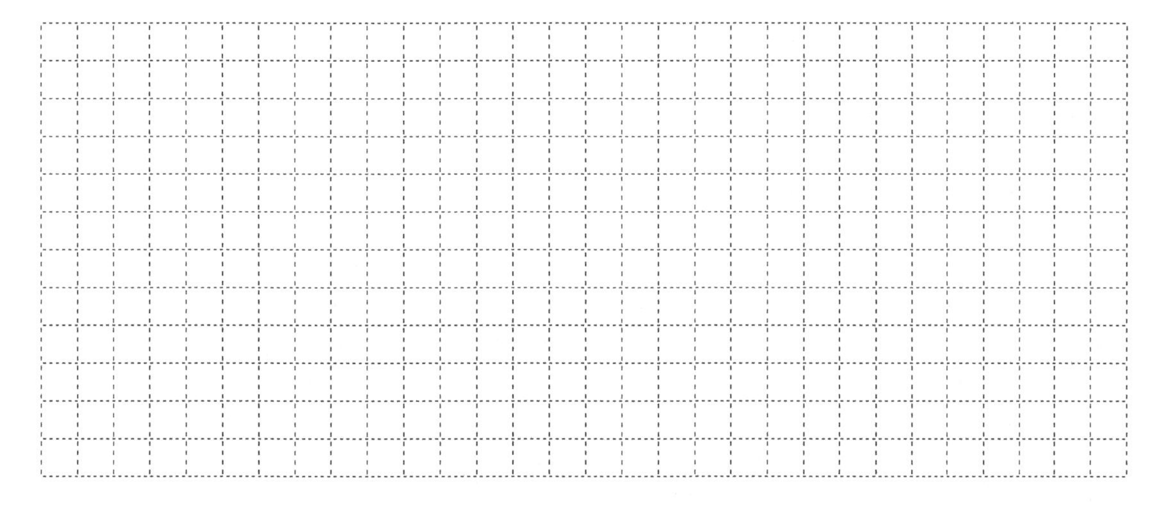

(2) 查阅资料，此零件需要使用什么设备加工。为什么？简述说明。

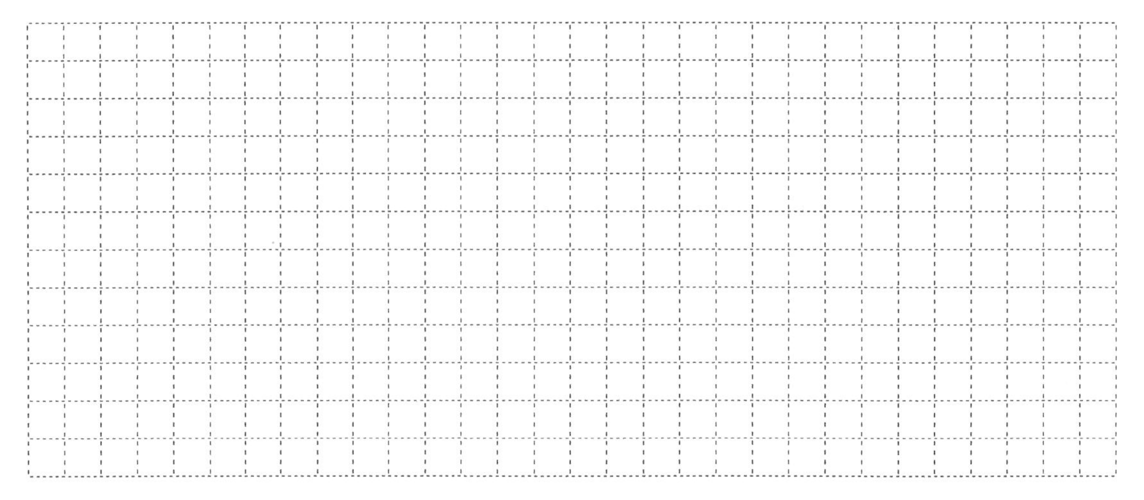

(3) 使用三维软件绘制此零件图，简述绘制此零件时需要注意哪些。

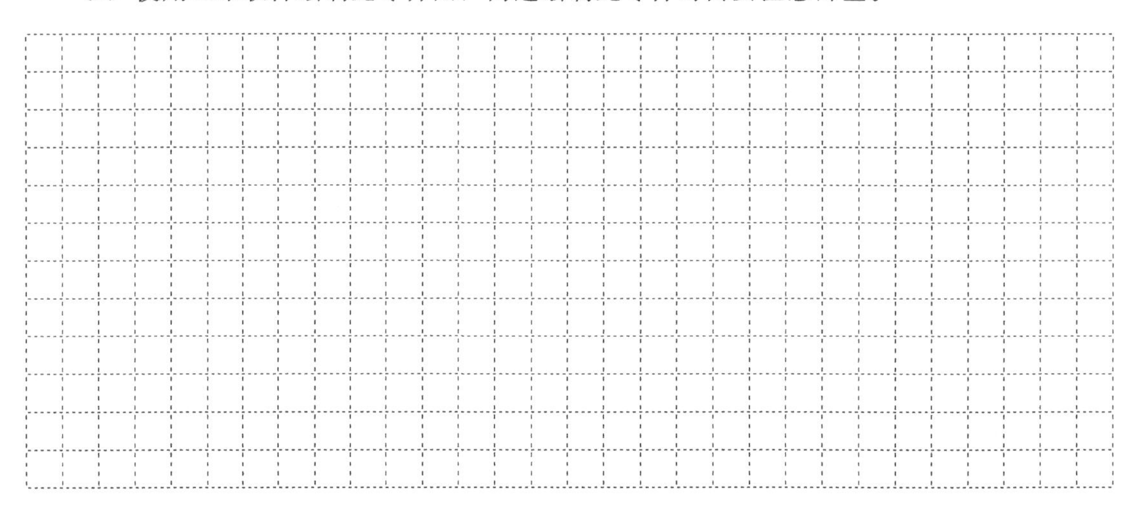

2. 编制计划

(1) 简述加工此零件你需要哪些刀具。

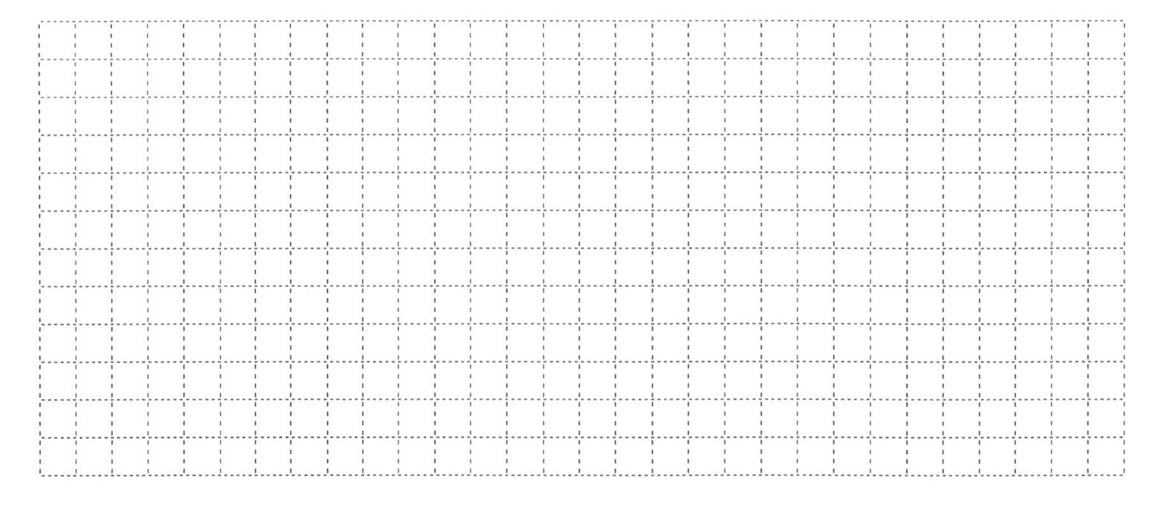

(2) 简述加工此零件如何测量，写出你所选用的量具。

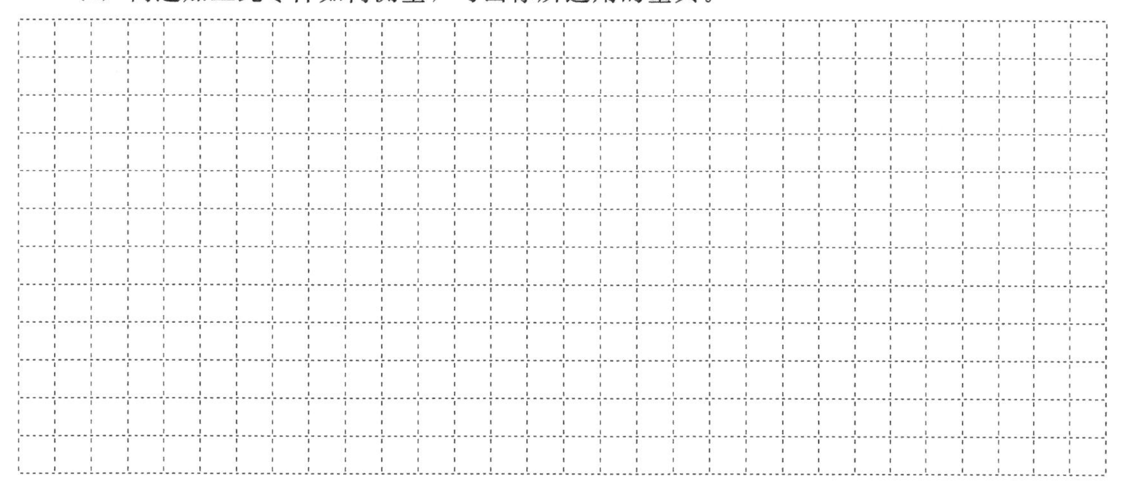

3. 制订决策

(1) 简述加工此零件的工艺路线。

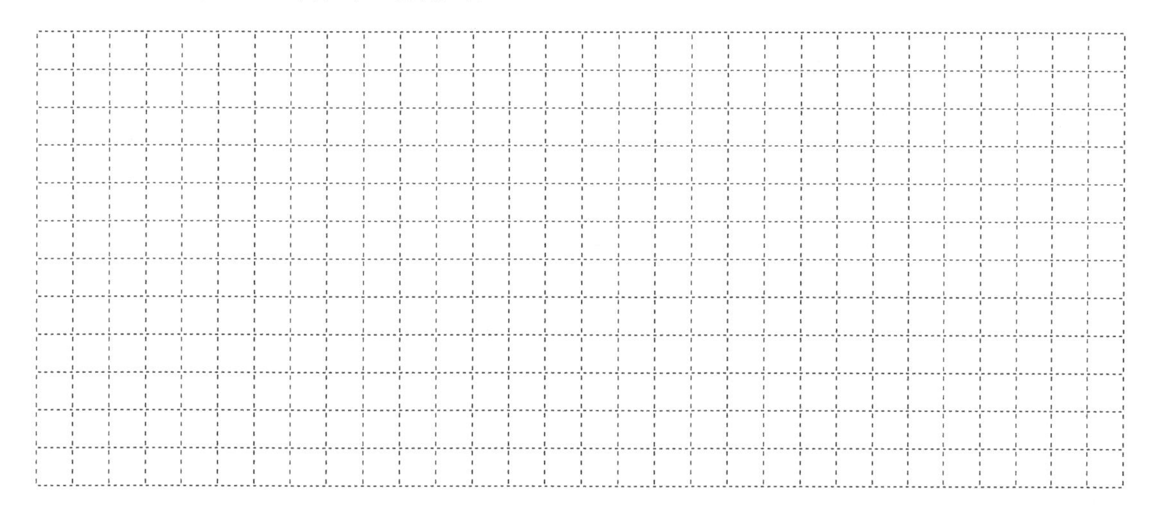

(2) 简述加工此零件的编程步骤。

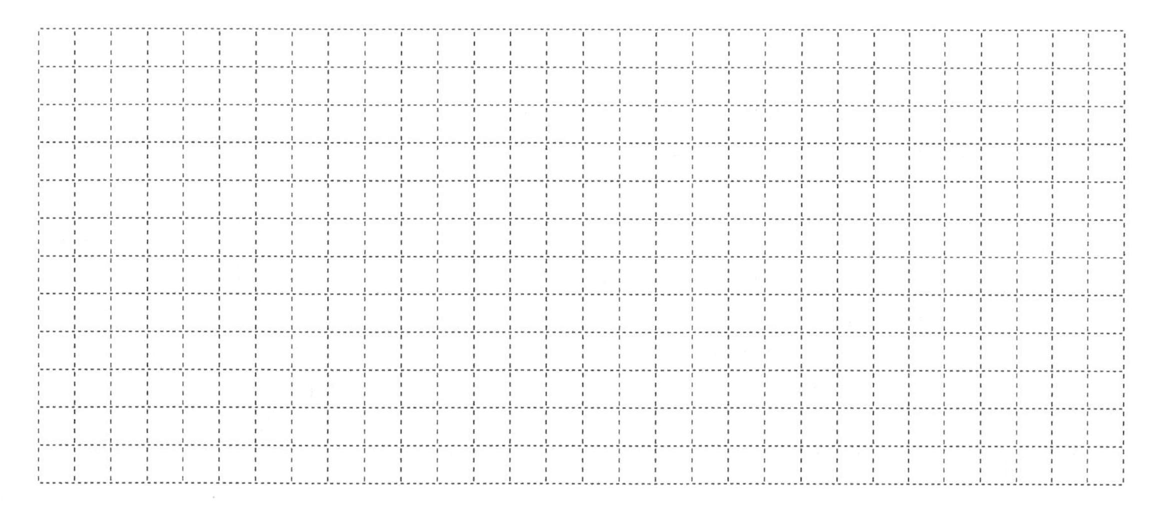

（3）制订工序卡（见表7-1）。

表 7-1　工序卡

任务：				图纸：		工作时间	
序号	工作阶段/步骤	附注	准备清单 机器/工具/辅助工具	工作安全	工作质量 环境保证	计划用时	实际用时
日期：			培训教师：	日期：	组长：	组员：	

（4）工具清单（见表7-2）。

表 7-2　工具清单

工具名称	数量	单位	材料	特殊要求	附注
工件名称：		任务名称：		班级：	
		组号：		组长：	
		组员：			

4. 计划实施（见表 7-3）

表 7-3 过程记录

名称		内容
设备	操作	
	工、量、刀具	
工艺	加工合理性	
6S	5S	
	安全	

5. 质量检测（见表 7-4、表 7-5）

表 7-4 目测和功能检查表

（任务名称）				组织形式 EA□ GEA□ GA	
姓名					
序号	位号	目测和功能检查	受训生 自我评分 分数	培训教师	
				评分 分数	自我评分结果 分数
总分					

说明：

灰色区域应促进受训生自行进行评分，并不计入评分。

自我评分标准：

加/减一个评分等级：=9 分

加/减两个评分等级：=5 分

加/减三个评分等级：=0 分

（整体任务名称）	部分：（任务名称）	
	（工件名称）	任务/工作
	（工件名称）+（连接、检验、测量）	分练习

表 7-5　尺寸和物理量检查表

序号	位号	经检查的尺寸或经验检查的物理量	受训生		培训教师		
			自我评分		结果 尺寸检查		结果 自我评分
			实际尺寸	分数	实际尺寸	分数	分数
		总分					

经检查的尺寸和物理量的评分
（10 分或 0 分）

6. 评价总结（见表 7-6、表 7-7）

表 7-6　自我评价

（姓名）				
序号	信息、计划和团队能力	受训生自我评分分数	培训教师	
			评分分数	结果自我评分分数
	（对检查的问题）			
信息、计划和团队能力评分				

总成绩

序号	评估组	结果	除数	100-分制结果	加权系数	分数
				总分		
				分数		

附注

日期：　　　受训生　　　培训教师

（整体任务名称）	部分：（任务名称）	
	（工件名称）	任务/工作
	检查评分表	分练习

表 7-7　总结分享

项目	内容
成果展示	
总结与分享	

项目八　加工表面质量分析

机械加工表面质量，是指零件在机械加工后被加工面的微观不平度，也叫粗糙度，以 Ra/Rz/Ry 三种代号加数字来表示。机械图纸中都会有相应的表面质量要求。加工后的表面质量直接影响被加工件的物理、化学及力学性能。产品的工作性能、可靠性、寿命在很大程度上取决于主要零件的表面质量。一般而言，重要或关键零件的表面质量要求都比普通零件要高。这是因为表面质量好的零件会在很大程度上提高其耐磨性、耐蚀性和抗疲劳破损能力。

【项目导入】

在某机械加工厂生产中，为保证零件的加工质量，要对加工出来的零件按照要求进行表面粗糙度、尺寸精度、形状精度、位置精度测量，所使用的工具为量具。

【项目要点】

(1) 素质目标

① 培养学生的沟通能力及团队协作精神。

② 培养学生勤于思考、勇于创新、敬业乐业的工作作风。

③ 培养学生的质量意识、安全意识和环境保护意识。

④ 培养学生分析问题、解决问题的能力。

⑤ 培养学生的交际和沟通能力。

⑥ 培养学生良好的职业道德。

(2) 能力目标

① 能根据零件图的要求，制订加工工艺和选择工艺装备。

② 能根据零件图的要求，编制合理高效的加工程序。

③ 能根据零件图的要求，加工合格的零件。

④ 能根据零件图的要求，进行工件质量检测。

⑤ 能根据零件图的要求，进行技术文档的管理、总结及资料存档全过程。

(3) 知识目标

① 了解普通车床的工作原理、加工工艺的基本特点，掌握普通车床加工工艺分析的主要内容。

② 能熟练拟定普通车床加工工艺路线，掌握普通车床加工零件的定位与夹紧方案，车刀的选择和加工参数的确定。

③ 能掌握各类普通车床典型零件的加工编程和操作方法。

④ 能校验数控零件加工程序，并能对零件尺寸和精度要求进行正确的测量与分析。
⑤ 熟练掌握普通车床日常点检及保养。
⑥ 培养学生独立工作的能力和安全文明生产的习惯。

引导问题

问题 1｜查阅材料，简述说明影响加工精度的因素有哪些。

问题 2｜查阅资料，简述说明机床误差包括哪些。

问题 3｜查阅资料，简述说明表面质量的影响因素。

问题 4｜查阅资料，简述说明检测加工表面质量方法及工具。

问题 5｜查阅资料，简述说明质检员工作任务。

【项目准备】

任务一　加工精度及工艺系统几何误差

加工精度是加工后零件表面的实际尺寸、形状、位置三种几何参数与图纸要求的理想几何参数的符合程度。理想的几何参数，对尺寸而言，就是平均尺寸；对表面几何形状而言，就是绝对的圆、圆柱、平面、锥面和直线等；对表面之间的相互位置而言，就是绝对的平行、垂直、同轴、对称等。零件实际几何参数与理想几何参数的偏离数值称为加工误差。

【任务导入】

某机械加工厂来了一批零件，生产主任将这批零件分配到三厂区来完成。零件加工后首先对加工精度及工艺系统几何误差进行检测。

【任务要点】

(1) 基本目标

① 掌握加工精度的影响因素。

② 掌握机床几何误差。

③ 掌握工艺系统误差及其他误差。

(2) 能力目标

① 具有检测加工精度误差的能力。

② 具有检测机床几何误差的能力。

③ 具有分析零件技术要求的能力。

【任务提示】

① 简述分析零件尺寸、公差和技术要求等是否合格。

② 查阅资料，简述机床传动误差。

③ 查阅资料，简述说明夹具误差。

【任务准备】

一、加工精度影响因素分析

1. 机械加工精度

(1) 机械加工精度与加工误差　机械加工精度与加工误差是一个问题的两种提法。机械加工精度是指零件加工后的实际几何参数（尺寸、形状和各表面相互位置等参数）与理想几何参数的符合程度。实际几何参数与理想几何参数的偏离程度称为加工误差。加工精度越高，加工误差越小；反之越大。

实际生产中，加工精度高低的表现形式是零部件尺寸、形状和位置的精度要求，用字母IT表示。

(2) 原始误差　机械加工中，由机床、夹具、刀具和工件组成的统一体，称为工艺系统。工艺系统本身结构和状态、加工操作过程发生的物理力学现象，均可引起刀具和工件的相对位置关系变化，故将这些因素称为原始误差。原始误差一部分与工艺系统初始状态有关，在加工前就已经存在了，称为工艺系统的几何误差；一部分与加工过程有关，是在加工过程中产生的，称为工艺系统误差。

2. 原始误差与加工误差的关系

加工过程中，各种原始误差会使刀具和工件间正确的几何关系遭到破坏，引起加工误差。

(1) 加工误差分类　根据误差性质，加工误差可分为系统性误差和随机性误差两大类，系统性误差又分为常值系统误差和变值系统误差两种。

① 系统性误差。顺次加工一批工件，大小和方向保持不变的误差，称为常值系统误差。顺次加工一批工件，大小和方向按一定规律变化的误差，称为变值系统误差。

② 随机性误差。顺次加工一批工件，大小和方向不同且不规律变化的误差，称为随机性误差。从表面看，随机性误差没有规律，但是应用数理统计方法仍可找出一批工件加工误差的总体规律。

(2) 误差敏感方向　原始误差方向影响加工误差的大小。当原始误差的方向与工序尺寸方向一致时，对加工精度影响最大。图 8-1 所示为车削加工外圆，刀具安装位置不正确对加工误差的影响。

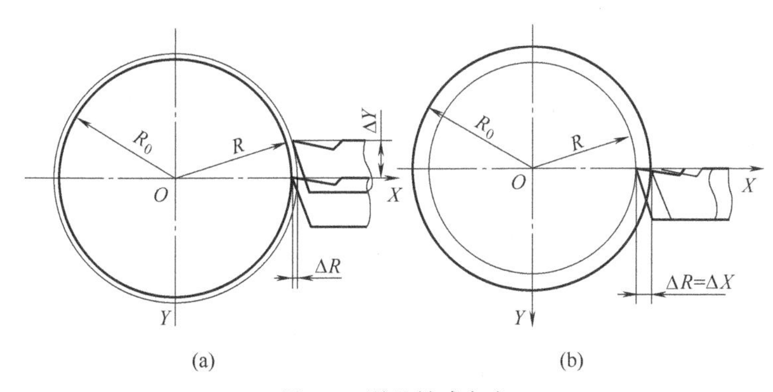

图 8-1　误差敏感方向

由图 8-1 可知，工件回转中心为 O，刀尖正确位置应与轴线等高。设某一瞬时由于原始误差影响，刀尖沿 Y 轴向上移动［见图 8-1(a)］，位移误差 ΔY 使工件半径增大 ΔR；若刀尖沿 X 轴移动，位移误差 ΔX 使工件半径产生了更大的误差［见图 8-1(b)］。

结论：

① 工件加工表面的切线方向上的原始误差，引起的加工误差相对较小（$\Delta R=\Delta Y$）。

② 工件加工表面法线方向上的原始误差，引起的加工误差最大（$\Delta R=\Delta X$，$\Delta X>\Delta Y$），故该方向称为误差敏感方向。

3. 获得加工精度的方法

(1) 获得尺寸精度的方法　获得尺寸精度的方法有以下 4 种。

试切法加工是通过对工件进行试切—测量—调整—再试切，达到加工精度要求的加工方法，多用于单件小批生产。

调整法加工是在加工前，先调整好刀具和工件在机床上的相对位置，在一批零件加工过程中保持这个位置不变，获得尺寸精度的方法，多用于成批大量生产。

定尺寸刀具法是采用与工件加工表面尺寸、形状相同的刀具进行加工的方法，生产率高，但刀具制造复杂，成本高。

自动控制法是指在加工过程中，通过测量补偿，不断调整刀具与工件的相互位置，获得尺寸精度的方法。

(2) 获得形状精度的方法　获得形状精度的方法有刀尖轨迹法、成形刀具法及展成法。

刀尖轨迹法是利用刀尖运动轨迹形成工件表面形状。成形刀具法是由刀刃的形状形成工件表面形状。展成法是由切削刃包络面形成工件表面形状。

(3) 获得相互位置精度的方法　相互位置精度的获得主要由机床精度、夹具精度和工件装夹精度来保证，具体方法有直接找正法、画线找正法和夹具定位法。

二、工艺系统几何误差影响分析

1. 加工原理误差

加工原理误差是指采用了近似成形运动或近似刀具刃口轮廓进行加工而产生的误差。采用近似成形运动或近似刀具轮廓，虽然会带来加工原理误差，但往往可以简化机床或刀具结构，有时反而可以得到高的加工精度。因此，只要加工误差在允许范围内，具有原理误差的加工方法在生产中仍被广泛应用。

① 用成形法加工直齿渐开线齿轮，用一把铣刀加工同模数的不同齿数的齿轮，铣刀存在形状误差。

② 滚齿刀具制造中存在两种误差：采用阿基米德基本蜗杆代替渐开线基本蜗杆，刀刃轮廓产生近似造型误差；由于滚刀刀齿数有限，实际加工齿形是一条折线，与理论上的光滑渐开线有差异，如图 8-2 所示。

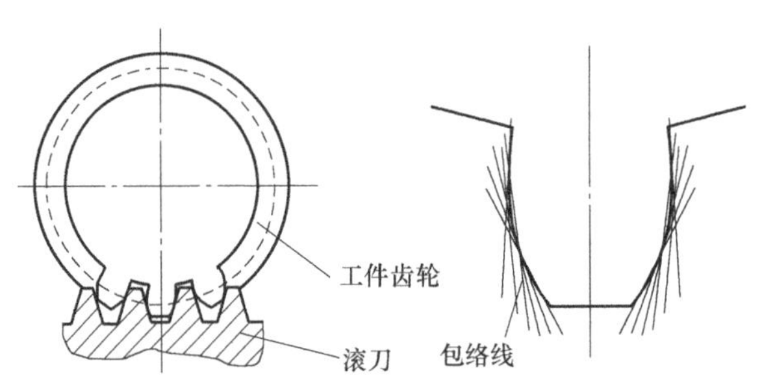

图 8-2　滚齿加工的原理误差

③ 如图 8-3 所示，用圆弧刀具加工空间曲面，刀具曲线及运动轨迹与被加工表面曲面不同，存在原理误差。

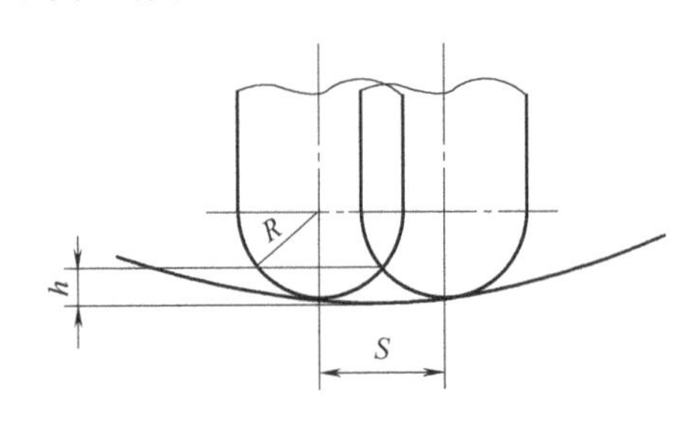

图 8-3　空间曲面数控加工

2. 机床几何误差

机床几何误差是由制造误差、安装误差和使用过程的磨损引起的。对加工精度影响较大的是主轴回转误差、导轨误差和传动链误差。

(1) 主轴回转误差

① 主轴回转误差的形式。主轴回转时，理想状态是回转轴线的空间位置保持不变。主轴回转误差，是指主轴瞬时回转轴线相对于理想回转轴线在规定

测量平面内的变动量。变动量越小，主轴回转精度越高；反之越低。

主轴回转误差可以分解为轴向窜动、径向跳动和角度摆动三种，如图 8-4 所示。

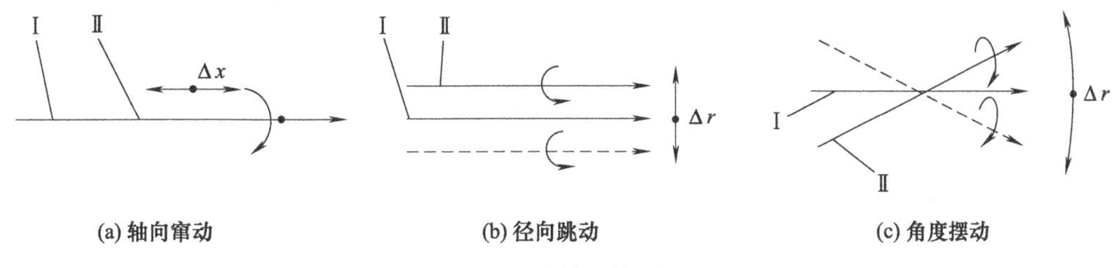

图 8-4　主轴回转误差

Ⅰ—理想回转线；Ⅱ—实际回转线

轴向窜动是指瞬时回转轴线沿理想轴线方向产生轴向移动［见图 8-4(a)］，主要影响工件的端面形状和轴向尺寸精度。

径向跳动是指瞬时回转轴线平行于理想轴线产生径向移动［见图 8-4(b)］，主要影响加工工件的圆度和圆柱度。

角度摆动是指瞬时回转轴线与理想轴线成一倾斜角度［见图 8-4(c)］，主要对工件的形状精度影响较大，如车外圆时会产生锥度。

② 主轴回转误差的影响因素。影响主轴回转误差的主要因素是主轴误差、轴承误差、轴承间隙和热变形等。车床、外圆磨床等加工时，由于切削力方向大致不变，主轴轴颈与轴承孔某一固定部位接触，主轴轴颈形状误差是影响回转精度的主要因素，如图 8-5 (a) 所示。铣床、钻床等加工时，切削力方向随刀具旋转不断变化，主轴轴颈以某一固定位置与轴承孔接触，轴承孔形状精度是影响回转精度的主要因素，如图 8-5 (b) 所示。

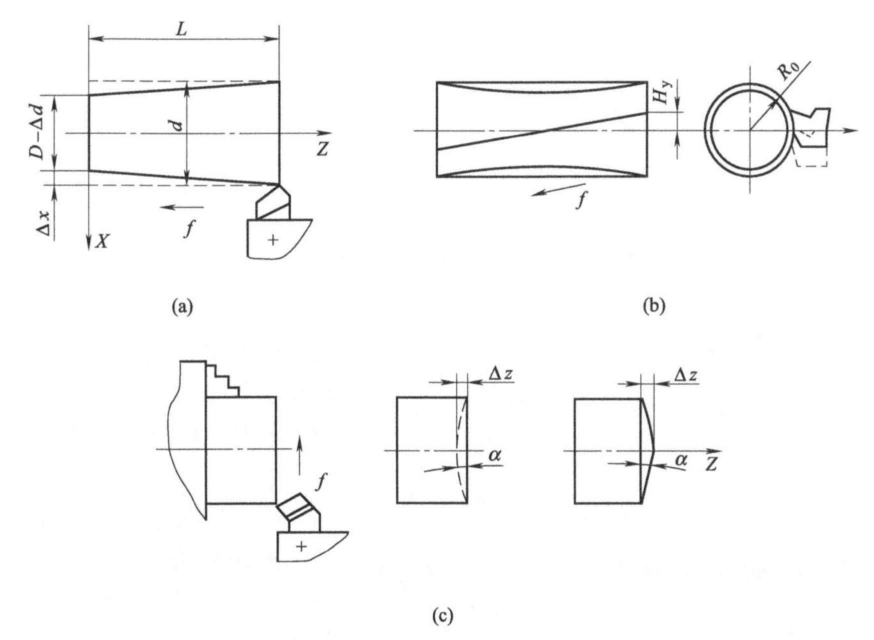

图 8-5　主轴回转误差对加工精度的影响

③ 提高主轴回转精度的措施。提高主轴回转精度的措施主要是提高主轴组件设计、制造和安装精度；采用高精度主轴轴承；采用高精度多油楔动压滑动轴承和静压滑动轴承，提

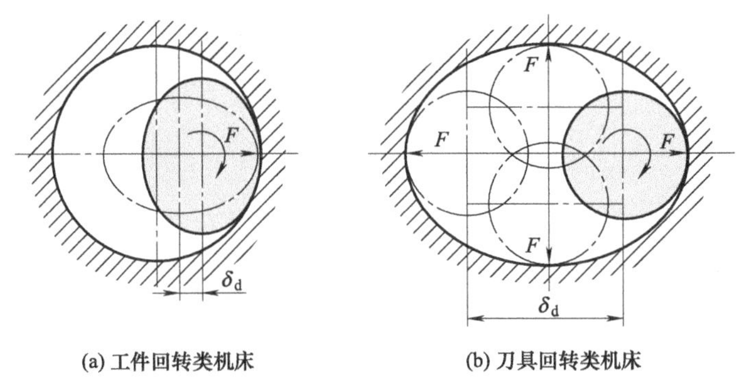

图 8-6 不同类型机床主轴回转误差的影响

高轴承刚度，减少径向圆跳动；提高主轴箱支承孔、主轴轴颈和与轴承相配合零件相关表面的加工精度；对滚动轴承进行预紧等。如图 8-6 所示。

（2）机床导轨误差　机床导轨副是实现直线运动的主要部件，是影响机床部件直线运动精度的主要因素。以车床为例，说明机床导轨误差对加工精度的影响。

① 导轨水平面内直线度误差影响。如图 8-7（a）所示，车床导轨在水平方向存在误差 Δx，车削外圆时刀具沿工件法线方向产生位移，引起工件半径方向上的误差 Δx[见图 8-7（b）]，车削长外圆时将造成圆柱度误差。

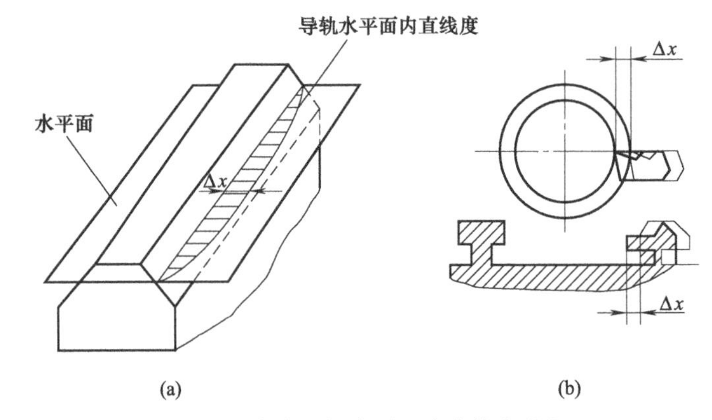

图 8-7 车床导轨水平面内直线度误差

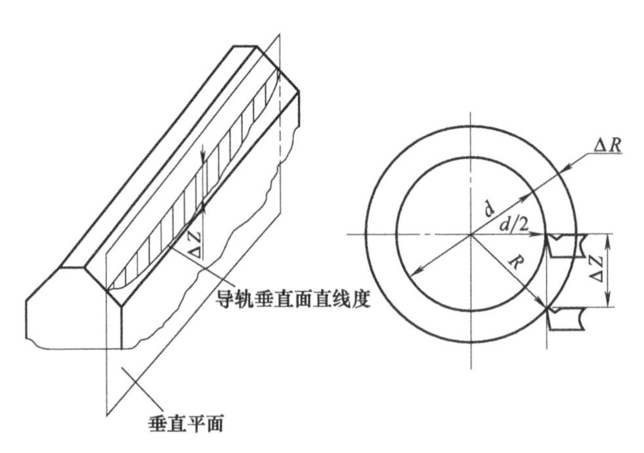

图 8-8 导轨垂直面内直线度误差

② 导轨垂直面内直线度误差影响。图 8-8 所示是车床导轨在 Z 方向存在误差 ΔZ，由于误差在非敏感方向，故对零件形状精度影响甚小。但是，在平面磨床、铣床、龙门刨床等加工中，导轨垂直面内直线度误差在加工的法线方向（误差敏感方向），误差对加工精度影响较大，造成加工表面水平面上的形状误差。

③ 前后导轨平行度误差影响。图 8-9 所示是车床两导轨因平行度误差产生扭曲，使大溜板横向倾斜，刀

具位移，引起工件形状误差（鼓形、鞍形、锥形）的情况。

(3) 机床传动链误差　机床传动链误差指传动链始末两端的执行元件相对运动误差。车螺纹、插齿、滚齿等加工，刀具与工件之间有严格的传动比。因此机床传动链的传动精度必须满足要求。

减少传动链误差的措施有：提高机床传动件的制造、装配精度；缩短传动链；采用降速传动，传动比最小的一级传动件放在最后；消除传动链中齿轮副间隙；采用误差补偿措施等。

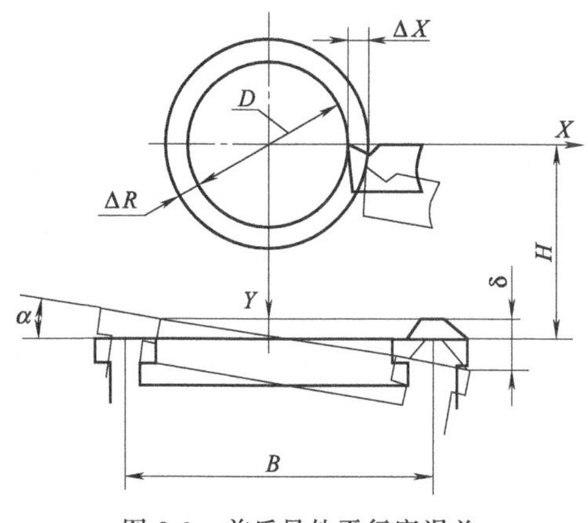

图 8-9　前后导轨平行度误差

3. 工艺系统其他几何误差

(1) 刀具误差　刀具误差包括刀具制造、磨损及安装误差等。不同类型的刀具对加工精度的影响见表 8-1。

表 8-1　不同类型的刀具对加工精度的影响

刀具误差			
一般刀具	定尺寸刀具	成型刀具	展成法刀具
如普通车刀、单刃镗刀和面铣刀等的制造误差对加工精度没有直接影响，但磨损后对工件尺寸或形状精度有一定影响	定尺寸刀具（如钻头、铰刀、圆孔拉刀等）的尺寸误差直接影响被加工工件的尺寸精度。刀具的安装和使用不当也会影响加工精度	成形刀具（如成形车刀、成形铣刀、盘形齿轮铣刀等）的误差主要影响被加工面的形状精度	展成法刀具（如齿轮滚刀、插齿刀等）加工齿轮时，刀刃的几何形状及有关尺寸精度会直接影响齿轮加工精度

(2) 夹具误差　夹具误差主要指定位元件、刀具导向元件、分度机构、夹具体等零部件制造误差和夹具装配误差等。此外，夹具使用过程中的磨损也会影响加工精度。图 8-10 是套钻床夹具，由于刀具导向元件（钻套）位置在 Y 轴方向发生了偏移，导致 ϕ6F7 孔位置尺寸 $L\pm0.05$mm 产生误差。

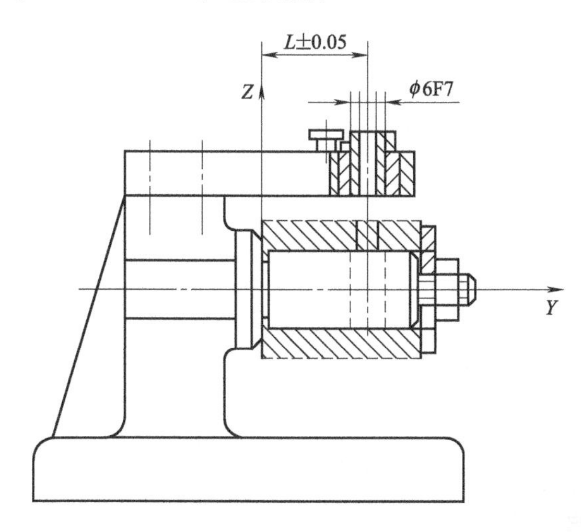

图 8-10　夹具误差引起的钻孔误差

(3) 调整误差　机械加工中，工艺系统调整有试切法和调整法两种加工方式，不同调整方式有不同的误差来源。

试切法加工产生调整误差的主要影响因素如下。

① 测量误差。量具等检测仪器的制造误差、测量方法误差及测量时的主客观因素（温度、接触力等）都直接影响测量精度，因而产生加工误差。

② 进给机构位移误差。低速微量进给时，进给系统常出现“爬行”，使刀具实际进给量与刻度盘数值产生偏差，造成加工误差。

③ 最小切削厚度。切削厚度很小时，切削刃挤压作用加大，切削作用显著减小，导致工件切削深度发生变化，造成加工误差。

调整法加工中，引起加工误差的因素主要有定程机构误差、样板样件误差等。如用定程机构调整时，行程挡块、靠模及凸轮等机构的制造精度和刚度，控制元件灵敏度等都对机床运动有影响；用样板样件调整时，调整精度取决于样板样件的制造、安装和对刀精度。

此外，量具种类的选择、测量技术、工艺系统磨损等也是产生加工误差的影响因素。

任务二　工艺系统受力、热变形影响

工艺系统在切削力、传动力、惯性力、夹紧力、重力等外力作用下会产生变形，从而破坏刀具与工件间已调整好的位置关系，使工件产生加工误差。如细长轴在切削力作用下弯曲变形见图 8-11（a）；镗孔时镗杆弯曲变形见图 8-11（b）等。

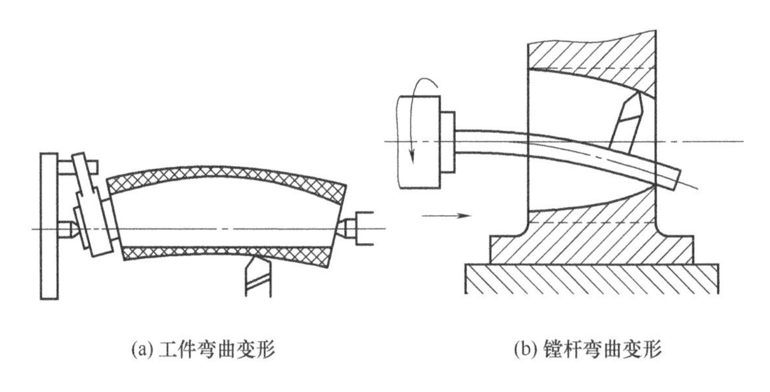

(a) 工件弯曲变形　　(b) 镗杆弯曲变形

图 8-11　工艺系统受力变形

【任务导入】

某机械加工厂来了一批零件，生产主任将这批零件分配到三厂区来完成。零件加工后对工艺系统受力、热变形进行检测。

【任务要点】

（1）基本目标

① 掌握机械加工中切削力对加工精度的影响。

② 掌握夹紧力、重力引起的加工误差。

③ 掌握机床加工精度的处理方法。

（2）能力目标

① 具有解决切削力对加工精度的能力。

② 具有解决工艺系统受力变形的能力。

③ 具有分析零件技术要求的能力。

【任务提示】

① 简述分析零件切削力对加工精度的影响。

② 查阅资料，简述夹紧力对加工精度是否有影响。

③ 查阅资料，简述残余应力对加工精度的影响。

【任务准备】

一、工艺系统受力系统

1. 切削力变化对加工精度的影响

（1）工艺系统刚度　工艺系统刚度 k 是在加工误差敏感方向上工艺系统所受外力 F_p 与变形量 Δy 的比值。即

$$k=F_p/\Delta y$$

式中　k——工艺系统刚度；

F_p——吃刀抗力；

Δy——工艺系统位移。

（2）切削力大小变化对加工精度的影响　切削加工中，被加工表面切削层厚度或材料硬度不均匀，将引起切削力大小变化，使工件产生加工误差。

如图 8-12 所示，车削外圆时，工件毛坯圆度误差使切削深度在 a_{p1} 与 a_{p2} 之间变化，导致切削力变化，引起工艺系统产生相应变形，由此使工件产生圆度误差。这种现象称为“误差复映”。

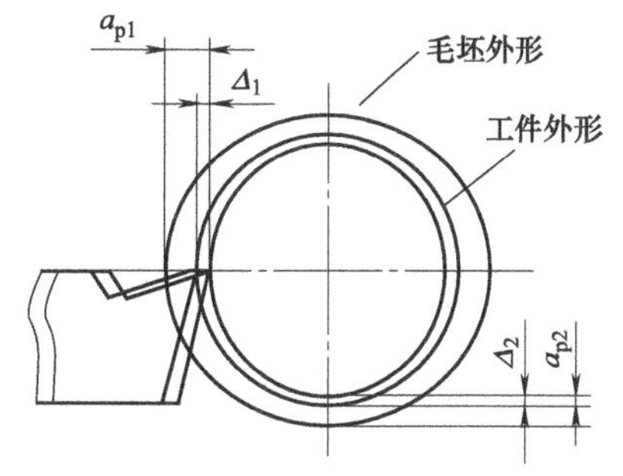

图 8-12　零件形状误差复映

误差复映经多次加工后可减少到公差要求范围内。若每次走刀的误差复映系数为 ε，则多次走刀的误差复映系数为

$$\varepsilon=\varepsilon_1\varepsilon_2\varepsilon_3\cdots\varepsilon_n$$

由于 ε 是远小于 1 的系数，所以经过多次走刀后 ε 已降到很小。一般 IT7 级精度的工件经过 2～3 次走刀后，复映到工件的误差可减少到公差允许值以内。

（3）切削力作用位置变化对加工精度的影响（以车削为例）　车削短粗轴时，工件和刀具受力变形可忽略不计，而机床头架和尾架的变形对工件加工精度影响较大［见图 8-13（a)］，加工后工件呈马鞍形［见图 8-13（b)］。

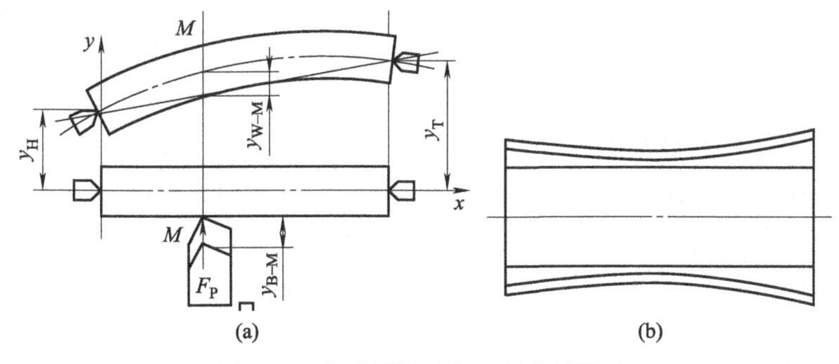

图 8-13　机床刚性对加工精度的影响

车削细长轴时，机床、夹具和刀具变形可忽略不计，工艺系统变形完全取决于工件变形。加工中，车刀处于图 8-14（a）所示位置时，工件轴线产生弯曲变形，加工后的工件形状呈腰鼓形，如图 8-14（b）所示。

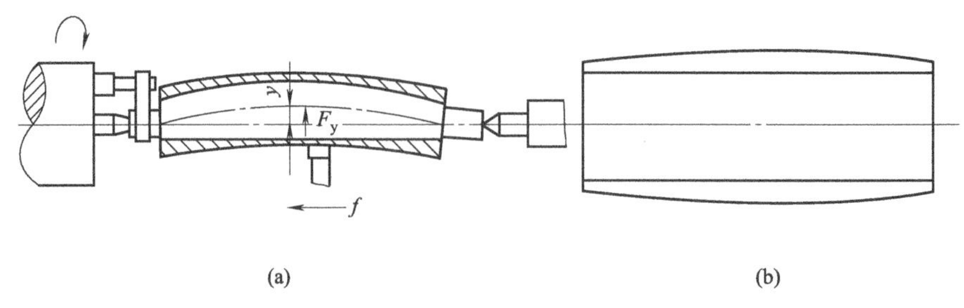

图 8-14　工件刚性对加工精度的影响

2. 夹紧力、重力引起的加工误差

(1) 夹紧力引起的加工误差　工件在装夹中，由于刚度较低或着力点不当，都会引起工件变形，造成加工误差。特别是薄壁套、薄板等零件，更易产生加工误差。图 8-15 为薄壁套镗孔加工由夹紧力引起的加工误差。

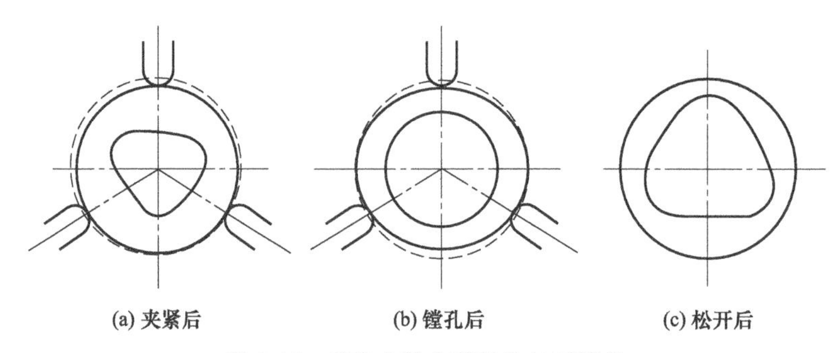

图 8-15　镗孔夹紧力引起的加工误差

(2) 重力引起的加工误差　零部件的自重也会使工艺系统产生变形，造成加工误差。如龙门铣床刀架横梁变形（见图 8-16），使刀具位置向下移动，造成工件同方向的过切现象。

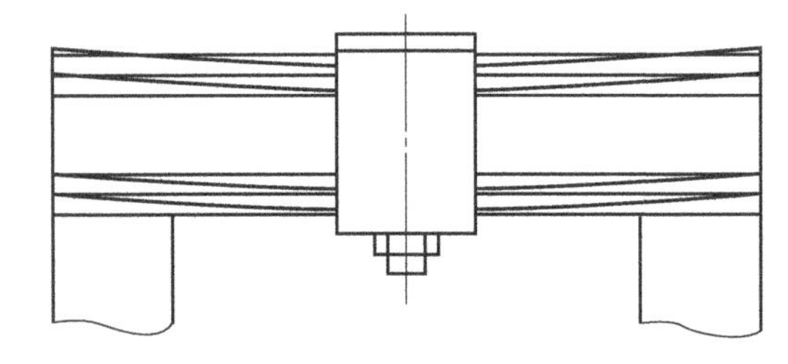
图 8-16　重力作用下龙门铣床刀架横梁变形

此外，惯性力、传动力等也会引起工件加工误差。如高速切削时，不平衡质量产生的离心力，不断将工件推向刀具或拉离刀具，使吃刀深度增大或减小，造成工件圆度误差。车削时，使用单爪拨盘带动工件旋转，传动力在拨盘的每一转中，与切削分力同向或反向，同样造成工件圆度误差。

3. 残余应力对加工精度的影响

零件中残余应力的重新分布，将使零件产生变形，破坏原有精度。

(1) 热处理产生的残余应力　工件各部分厚度不均，易产生残余应力。图 8-17 (a) 所示为一个内外截面厚度不均匀的零件。浇铸后冷却时，由于壁 3 较厚，冷却较慢，壁 2 和壁 1 冷却较快。

当 1、2 冷却达到弹性状态时，3 仍处于塑性状态，所以 1、2 收缩时，3 不起阻碍作用，不会产生残余应力。当 3 冷却到弹性状态时，1、2 的温度已经降低很多，收缩速度变得很慢，但这时 3 收缩较快，因而受到 1、2 的阻碍，3 内就产生拉应力，1、2 产生压应力，形成相互平衡状态。如果 2 上开一个缺口 [见图 8-17 (b)]，2 的压应力消失，铸件在残余应力作用下，3 收缩，1 伸长，铸件产生弯曲变形，直至残余应力达到平衡为止。此外，工件

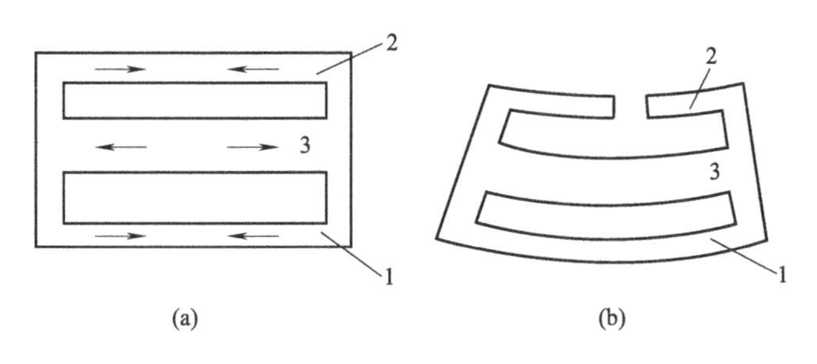

图 8-17　铸件残余应力引起的变形

热处理时，金相组织变化引起的体积变化也将产生残余应力。

(2) 冷校直带来的残余应力　弯曲工件采用冷校直工艺时，易产生残余应力。冷校直时，在外力作用下工件内部应力重新分布，如图 8-18 所示，轴心线以上部分产生压应力(用负号表示)，轴心线以下部分产生拉应力。外力去除后，在塑性变形部分的阻止下，弹性变形部分不能完全恢复，残余应力将重新分布。冷校直的残余应力使工件处于不稳定状态，再次加工将产生新变形。因此，精密零件加工是不允许安排冷校直工序的。

4. 机床部件刚度的影响

(1) 连接表面接触变形的影响　零件表面的形状误差，使连接表面之间实际接触面积大大减小（见图 8-19)，接触处的压强增大，在外力作用下将产生较大的接触变形。

(2) 部件中薄弱环节的影响　如果机床部件中某些零件刚度很低，受力后就会产生较大变形，使整个部件刚度降低。如图 8-20 所示，床鞍部件中的楔铁细长、刚性差，不易加工平直，使用时接触不良，因而降低了床鞍部件的刚度。

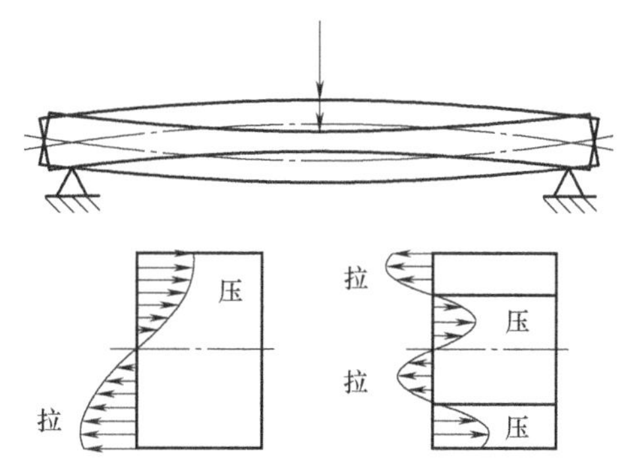

图 8-18　冷校直引起的残余应力

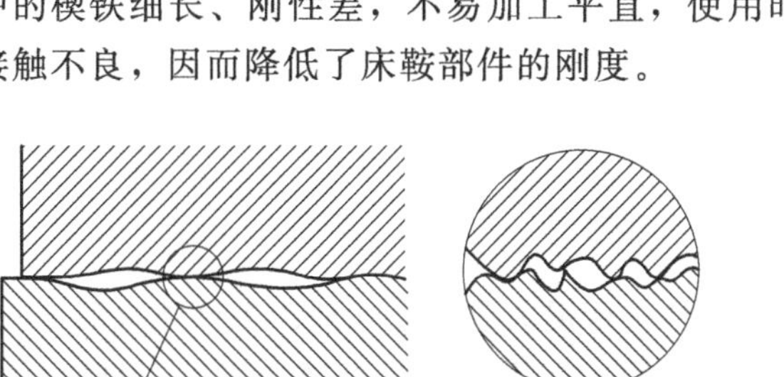

图 8-19　零件接触面刚度

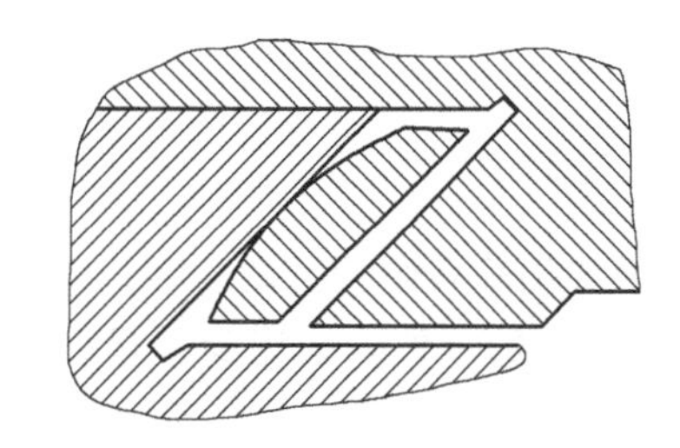

图 8-20　机床部件刚度薄弱环节

5. 减少工艺系统变形的措施

(1) 减少工艺系统受力变形的措施　表 8-2 所示为减少工艺系统受力变形的措施。例如，加工薄壁套零件，为了减少变形，采用开口过渡环或专用卡爪夹紧工件，如图 8-21 所示，采取重量转移［见图 8-22 (a)］和变形补偿［见图 8-22 (b)］的方法减低机床变形。

(2) 减少或消除残余应力的措施

① 合理设计零件结构。采取简化零件结构、壁厚均匀、提高零件刚度等措施，减少毛坯在制造过程中产生的残余应力。

表 8-2 减少工艺系统受力变形的措施

(1)提高接触刚度	(2)提高零部件接触刚度，减小受力变形	(3)合理安装工件，减小夹紧变形	(4)减少摩擦，防止微量进给的“爬行”	(5)合理使用机床	(6)合理安排工艺	(7)转移或补偿弹性形变(见图 8-22)
提高导轨等结合面的刮研质量、形状精度，减小表面粗糙度，有效增加接触面积，提高接触刚度	加工细长轴时，采用中心架或跟刀架提高工件刚度。采用导套、导杆等辅助支撑加强刀架的刚度	对刚性较差的工件选择合法的夹紧方法，减小夹紧变形，提高加工精度(见图 8-21)	采用塑料滑动导轨、滚动导轨和静压导轨降低摩擦系数，防止低速爬行			

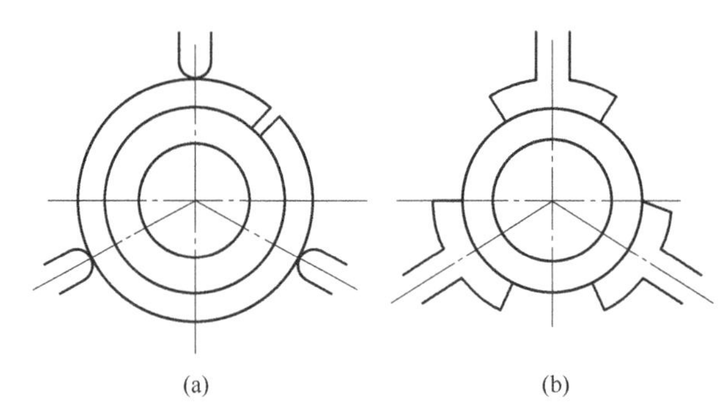

图 8-21 低刚度零件装夹

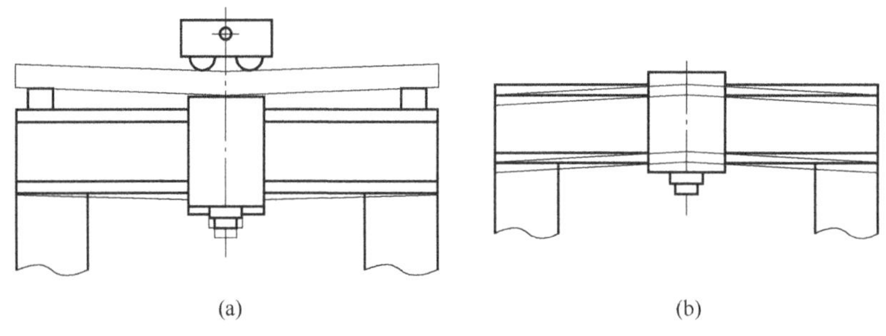

图 8-22 减小部件重量影响

② 增加消除残余应力的工序。对铸、锻、焊件进行退火或回火处理；工件淬火后回火；精度要求较高的零件，如床身、丝杠、箱体、主轴等，在粗加工或半精加工后安排时效处理等。

③ 合理安排工艺过程。粗精加工分阶段进行，使粗加工后有充分的时间让内应力重新分布，以减少对精加工的影响。

二、工艺系统热变形影响分析

工艺系统在各种热源的影响下，会产生复杂的变形，破坏工件与刀具的相对位置和相对运动的准确性，造成加工误差。据统计，精密加工中，热变形引起的加工误差占总加工误差的 40%～70%。

1. 工艺系统热源及其传递

工艺系统热源可分为内部热源和外部热源两大类，如图 8-23 所示。

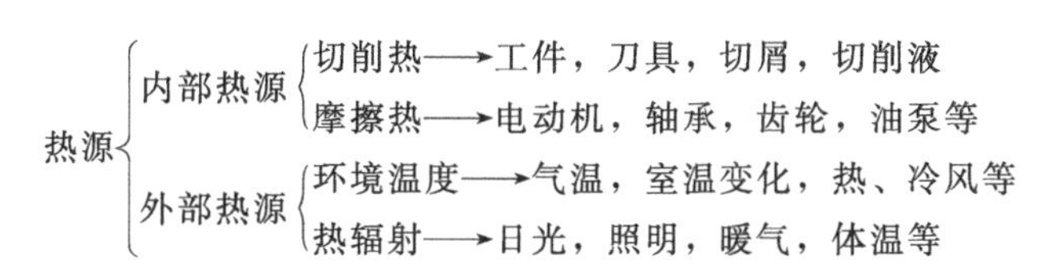

图 8-23 工艺系统热源

切削热由切削层弹性变形和塑性变形以及刀具与工件、切屑间的摩擦产生。车削时，大量切削热被切屑带走，传给工件的热量占 10%～30%，传给刀具的约占 10%；孔加工时，散热条件不好，50%以上的切削热传给工件；磨削加工时，由于切屑很小，带走的热量也少，大约有 80%的热量传给工件，使加工表面温度达到 800～1000℃，很容易造成加工表面烧伤。切削热是刀具和工件变形的主要热源。

摩擦热主要由电动机、轴承、齿轮传动副、导轨副、液压泵、阀等运动部件产生，是机床热变形的主要热源。

环境温度和热辐射主要对大型和精密工件加工影响较大。

2. 机床热变形对加工精度的影响

热源分布的不均匀和机床结构的复杂性，使机床各部分在热源作用下发生不同程度的热变形，破坏了机床原有的几何精度，造成加工误差。

（1）车、铣、镗等机床热变形　车、铣、镗等机床热变形主要由齿轮、轴承摩擦发热和润滑油发热等引起。图 8-24（a）、（b）所示分别为卧式车床和立式铣床受热变形情况，主轴产生了倾斜，对加工精度产生了影响。

（2）磨床热变形　外圆磨床主要热源为砂轮主轴轴承发热和液压系统发热，见图 8-25（a）。砂轮主轴轴承发热，使主轴轴线升高并使砂轮架向工件方向趋近。如果主轴前后轴承温升不同，主轴轴线还会出现热倾斜。液压系统发热会使机床床身各处温升不同，导致床身弯曲变形。

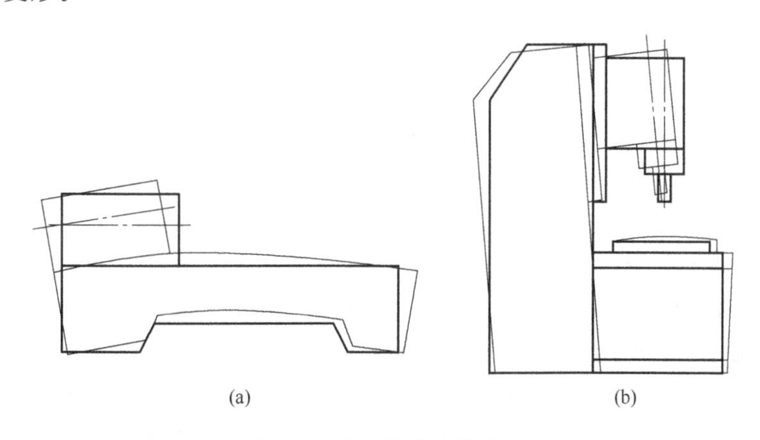

图 8-24 立式铣床受热变形

导轨磨床工作时，床身上部表面温度比床身底面温度高，形成温差，使床身产生弯曲变形，表面呈中凸状，凸起部分将被切去。待工件冷却后，加工表面就产生了中凹，造成了几何形状误差。此外，立柱也因床身变形而产生相应位置的变化，破坏了机床的原有精度，使工件产生加工误差，如图 8-25（b）所示。

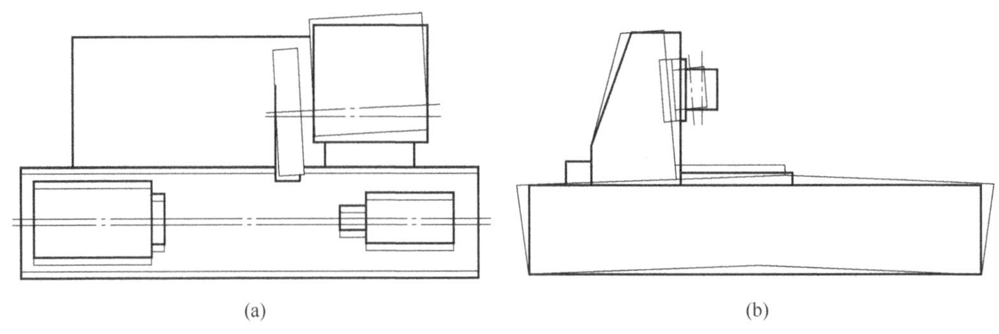

图 8-25　磨床受热变形

（3）工件热变形对加工精度的影响

① 均匀受热工件热变形。在车削或磨削时，工件一般是均匀受热，温度逐渐升高，工件直径也逐渐胀大。工件胀大部分将被刀具切去，待冷却后就形成圆柱度和直径尺寸误差。

细长轴在顶尖间车削时，热变形将使工件伸长，导致工件弯曲变形，加工后将产生圆柱度误差。

精密丝杠磨削时，工件热伸长会引起螺距累积误差。

② 不均匀受热工件热变形。进行铣、刨、磨等平面加工时，工件单面受热，上下表面温升不等，引起工件热变形。例如，磨削床身导轨时，导轨面因单面受热与底面形成温差，从而导致工件向上凸起，中间切去的材料较多，冷却后被加工表面呈凹形，使磨出的导轨面产生了直线度误差。

（4）刀具热变形对加工精度的影响　刀具热变形主要是切削热引起的，传给刀具的热量虽不多，但由于刀具体积小，热量又集中在切削部分，因此会产生很高的温升。如高速钢刀具车削时，刃部温度可高达 700～800℃，刀具热伸长量可达 0.03～0.05mm。车刀连续车削时，10～20min 即可达到热平衡，此时车刀热变形对加工精度影响很小。

3. 减少工艺系统热变形的主要途径

（1）减少热源发热和隔离热源

① 热源尽可能分离出去。为了减少机床热变形，凡是可能分离出去的热源，如电动机、变速箱、液压系统等应尽可能移出，对于不能分离的热源，如主轴轴承，高速运动导轨副、摩擦离合器等，可从结构和润滑等方面改善其摩擦特性，减少发热。

② 减少热源发热。对发热量大的热源，如果既不能从机床内移出，又不能隔热，则可采用静压轴承、静压导轨、低黏度润滑油、锂基润滑脂等，改善摩擦特性。

③ 采取冷却措施。增加散热面积或使用强制式的风冷、水冷、循环润滑等；大型数控机床，加工中心普遍采用冷冻机，对润滑油和切削液进行强制冷却，以提高冷却效果。

（2）用热补偿方法减少热变形　采用热补偿方法使机床温度场变均匀。通过在平面磨床导轨下面加油沟解决油箱发热引起的导轨变形（见图 8-26）；热空气通过特设的管道引向立柱后壁，使其升温，减少立柱的弯曲变形（见图 8-27）。采用这种措施后，工件平面度误差可降低为原来的 1/4～1/3。

控制环境温度，不要使精密机床受到日光的直接照射；精密机床安装在恒温车间；采用热对称结构机床部件，合理选择机床部件装配基准等方法，都可以减少机床热变形。

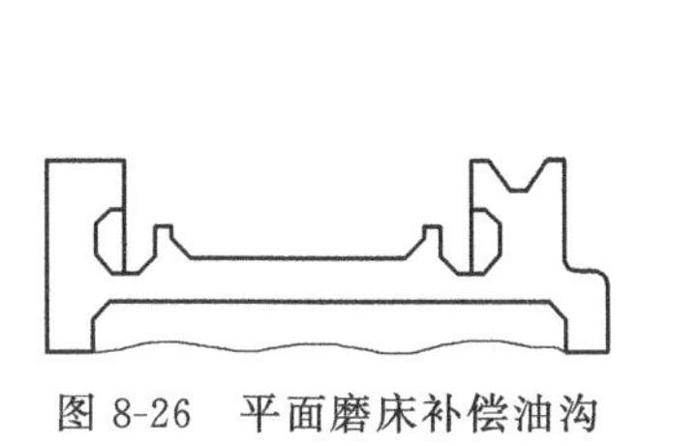

图 8-26　平面磨床补偿油沟

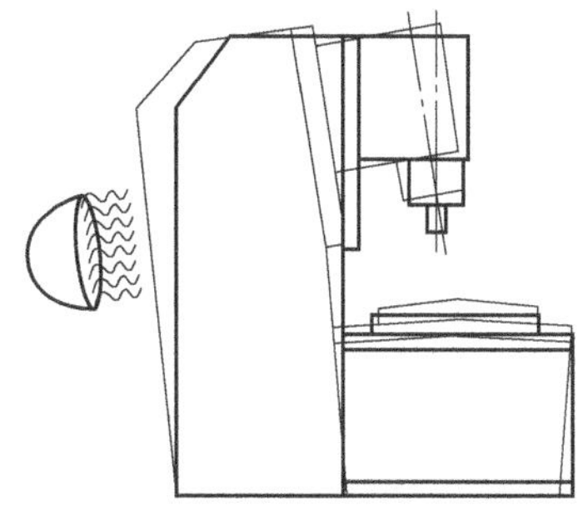

图 8-27　均衡立柱温度场

任务三　表面质量影响因素分析

机械加工后的零件表面存在着表面粗糙度、冷硬、裂纹等表面缺陷，对产品工作性能（如耐磨性、可靠性、抗腐蚀性和疲劳强度等）有极大的影响。

【任务导入】

某机械加工厂来了一批零件，生产主任将这批零件分配到三厂区来完成。零件加工后生产主任派一名质检员进行表面质量检测。

【任务要点】

(1) 基本目标

① 了解表面质量影响的因素。

② 掌握表面质量含义。

③ 掌握切削加工的表面粗糙度的影响因素。

(2) 能力目标

① 具有掌握工件表面质量的能力。

② 具有表面处理工艺的能力。

③ 具有分析零件技术要求的能力。

【任务提示】

① 简述分析检测零件表面质量。

② 查阅资料，简述影响切削加工表面粗糙度的因素。

③ 查阅资料，简述表面力学物理性能的影响因素。

【任务准备】

一、表面质量与零件使用性能

1. 表面质量含义

机械加工表面质量包含的内容如图 8-28 所示。

零件表面质量
- 表面微观几何形状特征
  - 表面粗糙度
  - 表面波度
- 表面物理力学性能
  - 表面层冷作硬化
  - 表面层残余应力
  - 表面层金相组织的变化

图 8-28 机械加工表面质量内容

(1) 表面几何特征　表面粗糙度是加工表面的微观形状误差，其波距 L_1 小于 1mm，与波高 H_1 的比值一般小于 40（见图 8-29）。

表面波度是介于形状误差与表面粗糙度之间的周期性形状误差，主要由机械加工过程中工艺系统的低频振动引起，其波长 L_2 与波高 H_2 的比值一般为 50～1000（见图 8-29）。

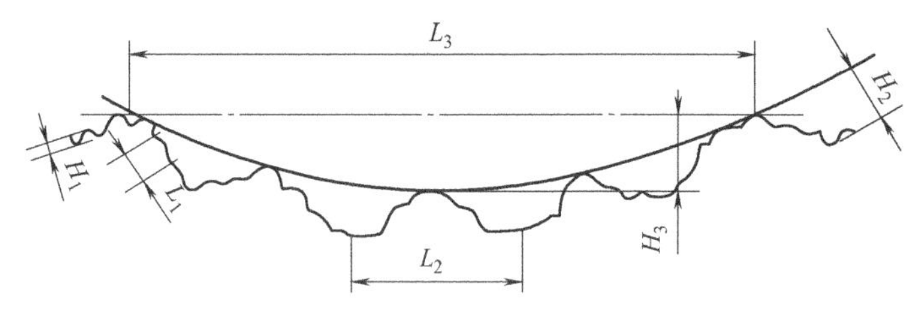

图 8-29 形状误差与表面粗精度及波度的关系

H_1—L_1 范围内的凹凸不平（表面粗糙度）；H_2—L_2 范围内的凹凸不平（波度）；H_3—平面度

(2) 表面层物理力学性能　由于力和热的综合作用，加工表面层金属物理力学性能和化学性能将发生变化。主要表现在以下几个方面。

① 表面层冷作硬化（简称冷硬）。指在机械加工中，零件表面层产生强烈的冷态塑性变形后，引起的强度和硬度都有所提高的现象。一般情况下表面硬化层的深度可达 0.05～0.30mm。

② 表面层金相组织的变化。指在机械加工过程中，由于切削热或磨削热的作用引起工件表面温升过高，表面层金属的金相组织发生变化的现象。

③ 表面层残余应力。是由于加工过程中切削变形和切削热的影响，工件表面层产生残余应力。

2. 表面质量对零件使用性能的影响

(1) 对零件耐磨性的影响　表面粗糙度对摩擦副初期磨损影响很大。粗糙度值过大，粗糙不平的表面凸峰相互咬合，挤裂、破碎、切断等作用加剧，磨损增加；粗糙度值过小，紧密接触的两个光滑表面间的储油能力变弱，不能形成油膜，表面分子吸引力增大，磨损也会增加。

冷作硬化层提高了表面层金属的硬度，减小了弹性和塑性变形，从而提高了耐磨性。但是，表面硬化过度，将引起零件表面层金属变脆，甚至出现微观裂纹和剥落现象，使耐磨性下降。

(2) 对疲劳强度的影响　表面粗糙度越大，抗疲劳能力越差。在交变载荷作用下，零件表面粗糙度、划痕、裂纹等缺陷极易形成应力集中，发展成疲劳裂纹，导致零件疲劳破坏。

表面层加工硬化能提高零件的抗疲劳强度。适度的加工硬化能阻碍裂纹扩大和产生新裂纹，但硬化程度过大，也易产生裂纹，故硬化程度应控制在一定范围内。

表面层有残余压应力时，能部分抵消载荷所引起的拉应力，阻碍裂纹的产生和扩大，有助于提高零件的疲劳强度。残余拉应力容易使加工表面产生裂纹或促进原有裂纹扩大，破坏零件的抗疲劳强度。

（3）对耐腐蚀性的影响

① 表面粗糙度对零件耐腐蚀性能的影响。零件表面越粗糙，越容易积聚腐蚀性物质，凹谷越深，渗透与腐蚀作用越强烈。因此，减小零件表面粗糙度，可以提高零件的耐腐蚀性能。

② 表面残余应力对零件耐腐蚀性能的影响。零件表面残余压应力使零件表面紧密，腐蚀性物质不易进入，可增强零件的耐腐蚀性，而表面残余拉应力则降低零件的耐腐蚀性。

表面质量对零件的使用性能及其他方面的影响，如减小表面粗糙度可提高零件的接触刚度、密封性和测量精度；对滑动零件，可降低其摩擦系统，从而减少发热和功率损失。

（4）对配合性质的影响　间隙配合零部件，表面粗糙度值过大，会使配合表面很快磨损，使配合间隙增大，降低配合精度；过盈配合零部件，装配时容易将配合面波峰挤平，减小实际过盈量，降低连接强度，影响配合的可靠性。

表面残余应力能引起零件变形，使零件形状和尺寸发生变化，对配合性质也有一定影响。

表面质量对零件性能的影响小结如图 8-30 所示。

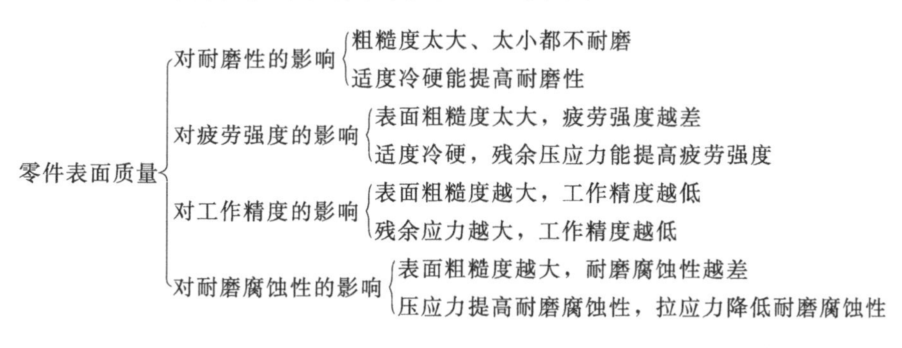

图 8-30　表面质量对零件性能的影响小结

二、切削加工的表面粗糙度

1. 表面粗糙度的形成

表面粗糙度的形成过程如图 8-31 所示。用刀尖处 $r_0=0$ 和 $r_0>0$（修圆刀尖）的车刀车外圆，已加工表面留下的未被切除的残留面积，形成了表面粗糙度的主要组成部分。

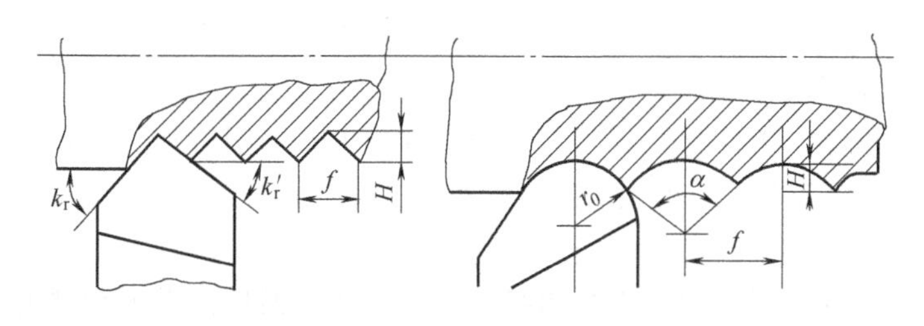

图 8-31　残留面积

2. 影响切削表面粗糙度的因素

表 8-3 列举了影响切削加工表面粗糙度的主要因素。

表 8-3 影响切削加工表面粗糙度的因素

刀具几何形状	切削用量	刀具材料、刃磨质量
(1)残留面积↓→Ra↓ (2)前角↑→Ra↑ (3)后角↑→摩擦↓→Ra↓	(1)v↑→Ra↓ (2)f↑→Ra↑ (3)a_p 对 Ra 影响不大,太小会打滑,划伤已加工表面	(1)刀具材料强度↑→Ra↓ (2)刃磨质量↑→Ra↓ (3)冷却、润滑程度↑→Ra↓

(1) 刀具几何形状　刀具前角 γ_0 增大，有利于降低表面粗糙度值。但前角太大会削弱刀具强度和减小散热面积，加速刀具磨损。

刀具后角 α_0 增大，可避免刀具后面与加工表面间产生摩擦，减小冷硬、鳞刺等对表面粗糙度的影响，降低表面粗糙度值。

(2) 切削用量　进给量 f 是影响表面粗糙度最为明显的因素。进给量 f 越小，残留面积高度越小，表面粗糙度越好。

切削速度 v 在中、低速时，易形成积屑瘤，不易获得小的表面粗糙度值。高速切削时，如果加工工艺系统刚性足够，刀具材料性能好，提高切削速度有利于表面质量的提高。

(3) 刀具材料　刀具材料与被加工材料间的摩擦系数、亲和程度、刀具材料的耐磨性和刃磨工艺性，对加工表面粗糙度有影响。刀具刃磨得锋利光整，可获得好的加工表面粗糙度；刀具材料强度好，切削变形小，加工表面粗糙度好；合理使用切削液，表面粗糙度值会明显减小。

三、加工表面力学物理性能影响因素

1. 表面层加工硬化影响因素

切削过程中，工件表面层金属受切削力作用产生塑性变形，表面层强度和硬度提高，塑性降低，物理性能（如密度、导电性、导热性）变化的现象，称为加工硬化或冷作硬化。

表面层冷作硬化的程度决定于产生塑性变形的力、变形速度及变形时的温度。力越大，塑性变形越大，则硬化程度越大；速度越大，塑性变形越不充分，则硬化程度越小。变形时的温度不仅影响塑性变形程度，还会影响变形后金相组织的恢复程度。

(1) 刀具影响　刀具刃口圆角和后刀面的磨损对表面层冷作硬化有很大影响。刃口圆角和后刀面磨损量越大，加工硬化层深度也越大。增大刀具前角，切削层塑性变形减少，加工硬化深度减小。

(2) 切削用量影响　切削速度增大，刀具与工件接触时间短，工件塑性变形减小，表面层硬化的硬度和深度有所减小。切削速度增大温度增高，有利于加工硬化的恢复。增大进给量，切削力增大，塑性变形加剧，表面层冷作硬化现象加重；进给量过小，刀具对加工表面的挤压作用增强，加工硬化加强。

(3) 工件材料影响　工件材料硬度越低和塑性越大，切削后加工硬化现象越严重。采用合理的切削液，有助于减轻加工硬化现象。

2. 磨削烧伤

磨削加工中，工件表层金属发生金相组织变化，使表面层的强度和硬度降低，甚至出现裂纹的现象称为磨削烧伤。磨削烧伤发生时，加工表面温度达到或超过金相组织变化临界点，产生了金相组织变化。磨削烧伤给零件使用带来了隐患。

3. 影响磨削烧伤的主要因素

（1）磨削用量　减小磨削深度磨削烧伤减轻，提高工件速度磨削烧伤减轻，增加轴向进给量磨削烧伤减轻。

（2）砂轮选择　粗粒度及较软的砂轮，不易被磨屑堵塞，可提高砂轮的切削性能，有利于防止烧伤发生。

（3）工件材料　工件材料硬度、强度和韧性越大，磨削时温度就越高。导热性差的材料，如耐热钢、轴承钢、不锈钢等，磨削时易产生烧伤。材料硬度过低，易堵塞砂轮，磨削效果不佳。

（4）冷却方法　磨削时，使用冷却液喷注到磨削区，可有效降低切削区温度，减少磨削烧伤现象。需要注意的是，磨削液必须进行充分过滤，防止堵塞砂轮气孔。

四、表面强化新工艺

采用滚压、喷丸、压光等表面强化工艺，可以使零件表面层产生残余压应力和适度加工硬化，降低表面粗糙度，消除磨削拉应力，使零件耐磨性、疲劳强度以及抗腐蚀性得到大幅提高。

1. 滚压加工

使用经过淬火和精细研磨过的滚轮或滚球，在常温状态下对零件表面进行滚压使零件表面产生塑性变形，凸峰与凹谷互补，可有效减小表面粗糙度。滚压后，零件表面产生冷硬层和残余压应力，提高了承载能力和疲劳强度。滚压加工的表面粗糙度一般在 $0.06\mu m \leqslant Ra \leqslant 0.63\mu m$，表面硬度可提高 20%～40%，硬化层深度一般可达 0.2～1.5mm，表面层强化程度提高 30%～50%。

滚压加工适用于外圆、内孔、平面、成形面等形状规则表面的加工，通常安排在精加工之后，直接在原机床上加装滚压工具（见图 8-32）进行，如图 8-33 所示。

图 8-32　单滚型滚压刀

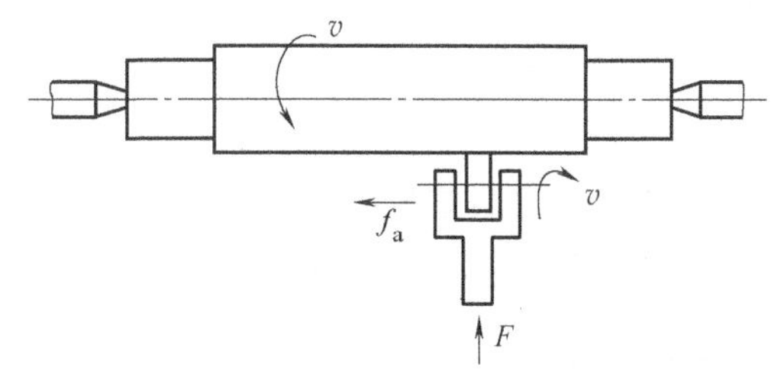

图 8-33　滚压外圆

2. 喷丸强化

喷丸强化是一种利用压缩空气或离心力使大量珠丸撞击零件表面，使之产生冷硬层和残余压应力的加工方法，可显著提高零件的疲劳强度和使用寿命。

珠丸直径一般为 0.4～4mm，材质为铸铁、砂石或钢丝。喷丸强化工艺适用于各种复杂形状零件的加工，如弹簧、齿轮、连杆等。喷丸处理后，零件塑性变形区域压缩件表面粗糙度值在 $Ra0.63 \sim 0.32\mu m$，硬化层深度拉伸可达 0.7mm，零件使用寿命可提高几倍至几十倍。

3. 金刚石压光

金刚石压光是一种用圆柱或球面金刚石挤压加工表面的新工艺，国外广泛应用于精密仪器制造业。压光后，零件表面粗糙度可达到 Ra0.025～0.4μm，耐磨性比磨削加工表面提高 3～5 倍。金刚石压光要求机床刚性好，主轴精度高，径向窜动和轴向跳动在 0.01mm 以内，主轴转速为 2500～6000r/min。

4. 液体磨料强化

液体磨料强化是一种利用液体和磨料的混合物高速喷射到已加工表面，以强化工件表面，提高工件的耐磨性、抗蚀性和疲劳强度的工艺方法。液体和磨料在 400～800Pa 压力下，经过喷嘴高速喷出，射向工件表面，借磨粒的冲击作用，碾压加工表面，工件表面产生塑性变形，变形层仅为几十微米。加工后的工件表面具有残余压应力，提高了工件的耐磨性、抗蚀性和疲劳强度。

任务四　加工误差及振动对机械加工质量的影响

加工误差统计分析是一种以工件实测数据为基础，应用数理统计方法，对加工精度进行分析研究的方法。机械加工中，经常使用的统计分析法主要有分布图分析法和点图分析法。

【任务导入】

某机械加工厂来了一批零件，生产主任将这批零件分配到三厂区来完成。为保证零件的加工质量，生产主任要求对加工误差及振动进行检测。

【任务要点】

（1）基本目标

① 了解计算公差带中心值的方法。

② 掌握确定传动轴磨削尺寸中心值。

③ 分析引起尺寸变大的原因。

（2）能力目标

① 能够掌握直方图分析法。

② 具有点图分析的能力。

③ 会计算零件实际尺寸公差带和设计尺寸公差带中心值。

④ 能够应用多种媒介作为学习手段。

【任务提示】

① 简述分析什么是直方图。

② 查阅资料，简述说明点图分析法。

③ 查阅资料，简述振动对加工精度的影响。

【任务准备】

一、加工误差系统计分析

1. 直方图分析法

加工过程中，对工件加工尺寸采用抽样检查方式获得数据，并用直方图形式表示出来，用于分析加工质量的方法，称为直方图分析法。

直方图分析法的工作过程如下。

① 抽取样本。从被检测的一批工件中，抽取样本，样本容量根据工件批量大小，通常取 $n=50\sim200$。

② 分组。把测得的零件加工尺寸，按尺寸大小进行分组。同一尺寸间隔内的零件数量称为频数，频数与样本容量 n 的比值称为频率。

分组数要合理，太少会掩盖组内数据的变动情况，太多会使直方图高度参差不齐，看不出变化规律。通常零件分组数要使每组平均至少摊到 4～5 个数据。

③ 以零件尺寸为横坐标，以频数或频率为纵坐标，画直方图。图 8-34 所示为减速器传动轴磨削外圆加工的工序尺寸数据。

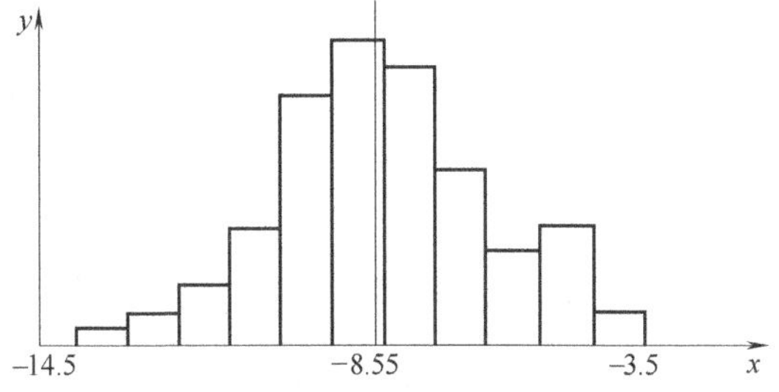

图 8-34　传动轴磨削外圆工序尺寸直方图

④ 分析结果。本批工件加工尺寸分散范围为 $-14.5\sim-3.5\mu m$，最大尺寸超出公差要求（公差带范围为 $-15\sim-5\mu m$）；工件加工尺寸中心值为 $-8.55\mu m$，大于公差带中心值 $-10\mu m$。

结论：已经出现了不合格工件；工件尺寸有增大趋势，说明存在常值误差；应把砂轮向内调整 $145\mu m$，消除常值误差影响。

2. 点图分析法应用

点图分析法是全面质量管理中用以控制产品加工质量的主要方法之一，主要用于工艺验证、分析加工误差和加工过程质量控制。实际生产中，常用样组点图（$x-R$ 点图）分析系统性误差和随机性误差随加工时间的变化趋势。

(1) $\overline{x}-R$ 点图　$\overline{x}-R$ 点图（平均值一极差点图）是最常用的加工质量分析点图。它由 $\overline{x}$ 点图和 R 点图组成。

$\overline{x}$ 是一组工件的尺寸平均值；$R=x_{max}-x_{min}$，是同一样组中工件的最大尺寸和最小尺寸之差，称为极差。

$\overline{x}-R$ 点图作法：按加工顺序抽检一组工件，以样组序号为横坐标，以 $\overline{x}$ 和 R 为纵坐标，分别作出 $\overline{x}$ 点图和 R 点图，如图 8-35 所示。

$\overline{x}$ 图主要反映加工过程中尺寸分散中心位置的变化趋势：R 图主要表明加工过程中精度（即尺寸分散范围）的变化趋势。

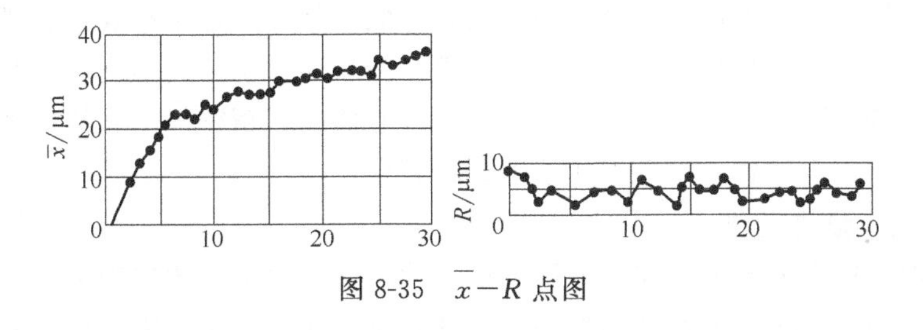

图 8-35　$\overline{x}-R$ 点图

(2) 点图分析法的应用　为判断工艺过程是否稳定，需要在点图上画出上下控制线和中心线，然后根据图中点的情况来判别工艺过程是否稳定（波动状态是否正常）。表 8-4 是判别正常波动与异常波动的标准。

表 8-4　正常波动与异常波动的标志

正常波动	异常波动
没有点子超出控制线	①有点子超出控制线
	②点子密集在平均线上下附近
大部分点子在平均线上波动，小部分在控制线附近	③点子密集在控制线附近
	④连续 7 点以上出现在平均线一侧
	⑤连续 11 点中有 10 点出现在平均线一侧
点子没有明显的规律性	⑥连续 14 点中有 12 点以上出现在平均线一侧
	⑦连续 17 点中有 14 点以上出现在平均线一侧
	⑧连续 20 点中有 16 点以上出现在平均线一侧
	⑨点子有上升或下降倾向
	⑩点子有周期性波动

二、振动对机械加工质量影响分析

1. 机械加工中的振动现象

（1）机械加工中振动的种类　机械加工中产生的振动，按产生原因可分为自由振动、强迫振动和自激振动（见表 8-5）。自由振动是由切削力突然变化或其他外界冲击等原因引起的，一般可迅速衰减，对机械加工过程影响较小；强迫振动和自激振动都是不能自然衰减、危害较大的振动。

表 8-5　机械加工中的振动

机械加工振动	自由振动	当系统受到初始干扰力激励破坏了其平衡状态后，系统仅靠弹性恢复力来维持的振动称为自由振动。由于总存在阻尼自由振动将逐渐衰减（占 5%）
	强迫振动	系统在周期性激振力（干扰力）持续作用下产生的振动，称为强迫振动。强迫振动的稳态过程是谐振动，只要有激振力存在振动系统就不会被阻尼衰减掉（占 35%）
	自激振动	在没有周期性干扰力作用的情况下，由振动系统本身产生的交变力所激发和维持的振动称为自激振动。切削过程中产生的自激振动也称为颤振（占 60%）

（2）振动对机械加工的影响　机械加工过程中工艺系统的振动，使正常加工过程受到干扰和破坏。产生振动时，工件表面会出现振纹，降低工件加工精度和表面质量。强烈的振动会使切削过程无法进行，甚至出现“崩刀”现象。振动还影响刀具的耐用度及机床寿命。此外，振动会发出刺耳噪声污染环境，影响工人的身心健康。精密加工和超精密加工中，即使出现微小的振动，也会导致工件加工达不到预计要求。

2. 机械加工中强迫振动

（1）强迫振动产生的原因　在外界周期性干扰力（激振力）的作用下，工艺系统产生的振动称为强迫振动。引起强迫振动的振源有机外和机内两种，主要表现形式如下。

① 其他机器的振动。其他设备（如冲床、龙门刨床）工作时产生的振动，通过地基传给机床，使工艺系统产生振动。

② 机床运动零件的惯性力。机床上高速回转件（电动机的转子、带轮、主轴、卡盘、

工件、砂轮等）存在质量偏心、机床往复运动、部件换向冲击等，都将引起受迫振动。

③ 机床传动系统误差。机床传动系统中的齿轮，由于制造和装配误差产生周期性的干扰力。此外，皮带接缝、轴承滚动体尺寸误差和液压传动中油液脉动等都可能引起工艺系统的强迫振动。

④ 切削过程不连续。用多刃多齿刀具（如铣刀、拉刀、滚刀）切削或加工断续表面（如车削、磨削带槽的表面）时，由于切削不连续而引起切削力的周期性变化，从而产生振动。

(2) 减少或消除强迫振动的途径

① 减少或消除振源的激振力。对高速回转件进行静、动平衡；提高带轮、链轮、齿轮等传动件及其传动装置的稳定性（如使带的刚度、厚度变化最小；以斜齿轮或人字齿轮代替直齿轮；在主轴上安装飞轮等）；降低往复零件速度；提高传动件和传动装置制造和安装精度，都可有效地减小激振力。

② 隔振。在振动路线中，安装隔振装置，使振源所产生的振动大部分由隔振装置吸收，减少振源对加工过程的干扰。如将机床安置在防振地基上；油泵、电动机与机床分离；在振源与刀具和工件间设置弹簧或橡胶垫片等。

③ 调整振源频率。为防止产生共振，选择转速时，尽可能使旋转件的频率远离有关元件的固有频率。

④ 提高工艺系统刚度及增加阻尼。采用跟刀架、中心架，以缩短工件或刀具装夹时的悬伸长度，增加刚度；刮研机床各部分接触面；适当调整镶条间隙，将轴承预紧，以增大刚度和阻尼。

⑤ 采用减振器和阻尼器。

3. 机械加工中的自激振动

(1) 自激振动的特点

① 自激振动是一种不衰减的振动，振动系统通过由振动过程本身所引起的周期性变化的力中获得能量补充，使振动得以维持。

② 自激振动频率等于或接近于系统固有频率。

③ 自激振动是否产生及振幅大小取决于振动系统在同一周期内系统所获得的能量是否等于所消耗的能量。

(2) 减少自激振动的途径

① 合理选择切削用量。在切削速度较低和较高范围内，自激振动振幅小，切削稳定性较好；速度中等（20～60m/min）时，振幅大，切削稳定性差。在生产实际中，常选用高速切削或低速切削。

增大进给量，切削重叠系数减小，振幅减小，所以应选择较大的进给量，以减少振动。

切削深度增加，振幅增大，所以选择较小的切削深度可以减小振动。

② 合理选择刀具参数。前角 γ_0 对振动影响较大，γ_0 越大，振幅越小。但在切削速度较高时，前角对振动的影响将减弱。主偏角 κ 增大，切削力和切削宽度减小，振幅减小（$\kappa=90°$时振幅最小），振动减弱。后角 α_0 减小，刀具刚度好，当刀具后角为 2°～3°时，振动明显减弱。刀尖圆角半径 γ_0 增大，$F_{切削力}$ 增大，故应选择较小的刀尖圆角半径。

4. 其他减振措施

(1) 提高工艺系统抗振性　加工中，合理使用中心架、跟刀架，提高顶尖孔研磨质量，采用圆锥形镗刀杆等都有助于提高工艺系统的抗振性。给工件安装阻尼材料，增加工件阻尼也可有效减小振动（见图 8-36）。

(2) 采用减振装置　图 8-37 所示为冲击式减振镗杆，由一个与振动系统刚性连接的壳体和一个在壳体内可自由冲击的质量块所组成。工艺系统振动时，冲击块将不断撞击镗杆吸收振动能量，起到减振的目的。

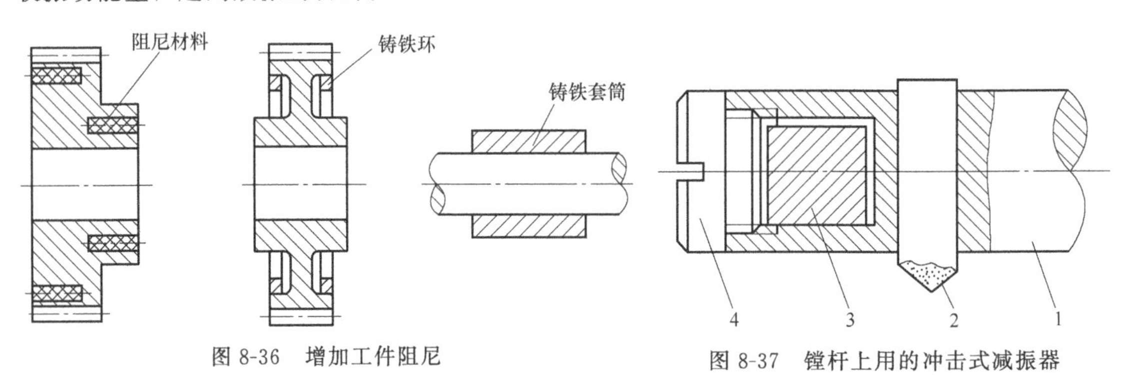

图 8-36　增加工件阻尼

图 8-37　镗杆上用的冲击式减振器

1—镗杆；2—镗刀头；3—冲击块；4—端盖

【项目实施】

项目实施名称：10 型游梁式抽油机驴头检测

如图 8-38 所示，驴头已加工完，现检验员需要对零件进行质量检测。

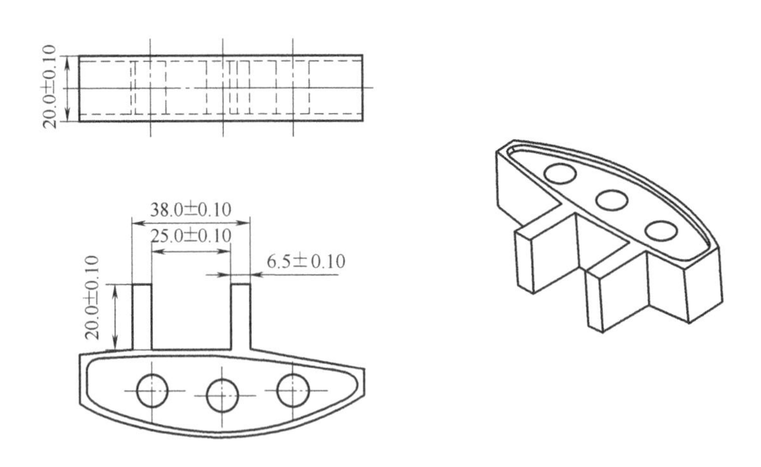

图 8-38　零件图

1. 信息收集

请仔细识读零件图，回答下列问题。

(1) 描述图纸中哪些要求精度较高，为什么。

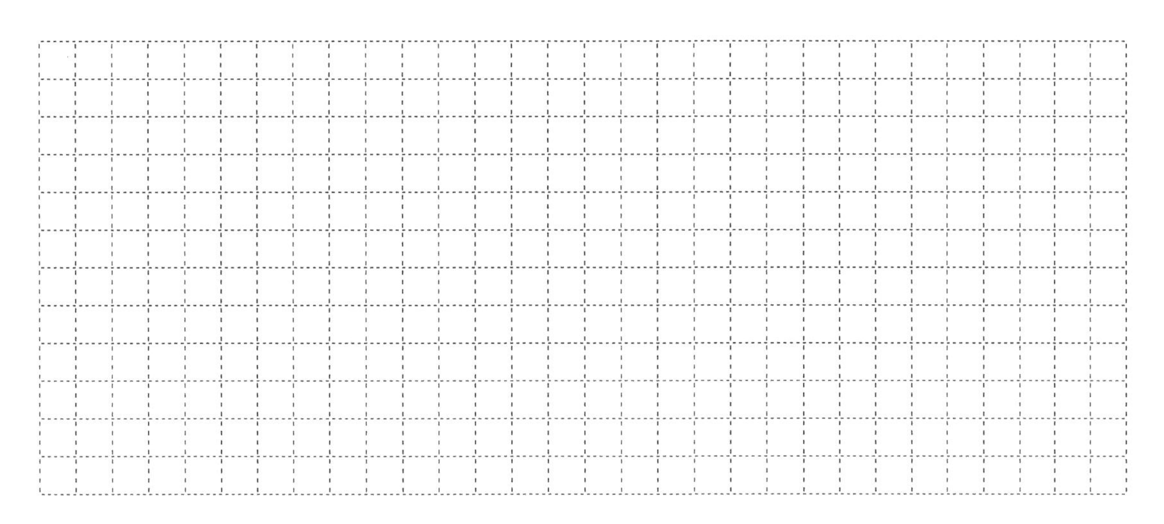

（2）描述零件加工尺寸是否存在几何误差，是否产生加工振动。

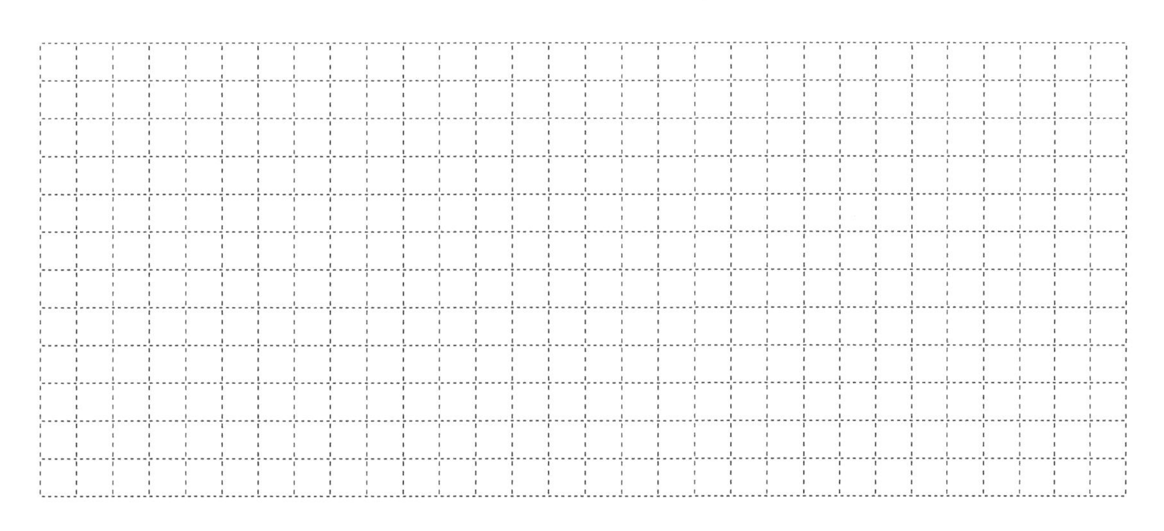

（3）描述在加工时是否存在热变形引起的误差。

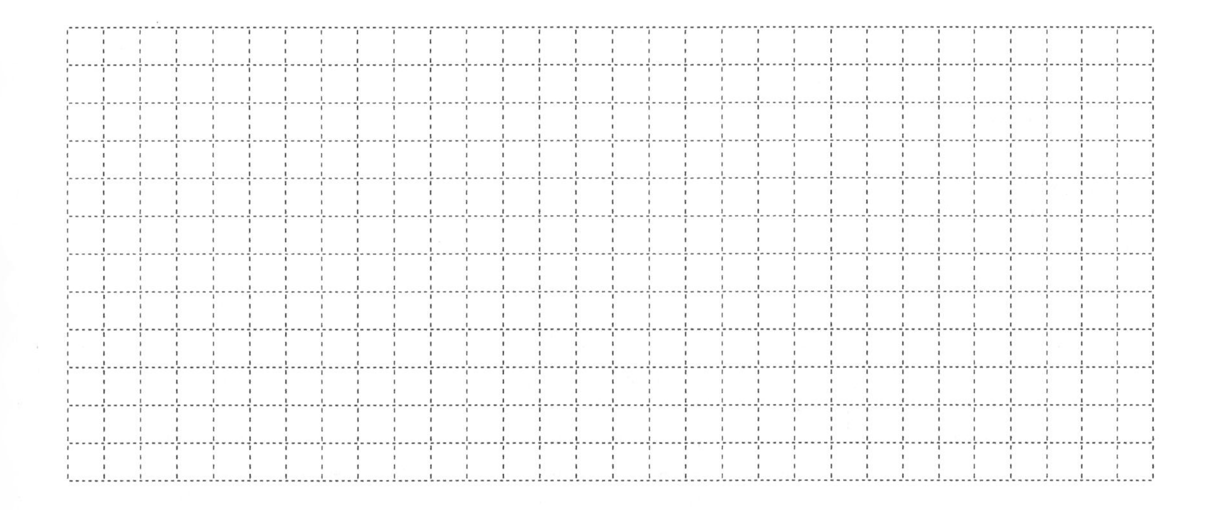

2. 质量检测（见表 8-6、表 8-7）

表 8-6　目测和功能检查表

<table>
<tr><td colspan="5">（任务名称）</td><td colspan="2" rowspan="2">组织形式
EA□ GEA□ GA</td></tr>
<tr><td colspan="5">姓名</td></tr>
<tr><td rowspan="2">序号</td><td rowspan="2">位号</td><td rowspan="2">目测和功能检查</td><td rowspan="2">受训生
自我评分
分数</td><td colspan="3">培训教师</td></tr>
<tr><td>评分
分数</td><td colspan="2">自我评分结果
分数</td></tr>
<tr><td></td><td></td><td></td><td></td><td></td><td colspan="2"></td></tr>
<tr><td></td><td></td><td></td><td></td><td></td><td colspan="2"></td></tr>
<tr><td></td><td></td><td></td><td></td><td></td><td colspan="2"></td></tr>
<tr><td></td><td></td><td></td><td></td><td></td><td colspan="2"></td></tr>
<tr><td></td><td></td><td></td><td></td><td></td><td colspan="2"></td></tr>
<tr><td></td><td></td><td></td><td></td><td></td><td colspan="2"></td></tr>
<tr><td></td><td></td><td></td><td></td><td></td><td colspan="2"></td></tr>
<tr><td></td><td></td><td></td><td></td><td></td><td colspan="2"></td></tr>
<tr><td colspan="4">总分</td><td></td><td colspan="2"></td></tr>
</table>

说明：
灰色区域应促进受训生自行进行评分，并不计入评分。

自我评分标准：
加/减一个评分等级：=9 分
加/减两个评分等级：=5 分
加/减三个评分等级：=0 分

<table>
<tr><td rowspan="3">（整体任务名称）</td><td>部分：（任务名称）</td><td></td></tr>
<tr><td>（工件名称）</td><td>任务/工作</td></tr>
<tr><td>（工件名称）+（连接、检验、测量）</td><td>分练习</td></tr>
</table>

表 8-7 尺寸和物理量检查表

序号	位号	经检查的尺寸或 经验检查的物理量	受训生		培训教师		
			自我评分		结果 尺寸检查		结果 自我评分
			实际尺寸	分数	实际尺寸	分数	分数
总分							

经检查的尺寸和物理量的评分
（10 分或 0 分）

3. 评价总结（见表 8-8）

表 8-8　自我评价

（姓名）				
序号	信息、计划和团队能力	受训生自我评分分数	培训教师	
			评分分数	结果自我评分分数
	（对检查的问题）			
信息、计划和团队能力评分				

总成绩

序号	评估组	结果	除数	100-分制结果	加权系数	分数
				总分分数		

附注

日期：　　受训生　　培训教师

（整体任务名称）	部分：（任务名称）	
	（工件名称）	任务/工作
	检查评分表	分练习

项目九　零件装配

零件装配是指按照设计的技术要求实现机械零件或部件的连接，把机械零件或部件组合成机器。零件装配是机器制造和修理的重要环节，特别是对机械修理来说，由于提供装配的零件有利于机械制造时的情况，更使得装配工作具有特殊性。装配工作的好坏对机器的效能、修理的工期和成本等都起着非常重要的作用。

【项目导入】

在某机械加工厂生产中，经过前期的零件加工，且满足了零件加工精度，现需要零件装配。要求能够满足零件装配精度。

【项目要点】

(1) 素质目标

① 培养学生发现问题和解决问题的能力。

② 培养学生的安全文明生产意识和6S管理理念。

③ 培养学生具有正确的生产价值观与评判事物的能力。

④ 培养学生爱岗敬业、团结协作、吃苦耐劳的职业精神与创新意识。

(2) 能力目标

① 能掌握机械装配的组织与实施方法和装配的一般原则的能力，具备各种装配方法、装配技术和装配组织形式的选择和应用能力。

② 了解机械装配的技术术语，并能运用装配技术术语编制装配工艺规程；掌握尺寸链及装配方法，会应用到机械装配及维修的精度控制中的能力。

③ 熟悉机械装配典型工作过程（包括检查、清洗、连接、校正、调整、验收及试车等）和机械设备维修典型工作过程（包括维修前准备、拆卸及检查、故障诊断、部件修理及装配、检验及试车等）等能力。

④ 学会典型零部件、常用机构和机械设备的装配工艺和拆装技能。

(3) 知识目标

① 学生应了解自己所从事工作的任务、工作要求、所进行的活动及工作流程，熟悉装配钳工和机修钳工的国家职业标准。

② 学会编制装配工艺及装配尺寸链的计算，熟悉保证装配质量的工艺措施和装配技术。

③ 掌握阅读技术资料，能自主收集并利用信息的方法。

④ 掌握分析设备各级系统及各组成间的结构关系，能分析设备及各级组件间的工作原理的方法。

引导问题

问题 1 | 描述什么是装配尺寸链，它们是如何构成的、装配尺寸链封闭环是如何构成的。

问题 2 | 描述如何设计装配工艺规程。

问题 3 | 描述查找装配尺寸链时应注意哪些原则。

问题 4 | 描述装配精度包括哪些内容。装配精度与零件的加工精度有何区别和联系。

问题 5 | 描述保证装配精度的方法有哪几种，适用什么场合。

【项目准备】

任务一　选择装配方法

机械的装配首先应当保证装配精度和提高经济效益。相关零件的制造误差必然要累积到封闭环上，构成了封闭环的误差。因此，装配精度越高，则相关零件的精度要求也越高。这对机械加工很不经济，有时甚至是不可能达到加工要求的。所以，对不同的生产条件，采取适当的装配方法，在不过高提高相关零件制造精度的情况下来保证装配精度，是装配工艺的首要任务。

在长期的装配实践中，人们根据不同的机械、不同的生产类型条件，创造了许多巧妙的装配工艺方法，归纳起来有互换装配法、选配装配法、修配装配法和调整装配法四种。

【任务导入】

某机械加工厂来了一批零件，生产主任将这批零件分配到三厂区来完成。经过一年的不断努力完成了所有的零件加工且满足了零件加工精度要求，现需要将所加工零件进行装配。

【任务要点】

（1）基本目标

① 掌握零件装配方法的选择。

② 掌握零件的装配精度。

（2）能力目标

① 具有零件装配的能力。

② 具有选择零件装配方法的能力。

③ 能掌握装配精度。

【任务提示】

① 查阅资料，简述分析什么是零件装配精度，包括哪几方面。

② 查阅资料，简述在零件装配时如何选择装配方法，装配方法有哪几种。

【任务准备】

一、装配精度与零件精度

装配精度指产品装配后几何参数实际达到的精度。装配精度主要包括零部件间的尺寸精度、相对运动精度、相互位置精度和接触精度。零部件间的尺寸精度包括配合精度和距离精度。

一般情况下，装配精度是由有关组成零件的加工精度来保证的。对于某些装配精度要求高的项目，或组成零件较多的部件，装配精度如果完全由有关零件的加工精度来直接保证，则对各零件的加工精度要求很高，这会给加工带来困难，甚至无法加工。

1. 装配精度

任何机器都是由许多零件和部件组成的。按照一定的精度要求标准和技术要求将若干零件接合成部件，或将若干零件和部件接合成机构或机器的工艺过程叫装配。前者叫部装，后者叫总装。

装配精度不仅影响机器或部件的工作性能，而且影响它们的使用寿命。对于机床，装配精度将直接影响在机床上加工的零件的精度。

装配精度一般包括以下三个方面。

① 相互位置精度。相互位置精度是指相关零部件间的距离尺寸的精度和位置精度。如车床主轴箱装配时，相关轴中心距尺寸精度和同轴度、平行度、垂直度等。

② 相对运动精度。相对运动精度是产品中相对运动的零部件之间的运动方向和相对运动速度的精度。运动方向的精度常表现为部件间相对运动的平行度和垂直度。如机床溜板在轨道上的移动精度；溜板移动轨迹对主轴中心线的平行度。相对运动速度的精度即是传动精度，如滚齿机滚刀主轴与工作台的相对运动精度，它将直接影响滚齿机的加工精度。

③ 相互配合精度。相互配合精度包括配合表面间的配合质量和接触质量。配合质量是指零件配合表面之间达到规定的配合间隙或过盈的程度，它影响配合的性质。接触质量是指配合或连接表面间达到规定接触面积的大小和接触点分布的情况，它影响接触刚度，也影响配合质量。

2. 装配精度与零件精度间的关系

装配精度取决于零件，特别是关键零件的加工精度。如车床主轴锥孔轴心线和尾座套筒锥孔轴心线的等高度 A，即主要取决于主轴箱、尾座及座板的 A_1、A_2 及 A_3 的尺寸精度（见图 9-1）。

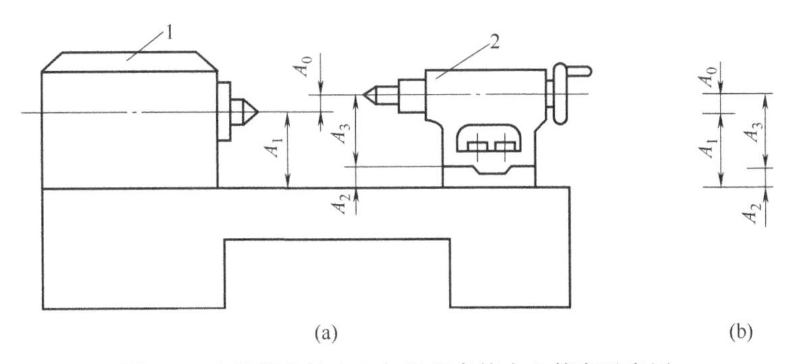

图 9-1　主轴箱主轴中心与尾座套筒中心等高示意图

二、装配方法的选择

机械产品的精度要求，最终是靠装配实现的。用合理的装配方法来达到规定的装配精度，以实现用较低的零件精度，达到较高的装配精度，用最少的装配劳动量来达到较高的装配精度，即合理选择装配方法，这是装配工艺的核心问题。

根据产品的性能要求、结构特点、生产方式和生产条件等，可采取不同的装配方法。机器装配中常用的装配方法有互换法、选择法、修配法和调整法。

1. 互换装配法

互换装配法是在装配过程中，零件互换后仍能达到装配精度要求的装配方法。产品采用互换装配法时，装配精度主要取决于工件的加工精度，装配时不经任何调整和修配，就可以达到装配精度。互换法的实质就是通过控制零件的加工误差来保证产品的装配精度。

根据工件互换程度的不同，互换装配法又分为完全互换装配法和大数互换装配法（又称部分互换装配法）。

（1）完全互换装配法　完全互换装配法是机器中每个零件不需经过挑选、改变大小或位置，装配后即可达到规定的装配精度要求的一种装配方法。

这种装配方法的特点是，装配质量稳定、可靠；装配过程简单、生产率高；易于实现装配机械化、自动化；便于组织流水作业和各零、部件的协作与专业化生产，有利于产品的维护和各零、部件的更换。但当相关零件的数目较多，而装配精度要求又较高时，零件难以按经济精度加工。

这种装配方法常用于高精度的少环尺寸链或低精度的多环尺寸链的大批量生产装配中。

（2）大数互换装配法　在绝大多数产品中，装配时各组成零件不需挑选或改变其大小、位置，装入后即能达到装配精度要求，但少数产品有出现废品的可能性，这种方法称为大数互换装配法（部分互换装配法）。

这种方法的实质是放宽尺寸链各组成环的公差，以利于零件的经济加工。但由于零件所规定的公差要比完全互换装配法所规定的大，有可能使封闭环的公差超出规定的范围，从而产生极少量的不合格产品。该方法适用于大批量生产，组成环较多、装配精度要求又较高的场合。

2. 选择装配法

选择装配法是将尺寸链中组成环的公差放大到经济可行的程度，使零件可以比较经济地加工，然后选择合适的零件进行装配，以保证装配精度要求的方法，常应用于装配精度要求高而组成环数又较少的成批或大批量生产中。

选择装配法一般分为三种形式，即直接选择装配法、分组选择装配法和复合选择装配法。

（1）直接选择装配法　在装配时，由装配工人凭经验从许多待装配的零件中直接挑选合适的零件进行装配。这种方法能达到很高的装配精度，但装配精度依赖于装配工人的技术水平和经验，装配的时间不易准确控制，因此不宜用于生产节拍要求较严的大批量流水作业中。

（2）分组选择装配法　当封闭环精度要求较高，采用完全互换装配法或大数互换装配法，使零件加工十分困难又不经济。分组选择装配法是将产品各配合副的零件按实测尺寸分组，装配时按组进行互换装配以达到装配精度的方法。由于同组内零件可以互换，所以这种装配法可以降低对组成环的加工精度要求，而不降低装配精度，但却增加了测量、分组和配套工作。分组选择装配法适用于成批或大量生产中装配精度要求较高、尺寸链组成环很少的情况。

分组选择装配法的使用条件如下。

① 配合件的公差范围应相当；公差应同方向增加；增大的倍数应等于以后的分组数。

② 为保证分组后数量匹配，应使配合件的尺寸分布为相同的对称分布（正态分布）。

③ 配合件的表面粗糙度、相互位置精度和形状精度不能随尺寸精度放大而任意放大，应与分组公差相适应，否则，将不能达到要求的配合精度和配合质量。

④ 分组不宜过多，零件尺寸公差只要放大到经济加工精度即可，否则，就会因零件的

测量、分类、保管工作量的增加使生产组织工作复杂，甚至造成生产过程混乱。

（3）复合选择装配法　复合选择装配法是分组选择装配法与直接选择装配法的复合，即零件加工后预先测量分组，装配时再在各对应组内由工人进行适当选配。该方法的特点是配合件公差可以不相等，装配速度较快、质量高、能满足一定的生产节拍要求。发动机气缸与活塞的装配多采用这种方法。

3. 修配装配法

（1）修配装配法的基本原理　修配装配法是在装配时修去指定零件上预留的修配量以达到装配精度的方法，简称修配法。采用修配法时，尺寸链中各尺寸均按经济加工精度制造。在装配时，累积在封闭环上的总误差必然超出其公差。为了达到规定的装配精度，必须对尺寸链中指定的组成环零件进行修配，以补偿超差部分的误差，这个组成环叫做修配环，也称补偿环。

采用修配法装配时应正确选择补偿环，补偿环一般应满足如下要求。

① 便于拆装，零件形状比较简单，易于修配，如果采用刮研修配时，刮研面积要小。

② 不应为公共环，即该件只与一项装配精度有关，而与其他装配精度无关，否则修配后，虽然保证了一个尺寸链的要求，却又难以满足另一尺寸链的要求。

单件或成批生产中那些精度要求高、组成环数目又较多的部件适合用修配法装配。

（2）修配方法　实际生产中，通过修配来达到装配精度的方法很多，但常见的有以下三种。

① 单件修配法。在多环装配尺寸链中，选择某一固定的零件作为修配件（即补偿环），装配时对该零件进行补充加工来改变其尺寸，以保证装配精度的要求。

② 合并加工修配法。将两个或更多的零件合并在一起后再进行加工修配，合并后的尺寸可以视为一个组成环，这就减少了装配尺寸链组成环的数量，并且减少了修配的劳动量。以图 9-1 为例，尾座装配时，把尾座体和底板相配合的平面分别加工好，并配刮横向小导轨结合面，然后把两件装配成为一体，以底板的底面为定位基面，镗削加工套筒孔，这样就把 A_2、A_3 合并成为一个环，减少了一个组成环的公差，可以留给底板底面较小的刮研量。这种方法由于零件合并后再加工和装配，给组织装配生产带来了很多不便，因此该方法一般多应用在单件小批生产的装配场合。

③ 自身加工修配法。在机床制造中，有一些装配精度要求较高，若单纯依靠限制各零件的加工误差来保证，势必要求各零件有很高的加工精度，甚至无法加工，而且不易选择适当的修配件。此时，在机床总装时，用机床本身来加工自己的方法保证了机床的装配精度，这种修配法称为自身加工修配法。例如，牛头刨床总装时，自刨工作台面，比较容易满足滑枕运动方向与工作台面平行度的要求。自身加工修配法在机床制造中经常采用。

4. 调整装配法

在装配时，改变产品中可调整零件的相对位置或选用合适的调整件以达到装配精度的方法称为调整装配法。

对于精度要求高而组成环又较多的产品或部件，在不能采用互换法装配时，除了可用修配装配法外，还可以采用调整装配法来保证装配精度。

调整装配法与修配装配法的实质相同，即各零件公差仍按经济精度的原则来确定，并且仍选择一个组成环为调整环（此环的零件称为调整件），但在改变补偿环尺寸的方法上有所不同，修配装配法采用机械加工的方法去除补偿环零件上的金属层；调整装配法采用改变补偿环零件的位置或更换新的补偿环零件的方法来满足装配精度要求。两者的目的都是补偿由于组成环公差扩大后所产生的累积误差，以最终满足装配要求。

常见的调整方法有固定调整法、可动调整法、误差抵消调整法。

① 固定调整法。在装配尺寸链中，选择某一零件为调整件，根据各组成环形成累积误差的大小来更换不同尺寸的调整件，以保证装配精度要求即为固定调整法。常用的调整件有轴、套、垫片、垫圈等。采用固定调整法时要解决以下三个问题：选择调整范围；确定调整件的分组数；确定每组调整件的尺寸。

② 可动调整法。采用改变调整件的相对位置来保证装配精度的方法称为可动调整法。比如车床小滑板上通过调整螺钉来调节镶条的位置来保证轨道配合间隙。

③ 误差抵消调整法。在产品或部件装配时，通过调整有关零件的相互位置使其加工误差相互抵消一部分，以提高装配精度的方法称为误差抵消调整法。该方法在机床装配中应用较多。

任务二　设计装配工艺规程

装配是机器制造的最后一部分生产过程，机械产品的质量最终必须通过装配来保证。因此，制订合理的装配工艺规程，采用新的装配工艺，提高装配质量和装配劳动生产率，是机械制造工艺的一项重要任务。

【任务导入】

某机械加工厂来了一批零件，生产主任将这批零件分配到三厂区来完成。完成所有零件装配后进行装配，在装配前设计装配工艺规程。

【任务要点】

(1) 基本目标

① 了解装配工艺规程的主要内容。

② 掌握装配工艺规程基本原则。

③ 掌握装配工艺规程的制订步骤。

(2) 能力目标

① 具有制订装配工艺规程的能力。

② 具有掌握装配工艺基本原则的能力。

③ 具有分析零件技术要求的能力。

【任务提示】

① 查阅资料，简述分析工艺规程的注意内容。

② 查阅资料，简述装配工艺规程基本原则。

③ 查阅资料，简述装配工艺规程的制订步骤。

一、装配工艺

机械产品是由零件、合件、组件、部件等组成的。零件是组成机器的基本单元。合件可以是若干零件的永久连接（焊、铆），或者是连接在一个“基准零件”上的少数零件的组合。组件是指一个或几个合件与零件的组合，例如由轴、齿轮、垫片、键及轴承等所构成的组合体。部件是若干组件、合件及零件的组合。部件在机器中要完成一定的、完整的功能，如机床的主轴箱、溜板箱、进给箱部件等。

按规定的技术要求，将零件或部件进行配合与连接，使之成为半成品或成品的工艺过程称为装配工艺过程。规定产品或部件装配工艺过程，以及该过程中所使用的设备和工、夹、量具和操作方法等的技术文件称为装配工艺规程。它是指导装配工作的技术文件，也是进行装配生产计划及技术准备的主要依据。对于设计或改建一个机器制造厂，它是设计装配车间的基本文件之一。

装配工艺规程对保证装配质量、提高装配效率、缩短装配周期、减轻工人劳动强度、缩小装配占地面积、降低成本等都有重要作用。它取决于装配工艺规程制订的合理性，这就是制订装配工艺规程的目的。

装配工艺规程的主要内容如下。

① 分析产品图样，确定装配组织形式，划分装配单元，确定装配方法。

② 拟定装配顺序，划分装配工序，编制装配工艺系统图和装配工艺规程卡片。

③ 选择和设计装配过程所需要的工具、夹具和设备。

④ 规定总装配和部件装配的技术条件、检查方法和检查工具。

⑤ 确定合理的运输方法和运输工具。

⑥ 制订装配时间定额。

二、装配工艺规程原始资料和基本原则

1. 装配工艺规程原始资料

设计装配工艺规程，必须具备以下原始资料。

① 产品的装配图及验收技术标准。为了核算装配尺寸链以及在装配过程中要对某些零件、组件进行补充机械加工时，还需要有关的零件图。

② 生产纲领。机器装配的生产纲领即为年产量，可以分成大批量生产、中批生产和单件小批生产三种。各种生产类型装配工作的特点见表 9-1。

表 9-1 各种生产类型装配工作的特点

生产类型		大批量生产	中批生产	单件小批生产
基本特征		产品固定，生产活动长期重复生产周期一般较短	产品在系列化范围内变动，分批交替投产或多品种同时投产，生产活动在一定时期内重复	产品经常变换，不定期重复生产，周期一般较长
装配工作特点	装配形式	采用流水装配线，有连续移动、间歇移动及可变节奏移动等移动方式，还可采用自动装配机或自动装配线	笨重、批量不大的产品多采用固定流水装配，批量较大时采用流水装配，多品种平行投产时多采用可变节奏流水装配	多采用固定装配或固定式流水装配进行总装。对批量较大的部件亦可采用流水装配
	装配工艺方法	按互换法装配，允许有少量简单的调整。精密偶件成对或应分组供应装配，无任何修配工作	主要采用互换法，但灵活运用其他保证装配精度的装配工艺方法，如调整法、修配法及合并法，以节约加工费用	修配法及调整法为主，互换件比例较少

续表

生产类型		大批量生产	中批生产	单件小批生产
装配工作特点	工艺过程	工艺过程划分很细，力求达到高度的均衡性	工艺过程的划分须适合于批量的大小，尽量使生产均衡	一般不制订详细工艺文件，工序可适当调度，工艺也可灵活掌握
	工艺装备	专业化程度高，宜采用专用高效工艺装备，易于实现机械化、自动化	通用设备较多，但也采用一定数量的专用工、夹、量具，以保证装配质量和提高工效	一般为通用设备及通用工、夹、量具
	手工操作要求	手工操作比重小，熟练程度容易提高，便于培养新工人	手工操作比重较大，技术水平要求较高	手工操作比重较大，要求工人有高的技术水平，和多方面工艺知识
应用实例		汽车、拖拉机、内燃机、滚动轴承、手表、缝纫机、电器开关	机床、机车车辆、中小型锅炉、矿山采掘机械	重型机床，重型机器，汽轮机，大型内燃机，大型锅炉

③ 现有生产条件。如果是在现有条件下制订装配工艺规程时，应了解现有工厂的装配工艺设备、工人技术水平、装配车间面积等。如果是新建厂，则应适当选择先进的装备和工艺方法。

2. 制订装配工艺规程的原则

① 保证产品装配质量，并力求提高装配质量，以延长产品的使用寿命。

② 合理安排装配工序，尽量减少钳工装配工作量，提高装配工作效率，缩短装配周期。

③ 尽可能减少车间的作业面积，力争单位面积上具有最大生产率。

④ 要尽量减少装配工作所占的成本。

三、装配工艺规程的制订步骤

根据上述原始资料和原则，可以按下列步骤制订装配工艺规程。

1. 产品分析

① 研究产品的装配图和验收技术要求，审核产品图样的完整性、正确性；审核产品装配的技术要求和验收标准。

② 对产品的结构进行装配工艺分析，明确各零件、部件的装配关系。

③ 根据装配精度要求进行尺寸链分析计算，以确定结构和尺寸设计是否合理，并最终确定达到装配精度的方法。

2. 确定装配方法与组织形式

装配的方法和组织形式主要取决于产品的结构特点（尺寸和重量等）和生产纲领，并应考虑现有的生产技术条件和设备。

装配的组织形式分固定式和移动式两种。固定式是全部装配工作在一个或几个固定的工作地点完成。移动式是将零件、部件用运输小车或运输带从一个装配地点移动到下一个装配地点，在每一个装配地点上分别完成一部分装配工作，各装配地点装配工作的总和是产品的全部装配工作。移动式又分间歇移动、连续移动和变节奏移动三种方式（见图 9-2）。单件小批量生产或重量大、体积大的批量生产的产品多采用固定装配的组织形式，批量生产以上的、流水作业线和自动作业线一般采用移动装配的组织形式。

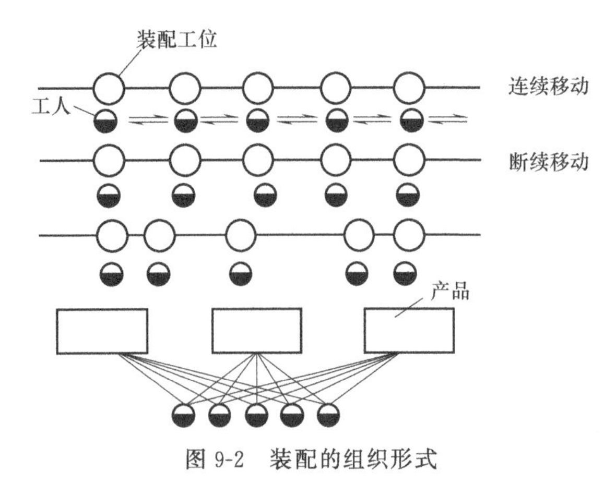

图 9-2　装配的组织形式

3. 划分装配单元，确定装配顺序

装配单元划分后，各装配单元的装配顺序应当以理想的顺序进行。这一步应考虑的内容有以下几项。

① 确定装配工作的具体内容。根据产品结构和装配精度的要求可以确定各装配工序的具体内容。

② 确定装配工艺方法及设备。为了进行装配工作，必须选择合适的装配方法及所需的设备、工具、夹具和量具等。当车间没有现成的设备、工具、夹具和量具时，还应提出设计任务书。所用的工艺参数可参照经验数据或计算确定。

③ 确定装配顺序。各级装配单元装配时，先要确定一个基准件先进入装配，然后根据具体情况安排其他零件、组件或部件进入装配。如车床装配时，床身是一个基准件，先进入总装，其他的装配单元再依次进入装配。从保证装配精度及装配工作顺利进行的角度出发，安排装配顺序的一般原则是先下后上，先内后外，先难后易，先重大后轻小，先精密后一般。

④ 确定工时定额及工人的技术等级。目前装配的工时定额大多根据实践经验估计，工人的技术等级并不做严格规定。但必须安排有经验的技术熟练的工人在关键的装配岗位上操作，以把好质量关。

4. 划分装配工序

装配顺序确定后，就可将装配工艺过程划分为若干工序，其主要工作如下。

① 确定工序集中和分散程度。

② 划分装配工序，确定工序内容。

③ 确订各工序所需的设备和工具，如需专用夹具与设备，则应拟定设计任务书。

④ 制订各工序装配操作规范，如过盈配合的压入力、变温装配的装配温度以及紧固件的力矩等。

⑤ 制订各工序装配质量要求与检测方法。

⑥ 确定工序时间定额，平衡各工序节拍。

5. 编写装配工艺文件

装配工艺规程中的装配工艺过程卡片和装配工序卡片的编写方法与机械加工的工艺过程卡片和工序卡片基本相同。在单件小批生产中，一般只编写工艺过程卡，对关键工序才编写工序卡。在生产批量较大时，除编写工艺过程卡之外还需编写详细的工序卡及工艺守则。

任务三　计算装配尺寸链及自动化装配

机器的质量主要取决于机器结构设计的正确性、零件的加工质量，以及机器的装配精度，零件的精度又是影响机器装配精度的最主要因素。通过建立、分析计算装配尺寸链，可以解决零件精度与装配精度之间的关系。

【任务导入】

某机械加工厂来了一批零件，生产主任将这批零件分配到三厂区来完成。在装配时需要计算装配尺寸及了解自动装配。

【任务要点】

(1) 基本目标

① 了解轴装配尺寸链的建立。

② 了解自动化装配。

③ 掌握装配尺寸链的解法。

(2) 能力目标

① 具有计算装配尺寸链的能力。

② 具有建立装配尺寸链的能力。

③ 具有分析零件技术要求的能力。

【任务提示】

① 查阅资料，简述分析建立装配尺寸链时需要注意什么。

② 查阅资料，简述装配尺寸链建立。

【任务准备】

一、装配尺寸链

装配尺寸链是指产品或部件在装配过程中，由相关零件的有关尺寸（表面或轴线间的距离）或相互位置关系（平行度、垂直度或同轴度等）所组成的尺寸链。

运用装配尺寸链去分析和解决装配精度问题，首先要正确地建立装配尺寸链，即正确地确定封闭环，并根据封闭环的要求查明各组成环。

装配尺寸链的组成环是对产品或部件装配精度有直接影响的环节，为了迅速而正确地查明各组成环，必须仔细地分析产品或部件的结构，了解各个零件连接的具体情况。查找组成环的一般方法是，从封闭环任意一端开始，沿着装配精度要求的位置方向，将与装配精度有关的零件尺寸依次首尾相连，直到与封闭环另一端相接为止，形成一个封闭形的尺寸图，图上的各个尺寸即是组成环。

装配尺寸链的基本特征是封闭性，即由一个封闭环和若干个组成环所构成的尺寸链呈封闭图形，如图 9-1 (b) 所示。装配尺寸链的封闭环是装配后才自然形成的，多为产品或部件的装配精度要求，如图 9-1 中的 A_0；组成环是指那些对装配精度有直接影响的零件上的尺寸或相互位置关系，如图 9-1 中的 A_1、A_2 及 A_3。

在建立装配尺寸链时，应注意以下几点。

① 按一定层次分别建立产品与部件的装配尺寸链。产品总装尺寸链以产品精度标准为封闭环，以总装中有关零部件为组成环。部装尺寸链以部件装配精度要求为封闭环（总装时则为组成环），以有关零件为组成环。

② 在保证装配精度的前提下，装配尺寸链可适当简化。图 9-3 所示的车床尾座中心线

等高度的装配要求，其影响因素除了主轴锥孔中心线至床身平导轨的高度（A_1）、尾座底板厚度（A_2）、尾座顶尖套锥孔中心线至尾座底面距离（A_3）外，还有主轴滚动轴承内外圈滚道的同轴度、主轴锥孔中心线与主轴支承轴颈的同轴度、尾座顶尖套锥孔与外圆的同轴度、尾座顶尖与尾座孔的配合间隙、床身上安装主轴和尾座的平导轨间的高度差等。通常由于上述误差相对 A_1、A_2 和 A_3 的误差而言是较小的，故装配尺寸链可简化为图 9-3（b）所示的情况。

③ 装配尺寸链的组成应符合最短路线（环数最少）原则。当封闭环公差一定时，组成环越少，分配到各组成环的公差越大。因此，在装配精度要求一定的条件下，为使各组成环的公差大一些，便于加工，要求组成环尽可能少一些。如图 9-3 所示，尾座套筒装配时，要求后盖 3 装入后，螺母 2 在尾座套筒内的轴向窜动不大于某一数值。由于后盖尺寸标注不同，可建立两个装配尺寸链，图 9-3（c）较图 9-3（b）多了一个组成环，其原因是 B_1 和 B_2 同在后盖 3 上，它们本身又构成一个工艺尺寸链，其封闭环是 A，这个尺寸才是影响装配精度的相关尺寸，以 A_3 列入装配尺寸链，组成环的环数就可以减少。

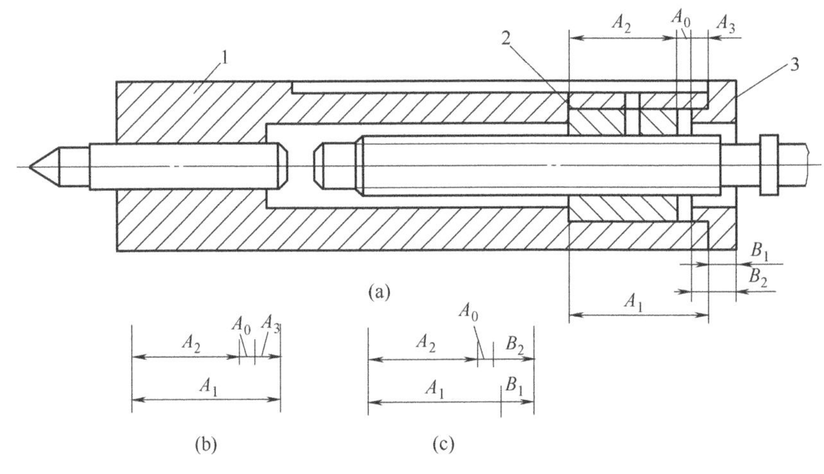

图 9-3 车床尾座顶尖套装配图

1—顶尖套；2—螺母；3—后盖

④ 当同一装配结构在不同位置方向上有装配精度要求时，应按不同方向分别建立装配尺寸链，例如常见的蜗杆副结构，为保证正常啮合，蜗杆副两轴线间的距离（啮合间隙）、蜗杆轴线与蜗轮中间平面的对称度均有一定要求，这是两个不同位置方向的装配精度，因此需要在两个不同方向分别建立装配尺寸链。

二、装配尺寸链的解法

1. 互换装配法

采用完全互换装配法时，装配尺寸链采用极值法计算。即尺寸链各组成环公差之和应小于封闭环公差（即装配精度要求）。

进行装配尺寸链正计算，即已知组成环（相关零件）的公差，求封闭环的公差，可以校核按照给定的相关零件的公差进行完全互换式装配是否能满足相应的装配精度要求。

进行装配尺寸链反计算，即已知封闭环（装配精度）的公差 T，来分配各相关零件（各组成环）的公差 T 时，可以按照“等公差法”或“相同精度等级法”来进行。常用的方法是“等公差法”。

“等公差法”是按各组成环公差相等的原则分配封闭环公差的方法，即假设各组成环公差相等，求出组成环平均公差$\overline{T}$：

$$\overline{T}=T_0/(m+n)$$

式中　m——增环数；

n——减环数。

然后根据各组成环的尺寸大小和加工难易程度，将其公差适当调整。但调整后的各组成环公差之和仍不得大于封闭环要求的公差。

在调整时可参照下列原则。

① 当组成环是标准件尺寸（如轴承环或弹性挡圈的厚度等）时，其公差值和分布位置在相应的标准中已有规定，为已定值。

② 当组成环是几个尺寸链的公共环时，其公差值和分布位置应由对其要求最严的那个尺寸链先行确定。

③ 当分配待定的组成环公差时，一般可按经验视各环尺寸加工难易程度加以分配。如果尺寸相近，加工方法相同，则取其公差值相等；难加工或难测量的组成环，其公差可取较大值。

在确定各组成环极限偏差时，一般可按“入体原则”确定。即对相当于轴的被包容尺寸，按基轴制（h）决定其下偏差；对相当于孔的包容尺寸，按基孔制（h）决定其上偏差；而对孔中心距尺寸，按对称偏差即$\pm\frac{T_i}{2}$选取。

当各组成环都按上述原则确定其公差值和分布位置时，往往不能恰好满足封闭环的要求。因此就需要选取一个组成环，其公差值和分布位置要经过计算确定，以便与其他组成环相协调，最后满足封闭环的公差值和分布位置的要求。这个组成环称为协调环。协调环应根据具体情况加以确定，一般应选用便于加工和可用通用量具测量的零件尺寸。

图 9-4 所示的装配关系，轴是固定的，齿轮在轴上回转，要求保证齿轮与挡圈之间的轴向间隙为 0.10～0.35mm。已知 $A_1=30$mm、$A_2=5$mm、$A_3=43$mm、$A_4=3_{-0.05}^{0}$mm、$A=5$mm。现采用完全装配，试确定各组成环公差和极限偏差。

解：

① 画装配尺寸链，判断增、减环，校验各环基本尺寸，根据题意，轴向间隙为 0.10～0.35mm，则封闭环尺寸：$A_0=0_{+0.10}^{+0.35}$，公差 $T=0.25$mm。

装配尺寸链如图 9-5 所示，其中 A_3 为增环，A_1、A_2、A_4、A_5 为减环。封闭环的基本尺寸为

$$A_0=A_3-(A_1+A_2+A_4+A_5)=43-(30+5+3+5)=0$$

由计算可知，各组成环基本尺寸的已定数值是正确的。

② 确定协调环。

A_5 是一个挡圈，易于加工，而且其尺寸可以用通用量具测量，因此选它作为协调环。

③ 确定各组成环公差和极限偏差。按照“等公差法”分配各组成环公差

$$\overline{T}=\frac{T_0}{m+n}=0.05\text{mm}$$

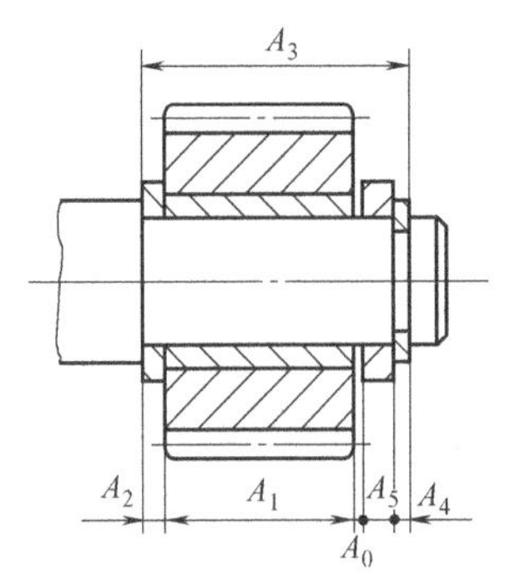

图 9-4　齿轮与轴部件的装配

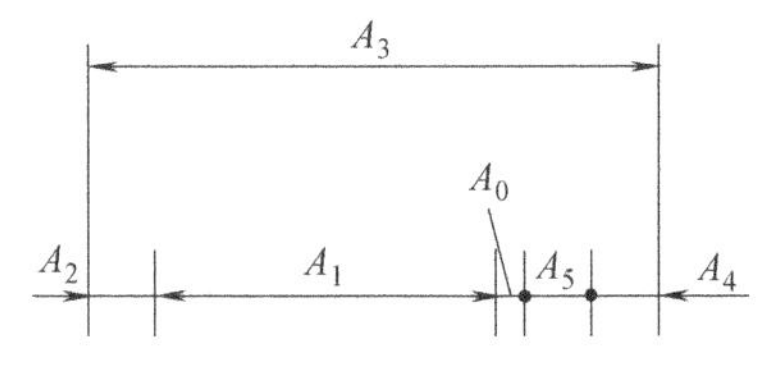

图 9-5　齿轮与轴部件的装配尺寸链

参照国家标准，并考虑各零件加工的难易程度，在各组成环平均极值公差了的基础上，对各组成环的公差进行合理的调整。

轴用挡圈 A_4 是标准件，其尺寸为 $A_4=3^{+0}_{-0.05}$mm。其余各组成环的公差按加工难易程度调整如下：$A_1=30^{\ 0}_{-0.06}$mm，$A_2=5^{\ 0}_{-0.02}$mm，$A_3=43^{+0.1}_{\ 0}$mm。

④ 计算协调环公差和极限偏差。

协调环公差：

$$T_5=T_0-(T_1+T_2+T_3+T_4)=0.25-(0.06+0.02+0.10+0.05)=0.02\text{mm}$$

协调环的下偏差：

因为 $ES_0=ES_3-(EI_1+EI_2+EI_4+EI_5)$

$0.35=0.1-(-0.06-0.02-0.05+EI_5)$

所以 $EI_5=-0.12$mm

协调环的上偏差：

$ES_5=T_5+EI_5=0.02+(-0.12)=-0.10$mm

协调环的尺寸 $A_5=5^{-0.10}_{-0.12}$mm

各组成环尺寸和极限偏差为：$A_1=30^{\ 0}_{-0.06}$mm，$A_2=5^{\ 0}_{-0.02}$mm，$A_3=43^{+0.1}_{\ 0}$mm，$A_4=3^{\ 0}_{-0.05}$mm，$A_5=5^{-0.10}_{-0.12}$mm。

2. 选择装配法

当装配精度要求很高时，其组成环公差必然很小，致使加工困难而且很不经济。这时可使用分组装配法。

三、了解自动化装配

装配自动化是制造工业中需要解决的关键技术。目前，装配自动化技术已发展到一个较高的水平，它与控制技术、网络通信技术和人工智能技术相结合，大大地提高了产品的装配质量和稳定性，减少了装配过程中人为因素造成的质量缺陷，并在提高生产率、降低成本、降低工人劳动强度、保证操作安全等方面展现出强劲的发展势头。

1. 自动装配系统

自动装配系统由装配过程的物流自动化、装配作业自动化和信息流自动化等子系统组成，按主机的适用性可分为两大类：一是根据特定产品制造的专用自动装配系统或专用自动装配线；二是具有一定柔性范围的程序控制的自动装配系统。通常专用自动装配系统由一个或多个工位组成，各工位设计以装配机整体性能为依据，结合产品的结构复杂程度确定其内容和数量。

图 9-6 为一种采用椭圆形通道传送工件托盘异步进给的自动装配系统。全部装配工作由四台机器人完成。另外有一台专用设备用来检出没有真正完成装配的部件，放入一个专门的箱子里等待返修，把成品放上传送带输出。

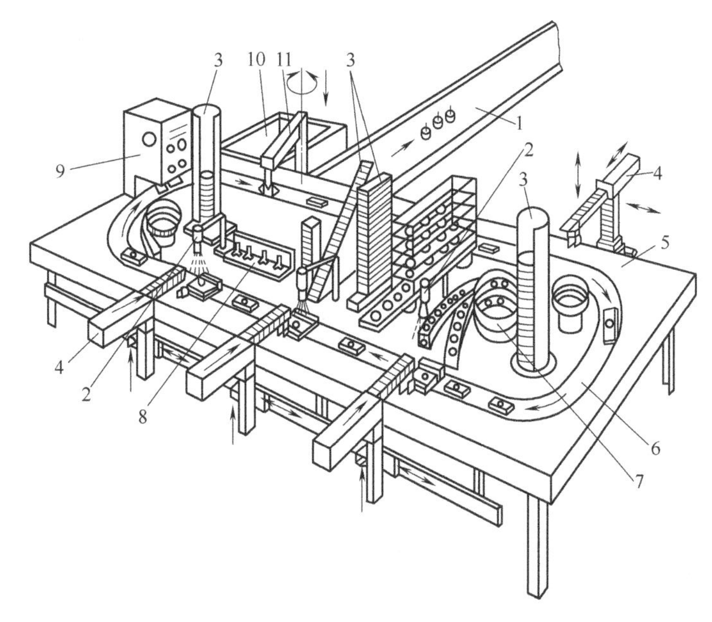

图 9-6 异步传送的自动装配系统

1—装成部件的送出带；2—灯光系统；3—配合件料仓；4—装配机器人；5—工作台；6—异步传送系统；7—振动送料器；8—抓钳和装配工具的仓库；9—检测站；10—需返修的部件的收集箱；11—用来分类与输出的设备

图 9-7 为带有力反馈机构的精密装配作业机器人的装配作业，其任务是将基座、连接套和小轴三个零件组装起来。工作中，主、辅机器人各抓取所需组装的零件，两者互相配合，使零件尽量接近。由于主机器人手腕的柔性，所抓取的小轴会产生稍微的倾斜；当小轴端部到达联套孔位置附近时，触觉传感器检测轴线对中心线的倾斜方向；并对轴的姿态进行修正。此时，在弹簧力的作用下，轴端会落入孔内，完成装配作业。

2. 自动装配线

如果产品或部件复杂，无法在一台装配机上完成装配工作，或由于装配节拍和装配件分类等生产原因，需要在几台装配机上完成装配，就需要将装配机组合形成自动装配线。

按照装配线的形式和装配基础件的移动情况，自动装配线可分为装配基础件移动式和装配基础件固定式两种。常用的移动式自动装配线有轨道装配线、带式装配线、板式装配线、车式装配线和气垫装配线等多种形式。

装配基础件在工位间的传送方式有连续传送和间歇传送两类。连续传送中，工位上的装配工作头也随之同步移动；间歇传送中，装配基础件由传送装置按生产节拍进行传送，停留在工位上进行装配，完成作业后传送至下一工位。目前，除小型简单工件装配中有所采用的连续传送外，一般都使用间歇传送方式。

图 9-8 是发动机飞轮的装配过程。飞轮被间歇式传送装置 11 传送到 KUKA 机器人 6 的抓取工位 1，发动机 5 被传送系统 7 传送到机器人 6 的工作区。插装设备 2 从振动送料器的出口抓取螺栓插入飞轮的螺栓孔，机器人 6 借助于机械手 3 从传送装置上抓取飞轮移动到飞

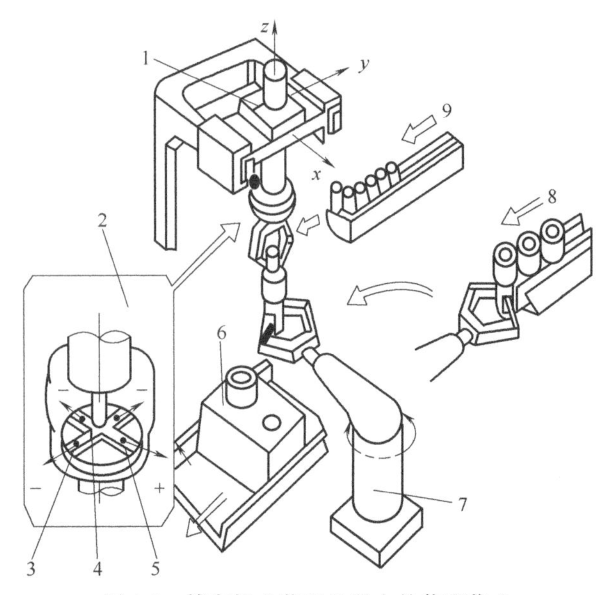

图 9-7　精密插入装配机器人的装配作业

1—主机器人；2—柔性手腕；3,5—触觉传感器（应变片）；4—弹簧片；6—基座零件的传送、定位；7—辅助机器人；8—联套供料机构；9—小轴供料机构

轮的安装孔与轴头中心对准并推入。螺栓安装工作头 4 旋紧螺栓，把飞轮紧固在发动机 5 的轴头上。然后机器人手臂回到起点位置，重复下个工作循环。为了保证安装孔的准确定位，摄像头 9 用来扫描轴头的位置，摄像头将信号传送到控制单元 10，控制系统 8、间歇式传送装置 11 通过计算确保飞轮的安装孔与发动机轴头同轴。

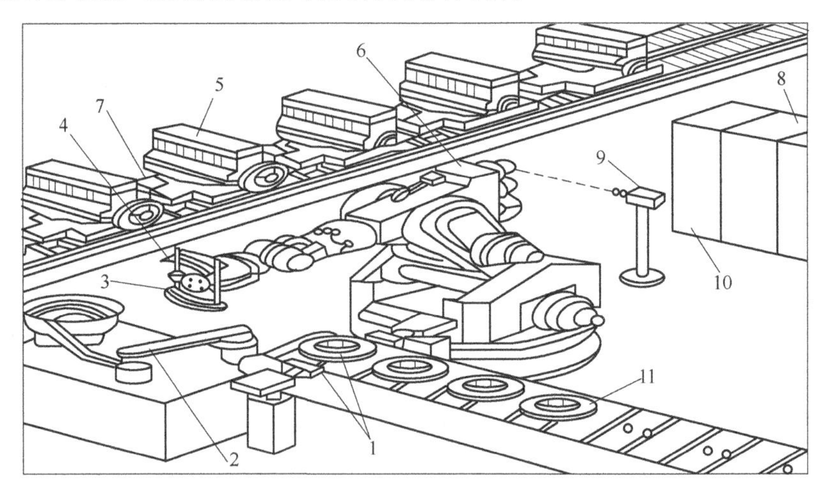

图 9-8　汽车发动机飞轮的自动化装配线

1—抓取工位；2—插装设备；3—机械手；4—螺栓安装工作头；5—发动机；6—机器人；7—传送系统；8—控制系统；9—摄像头；10—控制单元；11—间歇式传送装置

3. 柔性装配系统

柔性装配系统能够适应产品的频繁更换，适用于中小批量生产。柔性装配系统一般由装配机器人系统、灵活的物料搬运系统、零件自动供料系统、工具（手指）自动更换装置及工具库、视觉系统、基础件系统、控制系统和计算机管理系统等组成，通常有两种形式：一种是模块积木式柔性装配系统；另一种是以装配机器人为主体的可编程柔性装配系统。

随着科学技术的不断发展和自动化程度的不断提高，柔性装配系统的应用将越来越普及，装配过程转向柔性计算机控制已成必然趋势。

【项目实施】

项目实施名称：10 型游梁式抽油机装配

机械装配是按照设计的技术要求实现机械零件或部件的连接，把机械零件或部件组合成机器。机械装配是机器制造和修理的重要环节，特别是对机械修理来说，由于提供装配的零件有利于机械制造时的情况，更使得装配工作具有特殊性。装配工作的好坏对机器的效能、修理的工期、工作的劳力和成本等都起着非常重要的作用。

1. 装配原则

认真读装配图纸，回答下列问题。

简述什么是组件，你在装配时是单件加工还是组件装配。

2. 图纸分析

读图分析：BOM 表中的零件是如何分类的。图纸中哪些零件是标准件。

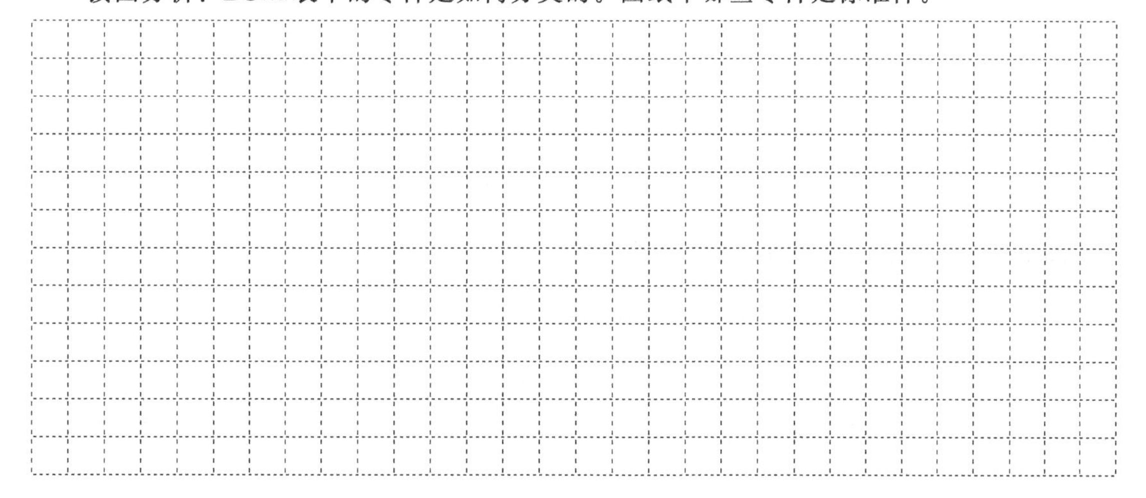

3. 装配工艺卡（见表 9-2）

表 9-2 装配工艺卡

<table>
<tr><td colspan="5" rowspan="2">机械装配工艺过程卡</td><td>姓名</td><td></td></tr>
<tr><td>图画</td><td></td></tr>
<tr><td>产品名称</td><td colspan="2"></td><td>图纸名称</td><td></td><td>日期</td><td></td></tr>
<tr><td colspan="2">工序号</td><td colspan="2">工序内容</td><td>工具及工装</td><td colspan="2">辅助材料</td></tr>
<tr><td colspan="2"></td><td colspan="2"></td><td></td><td colspan="2"></td></tr>
<tr><td colspan="2"></td><td colspan="2"></td><td></td><td colspan="2"></td></tr>
<tr><td colspan="2"></td><td colspan="2"></td><td></td><td colspan="2"></td></tr>
<tr><td colspan="2"></td><td colspan="2"></td><td></td><td colspan="2"></td></tr>
</table>

工具清单见表 9-3。

表 9-3 工具清单

工具名称	数量	单位	材料	特殊要求	附注

<table>
<tr><td rowspan="3">工件名称：</td><td>任务名称：</td><td>班级：</td></tr>
<tr><td>组号：</td><td>组长：</td></tr>
<tr><td colspan="2">组员：</td></tr>
</table>

4. 过程实施（见表 9-4）

表 9-4　过程记录

<table>
<tr><th colspan="2">名称</th><th>内容</th></tr>
<tr><td rowspan="2">设备</td><td>操作</td><td></td></tr>
<tr><td>工、量、刀具</td><td></td></tr>
<tr><td>工艺</td><td>加工合理性</td><td></td></tr>
<tr><td rowspan="2">6S</td><td>5S</td><td></td></tr>
<tr><td>安全</td><td></td></tr>
</table>

5. 质量检测（见表 9-5、表 9-6）

表 9-5　目测和功能检查表

（任务名称）					组织形式 EA□ GEA□ GA
姓名					
序号	位号	目测和功能检查	受训生自我评分分数	培训教师	
				评分分数	自我评分结果分数
总分					

说明：
灰色区域应促进受训生自行进行评分，并不计入评分。

自我评分标准：
加/减一个评分等级：=9 分
加/减两个评分等级：=5 分
加/减三个评分等级：=0 分

（整体任务名称）	部分：（任务名称）	
	（工件名称）	任务/工作
	（工件名称）+（连接、检验、测量）	分练习

表 9-6　尺寸和物理量检查表

序号	位号	经检查的尺寸或 经验检查的物理量	受训生		培训教师		
			自我评分		结果 尺寸检查		结果 自我评分
			实际尺寸	分数	实际尺寸	分数	分数
总分							

经检查的尺寸和物理量的评分
(10 分或 0 分)

6. 评价总结（见表9-7、表9-8）

表9-7　自我评价

<table>
<tr><td colspan="5">（姓名）</td></tr>
<tr><td rowspan="2">序号</td><td rowspan="2">信息、计划和团队能力</td><td rowspan="2">受训生自我评分分数</td><td colspan="2">培训教师</td></tr>
<tr><td>评分分数</td><td>结果自我评分分数</td></tr>
<tr><td></td><td>（对检查的问题）</td><td></td><td></td><td></td></tr>
<tr><td></td><td></td><td></td><td></td><td></td></tr>
<tr><td></td><td></td><td></td><td></td><td></td></tr>
<tr><td></td><td></td><td></td><td></td><td></td></tr>
<tr><td colspan="3">信息、计划和团队能力评分</td><td></td><td></td></tr>
</table>

<table>
<tr><td colspan="7">总成绩</td></tr>
<tr><td>序号</td><td>评估组</td><td>结果</td><td>除数</td><td>100-分制结果</td><td>加权系数</td><td>分数</td></tr>
<tr><td></td><td></td><td></td><td></td><td></td><td></td><td></td></tr>
<tr><td></td><td></td><td></td><td></td><td></td><td></td><td></td></tr>
<tr><td></td><td></td><td></td><td></td><td></td><td></td><td></td></tr>
<tr><td></td><td></td><td></td><td></td><td></td><td></td><td></td></tr>
<tr><td colspan="5">总分</td><td></td><td></td></tr>
<tr><td colspan="5">分数</td><td></td><td></td></tr>
</table>

附注

日期：　　　　受训生　　　　培训教师

<table>
<tr><td rowspan="3">（整体任务名称）</td><td>部分:(任务名称)</td><td></td></tr>
<tr><td>（工件名称）</td><td>任务/工作</td></tr>
<tr><td>检查评分表</td><td>分练习</td></tr>
</table>

表9-8　总结分享

项目	内容
成果展示	
总结与分享	

项目十　项目移交与总结

项目移交是指全部合同收尾后，在政府项目监管部门或社会第三方中介组织协助下，项目业主与全部项目参与方之间进行项目所有权移交的过程。

【项目导入】

某机械厂经过前期不断努力完成零件加工、装配等任务后，经过质检部门的严格检测，合格后将设备移交企业。

【项目要点】

(1) 素质目标

① 培养学生发现问题和解决问题的能力。

② 培养学生的安全文明生产意识和6S管理理念。

③ 培养学生具有正确的生产价值观与评判事物的能力。

④ 培养学生爱岗敬业、团结协作、吃苦耐劳的职业精神与创新意识。

(2) 能力目标

① 能够进行项目移交范围、标准的制订能力。

② 具有一定的分析、研究、解决项目移交过程中实际问题的能力。

③ 能制订移交内容和质量保证的能力。

(3) 知识目标

① 学生应了解自己所从事工作的任务、工作要求、所进行的活动及工作流程，熟悉设备移交职业标准。

② 学会制订项目移交范围、职业标准、验收程序等相关标准。

③ 掌握制订移交内容和质量方案的方法。

【任务提示】

① 根据设计原理与加工，请你对本项目进行功能介绍。

② 根据本设备工作能力，请你对本项目进行总结。

③ 针对本项目进行功能介绍与总结。

【项目准备】

一、项目移交的准备工作

1. 成立项目移交工作组

成立项目移交工作组，工作组成员由项目移交方、项目接收方、项目发起方、项目使用方、第三方公证人员组成。

2. 移交内容的确定

由全体移交工作组成员参加，充分听取各方意见，确定移交工作的内容、时间及要求。项目移交主要内容包括资料移交、技术移交及物料移交等。移交时间由项目移交方、项目接收方根据移交内容协商确定。项目移交要求包括且不少于以下内容：项目移交资料的准确性、完整性、真实性。

二、项目移交内容

1. 资料的移交

资料移交的内容包含且不仅限于项目中标通知书、项目采购合同项目增补合同、项目建设现场施工图纸、管线走向图、隐蔽工程图纸、项目建设设备明细表、设备操作手册、设备检测报告、项目验收报告、项目设备运行记录报告、设备维护记录、项目款项结算报告、正在执行中的合同等。

2. 技术的移交

技术移交的内容包含且不仅限于设备图，设备参数配置文档、设备参数配置文档、网络全局 IP 规划表、应用软件安装包及配置文档、设备调试记录、网络运维日志、设备运行日志、所有涉及的账号密码等。

3. 物料移交

物料移交的内容包含且不仅限于仓库内备品备件、项目施工剩余物料、施工用设备仪器等。

三、项目移交工作

1. 资料移交工作

由项目移交方根据资料的移交内容准备各项材料，准备完成后由项目接收方对收到的材料进行核对，需要现场确认的部分在双方同时在场的情况下进行确认。对正在执行中的合同内容做充分的解释说明。项目移交方需对自己提供的资料做出书面承诺，保证提供材料的真实性和准确性。

2. 技术移交工作

由项目移交方技术员和项目接收方技术员共同参与，在提交技术移交的资料前提下，对项目接收方技术员进行技术交底，对项目中的关键技术点需完全的交接，各类项目用软件的操作方式，账号密码的使用等。必要时项目移交方技术员要向接收方技术员做操作演示。项目接收方技术员提出的问题需要完全性解答。项目运行维护中存在的高频问题需要全告知接收方技术员。

3. 设备移交工作

由项目移交方与项目接收方共同参与，对设备部件、设备保养、设备清单等进行核对。对正在物流运输途中设备数量统计告知，由项目移交方提供物流单号备查。

4. 问题反馈

在项目移交工作中，若项目接收方发现项目移交方提供的资料与实际核对不准、项目移交方提供的资料不够详细、项目移交方提供的技术指导不够完备、项目移交方提供的核对数量与实际不符等问题时有权利第一时间提出质疑，并要求项目移交方对提出的问题进行解释、补充和更改，直到一致时为准。

四、项目移交工作总结

由移交工作组成员包括项目移交方、项目接收方、项目发起方、项目使用方、第三方公证人员等全员参与，对项目移交工作进行发起汇报、总结、讨论。

总结会议中项目接收方对移交工作提供详细接收报告，对各项接收材料做详细的结果说明，明确是否通过核对。对未通过核对的内容说明原因，由项目移交方对存在的情况解释说明并承诺整改期限。项目发起方、项目使用方根据汇报内容对项目移交方和项目接收方提出意见，并对移交工作结果做出表态，是否同意项目移交工作的完成。项目移交方对移交工作提供书面承诺，对项目的移交工作承诺全面、准确、真实、无遗漏，签字盖章，由会议参与各方各执一份。项目接收方对移交工作做接收证明，证明对移交内容的确认接收，签字盖章，由会议参与各方各执一份。

五、项目移交费用

自项目移交工作的准备至项目移交工作的结束过程中产生的费用由移交和接收方各自承担。

【项目总结】

请根据本次加工项目进行评价总结。

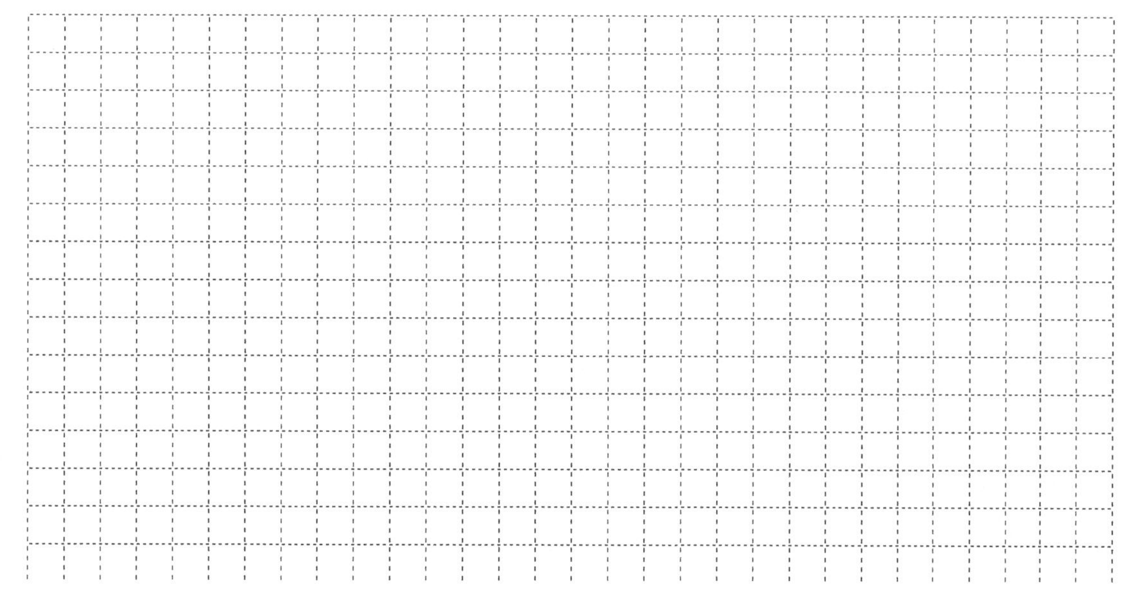

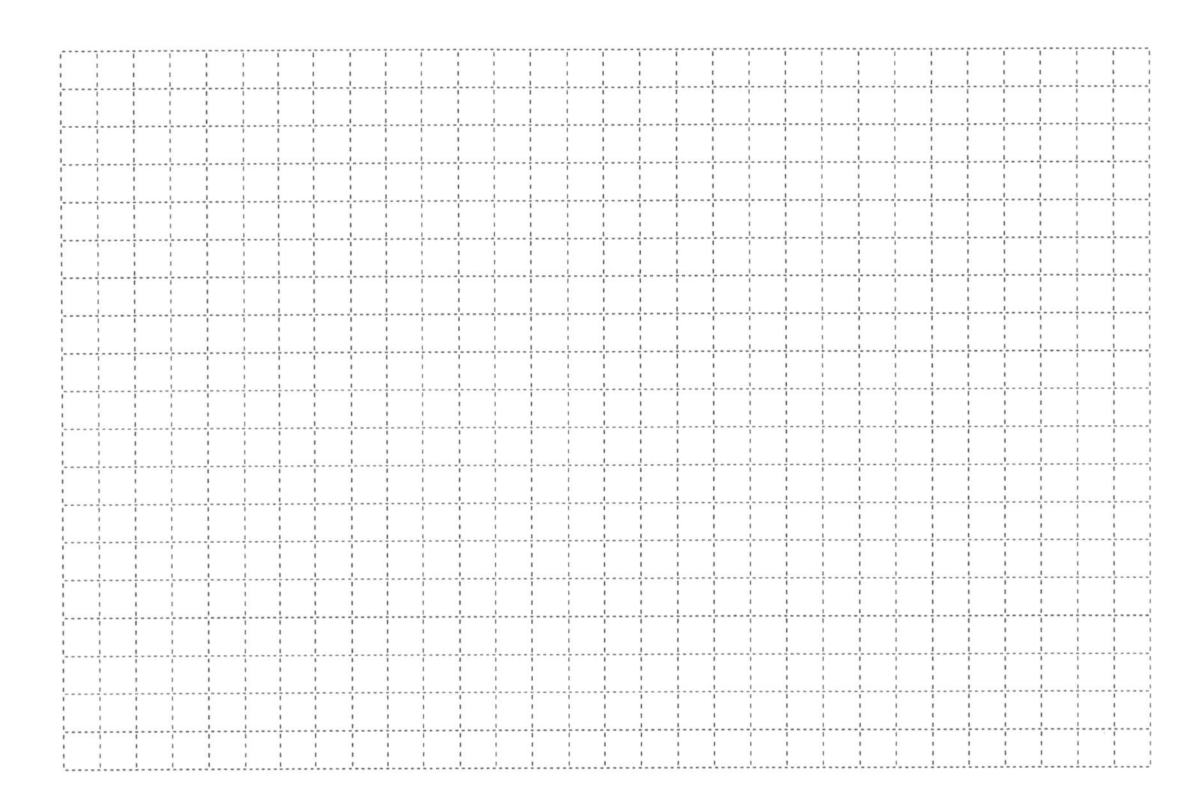

参考文献

[1] 王纪安. 工程材料与成形工艺基础 [M]. 4 版. 北京：高等教育出版社，2015.

[2] 杨慧智，吴海宏. 工程材料及成形工艺基础 [M]. 4 版. 北京：机械工业出版社，2015.

[3] 黄经元，曾绍平. 机械制造基础 [M]. 2 版. 南京：南京大学出版社，2015.

[4] 黎震. 机械制造基础 [M]. 北京：高等教育出版社，2014.

[5] 陈强，张双侠. 机械制造基础 [M]. 3 版. 大连：大连理工大学出版社，2015.

[6] 林江. 机械制造基础 [M]. 北京：机械工业出版社，2011.

[7] 京玉海. 机械制造基础 [M]. 重庆：重庆大学出版社，2005.

[8] 骆莉，陈仪先，王晓琴. 工程材料及机械制造基础 [M]. 武汉：华中科技大学出版社，2012.

[9] 何世松，贾颖莲. 基于 Creo 的臂杆压铸模数控编程与仿真加工 [J]. 煤矿机械，2013，(9).

[10] 侯书林，朱海. 机械制造基础（上册）——工程材料及热加工工艺基础 [M]. 北京：中国林业出版社，2006.

[11] 侯书林，朱海. 机械制造基础（下册）——机械加工工艺基础 [M]. 北京：中国林业出版社，2006.

[12] 吕广庶，张远明. 工程材料及成形技术基础 [M]. 2 版. 北京：高等教育出版社，2011.

[13] 赵玉齐. 机械制造基础与实训 [M]. 2 版. 北京：机械工业出版社，2008.

[14] 凌爱林. 金属学与热处理 [M]. 北京：机械工业出版社，2008.

[15] 苏建修. 机械制造基础 [M]. 2 版. 北京：机械工业出版社，2006.

[16] 丁仁亮. 金属材料及热处理 [M]. 4 版. 北京：机械工业出版社，2009.

[17] 司乃钧，许德珠. 热加工工艺基础 [M]. 2 版. 北京：高等教育出版社，2001.

[18] 王德伦等. 机械设计 [M]. 北京：机械工业出版社，2015.

[19] 成大先. 机械设计手册 [M]. 6 版. 北京：化学工业出版社，2017.

[20] 秦大同等. 现代机械设计手册 [M]. 2 版. 北京：化学工业出版社，2019.